建筑信息化服务技术人员职业技术辅导教材

BIM 成本管控

北京绿色建筑产业联盟
北京百高建筑科学研究院　组织编写
同舟共济BIM创新学院

朱　兵　韩光耀　主编

中国建筑工业出版社

图书在版编目(CIP)数据

BIM成本管控/朱兵，韩光耀主编. —北京：中国建筑工业出版社，2019.6

建筑信息化服务技术人员职业技术辅导教材

ISBN 978-7-112-23628-2

Ⅰ.①B… Ⅱ.①朱… ②韩… Ⅲ.①建筑工程-成本管理-应用软件-技术培训-教材 Ⅳ.①TU723.3-39

中国版本图书馆CIP数据核字（2019）第072582号

责任编辑：封　毅　毕凤鸣　张瀛天

责任校对：焦　乐

建筑信息化服务技术人员职业技术辅导教材

BIM成本管控

北京绿色建筑产业联盟
北京百高建筑科学研究院　组织编写
同舟共济BIM创新学院

朱　兵　韩光耀　主编

*

中国建筑工业出版社出版、发行（北京海淀三里河路9号）

各地新华书店、建筑书店经销

北京红光制版公司制版

天津翔远印刷有限公司印刷

*

开本：787×1092毫米　1/16　印张：22½　字数：562千字

2019年7月第一版　2019年7月第一次印刷

定价：**68.00**元

ISBN 978-7-112-23628-2

（33910）

《BIM成本管控》编审人员名单

编委会主任 陆泽荣　朱　兵

主　　　审 尹贻林

主　　　编 朱　兵　韩光耀

编　委　会（排名不分先后）

路　明　梁　华　余　飞　张海军　刘晶昕　董耀军

顾　靖

编写组成员（排名不分先后）

向　敏　范存磊　崔志勇　石　巍　康　然　万文杰

范　波　顾浩声　徐　宁　施　群　周　锋　黄　红

孙宇辰　崔欢欢　焦　婷　陈国文　杜招弟　陈　艳

陆兰馨　赵　泳　魏宏达

参 编 单 位（排名不分先后）

同舟共济BIM创新学院

同舟共济建筑科技服务有限公司

上海同术建筑工程顾问有限公司

水田未来工程咨询研究院

华建集团华东都市建筑设计研究总院

中国建筑西北设计研究院有限公司

天津市建筑设计院

上海天华建筑设计有限公司

蓝茵建筑数据科技（上海）有限公司

上海国际旅游度假区工程建设有限公司

上海二十冶建设有限公司

中建八局第四建设有限公司
上海鲁班工程顾问有限公司
上海建工房产有限公司
四川开元工程项目管理咨询有限公司
广西易立特科技有限公司
北京小栗科技有限公司
上海宾孚建设工程顾问有限公司
安徽省皖匠工程顾问有限公司
武汉市市政建设集团有限公司
上海鼎匠建筑科技有限公司

丛 书 总 序

中共中央办公厅、国务院办公厅印发《关于促进建筑业持续健康发展的意见》（国发办〔2017〕19号），住房城乡建设部印发《2016—2020年建筑业信息化发展纲要》（建质函〔2016〕183号），《关于推进建筑信息模型应用的指导意见》（建质函〔2015〕159号），国务院印发《国家中长期人才发展规划纲要（2010—2020年）》《国家中长期教育改革和发展规划纲要（2010—2020年）》，教育部等六部委联合印发的《关于进一步加强职业教育工作的若干意见》等文件，以及全国各地方政府相继出台多项政策措施，为我国建筑信息化BIM技术广泛应用和人才培养创造了良好的发展环境。

当前，我国的建筑业面临着转型升级，BIM技术将会在这场变革中起到关键作用；也必定成为建筑领域实现技术创新、转型升级的突破口。围绕住房城乡建设部印发的《推进建筑信息模型应用指导意见》，在建设工程项目规划设计、施工项目管理、绿色建筑等方面，更是把推动建筑信息化建设作为行业发展总目标之一。国内各省市行业行政主管部门已相继出台关于推进BIM技术推广应用的指导意见，标志着我国工程项目建设、绿色节能环保、装配式建筑、3D打印、建筑工业化生产等要全面进入信息化时代。

如何高效利用网络化、信息化为建筑业服务，是我们面临的重要问题；尽管BIM技术进入我国已经有很长时间，所创造的经济效益和社会效益只是星星之火。不少具有前瞻性与战略眼光的企业领导者，开始思考如何应用BIM技术来提升项目管理水平与企业核心竞争力，却面临诸如专业技术人才、数据共享、协同管理、战略分析决策等难以解决的问题。

在“政府有要求，市场有需求”的背景下，如何顺应BIM技术在我国运用的发展趋势，是建筑人应该积极参与和认真思考的问题。推进建筑信息模型（BIM）等信息技术在工程设计、施工和运行维护全过程的应用，提高综合效益，是当前建筑人的首要工作任务之一，也是促进绿色建筑发展、提高建筑产业信息化水平、推进智慧城市建设和实现建筑业转型升级的基础性技术。普及和掌握BIM技术（建筑信息化技术）在建筑工程技术领域应用的专业技术与技能，实现建筑技术利用信息技术转型升级，同样是现代建筑人职业生涯可持续发展的重要节点。

为此，北京绿色建筑产业联盟特邀请国际国内BIM技术研究、教学、开发、应用等方面的专家，组成BIM技术应用型人才培养丛书编写委员会；针对BIM技术应用领域，组织编写了这套BIM工程师专业技能培训与考试指导用书，为我国建筑业培养和输送优秀的建筑信息化BIM技术实用性人才，为各高等院校、企事业单位、职业教育、行业从业人员等机构和个人，提供BIM专业技能培训与考试的技术支持。这套丛书阐述了BIM技术在建筑全生命周期中相关工作的操作标准、流程、技巧、方法；介绍了相关BIM建模软件工具的使用功能和工程项目各阶段、各环节、各系统建模的关键技术。说明了BIM技术在项目管理各阶段协同应用关键要素、数据分析、战略决策依据和解决方案。提出了推动BIM在设计、施工等阶段应用的关键技术的发展和整体应用策略。

我们将努力使本套丛书成为现代建筑人在日常工作中较为系统、深入、贴近实践的工具型丛书，促进建筑业的施工技术和管理人员、BIM技术中心的实操建模人员、战略规划和项目管理人员，以及参加BIM工程师专业技能考评认证的备考人员等理论知识升级和专业技能提升。本丛书还可以作为高等院校的建筑工程、土木工程、工程管理、建筑信息化等专业教学课程用书。

本套丛书包括四本基础分册，分别为《BIM技术概论》《BIM应用与项目管理》《BIM建模应用技术》《BIM应用案例分析》，为学员培训和考试指导用书。另外，应广大设计院、施工企业的要求，我们还出版了《BIM设计施工综合技能与实务》《BIM快速标准化建模》等应用型图书，并且方便学员掌握知识点的《BIM技术知识点练习题及详解（基础知识篇）》《BIM技术知识点练习题及详解（操作实务篇）》。后续我们还将陆续推出面向BIM造价工程师、BIM装饰工程师、BIM电力工程师、BIM机电工程师、BIM铁路工程师、BIM轨道交通工程师、BIM工程设计工程师、BIM路桥工程师、BIM成本管控、装配式BIM技术人员等专业方向的培训与考试指导用书，覆盖专业基础和操作实务全知识领域，进一步完善BIM专业类岗位能力培训与考试指导用书体系。

为了适应BIM技术应用新知识快速更新迭代的要求，充分发挥建筑业新技术的经济价值和社会价值，本套丛书原则上每两年修订一次；根据《教学大纲》和《考评体系》的知识结构，在丛书各章节中的关键知识点、难点、考点后面植入了讲解视频和实例视频等增值服务内容，让读者更加直观易懂，以扫二维码的方式进入观看，从而满足广大读者的学习需求。

感谢各位编委们在极其繁忙的日常工作中抽出时间撰写书稿。感谢清华大学、北京建筑大学、北京工业大学、华北电力大学、云南农业大学、四川建筑职业技术学院、黄河科技学院、湖南交通职业技术学院、中国建筑科学研究院、中国建筑设计研究院、中国智慧科学技术研究院、中国建筑西北设计研究院、中国建筑股份有限公司、中国铁建电气化局集团、北京城建集团、北京建工集团、上海建工集团、北京中外联合建筑装饰工程有限公司、北京市第三建筑工程有限公司、北京百高教育集团、北京中智时代信息技术公司、天津市建筑设计院、上海BIM工程中心、同舟共济BIM创新学院、鸿业科技公司、广联达软件、橄榄山软件、麦格天宝集团、成都孺子牛工程项目管理有限公司、山东中永信工程咨询有限公司、海航地产集团有限公司、T-Solutions、上海开艺设计集团、江苏国泰新点软件、浙江亚厦装饰股份有限公司、文凯职业教育学校等单位，对本套丛书编写的大力支持和帮助，感谢中国建筑工业出版社为丛书的出版所做出的大量的工作。

北京绿色建筑产业联盟执行主席　陆泽荣

2019年1月

序　言

改革开放以来，中国建筑业迅猛发展，取得了举世瞩目的辉煌成就，建造能力不断增强，产业规模不断扩大。以“四纵四横”高铁网络为代表的高铁工程；以港珠澳大桥为代表的中国桥梁工程；以上海中心大厦、深圳平安大厦、北京中国尊为代表的超高层建筑、以一大批大型机场、会展场馆、体育场馆为代表的大跨度建筑等，这些大型、超大型、具有世界顶尖水准的工程项目，标志着我国建造技术已经达到了世界先进水平。

然而，我们也清醒地看到，随着中国经济进入新常态，在节能减排的需要、人口结构老龄化等诸多因素的影响下，中国建筑业发展增速正在不断下滑，原有粗放型的建筑工程建设和管理方式无以为继。另一方面、绿色科技、信息科技、装配式科技等新的建筑技术有了出现空前的发展，全过程工程咨询、建筑师负责制和工程建设总承包制等新的生产组织模式开始探索。可以说，中国的建设工程领域正在面临巨大转型期。

BIM是近年来发展迅猛的新型的工程设计建造管理的数据化工具，通过参数模型整合各种项目的相关信息，在项目策划、运行和维护的全生命周期过程中实现信息共享和传递，在设计、施工、运维方面很大程度上改变了传统模式和方法，使项目信息共享、协同合作、沟通协调、成本控制、虚拟情境可视化，数据交付信息化，能源合理利用和能耗分析方面更加方便快捷，从而大大提高人力、物料、设备的使用效率和社会经济效益，使工程技术人员对各种建筑信息做出正确理解和高效应对，为各方建设主体提供协同工作的基础，在提高生产效率、节约成本和缩短工期方面发挥重要作用。

中国工程造价咨询业发展于20世纪90年代，经过20多年发展，我国工程造价咨询业已取得长足进步，越来越多的投资商和建设单位意识到工程造价咨询的重要性。但我们同时看到，同国外欧美等国家发展水平相比，目前我国工程造价咨询业整体实力还是比较弱，大部分企业主要工作还在以传统的算量计价为基础，为建设项目做招投标代理、概预算编制和结算审计工作。这些传统市场已经形成红海，竞争惨烈。另一方面，建设项目前期策划和全生命周期的成本管控等一些更高价值的行业高地，目前还缺少相应的技术手段和人才储备，无法适应社会发展的需求。在国家层面，一带一路促进了造价咨询行业像向国际标准靠拢，建筑业倡导采用EPC、全过程工程咨询模式也为工程造价咨询带来历史的机遇，行业变革势在必行。在这种背景下，我们急需探索新的思想和新的方法，为行业指明目标方向和前进道路，帮助广大业内人士跳出传统红海，创造新的行业价值。

这些年，BIM在设计和施工领域得到了迅速的发展，相应的应用软件、行业标准不断走向成熟。而唯独工程咨询方面缺少有效的BIM技术手段和应用能力，成为建筑业BIM应用的一块短板。这与既有工程咨询底子相对薄弱，人才储备不足有一定关系，也和工程咨询本身业务内容的复杂性有关。许多造价咨询和成本控制专业人士，往往只看到如何降低项目的目标成本，却缺少从更高层面，从项目前期策划定位、从设计方案的价值分析、从项目质量、进度对项目成本的综合考量等多维度对项目进行全面的成本管控能力。国内关于这方面的研究也还处于起步阶段，面临巨大的需求。而《BIM成本管控》正是满足这一需求的不可多得的指导性书籍。

该书以BIM技术应用为核心，以建设项目全过程成本控制为落脚点，将技术咨询和经济咨询两个方面很好地融合在一起，由纵向和横向两个方向进行全面的分析，并辅以大量的案例。在纵向角度，从项目策划阶段到设计阶段和施工阶段，对BIM成本管控的应用价值做了全面、深入的分析论证；在横向角度，对房地产项目、EPC项目和装配式项目这三个类型建设项目BIM成本管控特性逐一做了深入探讨。毫无疑问，这是一部集成行业前沿知识，直面工程咨询尤其是造价咨询行业未来发展趋势的应用型书籍。书籍的出版填补了行业的空白，对行业发展具有巨大的现实意义。

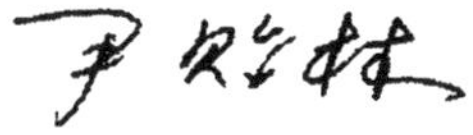

2019年3月22日

前　言

建设项目的成本控制在过去一直是造价师的范畴。由于历史的原因，早期中国的造价行业更多在做算量计价的工作，导致成本控制很多工作都是在做“核价”，在“控制”方面略显不足，更难以上升到成本策划的层面。这方面首先被房地产行业打破，由于房地产项目涉及投资分析、工程建设、市场营销等多个环节，项目的盈利建立在各方面综合的考量上，要求房地产成本总监需要较强的综合分析能力。随后这两年全过程工程咨询的兴起，要求全过程咨询的总负责人有一个行业全过程管控的能力，而成本管理是一个典型的全过程管理，涉及技术经济各个层面，从前期策划到项目竣工甚至建筑的全生命周期都必须予以关注，其内涵已经远远超过了传统造价行业的范畴。

工程建设行业目前正处于巨大的颠覆性变化之中，其中最为深刻的变革应当属于建筑数字化技术的快速发展，主要体现在 BIM 的应用。BIM 的本质是在建筑几何形体上加载各种工程或非工程信息，并通过信息的集成对项目的实施进行管理。这一方法打破了传统工程建设行业的信息分散割裂的局面，为工程建设行业带来颠覆性的技术和管理手段，在成本控制也不例外。由于 BIM 的强大的数据整合能力，算量计价越来越智能化和边缘化，成本管理也越来越向高度整合的数据管理方向迈进。

本书正是在这个大背景下进行编著的。编写内容基于以下认知：建设项目的成本控制是建立在整个项目全过程管控的基础上，应对项目的质量、进度、安全等各方面进行综合的考量，而不是单一经济这一维度，管控的目标除了项目本身的经济效益，还应该包括价值增长和减少项目风险。因此，本书在编写内容上既关注传统造价领域的内容，更关注新的技术和管理手段对项目成本结构带来的巨大改变，以一种全局综合的思维来阐述项目的成本控制是本书的一大特色。

本书内容一共八章，其中第 1 章 BIM 技术在建设工程成本管控的应用概述由梁华负责编写；第 2 章建设项目投资决策阶段的 BIM 成本管控由路明负责编写；第 3 章项目设计阶段的 BIM 成本管控由余飞负责编写；第 4 章项目施工阶段的 BIM 成本管控由张海军负责编写；第 5 章地产项目的 BIM 成本管控特性由刘晶昕负责编写；第 6 章 EPC 项目的 BIM 成本管控特性由董耀军负责编写；第 7 章装配式项目的 BIM 成本管控特性由顾靖负责编写；第 8 章的案例分别由范存磊、石巍、康然、万文杰、崔志勇、向敏编写。

本书的编写者来自全国各地的工程建设行业 BIM 应用的专家，覆盖从设计、施工到工程咨询各方面的从业人员，正是这种全行业精英的投入才保证本书在成本管控所体现的综合性和引导性。在此感谢各位专家的辛勤付出和无私分享。

本书在编写过程中，参考了大量专业文献，汲取了行业专家的经验，参考和借鉴了有关专业内容。在此，向这部分文献的作者表达衷心的感谢！

本书可以作为高等院校工程建设相关专业课程的配套教材，也可以作为相关专业技术人员和自学者的参考和学习用书。

《BIM成本管控》编委会

2019年5月12日

目　录

第 1 章　BIM 技术在建设工程成本管控的应用概述

导读：

建设工程全过程成本管控在近些年日益受到投资建设相关各方的重视，项目的建设地点、建设性质、承包性质和工期质量等因素在一定程度上对实现建设工程全过程成本管控起到至关重要的作用。除此之外，BIM 技术在建设工程成本管控中应用日益广泛，很多业主对 BIM 技术的应用已很重视，将应用 BIM 技术列入了项目设计和施工招标的必要条款。

1.1　建设项目成本的概念

建设项目成本，一般是指在项目的决策阶段和实施阶段为了工程项目的顺利建设所花费的各项费用的总和。它包括工程项目在机会研究阶段、可行性研究、决策、设计、建设准备、施工、竣工验收以及保修阶段所需花费的各项费用。

1.1.1　海外建设工程成本构成与投资模式概述

1. 海外建设工程成本构成概述

海外建设工程成本构成是指某承包商在国外承包工程建设时，为完成工程建设，以及与工程建设相关的工作所支付的一切费用的总和。具体成本主要由以下项目构成：

（1）直接费

直接费一般由人工费、材料设备费、施工机械费、分包工程费组成。

国内派出工人人工费由国内部分和国外部分组成。

1）国内部分主要有：国内工资、国内管理费、国内制装费、国内差旅费、劳动与生活用品费。

2）国外部分主要有：入境签证费、工作证费、居住证费、健康证费、国际旅费、国外就医费、国外伙食费、国外加班工资、奖金、国外零用费、人身意外保险费、个人所得税、国外住房费。

（2）间接费

国际承包中的间接费用名目繁多，费率变化较大，分类方法也没有统一标准。这类费用，除投标文件允许列名的少量项目外，其他各项费用一般成为待摊费，应包括在折算单价内，不单独列项，这是国际习惯做法。

所以计算报价时，应根据实际可能发生的项目计算。如投标费、保函手续费、保险费、税金、业务费、施工管理费、临时设施费、贷款利息、试运转费。

（3）暂列金额

这是业主在招标书中明确规定了数额的一笔金额，是对于在招标时尚未定量或详细规定的工程或开支而提供的一种业主的备用金额。暂定金额可用于工程施工，提供物料、设备、技术服务，分包项目以及其他意外开支，但均须按照工程师的指令，只有工程师才有权决定暂定金额的部分或全部动用，也可以完全不用。承包商无权做主使用该金额。

（4）盈余

盈余一般包括上级企业管理费、利润和风险费。

1）上级企业管理费：是指上级管理公司对所属现场施工企业收取的费用，它不包括工地现场的管理费，其费用额约为工程总成本的3%～5%。

2）利润：国际工程承包市场的利润随市场需求变化很大，当前国际市场的利润水平一般按5%～8%考虑。

3）风险费：风险费对承包商来说是一项很难准确判断的费用。在施工时，如果投标预计的风险没有全部发生，则预计的风险可能有剩余，则部分剩余将作为盈亏的一部分。如风险费估计不足，则只能由计划利润来补贴，盈余减少以致成为负值。如亏损严重不但不可能向上级交管理费，甚至要由上级帮助承担亏损。

2. 海外建设项目投资模式概述

国外建设项目投资模式主要有PPP模式和EPC模式两种。

（1）PPP模式

PPP模式在全球范围都有应用。在欧盟国家尤其是英国，PPP适用的领域涉及一般公共服务、国防、公共秩序交通运输、燃料和能源、环境卫生、娱乐和文化、教育等。但在大多数国家，PPP适用的范围主要集中在基础设施领域，包括收费公路、轻轨系统、地铁、铁路、桥梁、隧道、机场设施、电厂、电信设施、学校建筑、医院、监狱、污水处理和垃圾处理等方面。从区域角度而言，欧洲的PPP市场最为发达。分国别看，英国、澳大利亚、美国、西班牙、德国、法国等发达国家PPP项目的规模和管理水平处于领先地位。PPP模式示意图如图1.1-1所示。

图1.1-1 PPP模式示意图

（2）EPC模式

EPC承包模式是指由承包商进行全部设计、采购和建造工作，提供一个设施配套完善、交钥匙即可投产运行项目的工程承包模式。

采用EPC项目工程承包模式，相对业主来说，在项目投资价格、建设工期和使用功能方面能获得更大确定性，可以大大减少业主对各方协调的工作量，缩短项目的建设周期，有效地控制工程投资风险，较早地发挥活动投资收益；对承包商来说，能充分发挥其在设计、采购和施工三个环节的技术优势、项目管理优势，通过获得更大的项目决策与管理自由度以及承担更多风险，有机会获得更大收益。其构成关系如图1.1-2所示。

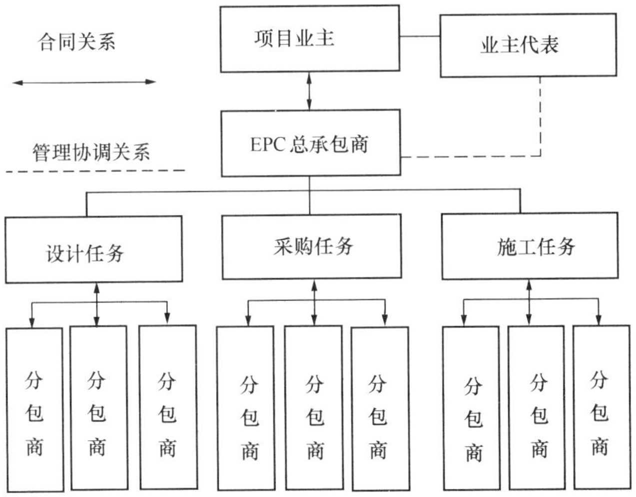

图1.1-2 EPC模式各方关系图

1.1.2　我国建设工程成本构成与投资模式改革

1. 我国基本建设投资模式改革

建设项目投资。从广义上讲，投资就是企业资金的使用，是指企业投放财力于一定对象，以期望在未来获取收益的一项重要的经济活动，狭义上讲，是指以企业特定建设项目为对象，直接和新建项目或更新改造项目有关的长期投资行为。目前我们国家现有：PPP 模式、BT 模式、TOT 模式和 BOT 模式等这几种投资模式。我国建设项目投资模式发展改革历程如图 1.1-3 所示。

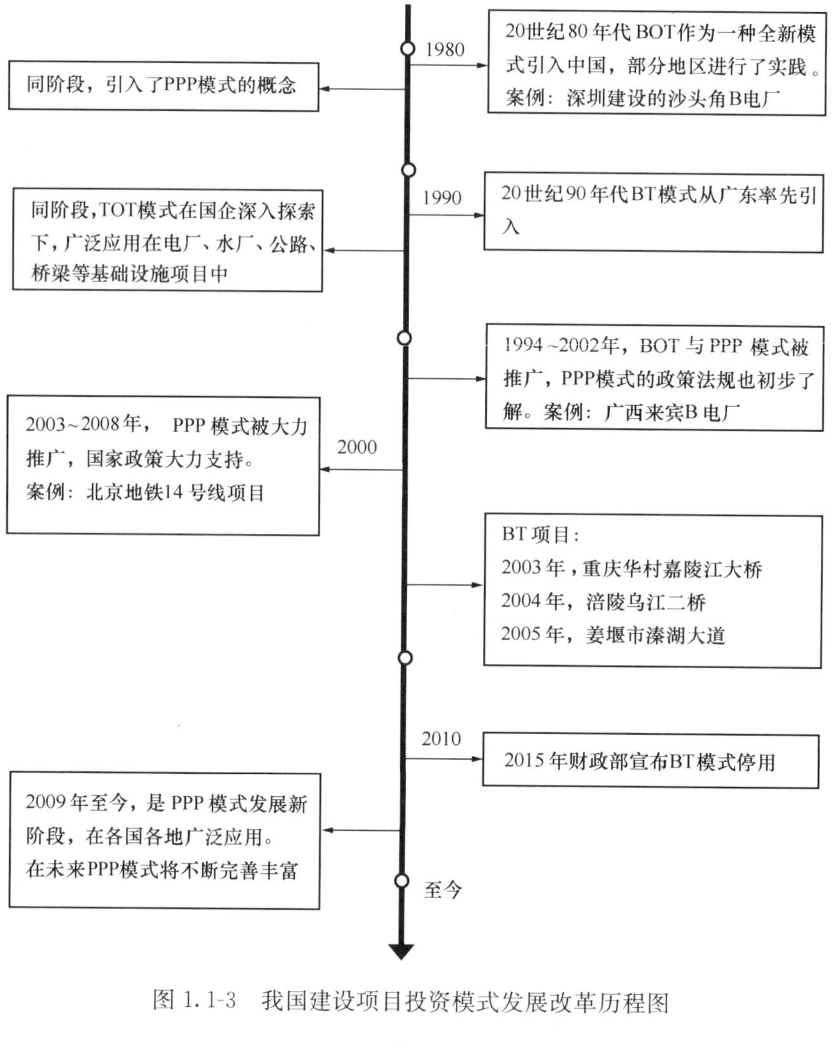

图 1.1-3　我国建设项目投资模式发展改革历程图

2. 我国现阶段建设项目成本构成

2017 年 9 月 4 日住房城乡建设部公布了“建设项目总投资费用项目组成图”，具体如图 1.1-4 所示。

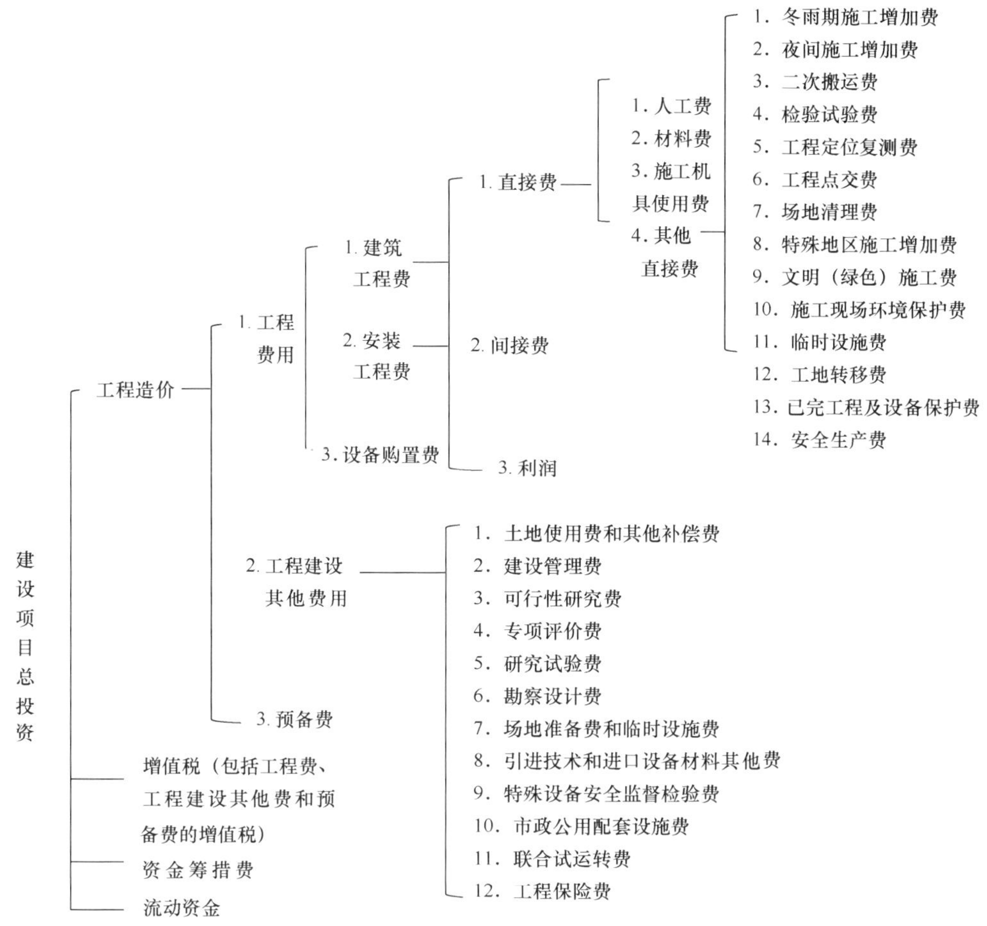

图 1.1-4　我国建设项目总投资费用项目组成图

1.2　建设工程全过程成本的概念

建设项目全过程成本是指为确保建设工程项目的投资效益和利润最大化，对工程建设从可行性研究开始经初步设计、扩初设计、施工图设计、招标、施工、竣工验收、工程结算、后评估等过程，围绕工程投资所进行的全部业务行为和组织活动。

建设工程全过程成本管理的目的是在工程建设的各个阶段，采用科学有效的方法和措施，在优化建设方案、设计方案和施工方案的基础上，把建设工程成本所发生的费用控制在合理的范围和合理的限额以内，并及时纠偏，以保证工程目标成本及目标利润的实现，从而为建设方获取最大限度的经济效益和社会效益。

1.2.1　建设项目全过程成本概念的提出过程

1950 年美国国防部对全生命周期成本进行了初步的研究，其主要原因是典型武器系统的运行和支持成本占了产品购买成本的 75%。美国国防部给出了全生命周期成本的定义为：政府为了设置和获得系统以及系统一生所消耗的总费用，其中包括开发、设置、使用、后勤支援和报废等费用。

随后，美国国家标准和技术局也分别对全生命周期成本进行了定义。在其研究中心认为：生命周期成本是指一个建筑物或建筑物系统在一段时间内拥有、运行维护和拆除的折现货币值。

建设项目全过程成本不仅仅关注到项目的建设成本，还关注到未来成本（包括运行费、维修费和报废处置费等），不仅要在建设项目各阶段考虑项目阶段的建设成本，而且还要考虑建设项目全寿命周期的成本，实现建设项目全寿命周期的经济性与合理性。

1.2.2　我国建设项目全过程成本管控现状

目前我国工程项目成本管理中项目建设方对成本管理的认识不足，使得很多成本管理的政策得不到良好的落实，失去了成本管理本来的作用。

1. 忽视前期成本管控

工程建设前期涉及项目策划、可行性研究与概念性设计、方案设计、初步设计等。此阶段的设计文件对建设项目总成本起决定性作用。但是目前我国的设计者，大多追求高安全度和设计收费，设计时不考虑经济因素，造成了许多工程大量浪费材料的现象。项目成本管理以被动地按照设计图纸编制的概预算和计算工程造价为主，忽视了在设计阶段用成本管理手段优化设计，失去了控制项目成本的最佳时机。

2. 全过程成本管控的权限不明

长期以来，除了部分房地产开发项目以外，项目成本管理的各阶段相互脱节，投资估算、设计概算、施工图预算、合同价、结算价、决算价，这六个阶段的造价分别由建设单位及其主管部门、设计单位、施工企业各自管理。全过程成本管控的责任主体不清、权限不明。

3. 项目成本管控思路不清

建设项目的成本目前由设计图纸起决定的作用，建设方和设计人员长期忽视项目建成之后的运营需求。导致许多项目建成之后使用功能部分不能满足、运营环境的基础条件没有考虑，使得项目建成之后没有发挥应有的作用，投资价值不高。

1.2.3　建设项目全过程成本管控实现环境与技术要求

建设项目全过程成本管控是一项复杂而系统的工程，在确保工程质量和工期前提下，将项目实际成本管控在合理的目标成本范围内，并取得最佳的经济效益。它贯穿于建设项目投资决策、规划设计、招投标、项目施工、竣工验收和质量保修、运营维护等关键环节，是全过程、全方位、全要素成本管理。

1. 全过程工程咨询的推行

2017 年 2 月 21 日，《国务院办公厅关于促进建筑业持续健康发展的意见》（国办发〔2017〕19 号）在完善工程建设组织模式中提出了培育全过程工程咨询，这也是在建筑工程的全产业链中首次明确了“全过程工程咨询”这一理念，政府投资工程将带头推行全过程工程咨询。

全过程工程咨询，涉及建设工程全生命周期内的策划咨询、前期可研、工程设计、招标代理、造价咨询、工程监理、施工前期准备、施工过程管理、竣工验收及运营保修等各个阶段的管理服务。全国推行全过程咨询服务后，全过程咨询企业将能全面推进全过程成本管控等工作，在管理权限上获得业主授权。

2. BIM 技术在全过程项目管理中的推广使用

BIM 技术在工程规划、勘察、设计、制造、施工及运营维护等各阶段的推广应用，实现了建筑全生命期各参与方的关键数据共享及协同，是实现建设项目全过程成本管控的技术基础；BIM 技术可实现对工程环境、能耗、经济、质量、安全等方面的分析、检查和模拟，为项目全过程方案优化、科学决策、虚拟建造提供技术支撑，随着 BIM 的深入应用和发展，将有利于设计、施工、制造、运维等各阶段资源整合，有利于项目管理组织模式的创新，有利于项目资源合理配置，真正实现资源使用最大化成本大幅度降低。

1.3 建设项目成本管控原理

建设项目成本管控主要涉及六个方面的管理，即成本预测、决策、计划、核算、分析和考核。其中，成本预测、决策、计划工作都属于“事前”管理，也被称为成本确定方面的管理工作；而成本核算、分析与考核工作都属于“事中”管理，也被称为控制方面的管理。

概念原理图具体如图 1.3-1 所示。

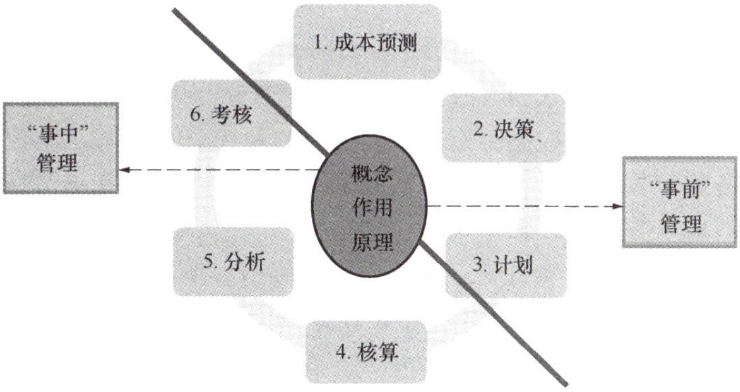

图 1.3-1 建设项目成本管控概念原理图

1.3.1 建设工程成本管控原则

技术与经济相结合是控制工程成本的最有效手段。在工程项目建设过程中，将技术与经济有机结合，通过技术比较、经济分析和效果评价，正确处理技术先进与经济实力两者之间的对立统一关系，力求做到在技术先进条件下经济合理，在经济合理基础上技术先进，把全过程成本管控的观念渗透到各项设计和施工技术措施、运维之中。

在全过程项目管理中应用 BIM 技术，能打通建筑项目全过程信息孤岛，设计、施工、成本、运维等各阶段数据得以流动，形成建造全生命周期数据协同的新型工作模式。通过 BIM 技术辅助工程前期管理、设计管理、全过程造价管理、采购管理、施工管理及竣工验收管理，以 BIM 应用的形式为各阶段管理及决策提供数据验证、数据支撑，并通过信息化全过程项目管理平台的“文件档案管理”功能实时传输及保存数据，实现项目的“可控、可查、可管”。

1.3.2 建设工程成本管控内容

以我国现行的会计准则、会计制度等法律法规为准绳，结合《建设工程项目管理规范》GB/T 50326—2017中有关项目成本管理的相关章节，根据建设工程项目成本管理的特点，综合目前建设工程项目成本管理中的基本原理和方法，建设项目成本管控主要内容包括：项目成本预测、项目成本目标、项目成本计划、项目成本控制、项目成本核算、项目成本分析与考核。

（1）项目成本预测：成本预测就是根据成本信息和项目的具体情况，运用一定的专门方法，对未来的成本水平及其可能发展趋势作出科学的估计。是在工程项目施工以前对成本进行的估算。

（2）项目成本计划：通过系统的成本策划，按成本组成 、项目结构和工程实施阶段分别编制项目成本计划。

1）预测项目成本。

2）确定项目总体成本目标。

3）编制项目总体成本计划 。

4）项目管理机构与组织的职能部门根据其责任成本范围 ，分别确定自己的成本目标，并编制相应的成本计划。

5）针对成本计划制定相应的控制措施。

6）由项目管理机构与组织的职能部门负责人分别审批相应的成本计划。

（3）项目成本控制：成本控制是指在项目实施过程中，对影响工程成本的各种因素加强管理，并采取各种有效措施，将施工中实际发生的各种消耗和支出严格控制在成本计划范围内，保证项目成本管理目标的实现。

（4）项目成本核算：根据项目成本管理制度明确项目成本核算的原则、范围 、程序、方法、内容 、责任及要求，健全项目核算台账。项目成本核算所提供的各种成本信息，是成本预测、成本计划、成本控制、成本分析、成本考核等各个环节的依据。

（5）项目成本分析：成本分析是在成本核算的基础上，对成本的形成过程和影响成本升降的因素进行分拆，以寻求进一步降低成本的途径。

（6）项目成本考核：根据项目成本管理制度 ，确定项目成本考核目的、时间、范围、对象、方式 、依据、指标 、组织领导、评价与奖惩原则。按项目成本目标责任制的有关规定，将成本的实际指标与计划、定额、预算进行对比和考核，评定项目成本计划的完成情况和各责任者的业绩，并以此给予相应的奖励和惩罚。

1.3.3 建设项目成本管控程序与流程

1. 策划阶段

进行合同规划和管理；完成建设项目前期阶段的投资估算的编制及审核。

以前期管理中的招标策划成果为依据，进行合同规划与管理，协助建设方对明确合同主体、合同形式的选择、合同条件和重要合同条款等进行确定。

将采用的估算系数和估算指标价格、费用水平调整到本项目建设所在地及投资估算编制年的实际水平，并结合本项目全过程成本管理的特点加以修正审核，并出具审核报告。

2. 设计阶段

完成设计方案优化过程中经济指标分析核算、设计概预算审核、施工图审核、同步编制及审核工程量清单和上限控制价，并完成财政评审手续。

（1）经济指标分析核算

通过经济技术指标经验值，结合项目当地市场指标，进行项目方案和初步设计阶段的经济技术指标分析，经济指标分析核算包含以下内容：方案造价分析、主要工程量分析、分部分项工程费用分析等。

（2）初步设计概算审核

审核设计概算，并提出审核报告报建设方批准。主要工作重点：一是检验初步设计概算是否按照项目总投资计划及 EPC 总承包项目的特点进行了优化设计，设计内容及标准是否达到了业主的要求；二是在设计内容及标准达到业主要求的前提下，初步设计概算与项目总投资计划是否有较大出入，是否需要进行调整。

（3）施工图预算审核

审核施工图预算文件，提交审核报告报业主批准。主要工作重点：一是对施工图预算的准确性进行最终确认，如有偏差及时异议调整，进行概算与预算对比，根据对比分析报告进行偏差控制；二是为项目开工做好资金准备，根据施工图预算编制资金使用计划；根据施工图预算及工程进度计划，编制施工期间资金流量预算表。

（4）同步编制及审核工程量清单

同步编制工程量清单，并审核造价咨询公司的工程量清单文件，提交审核报告报业主批准。主要工作重点是：审核工程量的准确性，对 EPC 总承包招标模拟工程量与清单工程量进行对比分析提交分析报告和风险预案报告，核对工程量清单是否漏项，结合项目特点和合同风险管理分析审核工程量清单列项及描述的准确及全面性。

（5）同步编制及审核上限控制价

同步编制上限控制价，并审核造价咨询公司的上限控制价文件，提交审核报告报业主批准。主要工作重点是：审核上限控制价的单价是否真实反映市场平均价格水平，结合工程量清单子项中描述的工程内容、项目特征，确定分部分项工程量清单单价，结合 EPC 总承包合同及业主需求审核措施费用的合理性，审核其他费用及规费税金的合理性（图 1.3-2）。

3. 施工阶段

主要工作内容为：驻场人员及时间安排、工程进度款的支付管理制度、工程变更预算审核、工程变更方案优化过程中经济指标分析核算、主要材料及设备定价的审核、洽商签证的管理与审核、工程索赔的管理与审核，并出具审核报告。

（1）编制驻场人员及驻场时间安排计划

为了保证成本管控质量，项目管理公司应派管理人员驻场，并编制驻场人员及驻场时间安排计划。驻场时间安排包括驻场人员的姓名、性别、年龄、执业资格、本项目职务、驻场时间及承担主要工作的各项主要信息均在 EPC 全过程项目管理平台中体现，将管理工作落实到责任人。

（2）编制工程造价控制大纲

依据项目批复投资或初步设计概算、中标合同价、施工进度计划等相关资料，编制工

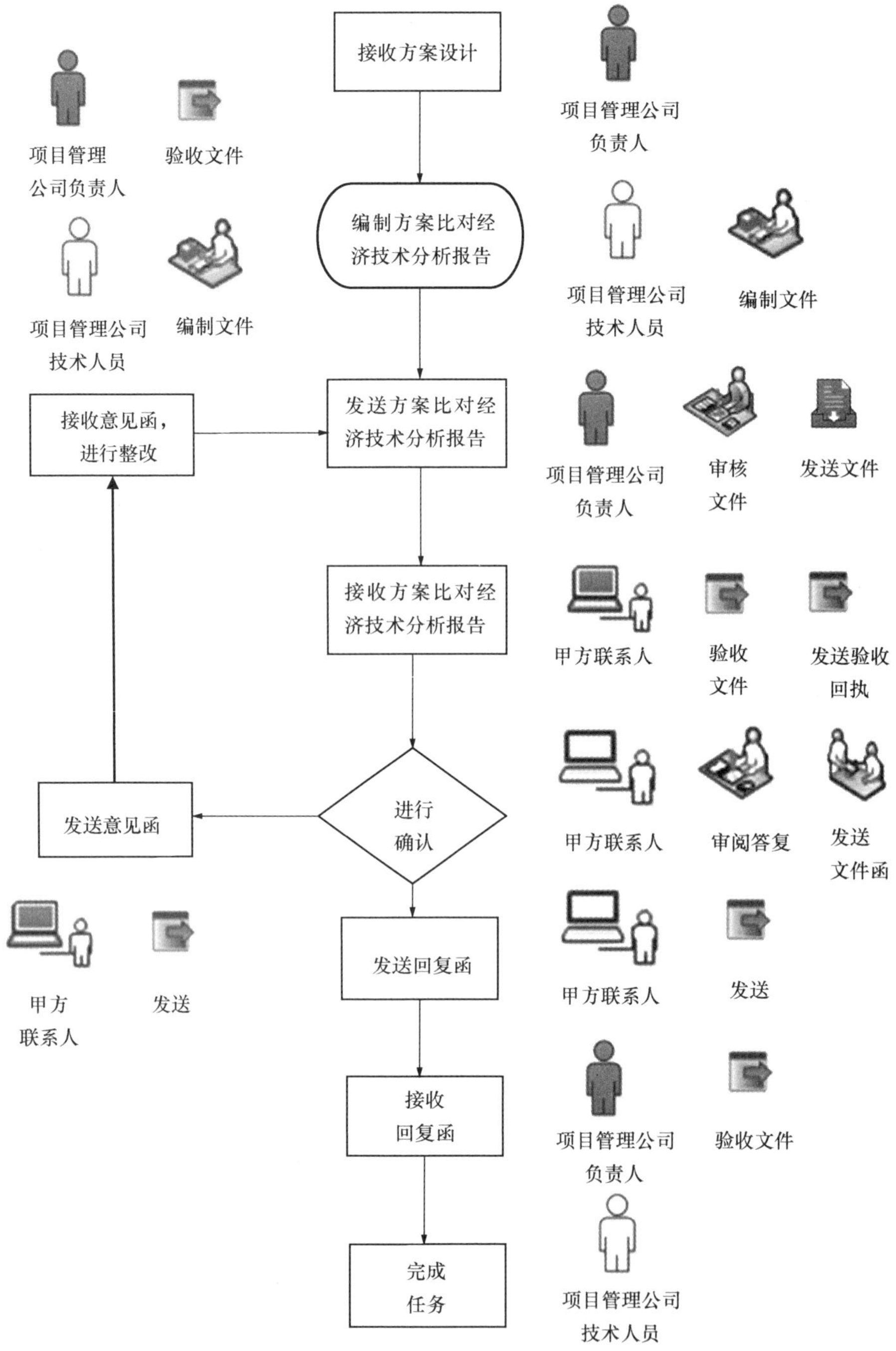

图 1.3-2　编制方案比对经济技术分析报告平台管理流程图

程造价控制节点图，其目的是协助业主将项目实施总成本，控制在业主批准的项目概算成本之内。

（3）工程进度款的支付管理制度

按建设工程施工承发包合同协议条款、约定的时间及方法参与工程计量，负责按时审查并确认进度款的支付额度，向业主提交进度款支付建议，并建立相应工程计量支付管理台账。

（4）合同管理

施工阶段注重收集参与工程建设的总承包方、分包单位的施工合同或协议书，建立合同管理台账，将合同中与工程造价有关的内容进行登记，如工程范围、合同价款、结算办法等，以便随时查阅。并且我司将所有参与方的合同价款、进度款支付原则及工程结算原则等资料整理归档，为竣工结算打好基础。

（5）工程变更的审查及处理

为了更好地控制项目成本，根据工程进度，要求总承包方按月上报设计变更及工程洽商，按月进行结算，做到随时掌握设计变更的成本增加情况。未按规定及时上报的工程变更，结算时不再计入工程结算，建议业主把本条作为合同条款在合同中明确约定。

（6）材料及设备签证管理

根据总承包合同分析，确定材料及设备的主要技术参数，并与总承包公司、监理公司、材料及设备供应商对材料及设备主要技术参数进行多方核对签字确认。严格施工过程材料及设备签证管理，严格封样管理制度、材料及设备进场审核制度，减少施工过程签证量，严格把控材料及设备进场质量及价格。

（7）索赔管理

对 EPC 总承包模式进行全过程造价管理分析，根据项目特点制定索赔管理制度，并通过 EPC 全过程项目管理平台将管理制度进行实施。通过经济技术分析，结合合同进行索赔计算，出具索赔风险分析报告，并报业主批准。

（8）设计变更的审核工作程序

制定设计变更审核工作程序，并通过 EPC 全过程项目管理平台将管理制度进行实施。审核设计变更手续是否合理合规，是否符合合同约定，并根据变更引起造价变更的数额实行三级审批制，明确审批权限，加速变更工作的进展。由 EPC 总承包方发起的、同一原因引起的、数额较大的变更项目不能肢解为多个变更项目申报而逃避审批。对于所有设计变更事项，进行方案对比，并出具方案对比造价分析报告，报业主审核批准。

（9）洽商签证的审核与管理

通过 EPC 全过程项目管理平台，进行签证及索赔现场资料实时上传审核、及时处理，并由现场造价管理人员对签证及索赔内容进行确认，由造价管理负责人进行审批，项目总负责人审核，报业主批准。对于重大索赔事项，进行施工技术方案模拟，确定变更方案及工程量，结合造价管理经验，确定变更价格。结合业主与总承包方签订施工合同的内容，特别是洽商签证的一些优惠条款，涉及洽商签证是否可以列入工程结算。保证工程变更与工程现场签证审核的依据充分，设计变更手续、签证程序齐全，内容与实际情况相符，所选用的计价方式合理并符合总承包合同规定。

（10）综合单价签证的管理与审核

依据工程量清单计价规范，通过全过程项目管理平台及时快速审核工程价款调整报告，对综合单价调整事项进行调整内容确认及询价分析，进行价格确认，并提交业主批准。

4. 竣工结算阶段

进行竣工结算审核，办理竣工结算相关手续。

（1）竣工结算资料审查

对项目全过程资料进行归类及整理，与总承包单位竣工结算资料进行对比确认。审查资料的全面性、合理性，对于总承包方送审报价资料必须做到经业主及监理的双方确认，确保竣工结算资料的真实性和完整性。

（2）竣工结算文件审核

主要审核工作内容：审核竣工结算的工程量是否真实、准确，定额套项及价格是否合理，计取各项费用及执行文件、选用定额版本是否准确、合规，建设项目概预算最终执行情况如何。

（3）与相关结算单位做好对接工作

督促总承包公司及各分包公司做好施工过程中相关结算资料的收集、整理工作，做好竣工图纸的审核工作，做好相关结算资料的签字盖章手续，及时跟进对接工作的完成。

1.4　BIM成本管控现状

1.4.1　BIM技术在建设项目成本管控的应用现状

1. BIM技术特点及国内应用状况

从2014年开始，在住房城乡建设部的大力推动下，各省市政策相继出台BIM推广应用文件，到目前我国已初步形成BIM技术应用标准和政策体系，为BIM的快速发展奠定了坚实的基础。2016年是BIM政策的井喷年，各地纷纷出台BIM推广意见。2018年，越来越多关于BIM的推进政策陆续推出，BIM技术将逐步向全国各城市推广开来，真正实现在全国范围内的普及应用。

建筑信息模型技术（BIM）是一种数字化的管理方法，是以建筑模型为基础，把建筑工程项目的信息和数据全部数字化后融入模型，在计算机上形成一个详细、真实的三维模型。BIM作为一项新技术，目前已在建筑工程管理中得到了有效运用，依靠正确数据和关联关系，使成本的管控从单一维度到体系化，这样不仅可以加强管理者的进度管控，减少工程延误风险，而且能够实现项目全过程成本的管理，创造巨大效益。

随着应用BIM技术的企业数量和企业内部BIM技术应用率的增加，越来越多的企业发现BIM的价值所在。根据Dodge Data & Analytics的《中国BIM应用价值研究报告》（数据源自全国的350个设计和施工企业调查问卷）相关调研数据显示（图1.4-1），国内企业对BIM应用价值认知，主要体现在：设计优化，减少错漏，减少施工现场协调和促进与客户的协作，增进相互了解。而这些又恰恰是对一个建筑施工项目进行成本控制的重要影响因素。

研究报告还显示（图1.4-2），国内BIM投资回报率（ROI）有以下几个特征：

（1）回报率为盈利的企业占绝大多数，85%的设计企业和86%的施工企业认为其BIM投资回报率（ROI）为正，约有15%的企业为负或盈亏平衡状态。

（2）BIM应用年限较长的企业和BIM深度应用的企业，投资回报率为正的比例高。

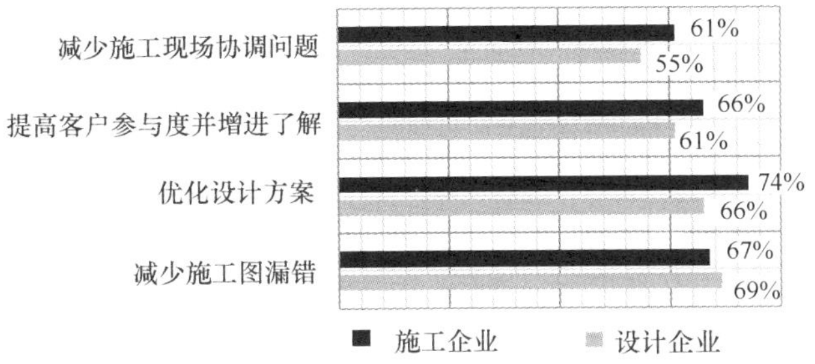

图 1.4-1 国内企业对 BIM 的价值认知

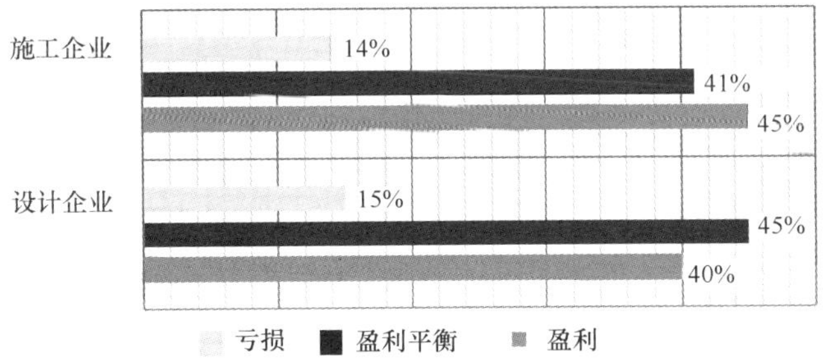

图 1.4-2 设计和施工企业 BIM 投资回报率

2. BIM 技术实现建筑项目全过程成本管理的流程

（1）方案阶段：从 BIM 模型获取粗略的工程量数据，然后与估算指标数据结合，计算出较为合理的估算价。通过 BIM 模型进行不同的设计方案论证，从经济测算的角度指导设计人员对不同方案进行评估。

（2）初步设计阶段：从 BIM 模型获得项目的各种项目参数和工程量。将项目参数和工程量结合，查询指标数据库或概算数据库，计算出科学的概算价。造价工程师可以针对初步设计阶段不同的设计控制手段测算概算指标，从而指导设计人员开展的价值工程和限额设计。

（3）施工图阶段：通过建立准确详细的施工阶段深化 BIM 模型（LOD300～LOD400），为编制准确的施工图预算提供准确的工程量。

（4）招投标阶段：根据 BIM 模型可以编制准确的工程量清单，达到清单不漏项、工程量不出错的目标。投标人根据 BIM 模型获取正确的工程量、与招标文件的工程量清单比较，可以指定更好的招标策略。

（5）签订合同价阶段：BIM 模型与合同对立，为承发包双方建立了一个与合同价对应的基准 BIM 模型，它同时也是计算变更工程量和计算工程量的基准。

（6）施工阶段：BIM 模型在施工过程中需要及时记录各种变更信息，并形成各个变更版本，为审批变更和计算变更工程量提供基础数据。结合施工进度数据，按施工进度提取工程量，为支付申请提供数据依据。

（7）竣工阶段：BIM 竣工模型已经与竣工工程实体一致，它可以为结算提供准确的结算工程量数据。同时为建设项目的运维管理提供最终模型和数据。

3. 现有阶段BIM的成本控制的优点与不足

(1) 现有阶段BIM的成本控制的优点

以BIM三维模型为基础，加上时间（Time）维度成为BIM 4D，在施工进度管理方面已成功运用，在BIM 4D的基础上加入成本（Cost）维度形成BIM—5D模型，不仅包含了建筑实体数据，而且涵盖了进度、资源和成本等信息，实现真正意义的数字化的管理，全面提升BIM模型的功能价值，拓宽了BIM的应用范围。目前，国内建筑设计项目，使用BIM可实现的功能有：三维节点交底、图纸管理、质量安全跟踪、钢筋算量与放样、工期管理、现场劳动力和资源精细管理、过程提量、碰撞检查（图1.4-3）、管线综合等。

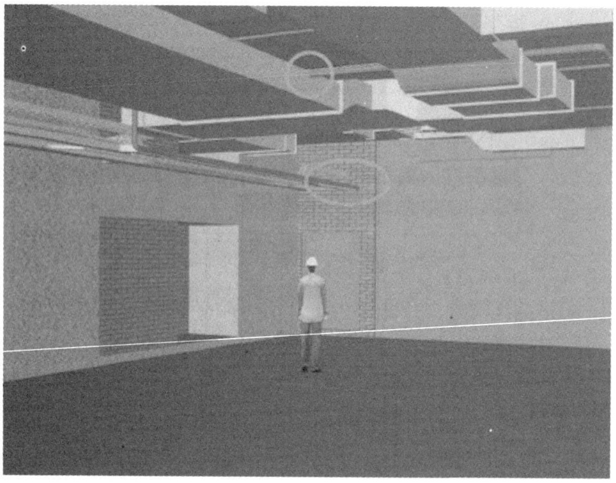

图1.4-3　BIM技术在碰撞检查上的示例

建立三维BIM模型后，在此基础上，基于IFC标准建立BIM数据库，其中囊括了来自项目所有参与方，如建设方、施工方、材料供应商等其他参与方不同类型信息，涉及了项目的类型、结构功能特点，构件的几何、材料等以及施工过程中的质量、资源、成本与工程量数据，竣工运行之后的运营维护信息，还有其他项目全寿命周期的所有属性信息，数据信息十分完备。

根据上海BIM推广中心2016年调研的109个有效反馈项目总投资额和BIM技术应用投入费用数据显示（图1.4-4）：尽管现阶段我国建设工程项目，BIM技术应用费用占总投入额还相对较低，但是大多数被调研的施工设计企业，都认可BIM技术为项目本身带来的自我增值，包括管理效益、质量效益、进度效益和经济效益四个方面。另外，《中国BIM应用价值研究报告》的调研数据也显示，上海市BIM深度应用企业获得的效益数据明显高于全国平均水平，处于领先位置。

(2) 现有阶段BIM成本控制的不足

1）运营阶段在建设项目的全寿命周期内处于“孤立”状态。就某一个阶段BIM技术而言，应用价值也未达到充分的实现，比如设计阶段中“绿色设计”“规范检查”“造价管理”三个环节仍出现了“孤岛现象”。

2）我国现有的建筑行业体制不统一，缺乏较完善的BIM应用标准，加之业界对于

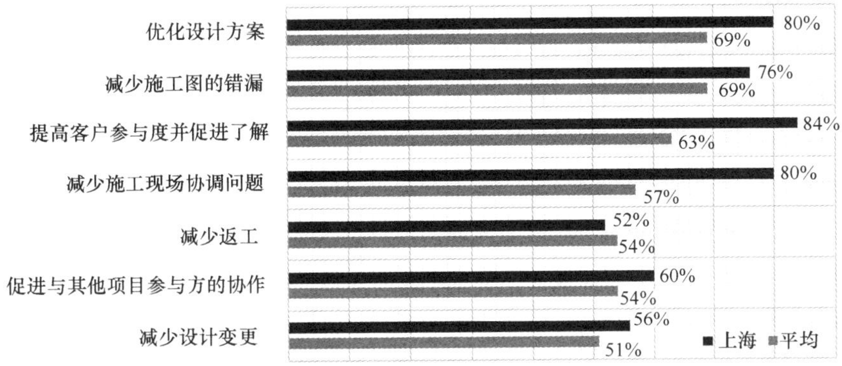

图1.4-4　上海市BIM深度应用企业的项目收益与全国平均比值

BIM的法律责任界限不明。

3）项目运作缺少统筹管理。BIM理念贯穿项目全寿命期，但各阶段缺乏有效管理集成。

4）建筑供应链的参与方缺乏主动应用BIM理念，阻碍了BIM大规模应用到建筑业。

4. 现有阶段BIM的成本控制的应用误区

大量建设项目实践表明，BIM技术在建设项目成本管控中的投资回报率不高，主要原因在于BIM实施策略不当：

（1）选用BIM解决方案不当

特别是针对设计阶段和施工阶段的BIM应用，没有选用各自专业的解决方案。在建造阶段，用只能在设计阶段发挥作用的BIM软件建了模，若要做设计阶段的碰撞检查，则无法再干别的事情了。到了招标阶段费了很大劲建好的模型，连工程量都出不来，结构工程最重要的钢筋模型建不起来，无法支持到招投标的工作，后续建造阶段的应用更无从谈起，业主一般都相当不满意。

（2）实施策略不当，导致成效有限

有的业主已经聘请了BIM顾问，可谓相当重视，但应用效果与前述并无多大差别，ROI（投资回报率）低，BIM能实现的只是建个模型展示和碰撞模拟。这个问题在于业主方偏向于设计BIM团队合作，聘请的BIM顾问一般只擅长于设计阶段的BIM应用，对建造阶段的BIM应用不了解，无法为业主提供有价值的全过程BIM咨询服务：有的业主更是没有聘请专业的BIM顾问，只在招标合同中放进去专门的要求，这种实施方法效果也不可能好。

1.4.2　BIM技术在成本管控中应用的现阶段难点分析

（1）当前施工单位BIM基础都还不强，没有建造阶段的BIM总顾问，就无法统一协调、建立统一的数据标准、建模标准和应用标准实现真正的专业整合应用。此外，施工分包与总包、总包与业主还存在利益不一致的情况，所以让施工承包单位主动实施BIM技术，并提交质量较高的BIM成果，是件勉为其难的事情。

（2）目前，我国BIM技术相关从业人员缺口较大，企业缺失BIM应用人才，培养BIM应用人才已是当务之急。企业应加大员工学习BIM知识的培养力度，提高项目管理人员的综合能力，以深化 BIM 技术创新，提升项目人员对项目成本管控的综合素质，以益于项目成本管控工作。

（3）设计方的 BIM 目前还不能较好指导现场施工，如对于地下室外墙与相连接的筏板基础而言。设计师考虑的因素主要是成型后的混凝土墙、混凝土柱和筏板基础；而建造师考虑的是过程和工艺，从垫层到筏板上 300～500mm 高度的混凝土墙和止水钢板都是必须关注到的因素；造价师在考虑的时候又将柱的混凝土归并到地下室混凝土墙里进行归类考虑。

1.5　BIM 技术在建设项目成本管控中的应用方法

BIM 作为最能推动建设管理方式改革的理念，针对目前成本管理存在的问题，有较好的应用前景，也能够有效地改进成本管理存在的问题。

1.5.1　建设项目成本管控 BIM 技术应用点规划

1. BIM 在建设工程设计阶段的应用

（1）提供了全新三维状态下可视化的设计方法。

（2）提供各个专业协同设计的数据共享平台。

（3）提供设计阶段进行方案优化的基础。

（4）实现设计阶段项目参与各方的协同工作。

（5）基于 BIM 的碰撞检测：

将所创建的建筑、结构、机电等 BIM 模型，通过 IFC 或．rvt 文件导入专业的碰撞检测与施工模拟软件中，进行结构构件及管线综合的碰撞检测和分析，以便发现设计中存在的问题，提升设计质量。

（6）基于 BIM 的管线优化。

2. BIM 在建设工程施工阶段的应用

（1）基于 BIM 的设计可视化展示

按照 2D 设计图纸，利用 Revit 等系列软件创建项目的建筑、结构、机电 BIM 模型，可对设计结果进行动态的可视化展示，使业主和施工方能直观地理解设计方案，检验设计的可施工性，在施工前能预先发现存在的问题，减少因后面返工而增加的项目成本。

（2）基于 BIM 的碰撞检测与施工模拟

通过 BIM 对项目构建进行碰撞检查以及整个建造过程或重要环节及工艺进行模拟，可以提前发现设计中存在的问题，减少施工中的设计变更，优化施工方案和资源配置，从而降低建设成本。

（3）基于 BIM 的工程深化设计

用结构、设备管线 BIM 模型进行工程深化设计，是当前施工阶段 BIM 应用的重要体现。其应用方法有两种：

1）将所创建的模型，通过 IFC 或．rvt 文件导入专业设计软件中进行深化设计。

2）根据碰撞检测的分析结果，直接在 BIM 建模软件中对结构、水暖电管网及设备等专业设计进行调整、细化和完善。

（4）基于 BIM 的工程造价动态管理

（5）基于 BIM 的建设工程变更管理

3. BIM 在建设项目竣工阶段的应用

（1）核对工程数量。

（2）检查结算依据。

（3）借助 BIM 模型对现场实际施工情况进行校核。

1.5.2 BIM 应用点实现路径分析

1. BIM 应用阶段 1：基于对象的建模

BIM 应用是通过运用“基于对象的三维参数化软件工具”开始的，这些软件有 ArchiCAD、Revit、Digital Project 和 Telkla 等。在这个阶段是设计、建造或运营维护的单专业模式，相应的 BIM 建模包括建筑设计模型、建筑施工模型和建筑运营维护模型，主要用于二维文件和三维视图的自动生成和相互协调。

建筑信息模型由“智能对象”（Smart Objects）信息组成，它们包括了物理信息如门、柱或者窗户信息，以及其内部封装的各种数据库。此时的建筑智能对象与传统的 CAD 实体有质的区别，后者只有少量或没有元数据，前者却有每个构件的真实数据信息。BIM 内部的信息丰富程度以及其各 BIM 模型之间的信息交互程度，是 BIM 成熟度的关键变量。各 BIM 模型之间的信息交互程度反映了 BIM 各个角色之间信息传输方法上的变化，或者说其信息合作和协同的程度。

2. BIM 应用阶段 2：基于模型的协作

在 BIM 应用阶段 1 的单阶段或单专业的建筑信息模型后，BIM 应用阶段 2 的建模人员将积极与其他阶段的人员协作。不论他们用的是什么 BIM 建模软件工具，都可以和用其他软件工具制作的 BIM 模型进行交流。不同的模型之间可以进行顺畅的协作，例如通过专有格式（例如，Revit 建筑模型和 Revit 结构模型之间通过 RVT 文件格式）和非专有格式（例如，ArchiCAD 和 Telkla 之间使用 IFC 文件格式）的模型交流和可互操作交流。基于模型的协作可以发生在一个项目寿命期阶段内部或两个阶段之间。例如，包括建筑和结构模型的设计阶段内部（DesignDesign，DD）信息交换。

3. BIM 应用阶段 3：基于网络的集成

在 BIM 应用阶段 3，带有丰富信息的综合性模型被创建、共享和维护，且以贯穿项目寿命期不同阶段的协作来完成。这种集成可以通过模型服务器技术（使用专有的、开放的或非专有格式）、集成或分布式数据库内 51 或相应软件作为服务解决方案。

阶段 3 的 BIM 模型成为跨专业的 nD 模型，允许在设计和施工阶段初期进行复杂分析。在这个阶段，建筑信息模型成果不仅反映建筑实体本身的属性，还包括商业智能、精益建造、节能减排和全寿命周期成本核算。这一阶段，协作工作显示出围绕着内涵更加丰富的，基础更加统一的数据模型进行螺旋上升的态势。

1.6 思考与总结

目前，我国建筑行业发展进入成熟阶段，国家加大国有投资项目的投资管控，房地产利润呈现出下滑趋势，因此加强建筑业的成本控制管理必不可少。建设项目成本管控必须有正确的成本管控理念，理解建设项目全过程成本的概念和费用组成，思考全建设阶段的成本管控手段，并运用 BIM 技术进行数据分析和模型支持，才能真正达到成本管控的目的。

建筑界的 BIM 技术已越来越多地被运用于各个领域，并发挥了很重要的工具性作用。利用 BIM 技术的特长优势进行各阶段动态成本分析，能够将分析对象细化到建筑物的造型、楼层、部位构件、工艺工序等层面，比人工更加高效和快速，而且最大限度地展现某个部位或工序超支的现象，BIM 技术最终有效保障了工程项目整体投资的可控，系统全面实现了静态和动态成本的可控，如何高效实用地运用 BIM 技术进行成本管控，是建设项目各参与方都要思考和解决的问题，不仅仅是技术本身，还涉及企业管理制度和项目管理方法的变革。

第 2 章　建设项目投资决策阶段的 BIM 成本管控

导读：

投资决策阶段是一个建设项目整体流程中最先进行的阶段。这一阶段的主要工作内容是对拟建项目进行全面分析与评估并合理规避风险。而其中最重要的部分是对投资资金的分析与管理。投资决策阶段中，BIM 技术一般在可视化、数据处理等方面有大量应用。可视化可以将某些平面无法表述清楚的内容更加清晰地表示出来。同时使用 BIM 技术进行数据处理可使此阶段的一些工作由人工计算转变为自动提取，大大减轻了劳动成本并提高效率及数据的准确度。在投资决策阶段，一个准确的、精细度较高的 BIM 模型对后续工作的开展也有积极作用。建设行业的从业者需要有“产品思维”。对于投资决策就像是产品的定位，而 BIM 技术就像是产品仿真，通过对产品的模拟能够最大限度地降低试错成本，提高资金的使用效率。

本章详细介绍了 BIM 技术在投资决策阶段的各种应用形式。

2.1 投资决策阶段 BIM 成本管控概述

2.1.1 建设项目投资决策的含义

建设项目投资决策是对拟定建设项目的可行性和必要性的科学技术经济考察论证，对不同的建设项目方案进行投资规模比较，作出判决和决定的过程。

投资决策阶段的主要内容是分析与评价，一般由投资机会研究、初步可行性研究、可行性研究（详细可行性研究）和项目前评估四部分组成。通过这些流程，对建设项目建设的必要性、可能性、风险与收益等问题充分分析后判断项目的可行性并提出适当建议。

投资是以投资决策为基础进行的活动，投资决策的可靠性决定了投资是否能够达到预期效果，并且工程造价以及设计阶段的合理性也是由投资决策的可靠性决定的。

在建设项目整体流程中，投资决策是整个项目前期阶段工作的核心。投资的动机和目的是为了获取更大的效益。对建设项目来说，投资金额大、投资风险大、对建设方的生产经营活动产生的影响大，某一方面考虑不到位可能就会带来严重的后果。完整优秀的投资决策不仅是投资的主要指导方针，也是资金的“保护伞”。

投资决策挑选出规划方案的同时，也基本确定了整个项目的造价。所以无论是从工程造价的管理上，还是从投资方面，投资决策都是这些工作的基础。因此，正确的投资决策对每个建设项目来说都是十分重要的。

2.1.2 投资决策与成本管控的关系

投资者依据自身制定的成本管理控制方案，对影响成本的因素进行调整和预防的方式，以达到控制管理成本的目的，这种行为叫做成本管控。出色的成本管控能力是投资者在众多竞争者中脱颖而出的关键，有效合理地控制项目成本是企业的核心竞争力之一，也是企业的生存基础。

成本管控分为成本分配和成本控制两大部分：成本分配是将成本派分到不同的系统、部门、生产线上；成本控制是预定出成本限额，将实际成本与成本限额结合考虑，得出最合理的成本方案的过程，其中涉及机会成本，指在多个方案中作出取舍，舍弃其他方案及其所带来的利益选择出最佳方案的分析决定合理战略的策略，在这个取舍的过程中放弃的利益叫做机会成本，机会成本也是成本控制的重要环节之一。

投资决策与成本管控的关系：(1) 投资决策是统筹和控制资金成本的根本前提，决策正确与否直接决定了整个项目的成败，失败将会导致资源的浪费，投资资金的大量损失，造成非常严重的后果。(2) 投资决策阶段是管理控制成本的关键阶段，投资决策的内容直接决定了成本方案的基础。在决策阶段，良好的投资资金控制对资金的节约是最重要的。(3) 投资决策阶段的深度影响着成本估算的精准度，也就影响了成本管控的结果。

2.1.3 建设项目投资决策阶段影响成本的主要因素及 BIM 应用

1. 项目区位选择

项目区位的选择是决定项目的位置的过程。

对于项目区位的选择主要从两方面进行考虑。首先，需要确定项目所在地区。对于地区的选择，应具备两个基本要素：靠近原材料生产地及产品消费地、工业项目适当聚集。这是两个减小成本的主要方面；另外，国家和地区规划、交通、能源、环境、气象等也是考虑因素。

地区选择完成后，是对工程具体地点的选择，在工程地点的选择上需要注意以下几个方面：节约用地、少占耕地；注意地质；合理布置；交通水电便利；减少污染（图 2.1-1）。

本案位于青岛市李沧区核心位置；规划中位于现代商贸区内，“二带二轴环绕”

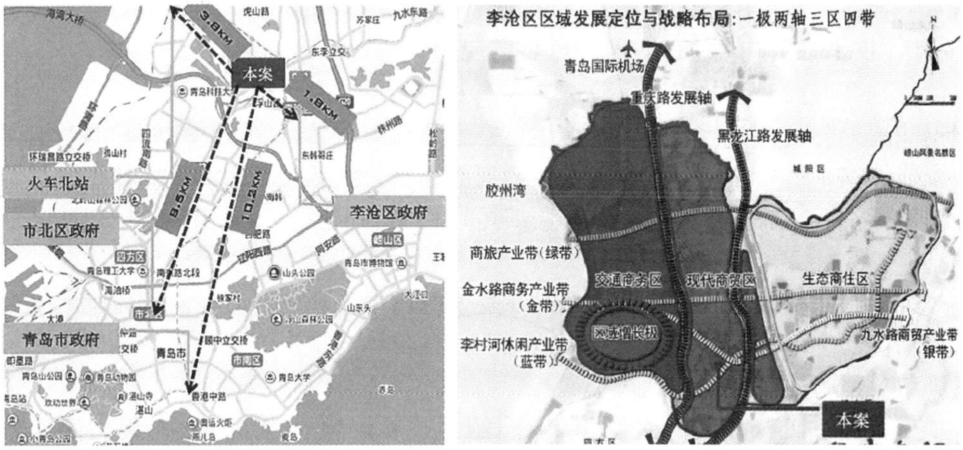

1. 本案位于李村商圈，距离李沧区行政核心及交通核心距离较近（火车站北站 3.8km、流亭机场21km）
2. 据李沧区区域增长极较近，处于重庆路发展轴及黑龙江发展轴之间、李村河及九水路产业带之间，未来发展潜力较大。

图 2.1-1 某项目的区位选择

图片来源：BRG-蓝茵国际。

2. 项目定位

项目定位决定的是项目的实体规划。

项目定位主要考虑三方面的因素：规模、业态和服务人群。这三项决定了项目的单体、辅助设施等的布置和分配。

例如，根据项目服务人群的使用习惯，对相应的配套设施进行布置，再直观地展现出整体业态的形式。BIM 三维信息模型相对于传统的平面图纸来讲，能更加清晰地展现出项目整体的业态分布、布局风格等信息。

3. 项目建设标准

建设标准分为四个等级：国家标准、行业标准、地方标准和企业标准。等级逐级递减，适用范围逐级减小。项目总体规划要符合国家、有关主管部门、地方等颁布的一系列标准规范。

某些企业拥有自身标准，虽然在我国企业标准在标准等级中处于最后一个等级，但是这并不代表企业标准的技术水平低于前三级标准。企业标准一般情况下是为了提高产品质量、增强企业竞争力而制定的，通常来讲技术水平要高于国家标准。

4. 项目技术方案选择

技术方案控制项目产值、规模等要素。技术方案主要包括建设方法、施工工艺、主要设备。

建设方法及施工工艺属于建设项目需要考虑的主要问题。首先，方案选择要保证安全可靠、先进适用，并符合投资方的投资规模。

在主要设备的选择上，不仅需要满足项目日常运行的要求及余量，还应当注意一些主要设备的其他参数，如耗材的使用寿命等。

技术方案在符合使用标准及各种标准规范的前提下，同时也需要考虑节能环保。

5. BIM 技术在影响成本的主要因素中的应用

在区位选择方面：目前进行区位选择，主要使用的工具一般为地图。不过，一般地图中的数据除地形、建筑等信息外，其他信息一般只存在于各种专业地图中，并没有某一张地图包含能够满足进行区位分析所需要的全部数据量，需要反复查询不同数据来进行区位选择。而对于 BIM 技术来说，这些信息都可以存储在同一张“地图”中，简化了查询步骤。

不过细化在建设地点的选择上，尤其在复杂的山地环境中时，相对于传统的等高线图纸来说，精确的场地模型可以更加直观地表现出各单体与地形之间的关系，使一些容易被忽略的细节更清晰地表现出来。

在项目定位方面：目前一般采用效果图的方式展现项目建成后的总体情况，若使用 BIM 技术，根据项目规模、业态和服务人群，由设计主导搭建具有总体布局、建筑外观、绿化、道路等数据的信息模型，与效果图相比更能直观地展现出项目完成后的总体形象。而模型与效果图不同的是：模型不仅可以在多角度查看项目的总体概况，而且可以更加清晰直观地查看技术经济指标数据，成为一个多维度的“交互式信息场景”。

在建设标准方面：目前来讲，建筑工程的标准规范一般只是相对于图纸的“2D”规范。对于 BIM 来说，不仅仅是由“2D”升级到“3D”，这其中还包括了种类繁多的信息数据，可以说是“4D”，甚至“5D”模型。而搭建这种多维度的信息模型所需要的标准规范目前仅仅只有《建筑信息模型施工应用标准》GB/T 51235—2017、《建筑信息模型应用统一标准》GB/T 51212—2016 等。随着 BIM 技术应用的不断深入，标准规范的详细程度也应随之增强才能适应更宽广的 BIM 应用范围。

在技术方案选择方面：通过仿真模拟，可以直观地看到各个方案之间的优势及不足，省去了反复计算、比对的过程。进而根据拟建项目的实际情况选择出更适合该项目的建设方法及施工工艺。

2.2　投资决策阶段成本管控各节点 BIM 技术应用

2.2.1　项目可行性研究中的 BIM 技术应用

1. 项目可行性研究的概念与编制方法

可行性研究一词最早出现在美国，早在 20 世纪 30 年代初期美国对田纳西河流域进行的开发中，就已经应用了可行性研究的方法。我国可行性研究工作始于 20 世纪 50 年代初，由苏联援建的 156 个大中型项目都采用了技术经济分析方法分析论证，对提高建设项目经济起到了一定的作用。

项目可行性研究是对项目涉及的一些主要问题如建设地点、建造规模、市场目前需求及未来发展趋势、资源条件、专业设备、风险评估等进行详细周密、科学系统的调查和讨论的一个过程报告（图 2.2-1）。

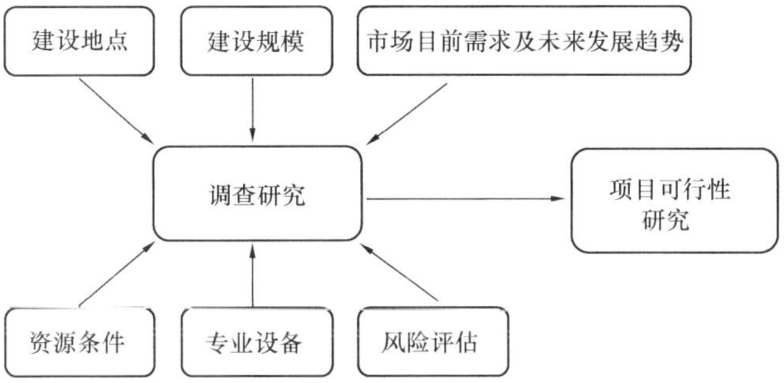

图 2.2-1　项目可行性研究包含的内容

项目可行性研究在国外一般划分为四个阶段：机会研究、初步可行性研究、技术经济可行性研究以及评价与决策阶段。一般来说，工作量由小到大、工作深度由浅及深。

在我国，项目建议书可达到初步可行性研究的深度，项目建议书的内容与初步可行性研究报告的内容大体相同。根据资源条件、市场需求等数据分析项上图中的六个基本要素以及其他如投资额等数据，对项目的必要性、可行性以及合理性进行具体分析。

项目可行性研究和设计任务书阶段相当于技术经济可行性研究阶段。其中设计任务书就是确定项目建设方案的决策性文件，其作用是将可行性报告研究或项目评估报告所推荐的方案具体化、任务化，使其成为开展设计工作的依据。

项目可行性研究从其用途来说不仅是进行项目建设的决策依据、也是编制项目设计方案的依据、向国家申请拨款或像银行申请贷款的依据、签订合同或协议的依据、政府审批项目的依据、施工进度安排及竣工验收的依据。

2. 项目可行性研究中的 BIM 技术应用

可行性研究是对项目的全方位解读。通过 BIM 技术的应用，可以将很多结论与分析过程细致地呈现出来。

例如，在可行性研究报告中一般会对项目的投资计划进行预估，而投资计划与项目进度计划紧密相关，通过 BIM 模型的创建，可以对项目的进度进行可视化分析与模拟，对项目进度进行更加精细的预估，而更精确的项目进度预估也对建设项目所需资金作出更加精准的规划；而在建造工艺方面，对于项目特殊建造工艺的模拟可以对施工方案是否可行以及梳理工艺的重点难点，提前做好预防及处理。

3. 分期建设与业态功能分析中的 BIM 技术应用

日本安士敏先生认为："业态是定义为营业的形态，它是形态和效能的统一，形态即形状，它是达成效能的手段。"项目业态功能分区要利用周围环境特点和优势，业态布局应与交通、环境对应。

以 BIM 设计的"某地区养老院"为例（图 2.2-2），在整个规划地区里含有医疗配套、活动中心、产权区等。产权区是具有买卖协议的。护理区、助理区、自理区是通过租赁形式提供给老人居住的，自理区顾名思义是完全能独立生活的老人的居住区域，助理区是需要协助的老人的居住区域，护理区是需要全天照顾的老人的居住区域。

根据医疗配套设施的使用频率，护理区是使用频率较高的，所以离医疗配套设施最近，自理区是使用频率最低的区域，因此离医疗配套设施最远。利用 BIM 的智能算法，结合日照、岩土、交通等综合条件分析出各区域相对医疗配套设施最合适的位置。

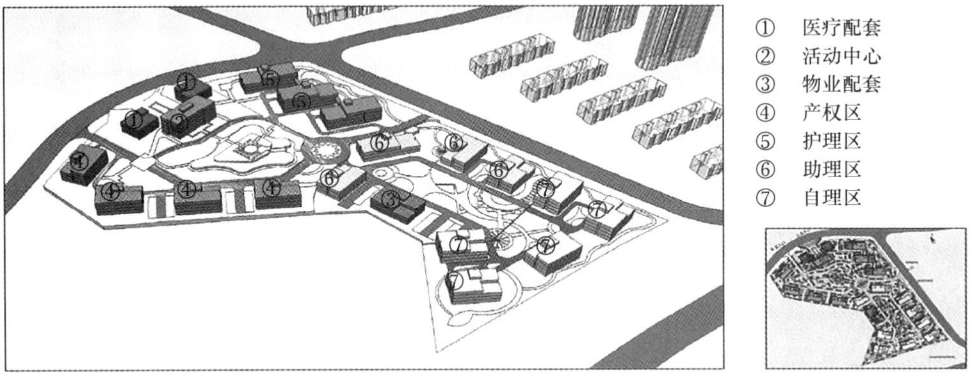

图 2.2-2　某地区养老院业态分布

图片来源：BRG-蓝茵国际。

项目分期建设就是指建设工程分阶段、分时期进行建设。通过 BIM 技术进行分期建设方案模拟，通过对各分期方案进行数据比选，辅助决策，得出最佳方案。同时，计算出的分期建设资金投入等数据可对所需划分的区域进行更加精准的控制，确保分期中各区域在满足分期建设相应的需求的前提下具备更加精确的数据分析。

基于 BIM 技术的分期建设合理规划能够降低项目的投入成本，同时在项目管理过程中更集中地对人、财、物等资源进行合理配置，可以根据项目前期的经验教训，为后续项目的成功实施提供保障，另外分期建设也可以使项目尽早投入使用，回收资金，产生经济效益。

4. 项目投资回收率中的 BIM 技术应用

在项目的投资决策阶段，投资者一般从项目各个方面进行专业的研究论证来分析项目的可行性。其中投资者最关注的问题可以说就是何时能够收回投入的资金并进入盈利阶段，也就是我们经常说的投资回收期。

投资回收率是由于花费了一笔投资而在建设项目产生收益后所得的年净收入与原来的总投资之比。

投资回收率（ROI）＝企业利润/总投资成本×100％

计算投资回收率用到的公式很多，此处仅举例说明。但在所有公式中，利润与成本在投资估算当中是两个十分重要的指标，也是投资回收率的计算基础。在总投资成本的计算中，BIM 技术可提供更加精确的数据支持，而在占据总投资成本中比重较大的建筑工程费这方面，更精确的估算可以使企业更加准确地控制项目资金的使用及分配。关于 BIM 技术在投资估算中的应用形式，会在后续章节进行更加详细的说明。

2.2.2 项目规划方案中的 BIM 技术应用

1. 规划方案主要控制的要素

规划方案的控制作用对项目来说是全方位的，而其中所包含的主要要素有土地利用、建筑外观、公共空间、分期建设、建筑物等。以上几点对于项目的建设的影响来讲是多方面的，不仅影响方案的设计、施工的方法，同样也影响投资成本。

（1）土地利用

土地利用是指根据地形地势、土壤条件等因素合理布置建筑物、道路元素的布置，以实现合理用地和节约用地。地形地势影响着项目的规划、设计、造价等多重领域。如图 2.2-3 所示，地形起伏复杂，建筑是依势而建还是整体找平，不同规划方案所对应的设计方案、资金花费等均不相同。地势大概可分为五种基本地形：平原、高原、盆地、丘陵、山地。选择方案时应综合考虑地势地形对设计、施工、使用的影响。

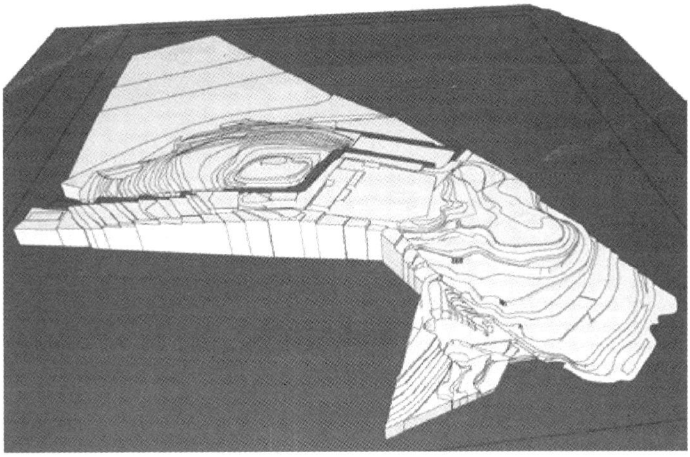

图 2.2-3　BIM 模拟实际地形

图片来源：BRG-蓝茵国际。

（2）建筑外观

规划区域不仅处在自然环境中，也处于所属城市的总体规划和建设方自身企业文化中。并综合考虑该地区所处的地理位置、气候对设计产生的影响。比如在沿海、山区、热带雨林等不同地区，其设计风格也迥然不同。好的规划设计，是可以让项目在以上几个因素中完美融合。

如图 2.2-4 所示，在 Intel 总部的建筑外观中，不仅把结构主体框架与幕墙的颜色同 Logo 颜色相融合，而且大量的幕墙使用也增强了建筑物的现代感与科技感，这点也与公司性质相互呼应。

（3）公共空间

公共空间的规划最突出的两点要素是交通与功能。如图 2.2-5 所示，在规划方案中，流线是否合理，人车是否分行，道路是否符合人流去向，是否满足消防要求等都是需要考虑的主要因素。

公共空间功能需考虑各个功能区域既保持相互联系，又避免相互干扰。例如：随着人

图 2.2-4　Intel 总部
图片来源：网络。

图 2.2-5　交通流线布置
图片来源：BRG-蓝茵国际。

们生活水平的提高，机动车数量逐年增多，目前大多数新建房地产项目均设有地下停车场。而地下停车场与地面停车场相比，不仅节省土地资源，也减少了地面停车对业主的影响。地下停车场的出入口，不仅应当考虑对与周边交通的连接，也要考虑在布局上与环境统一，不对其他功能区域产生不利影响。

（4）建筑物

建筑物是建筑项目组成的主体，也是规划中着重考虑的要素之一。建筑物的排布方式，规定的技术经济指标，是否存在需要拆除或者改造的建筑，是否需要安置拆迁人员，是否存在需要保护的建筑等都是需要规划考虑的要素。

2. 规划方案对成本的影响

规划方案是投资决策阶段中的重要组成部分，是比较复杂并且需要创造性的阶段。

规划方案是指在投资决策方案确立后对单体或建筑群的规划设计。设计包含楼群布局规划、场地交通、停车位配套、消防车道、建筑风格、朝向采光、高度、绿化景观、容积率等内容。

其中，楼群布局规划决定了建筑工程的整体轮廓、单体间距，对成本有较大影响；场地交通即场地分区与建筑内道路，起到连接与分割的作用，良好的连接分割可以充分利用土地价值，提高土地利用率。消防用地指预留给消防车通行的道路和扑救现场，简便直接的消防车道保证了消防效率并节约了修建成本。《城市停车规划规范》GB/T 51149—2016中规定，公建每 $100m^2$ 或每一户设一个停车位，规划出足够数量的停车位以满足业主需求的同时也要避免规划过量造成停车场闲置浪费土地；风格元素指建筑的外观风格，由此确定工程采用的建材种类和建筑的外观设计风格，关系到材料采购和建筑工艺；朝向采光决定了建筑建成之后的自然采光时间，加强对自然光的充分利用，良好的采光可以减少建筑的能源消耗，起到节约能源的目的；绿化景观可以丰富建设工程的生态元素，绿化率是指绿化植物的垂直投影面积占绿地面积的比值，可以直观休现该项目的绿化情况，设计方应在保证绿化质量的前提卜，运用科学管理的手段节约开支；容积率又称建筑面积毛密度，指一个小区的地上总建筑面积与用地面积的比率。一般情况下容积率为：独立别墅为0.2～0.5，联排别墅为0.4～0.7，6层以下多层住宅为0.8～1.2，11层小高层住宅为1.5～2.0，18层高层住宅为1.8～2.5，19层以上住宅为2.4～4.5，容积率影响项目收益率，从而影响地价。

下面继续以养老院方案为例，结合上述要素进行分析阐述。

楼群布局规划与交通消防道路应用中，在设计上精心组织了社区的车行道路和人行道路流线，简洁畅通的道路作为社区骨架，合理地串联起护理区与自理区组团，规划结构明晰清楚，公共绿地与步行道路彼此贯通，形成完整和谐的养老社区。地块基本处理成为北高南低的形态，利于日照。最高点为地块北部5层会所建筑，自北向南层层退落，结合地块内原始地形，形成一个有节奏感的建筑群落。道路设计简洁流畅，方便救护车及轮椅通行（图2.2-6），地块主要道路设置足够的夜间照明设施，并有明显的交通标志。

绿化景观如图2.2-7所示，在景观设计上以“点、线、面”的设计手法，并与建筑相结合。“点”状绿化——院落绿化、节点绿化、分散布置，是最接近老人的区域，并能为老人提供小型社交及游艺空间。“线”状绿化——道路行道树绿化，地块东侧绿艺小径以及道路沿线灌木绿化所形成的带状绿化，将点状绿化串联，形成绿化网络，起了划分空间、延续空间的作用。“面”状绿化——南区广场景观绿化，北侧中心景观氧吧所形成的片状绿化，将景观分成块状，并形成联系绿化空间的纽带，使整个绿化形成系统。

项目规划方案设计对成本有较深影响，应该在市场经济和方案设计两者之间找到微妙的平衡点。

3. 规划方案策划过程中的 BIM 应用

（1）土地利用

传统的土地规划中使用等高线来表示地形地貌。由于等高线过密会对观察造成诸多不便，所以等高线图并不具备很高的精确度。而使用BIM技术建立的地形信息模型不仅能够直接观察地貌形态，而且相对于等高线图来说，精确度更高，场地地形可以更加精准地展示。

（2）建筑外观

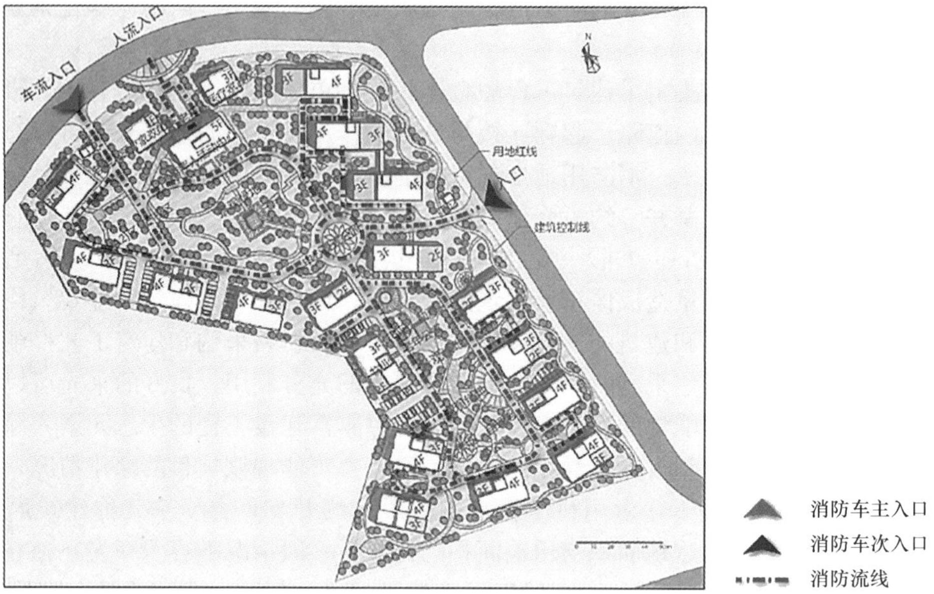

图 2.2-6　人行道路规划

图片来源：BRG-蓝茵国际。

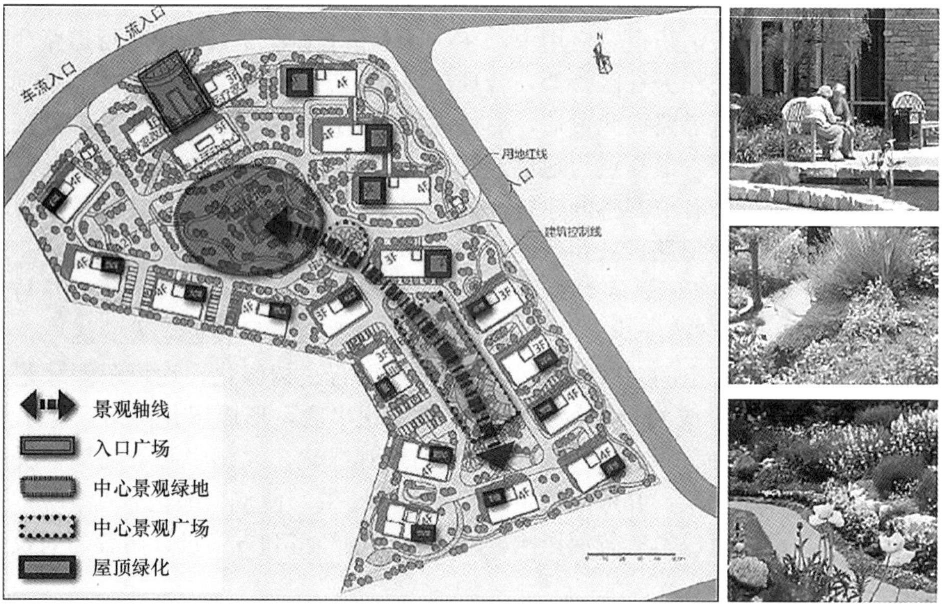

图 2.2-7　绿化景观规划

图片来源：BRG-蓝茵国际。

在建筑外观方面，BIM 技术相比于常规方式，不仅可以提供立面效果图，还可以通过漫游以及动画的形式带来更加直观的空间感受。而当遇到比较复杂的外立面设计时，使用传统方式可能需要多个立面、剖面才能将立面中各个部位的凹凸关系表达清楚；而在 BIM 信息模型中，只需要几个简单的操作，比如将某个构件隐藏，或者将剖面部位进行简单的推拉，即可全方位了解立面构造的具体方式，也方便对立面方案进行优化，从而达到控制成本的目的。

（3）公共空间

公共空间属于规划中不可缺少的要素，其中包括设施建设、景观建设、道路交通等。公共空间规划传统的 2D 视图非常复杂，容易遗漏。而建立 BIM 建筑信息模型，能够依照公共空间规划要求修改参数，提供准确的设施尺寸构件模型。如图 2.2-8 所示，在景观方案的规划中，能够建立环境优美的公共空间模型规划，借助 3D 信息模型，能够把规划方案呈现给业主，作出最佳的方案选择。在道路交通规划中，可以模拟人流及车流的主要行动方向，进而对道路的宽度等数据进行修改，在满足使用要求的同时降低道路铺设成本。并对人流、车流相对集中的区域，做到让人流和车流分开运作。

图 2.2-8　总平面规划设计

图片来源：BRG-蓝茵国际。

（4）建筑物

对于建筑物的布局方面来讲，使用 BIM 技术可以在布置建筑物的同时对建筑物相应的技术经济指标、光照等数据进行实时测量，发现问题可以立即修改，极大缩短传统方式在完成布局规划后再进行验算、发现错误再进行修改所花费的时间。将多个步骤相互融合，使时间成本得到了极大节省，也同时提高了工作质量。

对于建筑物相关的技术经济指标，在使用传统方法进行规划方案的策划时，由于无法实时对相关指标进行监控，大多数情况下均是在完成整个策划后发现某处技术经济指标并不满足要求。于是整个方案作废，重新开始策划。而通过 BIM 技术，不仅可以在策划过程中对建筑面积、绿地率、建筑密度、容积率等相关技术经济指标进行智能测算、实时更新，而且可以在满足要求的同时对各项技术经济指标进行更加精确地控制与测量，大大提高建筑物布局设计时的效率和准确度。

2.2.3　建设工程项目投资估算中的 BIM 技术应用

1. 建设工程项目投资估算的定义及编制方法

投资估算指在项目的投资决策阶段，对比历史相似项目数据和拟建项目的数据，运用一定手段及方法，对拟建项目所有资金投入费用进行预测并编写成相应文件的过程。

投资估算不仅基本确定了项目总投入资金的大概数额，也是进行经济及财务分析的重要依据。投资估算在初步可行性研究报告及详细可行性研究报告中均有涉及。因为投资决策阶段各步骤所掌握的资料详细程度不同，各步骤所进行的估算的精确程度也不同。随着项目要求及条件的不断深入细化，投资估算所计算出的误差也越来越少。一般情况下，项目投资机会研究阶段的投资估算误差在 30%左右；在初步可行性研究阶段中的误差在 20%以内；在详细可行性研究报告阶段中的误差在 10%以内。

估算方法种类很多，在策划的不同阶段对应的数据类型以及精细程度均不相同，所适用的估算方法也不同。所以，选择正确的估算方法对减小误差来说十分重要。

2. 投资估算中的 BIM 应用

目前在投资估算中，已经融入 BIM 技术的一项为建筑工程费估算，建筑工程费的内容为建造项目中所有建筑物及构筑物的总费用。其中包括土建、机电、水暖、工艺等专业所需的各方面费用。其计算方法大体是在模型中录入相应的材料、人工、设备信息，使用软件计算费用。这样可以将计算误差控制在更加精细的区间内。

在估算中一般使用表格软件进行统计。对于估算来说，表格软件自带的各种公式一般可以满足估算师的计算工作，但 BIM 技术在统计工程量的方面具有先天优势。在投资决策阶段，BIM 信息模型虽然仅仅是刚刚建立，但相对于投资估算所需要的数据量来说是完全足够的。投资估算过程中 BIM 模型导出的数据与表格软件强大的计算能力相结合，即可大幅缩短制作估算表所需要的时间。作为短期 BIM 应用目标来说已经可以满足一般的估算需要。而今后，出现具有估算功能的 BIM 软件是大势所趋，从而简化人工操作，使估算效率进一步提高。

在估算建筑工程费时，一般表格中会出现的数据有费用名称、建筑面积、单价等。此类数据从 BIM 模型中进行提取比手工计算更加精准，对减轻人力消耗、提高投资估算、后续工作的控制程度具有积极作用。

在建设项目中，由于估算控制了后续设计、施工等阶段的概算、预算、决算等步骤的具体费用，所以更准确地估算不仅仅在单个工序中体现出其价值，也为后续的工作起到了一定的控制作用。

投资资金的有效与合理运用是项目能正常运转的资本，而对于每一笔资金均需要合理布置，优化使用。同策划中的分期建设相同，估算的目的也是更加精细地控制资金的使用。所以，将与人工计算相比更加精细的 BIM 技术引入估算领域不仅可以增加投资决策阶段的投资准确性，也可以提高资金利用率和项目整体的工作效率。

对于整个投资决策阶段，有多个步骤需要用到 BIM 模型。在方案策划阶段，将项目的布局构思、交通流线、功能定位等通过 BIM 模型的方式进行数据体现。在其后的估算中使用同一个 BIM 模型，在 BIM 模型中输入工程量等估算阶段需要用到信息。既能减少计算用时、减少工作量，也是对整体模型的深化，方便后续工作的展开。同一模型多专业贯通使用，对减少重复工作、整合项目信息有重要作用。

2.3 思考与总结

2.3.1 BIM技术在投资决策阶段成本管控应用中的局限与误区

目前BIM技术在我国仍处于起步探索阶段，对于BIM的应用仅停留在某些环节的使用上，并没有实现BIM全周期的应用。其中的原因主要有以下几个方面：

(1) 目前我国BIM应用形式基本为逆向应用形式：在设计院出图后，根据施工图搭建BIM模型。表面原因是设计方BIM普及率低，仅少数设计院用BIM做设计。而造成这一现象的根本原因其实是缺少系统、健全的标准规范来控制BIM技术在各领域各层次的应用模式，从而造成目前BIM技术普及不到位的现象。

(2) 相关技术软件仍不够完整。虽然在设计及施工建模方面的软件已经十分丰富，但在建设工程项目的其他阶段中，仍然缺少完善的软件系统支持。而在投资决策阶段，目前已开始使用的BIM技术也十分有限。投资决策阶段是整个建筑工程的起点，也是BIM贯穿建筑全周期的起点。只有在起点处站稳脚跟才能使后续工作高效、顺利地推进。

(3) 目前BIM行业从业人员大部分年龄较轻，专业知识基本来自于学校的课程，缺少足够的工程建设经验。而目前各高校开设BIM课程的专业大多为土木类专业，而在投资决策阶段设计的如工程造价等专业中，暂时还没有普及BIM教育。然而对于BIM技术来说，各个专业的人才都不可缺少，投资决策阶段BIM人才的培养应当与建设项目其他阶段人才的培养同等重要。

由于现阶段我国BIM技术发展不均衡，所以目前国内BIM技术的应用依然停留在某些阶段的某些点上，从业人员并没有广泛意识到BIM技术的宽度。

BIM技术在投资决策阶段的发展受到的制约是多个方面的，人员、工具、环境均无法很好地满足BIM技术应用的要求。如图2.3-1所示，这三个问题就像组成BIM技术这个“木桶”的三块“木板”，一方面的发展受到限制就会对整体的发展水平产生影响。对于BIM这种多角度多专业整合型行业来说，更是需要在发挥现有作用的同时补齐短板。多方向协同发展才能有效提高BIM技术的应用规模，将逆向BIM转变为正向BIM。

图2.3-1 BIM“木桶”

2.3.2 未来发展方向展望

BIM本身可以算作一个“跨界”技术，目前BIM技术是建筑行业内部“跨界”：从设计到施工、从建筑到暖通。而跨界是一个趋势，现在各行业的界限越来越模糊，跨界行为比比皆是。BIM技术的跨界阶段也将从行业内的跨界转向行业间的跨界，未来BIM在信息类行业中可以发挥重要的作用。

1. 借助无人机辅助实现 BIM 与 GIS 的结合

GIS 即地理信息系统（Geographic Information System 或 Geo-Information System，GIS）又称为“地学信息系统”，是一种特定的十分重要的空间信息系统。它是在计算机硬、软件系统支持下，对整个和部分地球表层（包括大气层）空间中的有关地理分布数据进行采集、储存、管理、运算、分析、显示和描述的技术系统。换句话说，GIS 可以在宏观上整合管理各种地理环境信息，而 BIM 则是微观上整合管理建筑本身的数据信息，二者结合可以非常清晰准确地构成一个完整空间区域的整体信息，在前期决策阶段可以极为清晰地展现出相关数据，用做决策方案的参照基础。无人机扫描测绘类技术日渐成熟，用做 BIM 与 GIS 沟通的桥梁可以达到良好的结合。

同时 BIM 与 GIS 的搭配可以为其他环境条件分析提供数据主要基础和技术支持。目前，谷歌地球对于此项的应用较为前沿，是重要实例之一（图 2.3-2）。

图 2.3-2　谷歌地球中的埃菲尔铁塔及周边环境

2. BIM 在性能分析上的应用

在性能分析上，BIM 技术的应用主要包括以下方面：（1）建筑物动态热模拟；（2）建筑声环境分析；（3）CFD 分析模拟；（4）日光与阴影模拟。

建筑物动态热模拟是通过 BIM 的能量分析功能，模拟出建筑物与建筑外环境的热能交换，从而制定出针对建筑物的暖通空调等配比的能源方案；建筑物声环境分析指分析建筑物周围环境的噪声源和建筑本身的隔声性能，使用 BIM 配合 GIS 系统直观了解建筑物周边环境构成、交通车流、隔声建筑、树林遮挡等，从而决定建筑物对隔声方面的需求程度并制定方案，同时另一方面可以合理安排施工，降低噪声对周边的影响；CFD 即计算流体动力学，在工程决策阶段可以利用 BIM 和 GIS 搭配进行室外风分析、室外热环境、室外污染物扩散三方面的分析研究；目前，日光与阴影模拟是将建筑物与阳光投射进行虚拟演示。如图 2.3-3 所示，通过 BIM 建模并使用光照模拟功能，模拟计算出一年建筑受到的最短日照和最长日照以及阳光角度强度等，进行建筑的朝向采光设计方案等计划研究。而将日照分析与 GIS 结合后，不仅可以对项目中建筑物之间的遮挡关系计算出来，还可以计算出周边地块上的建筑物对项目的影响。

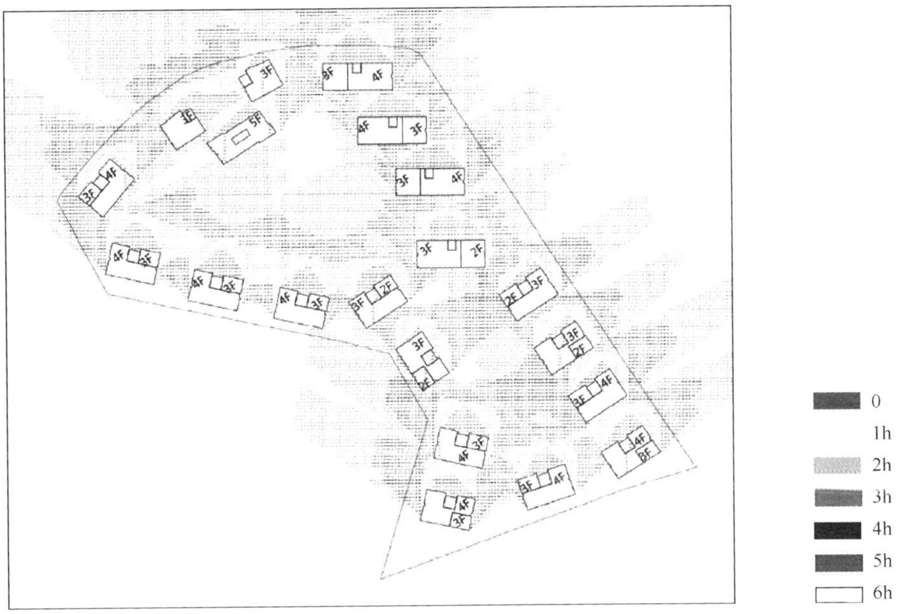

图 2.3-3 运用 BIM 技术作出的日照分析图

图片来源：BRG-蓝茵国际。

3. BIM、人工智能与大数据分析

在这个信息科技快速发展的时代，BIM 作为以数据替代二维绘图的新科技产物，拥有巨大的信息优势。建筑业是数据量庞大的行业，势必需要能够承载海量项目数据的应用，而 BIM 拥有整合建筑全阶段信息一体化交付能力，类似于大数据的搜集工具，也促进了建筑业横向与纵向的沟通。BIM 技术与大数据、人工智能相结合，将海量项目进行信息化的整合管理，使建筑数据具有可存储、可搜索、可计算、可追溯的特点，在深度和广度上有着极大的提升。

第 3 章　项目设计阶段的 BIM 成本管控

导读：

建设项目的成本，包含建设成本和运营成本，很大一方面取决于设计阶段工作的完善程度。但现实中，在现有建设项目过程中设计阶段时间往往不够充分且不确定性大，进而导致设计阶段对于成本的考量不足，其重心往往只偏向于美观度和规范符合度；同时设计与成本之间的关系并非完全的直接关系，其中还掺杂了产品质量性能、施工安装技术等其他因素，因此在设计阶段的成本管控需要通过 BIM 技术将大量的断层数据进行再次的有效连接和比对，对设计本身而言其关注点不能仅仅止步于设计阶段，而要对项目全过程进行设计的把控，这样才能够有效地实现目标成本可控。

设计阶段的成本控制首先是设计思想和方式的转变，本章首先在成本管控在设计阶段的意义、作用及必要性上进行了相应阐述，目的是为了引起设计管理的重视；而后描述了 BIM 技术与设计阶段成本管控的关系，目的是表述 BIM 技术对设计的辅助重要性；最后以举例的方式描述 BIM 技术在设计阶段成本管控的深入手段以便于读者更好的理解。

3.1 成本管控在设计阶段的意义、作用及必要性

3.1.1 成本管控在设计阶段的意义

我国自改革开放以来，持续推出促进建筑业发展的相关政策，建筑业有了爆发性的增长，但好景不长。在 2017 年度《财富》杂志中，作为中国经济引导者的中国 500 强企业中只有 21 家建筑企业。近年来，随着社会主义市场经济的飞速发展，建筑企业面临地价成本、建材成本、人力成本的大幅提升，压力越来越大，企业之间的竞争越来越激烈。同时建筑业中的虚拟经济开始对原有行业产生冲击，互联网等相关技术在建筑业中扮演着越来越重要的角色，简单粗暴、超额利润的时期成为过去式。整个建筑业已经步入“新常态”的发展趋势。在这样一个微利时代，建筑业要想盈利，就要全员树立成本控制意识，全过程、全方位，在建筑项目的每一个环节做好成本管控，这不仅是一个建筑企业顺应时代趋势的必经之路，也是一个建筑企业获得利润和提升竞争力最行之有效的方式。

为了增强企业的行业竞争力，成本管控作为建筑企业立于不败之地的利器，越来越受到企业各级管理者的重视。传统意义上成本管控主要是指注重对人工费、材料费、机械使用费及其他直接费的管理，当然也包括施工组织（包括施工技术方案）、施工安全和质量事故对成本的影响。正因为局限于此，企业在建筑成本控制方面存在着很多严重问题，比如管理水平低、制度不合理、技术手段落后等，致使整个项目在建设过程中往往存在着技术与经济相背离的诟病。随着大量项目的实践，企业纷纷开始意识到由于在建筑初期的设计阶段，成本管控的弱化，常常造成成本支出较大而效益低下的不良运作局面。因此，整个建筑业能否在“新常态”下健康发展，这就与将成本管控在设计阶段及早并有效地介入成本控制息息相关。

长久以来，我国建设项目的成本控制主要是会计成本核算控制。会计核算控制是对已经发生过的成本进行归集和计算，本质上属于事后控制的方式。也就是说在我国建筑业领域，只是对工程实施阶段、竣工验收阶段的成本进行了控制而忽视了实施前设计阶段的成本控制。加上处于设计阶段的估算，概算往往因为保证项目实施的顺利，而人为扩大，并不能起到相应管控作用。但对于任何一个工程项目而言，依靠施工阶段“按图施工”后的成本核算只能很局部地起到管控作用，甚至这种方式对质量有着绝对的影响，而真正决定实际工程项目投资多少的因素，其实在设计阶段就已经基本确定了。来自项目建设方许多管理者，同样缺乏成本管理意识、缺乏事前和事中的控制和管理，在项目建设过程中一味追求进度仅仅在项目结束或进行到相当阶段才对已发生的成本进行核算，往往那时已为时过晚，正所谓“不算不知道，一算吓一跳”，到这个阶段，也只有接受事实而无力改变现状了，再懊悔也无回天之力了。

由此可见，在设计阶段，能否对整个建筑工程的项目成本进行合理把控是至关重要的。这是因为对于建筑项目而言，其从开始设计到建成是一个比较长的时间周期，在项目起步阶段设计阶段考虑管控与否，这不仅关乎整个项目设计方案的优劣，更将直接影响到后续施工及建设的技术难度，进而直接影响到后续施工和建设费用的多少和工期的长短。经过时间效应的不断扩大，会影响建设项目整体的使用价值和经济效益实现。在建筑工程

的设计阶段，有必要加强各个环节的造价分析及成本控制，在确保建筑整体质量的前提下，最大限度地通过设计手段来降低工程造价，提高建筑企业的经济及社会效益。

对于一个优秀的设计方案而言，除了集众家之长、构思独特以外，还必须具备足够的经济性。但是在房地产蓬勃发展的时期内大多数设计方案，为博眼球而仅仅考虑了建筑结构的新颖性、功能的完善性及外形的美观奇特性，对于工程造价控制方面不屑一顾，也因此造成成本失控。统计显示，规划设计环节的成本控制是实现“事前控制”的关键，尽管设计费在建设工程全过程费用中比例不大，一般只占建筑成本的 1.5%～3%，但其对工程造价的影响范围可达 75%以上，通过科学合理的设计，可降低工程造价 10%左右。因此，加强此阶段的造价分析及成本控制具有十分重要的意义。虽然在设计阶段进行成本控制不是那么简单，但在现有房地产面临各项成本激增的情况下，再采用原有的成本核算的控制方式将会把建设方陷入更大的困境中，通过成本控制前置，在设计阶段的合理把控，将微利扩展到项目的各个环节进而形成规模效益。

随着经济全球化的发展趋势，各行各业也已经开始利用信息化手段进行生产。对于建筑工程的成本管控，我国“十三五”规划明确规定，“要建立市场统一计划规则，按照简明适应、传承和扬弃相结合的原则，制订《工程造价费用构成通则》，推进工程量清单计价与国际接轨，完善工程量清单项目划分规则。以 BIM 技术为基础，以企业数据库为支撑，建立工程项目造价管理信息系统”。

由此可见，基于信息化技术进行设计、生产、成本控制以及供应链管理有重要意义。根据英国某调查显示：业主对工程成本管理不满意度高达 1/3。同样，美国建筑学会也调查显示：在建筑业现存模式下，无价值浪费多达 57%。虽然我国尚未发布过类似研究调查数据，但是我国建筑产业信息化水平明显低于英、美发达国家，所以此类浪费情况的产生并不乐观。据统计 2017 年，全国建筑业总产值为 21.3954 万亿元，以美国 57%的浪费比例计算，我国建筑业浪费总额将超过 12 万亿元。与此同时，我国建筑业总产值还在以年均复合增长率约为 6.15% 的速度持续增长，2021 年中国建筑业总产值将达到 25.62 万亿元。建筑业的成本管控存在巨大的价值空间。

所以，如何在建筑设计阶段，通过高效运用信息化手段对工程成本进行高效管理、合理的把控，是房地产开发企业和行业内其他参与方实现利润最大化的必要手段和有效途径。

3.1.2　成本管控在设计阶段的作用及方式

1. 树立成本管控意识

对于任何一个建筑工程项目，业主或房地产建设方都希望可以成本可控，但在设计阶段的设计成果上有效控制需求，需要首先树立科学的成本观，在工程项目的全生命周期内进行成本、质量与进度的总体平衡，理清后端方施工管理运维管控和设计之间的相互关系，做到有的放矢，而非盲目地压缩高质量材料的用量。

（1）明确项目的目标是以产品形式长期运营的，一个科学的成本观，能够清楚地认识项目成本、质量与进度为核心的运营目标及控制是一个高度关联、相互影响的整体，其目标的实现必须在项目实施前及过程中明确规划、统筹兼顾，规划并保持项目设计运营的成本、质量与进度的总体平衡，也只有三者相互平衡协调，才能实现在各设计阶段成本控制的高效。一旦目标定义明确，控制的方向才能周全，而不是头痛医头、脚痛医脚的局面。

（2）明确了解项目运营的各项管理指标追求实现投资效应的，投资决策是过程性的，原有的设计方式往往重心只是停留在规范、质量安全方面，并没有参与到投资回报上，要运用好设计师善于思考和创造的天性来为项目实现真正的效益，通过狠抓规划设计阶段，执行全过程思考以实现成本控制。项目投资决策明确了项目运营的各项管理（包括成本）指标。通过产品各阶段规划设计的不断深入、初步明细，约束指导后期规划设计及成本管理等各项目标的逐步落实。从而在项目开发的全过程中强调规划设计的重要地位，将规划设计控制项目成本的理念全部导入项目设计管理流程的每一个环节，使成本控制工作真正落到实处，并量化到具体细节中。加强规划设计的成本预控及各开发环节的主动控制，全面体现全过程设计成本控制的效能和其核心价值，使成本管理不能仅仅局限于产品的建造过程，而是将成本控制向前延伸到产品的市场需求分析、相关建筑技术的发展态势以及产品的设计，向后延伸到产品建造完成的后评估、产品的使用维修以及产品处置阶段。

（3）清楚认识设计阶段成本管理是渗透到各个管理部门的。长久以来，房地产商已形成了一套相对成熟的体系，在土地升值空间较大的销售下，这套体系分工明确、界限清晰，而现在要想实现长期过程中的盈利，必须各个部门通力合作，成本管控任务的落实依据项目可行性阶段完成的目标成本的估算、项目策划阶段目标成本测算及成本项目拆分，应作为设计规划的成本基础及约束条件，设计管理部门应在各阶段设计工作中全面贯彻项目目标成本管理，并对各个部门的需求进行对接优化，同时配合成本管理部门应在项目论证、项目立项、项目策划、项目设计及工程实施等各阶段中指导、控制、协调配合好项目各项设计工作的成本管理，互提合理化建议，使项目目标成本的管理随项目规划设计及实施逐步连续深入、统一平衡整体推进。

2. 充分了解影响工程成本的设计因素

对于一个建筑工程项目，要想通过成本管控对设计阶段的设计成果起到推进促进的作用，首先要清楚把握设计阶段的主要因素，进而针对主要设计因素进行合理设计，才能最终实现在设计阶段的成本有效把控。大量统计资料显示，设计过程中对工程成本的影响因素主要归纳为以下三个方面：总体设计、单体设计和材料与设备的选用。

（1）总体设计

大量工程实践说明总体布局设计对工程造价的影响很大。从能耗、交通、环保等方面来看，一个好的总体布局可以为后期省下大量的运营费用，提高疏散的能力，例如在山地建筑中，优秀的总体更能有效地保护环境，减少对自然现状的破坏，也能够排除相应安全隐患，理论研究和实践表明，总体布局科学合理的设计项目，能够提高工地利用率，高效的功能分区，可以大幅度地减少工程量和工期，同时节约土地资源和建设性投资并在后端运营时便利有效。

（2）单体设计

单体设计对成本管控的影响可以分为以下几个方面：

1）深度考虑建筑功能面积的合理性，由于没有足够的策划和对行业的充分了解，面积配比的失误往往造成建造时的相互影响和调整，是“三边”工程的元凶之一。实践表明，合理地确定建筑面积并考虑行业未来几年的发展趋势有利于建筑成本的控制。

2）考虑建筑层数的影响。大量的理论研究和工程实践表明，层数变化对造价的影响是非线性的，既跟建筑类型和结构形式有关，也和设备系统相关。在结构形式不变的情况下，增加层数，通常能够降低建筑物的单位造价，不过当建筑增加到一定的层数，其上下结构形式往往需要更换，一般又会提升单位造价，在一定层数或高度范围内，设备等级可以不作变化。因此，在设计上必须综合考虑项目的功能和结构合理性来设计层数，而非简单地按容积率指标布置。

3）考虑建筑形体的影响。显而易见一般建筑的平面形状越简单其单位造价越低。当然，设计的前提是平面形状必须满足建筑物的功能要求，在设计时要考虑内容功能的实际布置需求和使用需求，同时结合形式效果，通过合理化的权衡来达到平面最优化，通过性能化分析确定布局的合理性，借此来控制成本。

4）考虑建筑结构的影响。建筑结构指由基础、墙、梁、板、柱等构件组成的起“骨架”作用的受力体系。在建筑的设计阶段，设计为不同的建筑结构通常会引起较大的造价差异。从建筑结构的划分上看，通常是根据其所采用的材料将结构形式分为木结构、砖混结构、钢筋混凝土结构以及钢结构等。而在应对不同类型、不同高度的建筑情况下，各种形式的优缺点各不相同，必要时会采用多种结构的组合，因此设计阶段也要对此进行足够的分析和计算来衡量相应的机构选型。同时在一种选型中也应充分考虑其优缺点，对构件进行合理布置，发挥最大效用来实现成本管控。

5）考虑地基基础的影响。地基基础所占资金能够高达结构工程投资的 1/3 以上，同时，工程实践表明，地基基础亦是确保结构安全的重中之重，所以仔细分析现场勘查资料，综合分析地质条件和上部结构，并合理设置结构安全确保科学地确定基础类型，能够有效地确保结构安全，同时降低造价、缩短工期。

6）考虑层高的影响。如何选择合理的层高在满足使用需求情况下压缩层高，可以有效控制成本，从层高的影响面来看，受影响的部分主要有地下工程、制冷供暖工程、墙体、柱、上下水管等。层高增加将提高墙体的工程量、墙面装饰工程的工程量、增加上下水管的长度、增加建筑重量，因而增加基础工程的造价，因此，在设计上根据建筑具体的功能进行合理组合，合理布置影响层高的设备机房和管井，需要设计阶段花费大量时间反复推敲。

7）考虑交通空间的影响。房屋建筑的交通空间包括走廊、过道、楼梯、电梯井以及电梯门厅等，交通空间越大则有效的使用面积越小，其占用的设备运行费用越高。在设计阶段优化平面布置的目标之一是在满足使用要求的前提下尽可能地减少交通空间。

（3）材料与设备的选用

1）建材的选择。统计学数据显示，材料是构成建筑工程重要的组成部分，材料费占总造价 50%以上的比例。因此，在设计过程中，应充分学习现行的规范和强制性条文，正确把握要求，科学地执行好规范，在满足规范和结构设计的前提下，根据实际调整设计方案来节省混凝土和钢筋用量，选择合适的混凝土级别和钢筋的种类，在满足规范和业主要求的前提下，优化钢筋和混凝土方案，尽可能地降低工程中的材料费用，除了节约用量，同时应综合考虑材料的耐久性和可更换性，站在全生命周期的角度来选择材料。

2）设备工程方案设计。设备系统是现代建筑的重要组成部分，例如电梯、通风、空调、采暖等设备系统。除了设备安装工程造价占工程总造价的比例达 20%～50%，日后的使用维护费大部分由这些设备决定，应选择合理的设备安装工程设计方案。设备方案的考虑因素很多，如设备的分布空间、设备配置、设备位置的优选等，选择时应根据实际实用特性并考虑一定弹性。

(4) 改进设计流程和协作方式

在设计阶段实施成本意识和成本控制，谈起来简单，但实施起来困难很大，这与设计单位在该类型项目上的工程经验积累、技术人员水平的高低、项目成员设计工作责任心，以及设计配合程度等都有一定关系，因而应依据项目产品品质及定位的要求，选择同类经验丰富、具备相关或相似经历，且其能满足设计进度计划的要求、配合度较高的设计单位及团队完成项目设计，强调对设计过程中的成本进行控制，如在方案设计阶段相应量化处理。

1) 有成本量化指标的设计任务书

应针对具体项目编制详细的规划设计任务书，对项目设计各项工作提出具体的明确要求。除了对常规工作进度安排、各阶段图纸表达范围内容和深度、各阶段设计成果指标控制之外，还应将设计费用成本作为控制设计单位工作的另一个重要指标，在目标成本中，应按类进行拆分，至各个设计环节中，保证费用标准与产品档次标准相一致的前提下，成本数据的准确性便于校核设计成果，在实际工作中，从一开始就明确设计成本控制的条件与标准，要求设计公司更好完成设计任务。

2) 后端前置的交互式设计管理流程，采取后端传统工序前置的方式。加大前期设计工作投入，在充分合理的设计周期前提下，将后端施工、安装、运维、需求在方案、扩初、施工图阶段进行不同程度的沟通，各分项设计可以交叉进行，提前进行配合工作，以前面的细化设计换取后面大量修改调整的时间和直接成本的浪费。让设计、施工、运维形成战略伙伴关系，达到多方共赢，降低成本的目的。

3) 标准化设计的运用升级。设计人员除了掌握一定的成本基础知识在项目上运用以外，还应该更注重工作的长期性积累，紧密跟踪分析市场，准确把握市场变化要求，建立不同的市场产品类型的需求标准模板，以保证各类型设计项目内容、专业的配套完整性。同时，将知识经验累积形成相应的产品成本指标库，设计根据项目建设及市场反馈意见，建立项目产品各阶段设计成果的标准化，使项目按管理计划标准要求，分阶段逐步、按期、全面完善实现，保证设计成果符合项目建造工作要求，同时完成成本的控制。通过标准化制度建立，使产品设计方法、经验不断积累并完善，专业精度、深度和成本管理效率不断提高。

(5) 成本概念的升级

现阶段其对成本控制的方式往往集中于“降本”，而很大一方面忽略了设计本身带来“增值”的这一部分。这需要发展设计师的创造性，将项目的价值激发出来，以小成本的投入换取更大的项目价值。

3.1.3 成本管控在设计阶段的必要性

由于我国的经济以及全球一体化的步伐不断加快，让我国的建筑业发展也变得迅速起来，而今也已经逐渐步入成熟期，同时也在国家宏观调控下竞争变得更加的规范。在市场竞争越演越烈的情况下，要想不突破项目成本目标和实现项目目标利润，成本控制无疑显得尤其重要。在建设工程项目整个开发程序过程中，设计阶段是工程项目建设过程中承上启下的重要阶段。大量研究结果表明，设计费用与工程整个使用周期的费用相比占比很小，但是工程项目总投资的影响却很大。因此，设计阶段是建设项目成本控制的关键与重点。

1. 体制制度要求成本管控在设计阶段实施

为使得国家建设行业的升级换代，与国际化接轨和一带一路相结合，国家对设计施工一体化提出了相应的要求，对建筑师负责制开始试点，对项目质量提出了终身责任制的要求，这个变化使得设计阶段的重要性更加凸显，如何落实这些要求，很重要的一点是设计不能再像以前那样“纸上谈兵”，也不能一味地割裂相关工作内容，只有从头负责到底，只有在完成设计表现的同时将成本控制牢牢把握，才能成为一个合格的设计师。

2. 建设方投资收益方式的变化要求成本管控在设计阶段实施

利用土地增值的方式进行房产销售，短期内获得大量资金回笼的方式，随着国家调整制度的不断深入而不再有可能重复，投资建设单位面临成本上升的同时要通过持有方式进行长期的资金回笼，这就造成了设计不能再像过往一样不顾后端边建造边修改，而是需要谋定而后动。建设方因为物业的持有而对用料用材、维修便利有了更多的要求，对于设计的每一次方向调整和选择都需要相应的合理化的技术讨论，通过对整个项目运作的分析来决策设计方案的可行性，因此设计与造价间的联系更加紧密和必要。

3. 产业化信息化要求成本管控在设计阶段实施

近年来，建筑信息化和产业化开始不断深入发展，在互联网思维的促动下传统的建筑行业开始转型，为实现智慧建筑、智慧园区、智慧城市的不断发展，数据的重要性越发凸显，通过信息化、产业化技术的运用，减少大量的不必要的浪费，减少建筑质量的缺陷和安全隐患，并通过数据的使用和反馈，大幅提升项目的价值，尤其在后端实现更好的价值回报就需要在设计阶段投入一定的成本来实现，而这些成本管控的关联关系和控制数据的引导一定在设计阶段完成。

因此，要有效地控制工程造价，就要坚决地把控制重点转到设计阶段——这个关键阶段上来，即通过设计源头的把控和价值再提升的方式未雨绸缪，也可以取得事半功倍的效果。

3.2　BIM技术与设计阶段成本管控的关系

3.2.1　常规设计方式下成本管控的现状

1. 传统建筑工程成本管控方法

（1）工程项目全过程成本控制法

以建筑施工项目成本的形成过程作为控制对象，根据项目成本实行全面、全过程控制：

1）在工程设计阶段：按照工程概况和图纸形成估算概算，做到可行性控制。

2）在工程投标阶段：应根据工程概况和招标文件，进行项目成本的预测，提出投标决策意见。

3）施工准备阶段：应结合设计图纸的自审、会审和其他资料（如地质勘探资料等），编制实施性施工组织设计，通过多方案的技术经济比较，从中选择经济合理、先进可行的施工方案，编制明细具体的成本计划，对项目成本进行事前控制。

4）施工阶段：依据施工图预算、施工预算、劳动定额、材料消耗定额和费用开支标准等，对实际发生的成本费用进行控制。

5）竣工交付使用及保修期阶段：应对竣工验收过程发生的费用和保修费用进行控制。

（2）工程项目目标成本控制法

以建筑施工项目的目标成本作为控制对象，根据建筑施工企业的实际情况，将目标成本进行横向和纵向的分解把控（图3.2-1）：

1）目标成本的横向分解：把目标成本合理地分配到各个部门，成为各部门的责任成本，各部门成为目标成本的执行者和责任主体，必须对目标成本的执行进行控制，对执行的结果负责，纵向是把目标成本按作业程序进行分解，目标成本纵向分解到各个核算科目和项目，这样目标成本就有了归集的标准和依据。

2）目标成本的纵向分解：根据开发项目的形成过程，按照成本核算科目将开发成本进行逐级的分解。如把整个开发项目的目标成本分解到“土地成本”“前期工程费”“基础设施费”“建筑安装工程费”“公建配套设施费”“开发间接费”共六个二级开发成本科目中去，就是一级目标成本向二级的纵向分解，二级及以下级次的分解类推。

3）目标成本的控制：目标成本管理体系的核心在于控制，这里的控制是指在项目成本形成的过程中，为降低成本，达到预期的成本目标，所进行的预测、计划、实施、核算、分析、考核等一系列活动。它包括事前的控制、事中的控制和事后的控制。形成目标成本的全状态和全时态的全面控制，达到预定的目标。这个环节包括目标成本的审批和下达、目标成本的核算与反馈。

4）目标成本的分析和考核：目标成本分析包括事前的预测分析、事中的控制分析和事后的业绩分析，为目标成本的预防控制、过程控制、反馈控制以及考核评价提供充分客观的依据。根据目标成本执行结果和详细的分析资料，对各层次的目标责任者，按照目标责任制的要求及标准进行评价和逐级考核，为进一步加强目标成本管理创造条件。

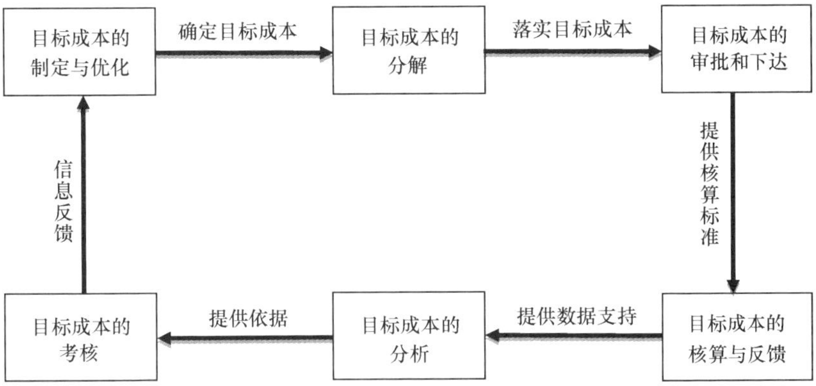

图3.2-1　目标成本管理流程

（3）挣值法

挣值法主要是支持项目绩效管理，最核心的目的就是比较项目实际与计划的差异，关注的是实际中的各个项目任务，在内容、时间、质量、成本等方面与计划的差异情况，然后根据这些差异，可以对项目中剩余的任务进行预测、调整和控制。三个费用值：

1）计划完成工作预算费用BCWS＝计划工程量×预算单价

2）已完成工作预算费用BCWP（挣值）＝已完工程量×预算单价

3）已完成工作实际费用ACWP＝已完工程量×实际单价

2. 传统设计阶段成本控制方法

对于设计阶段的费用控制，有不少资料提出了很多方法，如实行设计招标；大力推行限额设计；同设计单位增设合同条款，有效控制费用成本；加强图纸会审工作，推广采用标准设计等，这些方法在某种程度上虽然解决设计阶段费用控制的问题，但还不是十分的完备，在某种程度上具有其局限性。因此，在此基础上鲜有研究提出，从设计阶段的费用流向来分析如何控制设计阶段的成本。对于设计阶段来说，此阶段的费用流向分为两部分，一部分是付给设计单位的费用；另一部分是建设方投资于设计方案的未来资金，即还没有实现的投资。大致上，传统建筑工程成本控制包含以下两个类型：

（1）控制设计单位费用成本

1）改变设计取费办法

现在工程设计阶段都推行限额设计，以此来控制设计单位，但是，与其这么控制，不如化为奖励，试行在原设计计费的基础上，对因设计而节约投资，按节约部分给予提成奖励，因设计变更而增加投资也按增加部分扣除一定比例的设计费，实行优质优价的计费办法，这样将有利于激励设计人员精益求精地进行设计，增强设计人员的经济意识，时刻考虑如何降低造价，把控制工程造价观念渗透到各项设计和施工技术措施之中。

2）预留设计费用尾款

对设计费预留一个百分数尾款，待工程竣工结算后再结清最后的尾款，这样就可防止设计人员在施工过程中随意变更或不到现场进行技术指导的现象，同时迫使设计单位重视建设项目的成本控制。

（2）控制设计质量和工程成本

1）推行设计监理制度

目前在设计过程中，工程项目的方案设计、消防设计、煤气等审查部门各管各部，这样极不利于成本控制。虽然我国推行了建设监理制，但设计的监理工作却还未强制执行。让一部分有经验的监理人员参与到设计阶段来，可以给设计单位更大的压力以及督促设计方案更加合理快速的产生。并且让设计监理从项目可行性研究阶段就参与进去，协助建设方调研、考察、立项，论证方案的可行性并提出合理性建议。

2）严格控制设计变更

目前我国设计单位的设计人员大多是专职从事设计工作，较少具备施工方面的经验和知识，对新技术、新工艺、新材料还了解得不够，造成设计和施工脱节，施工过程中修改设计、变更的情况时有发生。而设计变更对于工程项目成本控制的影响非常大，特别对于那些关键部位的设计进行变更，大多有牵一发而动全身之势，所以，设计人员在设计过程中一定要对工程项目的设计要求充分领悟，并和甲方保持经常性的沟通。这样才能避免在施工过程中经常发生变更，给项目的成本控制带来难度。

3）推广标准设计

在设计过程中多采用国家、省、市级各专业部属的标准通用设计，这样可以缩短设计周期，还由于采用标准构件，可以在预制厂采用定型工艺，组织成批均衡生产，既能提高劳动生产率，有利于降低生产成本，又可加快施工速度，缩短整个建设周期。

4）造价咨询服务提前介入优化设计方案

在建筑设计过程中，造价咨询专家可以在方案设计阶段，利用同类建筑技术经济指标及价值工程原理，对拟建建筑不同的设计方案进行分析比较；在技术设计阶段及时为设计人员提供相应的技术指标；在施工图设计阶段做好施工图预算的编制工作，干预设计中存在的不必要的浪费，达到节约成本投资、优化设计的目的。

3. 传统设计阶段成本管控的不足之处

（1）技术与经济相分离

长期以来，建设项目作为一个系统工程，具有一次性、全寿命周期持续时间长、参与单位多而且合作关系多数不固定等特征，决定了设计与施工、工程设计和投资控制工作联系不够紧密成为一种普遍现象。在实际工作中，一般都是设计人员根据设计委托选择方案，进行设计，由造价人员进行估价或预算。由于他们对概预算知识的缺乏，导致设计人员在设计过程中对建筑材料的选择和对建筑结构的选择时，没有控制造价的概念，因此，这将必然影响到整个工程的造价。使建设方的开发成本居高不下，经济效益降低。

（2）设计取费的不合理

目前，在我国，设计费用的提取大部分仍采用“按设计概算总造价的百分比计取”的形式，这种收费方式直接的影响就是造价越高，设计单位的营业收入也越多。设计过程中，设计人员尽量采用进口设备和高价材料，从根本上希望投资规模大，以此来提高设计单位的收入。但与此同时，设计单位的这种做法也提高了工程的造价，在建设的开始阶段就给建设方从根本上增高了投资成本，极不利于建设方从整个成本控制过程中去降低造价。这种取费方式的另一个弊端就是设计取费与工程设计质量没有直接的关系，即使有时候花费了大量的人力、物力，也并不代表会获得一个高质量的设计方案。同时，这种取费方式从根本上与建设方全过程控制成本的目标相违背。

（3）设计缺乏竞争，监督机制不健全

就目前的状况而言，设计运行的机制还不够完善。1）缺乏公平的设计市场竞争机制，设计招标未能得到推广和深化，地方、行业、部门保护严重。2）设计监督不力。长期以来，形成了一种设计对业主负责，设计质量由设计单位自行把关的观念，主管部门对设计成果缺乏必要的考核与评价，有的仅靠图纸会审来发现一些简单问题，只有等出现了大的技术问题才来追究责任，而方案的经济性则问及更少。

（4）限额设计的推行动力不足

目前我国虽对限额设计奖惩办法有一些规定，但落不到实处。对设计单位来说，执行限额设计需要进行投资分解，各专业按分解后的额度作设计，对各种设计方案进行比较筛选，再复核投资反复优化。达到满足功能前提下的限额度目标，这大大增加了工作量，而收费却不增加，设计优质不优价。因设计单位错误导致工程静态投资超支也不减免设计费。在这种情况下推行限额设计失去了动力，造成了单位推行限额设计缺乏自觉性和积极性。

（5）设计招投标法制不完善

迎合委托单位要求，目前我国虽然在设计阶段实行了招投标，但是法律结构体系尚不健全，工程设计招投标不按照规定的程序和方式组织开标、评标的现象时有发生。一些项目在没有进行招标之前都已经暗定了设计单位。在现实中，往往由于委托设计权掌握在委托单位，设计单位为了迎合委托单位的要求，也会影响设计正常的品质。

3.2.2　BIM 技术引发设计阶段成本管控的思维变化

通过 BIM 技术在常规设计方式下，被反复读取的数据信息，以嵌入式的方式整合到建筑设计施工的全过程，以直观可视的模型、可对比的数据列表，将单一阶段性的节省成本，提升为能够长期自我增值的统一成本管控体系。BIM 技术在成本管控方面的应用价值主要表现在以下四个方面：

1. 提高工程量计算的效率

基于 BIM 的自动化算量方法将设计人员从繁琐的机械劳动中解放出来，节省更多的时间和精力用于更有价值的工作，如空间优化、材料选择等方面，这些数据同时也会指导设计师优化相应设计方案。

2. 提高工程量计算的准确性

BIM 模型也可以理解为是一个存储项目构件信息的数据库，可以为设计人员提供准确的项目构件信息，从而减少二维时代根据图纸进行人工识别构件信息的工作量，以及由此引起的潜在错误。例如在相应的门窗统计中经常出现的数量尺寸的不一致。因此 BIM 技术的构件数量提取功能可以使制表人摆脱人为因素影响，得到更加准确一致的数据。

同时，随着云计算技术的发展，BIM 算量可以利用更加智能的算法自动对模型进行全面检查，提高模型算量的准确性。

3. 提高设计阶段的成本控制能力

首先，工程量计算效率的提高有利于限额设计。

基于 BIM 技术的自动化算量方法可以更快地计算工程量，及时地将设计方案的成本反馈给设计师，便于在设计的前期阶段对成本的控制。

其次，基于 BIM 技术的设计可以更好地应对设计变更。

在传统的成本核算方法下，一旦发生设计变更，造价工程师需要手动检查设计变更，找到对成本的影响，这样的过程不仅缓慢，而且可靠性不强。BIM 软件与成本计算软件的集成将成本和空间数据进行了一致性的关联，能够自动检测哪些内容发生变更，直观地显示变更结果，并将结果反馈给设计人员，使他们能清楚地了解设计方案的变化对成本的影响，并决定下一步策略。

4. 提高工程造价分析能力

传统环境下工程造价管理中的造价分析使用多算对比发现问题、分析问题、纠正问题并降低工程费用。多算对比通常从时间、工序、空间三个维度进行对比，但是时间方面只分析一个维度，可能发现不了所有问题。

BIM 模型丰富的参数信息和多维度的业务信息能够辅助设计阶段和不同工种的成本分析和控制能力。同时，在统一的三维模型数据库的支持下，从最开始就进行了模型、造价、流水段、工序和时间等不同纬度信息的关联和绑定。在过程中，能够以较少的时间实时实现多纬度的统计、分析和决策，保证了多维度成本分析的高效性和准确性，以及成本控制的有效性和针对性。设计负责人利用它来整合不同工种，不同参建方的信息数据，以全局把控的观念将各类错误问题，对成本有较大影响的问题进行分析、研究和解决。同时问题在 BIM 直观表现的情况下，责任方会比较清晰，避免互相扯皮的情况出现。如果项目要修改，也能够快速分析出改动后的情况，并和改动前做相应的分析对比来提供决策

（如图 3.2-2、图 3.2-3）。

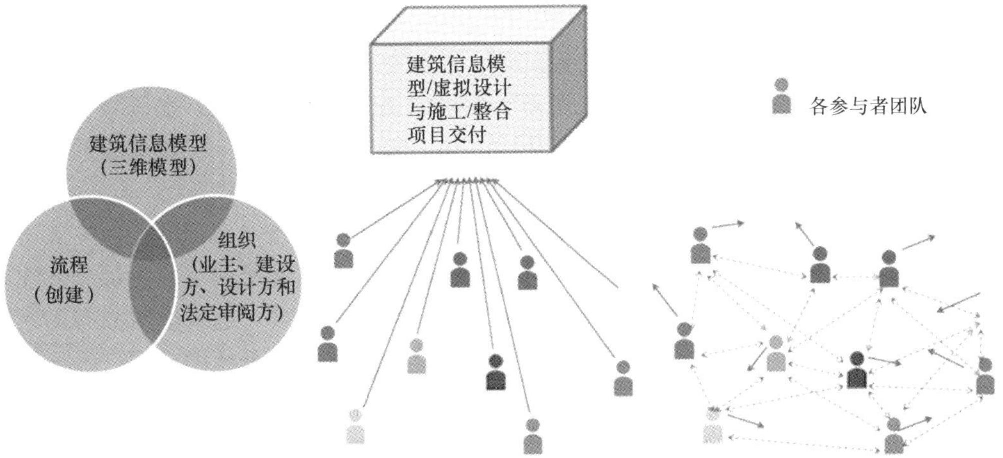

图 3.2-2　BIM 技术引发设计阶段成本管控的新思维

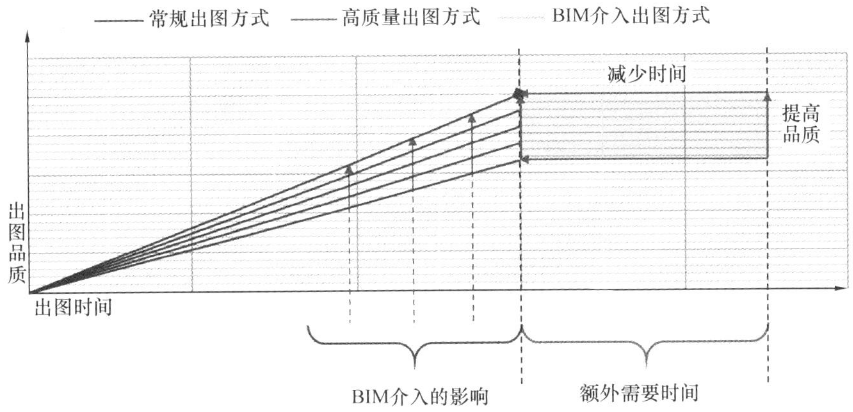

图 3.2-3　高效的工作方式带来效益增值和质量增高

3.3　BIM 技术在设计阶段成本管控的深入手段

3.3.1　“高效协同”针对时间成本控制的 BIM 技术运用方式

1. 三维可视化、精确定位

传统的平面设计成果为一张二维图，不仅不直观而且不同图纸间的关联程度很差，工程中的综合管线只有等工程安装前才能呈现出来，这时有些区域已经不具备调整的条件了。而采用三维可视化的 BIM 技术却可以使工程完工后的状貌在设计阶段就呈现出来，表达上直观清楚。有利于设计师在此基础上作出最合理、最经济的解决方案。同时一些曲面、复杂标高处的标高、定值在设计初期无法一次设计到位，而通过模型可以得到准确的数据，并将一些二维图上潜藏的深层次问题一一暴露出来，一并解决。

2. 碰撞检测、合理布局

传统的二维图纸往往不能全面反映个体、各专业各系统之间的碰撞可能，同时由于二维设计的离散型为不可预见性，也将使设计人员疏漏掉一些管线碰撞的问题。而利用BIM技术可以在管线综合平衡设计时，利用其碰撞检测的功能，将碰撞点尽早地反馈给设计人员，与业主、顾问进行及时的协调沟通，在深化设计阶段尽量减少现场的管线碰撞和返工现象。这不仅能及时排除项目施工环节中可以遇到的碰撞冲突，显著减少由此产生的变更申请单，更大大提高了施工现场的生产效率，降低了由于施工协调造成的成本增长和工期延误。

3. 设备参数复核计算

在机电系统安装过程中，由于管线综合平衡设计，以及精装修调整会将部分管线的行进路线进行调整，由此增加或减少了部分管线的长度和弯头数量，这就会对原有的系统参数产生影响。传统深化设计过程中系统参数复核计算是拿着二维平面图在算，平面图与实际安装好的系统几乎都有较大的差别，导致计算结果不准确。偏大则会造成建设费用和能源的浪费，偏小则会造成系统不能正常工作。现在运用BIM技术后，绘制好机电系统的模型，接下来只需点击几下鼠标就可以让BIM软件自动完成复杂的计算工作。模型如有变化，计算结果也会关联更新，从而为设备参数的选型提供正确的依据。

例如某项目中的净高需要达到一定高度，在结构梁不能再压缩的前提下压缩风管高度，并对各个出风口再次进行复核，发现末端多个风口达不到设计要求，因此再次做了管线路径调整来解决相应问题。可以看出，设计问题的解决都是多方面的综合考量，BIM技术为这种调整方式提供了一个更好的协作、沟通的平台。

以往涉及复杂的机电管线布置的优化修正需要耗费很大人力和时间，而且讨论方案时常常出现沟通矛盾和障碍，而在BIM的平台上只需要几次沟通协调，就能很便利地达成共识的设计方案。

3.3.2　"限额设计"——针对投入成本控制的BIM技术运用方式

1. 功能空前优化对成本的贡献

我们设计的是建筑，销售的却是空间，因此对空间美观效果的把控，对空间使用程度的理解，以及对功能流程的设计考虑都直接影响着项目成本（图3.3-1）。

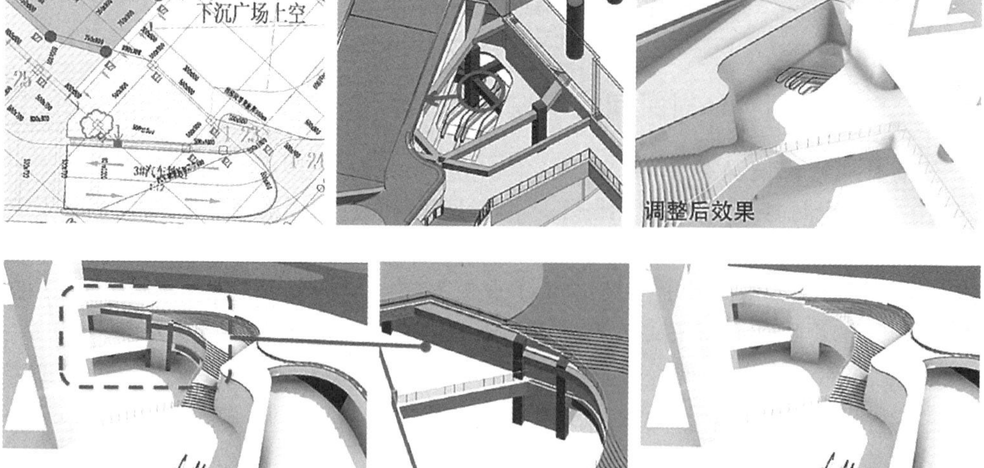

图3.3-1　功能空间优化对成本的贡献

2. 基于成本控制的图纸检测重点

在图纸最容易出现问题的区域，依据模型分区工作的要点，通过工种配合的方式及手段，用数据指标的设定和提醒，来实现复杂区域的细节预判（图 3.3-2）。

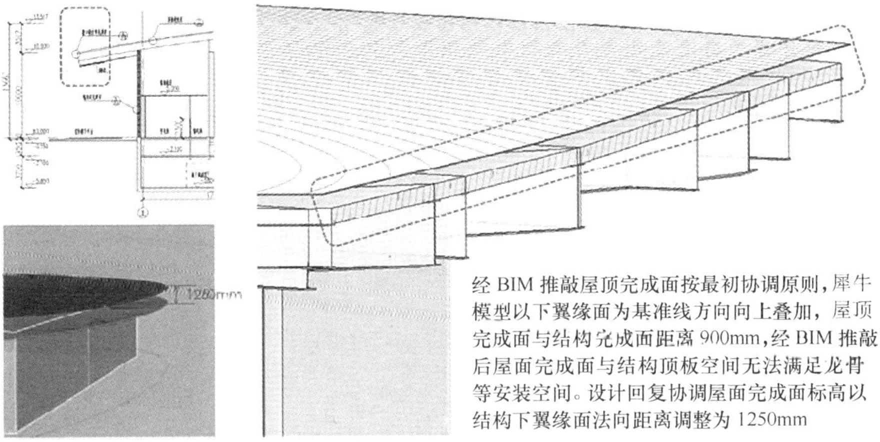

图 3.3-2 基于成本控制的图纸检测重点

运用 BIM 技术进行项量分析，提前预知哪些子项在招标时存在漏项，避免施工单位在结算时可能会有索赔；哪些子项的工程量会有大幅的增减，明显影响工程造价；让建设单位的决策者对成本的控制有一个事先的、较为准确的认识。

运用 BIM 技术可以提高结算精度，可以提高成本控制中工程量计算环节的工作效率和精度，这样竣工模型能客观反映施工过程情况，精度高于预算模型。比如，只要设计单位提交合格的 BIM 设计模型，甲乙方造价工作人员在算量阶段均无需再次建模，工作量可减少 50%以上，且精度不受人为因素影响。如果用于招投标、预结算，可大幅提高工作效率；如果用于过程控制，可对单层或者单构件所用工程量进行实时控制和预警，作为材料采购和编制施工计划的依据，有利于材料管理和控制，便于及时发现工程量偏差，从而及时纠偏。

运用 BIM 技术进行可视化施工交底，减少交底不彻底引起的返工造成的损失和浪费。可以有效减少传统二维图纸的错漏碰缺问题，减少由于后期返工造成的成本增加，节约工期，更可以基于 BIM 的成本控制，对二维图纸进行质量把控，从而实现更多的经济效益。

运用 BIM 技术进行空间碰撞检查，将土建 BIM 模型、安装 BIM 模型上传至 BIM 系统，进行碰撞检查，对设计图纸的问题提前预警，从而避免因返工而造成的经济损失与材料浪费（图 3.3-3）。

运用 BIM 技术，可以用于制作竣工模型，便于后期运维管理。设计单位可以配合施工方汇总施工过程各相关材料设备并制定最终的全专业 BIM 模型。项目所记录的资料同样会保存在服务器中，便于日后对该项目的查找和追溯，可以快速、准确地对工程各种资料进行定位。大量的数据留存与服务器经过相应处理形成数据库，为后期运维管理提供数据支持，可有效降低后期运维成本（图 3.3-4）。

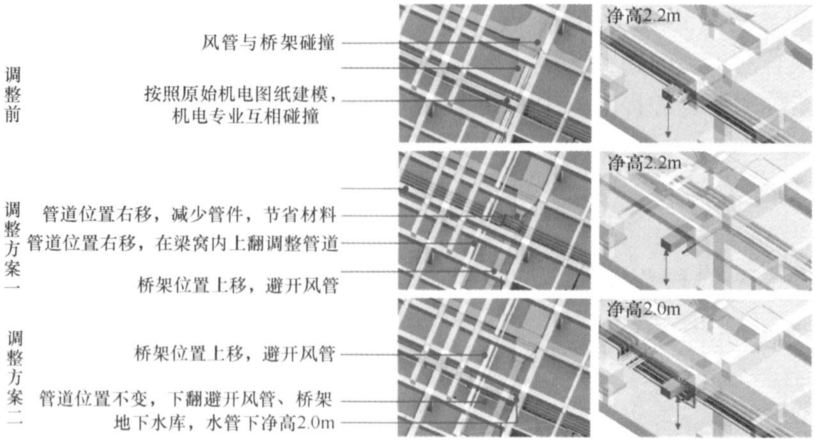

图 3.3-3　机电综合的价值体现

问题编号	解决情况			问题简述
	确认已解决	回复可解决	未解决／回复	
MEP-73	12.02 √		模型已修改，后期出图	多处管线碰撞
MEP-74	12.02 √		模型已修改，后期出图	风管碍墙
MEP-75	12.02 √		模型已修改，后期出图	多处管线碰撞
MEP-76			水管已移位	喷淋管与风管碰撞
MEP-77			给排水修改	给水管与墙碰撞
MEP-78	11.25 √		模型已修改，后期出图	空调水管与风管碰撞
MEP-79			调整管道布置	空调水管与风管碰撞

90% 阶段第四版问题报告新增问题

问题编号	解决情况			问题简述
	确认已解决	回复可解决	未解决／回复	
Arch-23			11.26 已提交 Gensler	图纸缺失
Arch-24	12.02 √		仅留缝，不作钢槽	构造有难度
Arch-25	12.02 √		取消幕墙内凹	图纸缺失
Arch-26			需尽快确认卷帘厂家	卷帘门构造问题
ST-13	12.02 √		局部处作填充处理	降板区边界问题
ST-14	12.02 √		已修改	梁宽绘制有误
ST-15	12.02 √		已修改	幕墙基础位置有误
ST-16	12.02 √		已修改	梁宽有误
ST-17	12.02 √		已修改	幕墙基础位置有误
ST-18	12.02 √		已修改	梁位置有误
MEP-80			给排水修改	管线穿梁
MEP-81	12.02 √		模型已修改，后期出图	净高不足
MEP-82	12.02 √		模型已修改，后期出图	净高不足
MEP-83			给排水修改	喷淋主管与柱碰撞

100% 阶段第一版问题报告新增问题

问题编号	解决情况			问题简述
	确认已解决	回复可解决	未解决／回复	
Arch-27	12.16 √		修改管井隔墙	管井尺寸问题
Arch-28	12.16 √		按照结构图纸修改	图面未绘制钢立柱
Arch-29	12.16 √		内装检一考虑整体效果	交叉钢斜撑突出墙面
ST-19	12.16 √		修改	北侧进出口结构墙位置问题
ST-20	12.16 √		修改	剪力墙位置问题
ST-21	12.16 √		修改	梁宽绘制与标注问题
ST-22	12.16 √		建筑与结构图纸统一	结构板边线位置问题
ST-23	12.16 √		修改	结构板留洞轮廓问题
ST-24	12.16 √		局部设混凝土墙打	剪力墙顶标高问题
ST-25	12.16 √		修改	梁高问题
MEP-84	12.16 √		给排水修改	立管与集水坑位置问题
MEP-85			给排水修改	风管与梁碰撞
MEP-86			需确认可行性	施工与后期检修难度问题
MEP-87			需确认可行性	施工与后期检修难度问题
MEP-88			需确认可行性	施工与后期检修难度问题
MEP-89			需确认可行性	施工与后期检修难度问题
MEP-90			需确认可行性	施工与后期检修难度问题

问题分类	解决情况				总计
	确认已解决	回复可解决	未解决	新增问题	
建筑专业	16	1	1	0	18
结构专业	25	0	0	0	25
机电专业	61	22	7	0	90
幕墙专业	9	0	2	0	11
备注：为便于问题编号前后统一，幕墙专业的问题延续了 Arch- 的编号前缀，仍纳于建筑专业之中，在涉及图纸中加以说明区分，仅在总数统计中单独予以列出。√表示近期修改。					

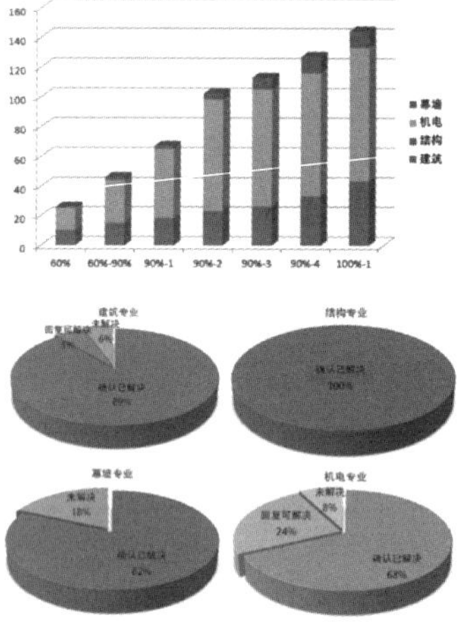

问题编号	解决情况			问题简述
	确认已解决	回复可解决	未解决／回复	
Arch-01			结构图纸已调整	结构图纸绘制问题
Arch-02			已调整	楼梯详图绘制问题
Arch-03			结构图纸已调整	结构梁位置有误
Arch-04			取消此管井	管井位置有误
Arch-05			已修改	外装饰面层问题
Arch-06			结构板降 300	结构梁板与略面标高问题
Arch-07	12.02 √		需提醒内装专业注意	门位置问题
Arch-08	12.16 √		内装由 Gensler 负责	吊顶问题
Arch-09	11.25 √		外门安装于幕墙上	外门安装效果问题
Arch-10			已修改	图面标注问题
Arch-11			内墙已取消	内门与送风口位置问题
Arch-12			内墙已取消	内墙与送风口位置问题
Arch-13			已修改	图面绘制问题
Arch-14			参照 Gensler 图纸	室外楼梯开洞问题
Arch-15			参照幕墙图纸	局部区域图纸缺失
Arch-16	12.02 √		已修改	堂墙口轮廓问题
Arch-17	11.25 √		幕墙图纸已修改	外门与室外道路连接问题
Arch-18	11.25 √		幕墙图纸已添加	局部区域图纸缺失
Arch-19	11.25 √		已补充详图	详图表达不全面
Arch-20	11.25 √		轮廓至主梁边缘	吊顶轮廓问题
Arch-21	12.02 √		幕墙公司深化设计	屋面维护结构底标高问题
Arch-22			11.26 已提交 Gensler	局部详图缺失
ST-01			已修改	图面标注问题
ST-02			已修改	梁标高问题
ST-03			已修改	变截面梁问题
ST-04			已修改	图面标注问题

问题编号	解决情况			问题简述
	确认已解决	回复可解决	未解决／回复	
ST-05			构造需要	梁突出屋面
ST-06			已修改	梁突出外装饰面
ST-07			已修改	幕墙基础问题
ST-08	11.25 √		已修改	图面标注问题
ST-09	11.25 √		已修改	结构板问题
ST-10	11.25 √		已修改	结构楼打问题
ST-11	12.02 √		建筑图纸拓宽走道	幕墙基础问题
ST-12	11.25 √		已修改	女儿墙问题
MEP-01			已调整	喷淋立管与梁碰撞
MEP-02			综合调整，电气改道	风管与其他管线碰撞
MEP-03			管井位置调整	管线与梁碰撞
MEP-04			暖通管线调整至最上方	风管与其他管线碰撞
MEP-05			梁已取消	风管与梁碰撞
MEP-06			已调整	给水管与剪力墙碰撞
MEP-07			梁已取消	风管与梁碰撞
MEP-08			墙已取消	排水管与喷淋管、墙碰撞
MEP-09			结构板标高已调整	排水管露出路面
MEP-10			已调整	多处管线碰撞
MEP-11			梁已取消	多处管线碰撞
MEP-12			已调整风管尺寸	风管与梁碰撞
MEP-13			梁标高已调整	风管与柱子碰撞
MEP-14			已调整风管尺寸	风管与墙碰撞
MEP-15			已调整水管走向	空调水管与楼梯碰撞
MEP-16			已调整	排水管与梁碰撞
MEP-17			给排水管线修改	给水管与梁碰撞
MEP-18			梁已取消	风管与梁碰撞

问题编号	解决情况			问题简述
	确认已解决	回复可解决	未解决／回复	
MEP-19	11.25 √		模型修改，后期出图	喷淋管与柱子碰撞
MEP-20			空调风管修改	风管与梁碰撞
MEP-21			已调整	水管与梁碰撞
MEP-22	11.25 √		模型修改，后期出图	风管与梁碰撞
MEP-23			给排水修改	水管与梁碰撞
MEP-24			已调整风管尺寸	风管与墙碰撞
MEP-25			空调水管调至下方风井	多处管线碰撞
MEP-26			水管改道	空调水管与风管碰撞
MEP-27			持续优化中	净高问题
MEP-28			给排水修改	消防立管与梁碰撞
MEP-29			已调整风管尺寸	风管与梁碰撞
MEP-30			墙已取消	排水管与墙碰撞
MEP-31			水管立管已调整	喷淋立管上下层位置问题
MEP-32			水管走向调整	空调水管与梁碰撞
MEP-33			已调整水管位置	排水管与梁碰撞
MEP-34			已调整风管尺寸	风管与梁碰撞
MEP-35	12.16 √		给排水修改	喷淋管与梁碰撞
MEP-36			排水管已取消	排水管与梁碰撞
MEP-37			水管已移位	排水管与梁碰撞
MEP-38			墙已取消	排水管与墙碰撞
MEP-39	11.25 √		模型修改，后期出图	喷淋管与柱碰撞
MEP-40	12.02 √		墙已取消	风管与梁、墙碰撞
MEP-41			重新排列立管	给水管与排水管、梁碰撞
MEP-42			风管已移位	排风管与水管碰撞
MEP-43			桥架可适当移动位置	弱电桥架问题
MEP-44			空调水管已取消	水管与梁碰撞
MEP-45	12.02 √		出风口位移	地送风口与梁碰撞

图 3.3-4　临空 11-3 地块商业办公用房项目问题报告解决追踪表

3.3.3 “边际效益”——针对产出效益放大的BIM技术运用方式

工程项目BIM技术和BIM网络平台的搭建，让工程数量、工程造价、工程质量、工程安全、工程进度、工程资料等信息，在造价工程师、质量管理工程师、安全管理工程师、现场管理工程师、资料管理工程师、材料工程师间互通互联、互相分享、互相查看，打破了电脑数据孤岛孤立现象，提高了查阅工程数据和工程信息的工作效率，减少数据、信息查阅不及时不准确的现象出现，减少数据、信息查阅不及时不准确给质量管理、安全管理、进度管理、材料和机械调配造成不合理的损失和浪费；而且项目经理也能及时、准确地看到工程项目的各种数据和信息，让项目经理的决策更科学、合理，减少无数据、无信息、靠经验、拍脑袋式的决策带来的损失和浪费。

1. 数据有效留存和问题动态追溯（图3.3-5）

裙房部分功能分区

A_ 裙房 功能分区占比 B2~4F		
功能分区	面积（m^2）	比例
停车	11641.90	14.47%
冰场	2015.98	2.51%
办公	104.83	0.13%
卫生间	957.60	1.19%
商业	29634.24	36.83%
商业走道	18011.63	22.39%
客梯	554.06	0.69%
设备/辅助/交通	16355.29	20.33%
货梯	459.80	0.57%
酒店	722.89	0.90%
总计	80458.22	

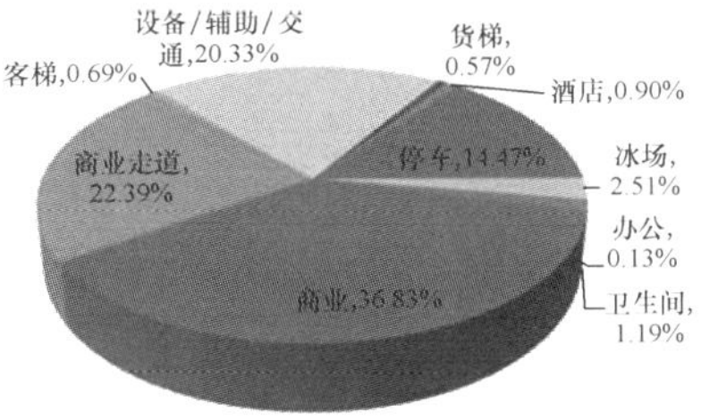

裙房功能分区占比B2～4F

A_ 裙房 功能分区占比 B1~4F		
功能分区	面积（m^2）	比例
冰场	2015.98	3.10%
办公	104.83	0.16%
卫生间	957.60	1.47%
商业	29634.24	45.58%
商业走道	18011.63	27.71%
客梯	452.33	0.70%
设备/辅助/交通	12703.85	19.54%
货梯	405.90	0.62%
酒店	722.89	1.11%
总计	65009.25	

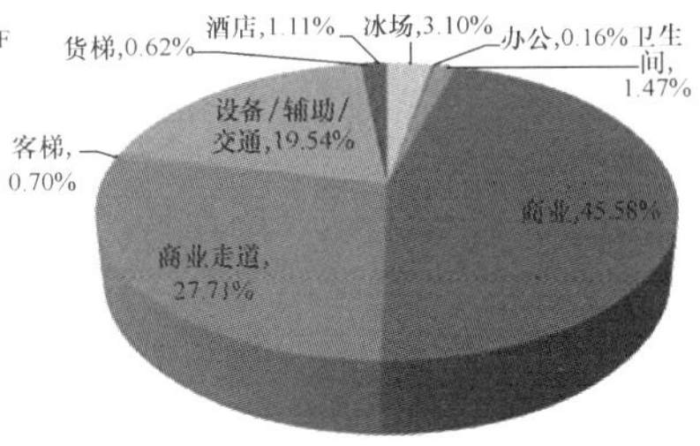

裙房功能分区占比B1～4F

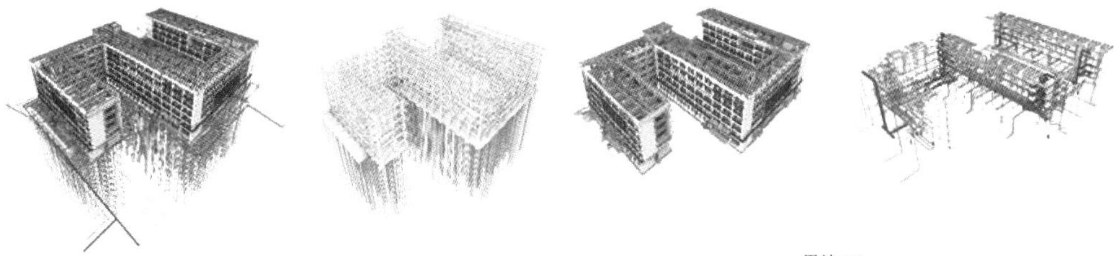

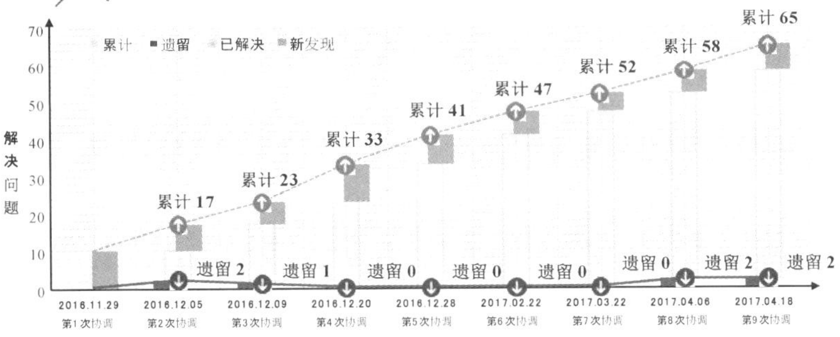

图3.3-5 建筑数据有效留存，问题动态追溯

2. BIM 量化统计

某项目屋顶为自由曲面，室内视觉效果需要表现钢结构和清水混凝土的效果，其构造做法为钢梁配混凝土楼板，屋顶再覆金属板。为了更好地实现混凝土曲面屋顶效果，并要满足施工的可行性。采用参数化手段对曲面屋顶进行分格，一次性处理 3647 个不一标高顶点并形成 916 块 3m×6m 左右的四、五边形混凝土板，并取出各分割板块编号并提取混凝土钢模板所需的加工尺寸。同时利用参数化手段在 BIM 模型中提取出现场钢模板安装时所需的空间尺寸，最后现场利用全站仪定位安装模板，完成混凝土浇筑（图 3.3-6、图 3.3-7）。

	面积	数量	合计
三角面	0.5	2	53
	1	3	
	1.5	4	
	2	4	
	2.5	2	
	3.0	2	
	3.5	4	
	4.0	2	
	4.5	3	
	5.0	1	
	5.5	5	
	6.0	3	
	6.5	5	
	7.0	2	
	7.5	3	
	8.0	3	
	9.5	2	
	10.0	1	
	10.5	1	
	13.0	1	

	面积	数量	合计
四边面	3.0	1	826
	5.0	4	
	6.0	6	
	7.0	9	
	8.0	14	
	9.0	11	
	10.0	17	
	11.0	36	
	12.0	53	
	13.0	77	
	14.0	84	
	15.0	84	
	16.0	95	
	17.0	91	
	18.0	86	
	19.0	52	
	20.0	51	
	21.0	19	
	22.0	12	
	23.0	7	
	24.0	6	
	25.0	2	
	26.0	1	
	27.0	2	
	28.0	1	
	31.0	1	
	34.0	3	
	35.0	1	

	面积	数量	合计
五边面	12.5	1	36
	14.5	2	
	15.0	1	
	15.5	5	
	16.0	2	
	16.5	2	
	17.0	3	
	17.5	1	
	18.0	6	
	19.0	3	
	19.5	2	
	20.0	1	
	20.5	2	
	21.5	2	
	22.0	1	
	22.5	1	
	23.5	1	

图 3.3-6　混凝土板块分格统计

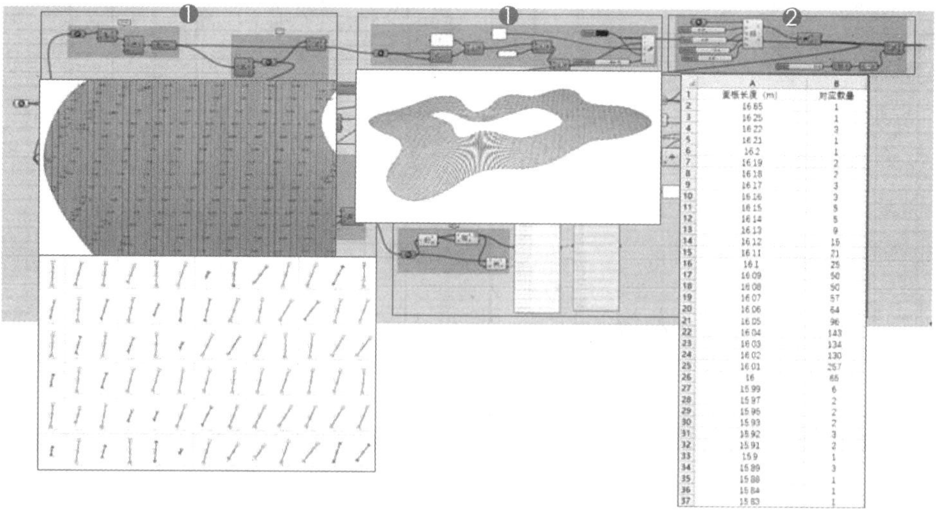

图 3.3-7　参数化编程生成铝板编号、输出加工尺寸

3. 径流分析与雨水模拟

项目屋顶排水方式采用自由排水设计，屋顶的自由起伏但必须保证不出现屋面积水。利用 BIM 技术模拟雨水的路径变化可以有效地反映出屋面的排水特性以及是否有积水。

用线条模拟雨水流动路径，直观反映了雨水从高到低的流动方向和路径。路径的汇聚和交叉反映了雨水的积聚，设计时应在集聚区域避免出入口的设置（图 3.3-8）。

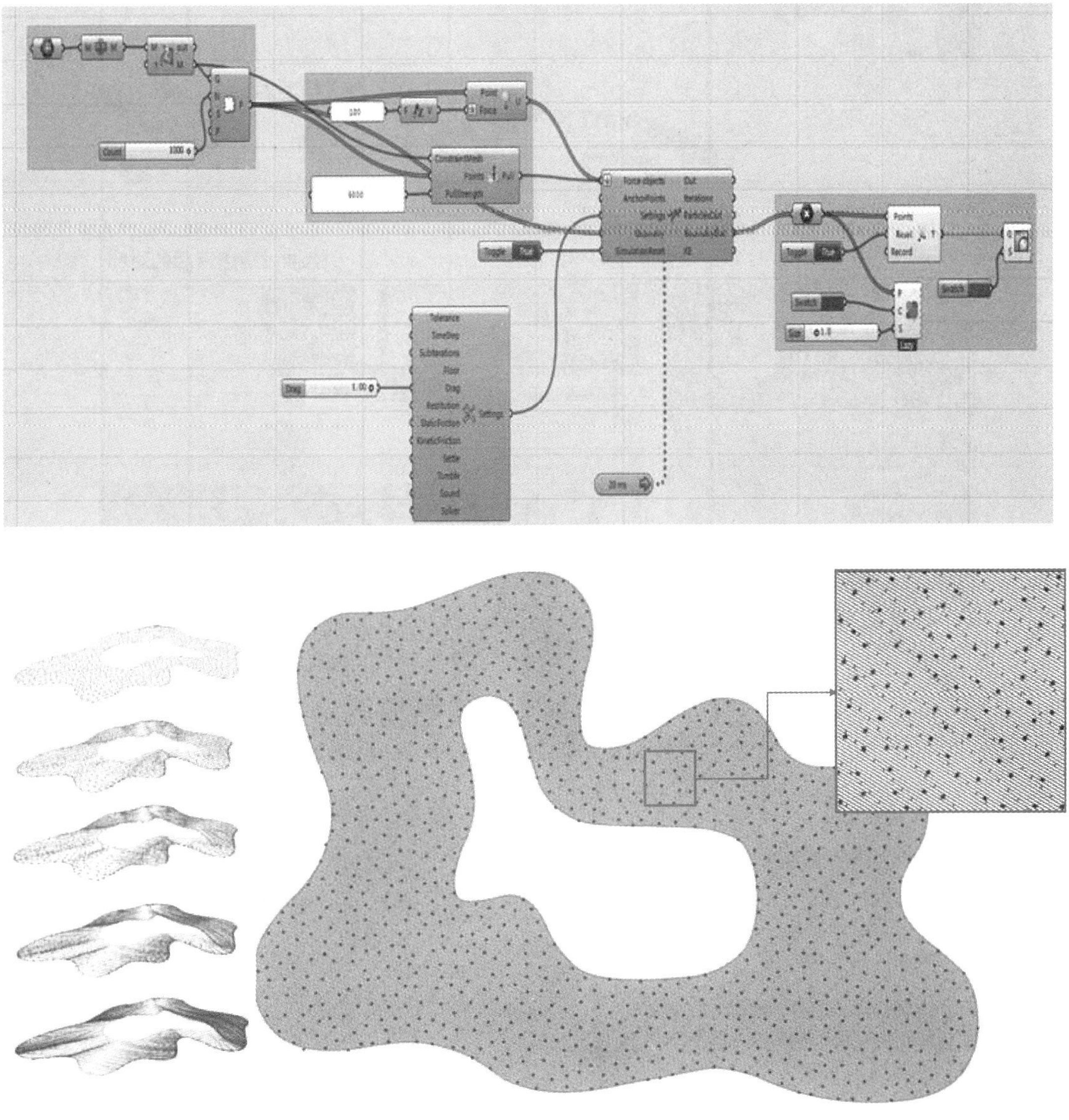

图 3.3-8　径流分析与雨水模型

4. 技术经济指标实时维护与追踪

追溯设计全过程中建筑功能调整，实时维护追踪各项技术经济指标（图 3.3-9）。

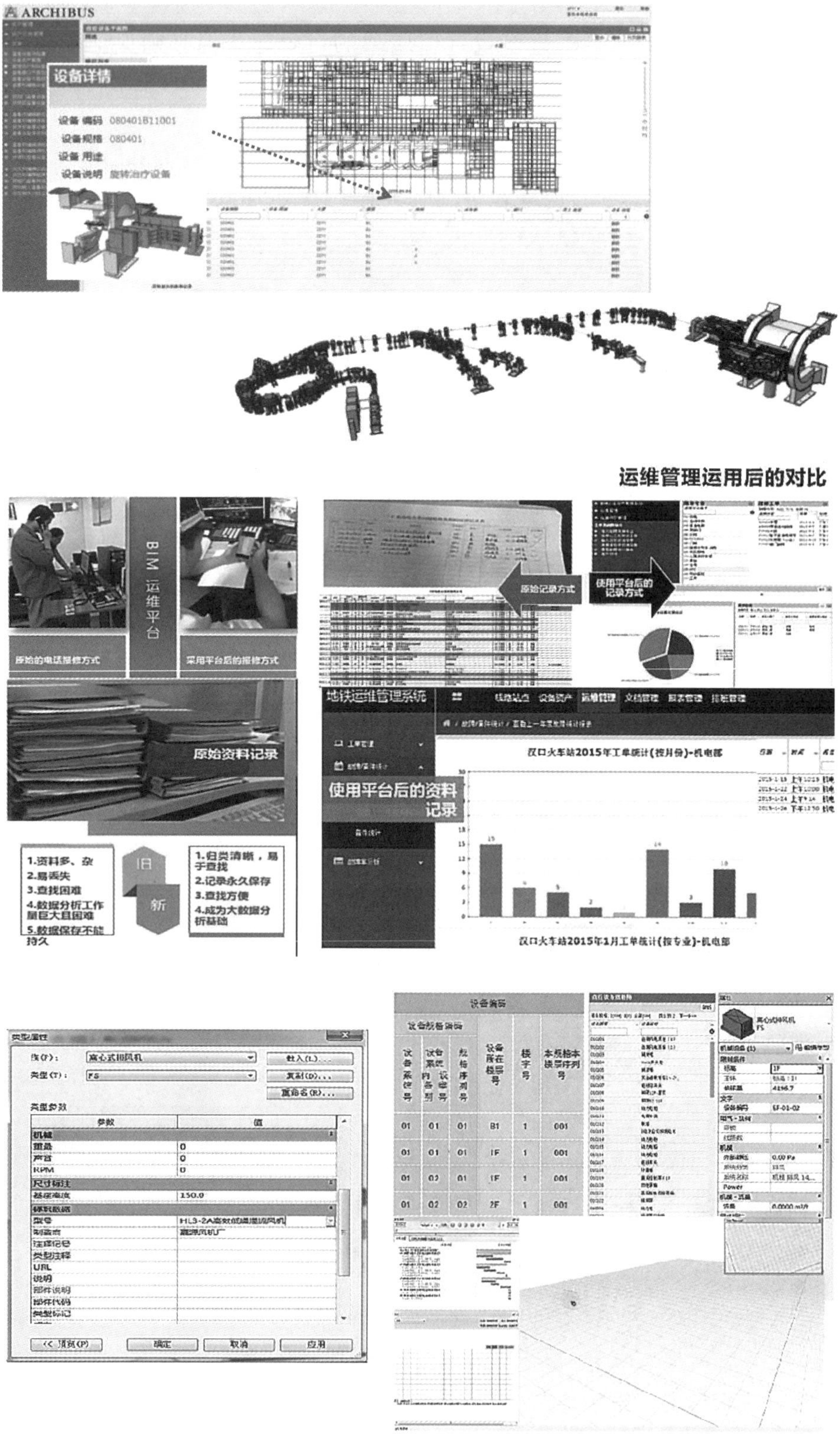

图 3.3-9　技术经济指标实时维护与追踪

3.3.4 “多案比选”——针对最佳方案综合比选的BIM技术运用方式

1. 幕墙优化设计方案比选

幕墙优化方案的选取，主要考虑以下因素：

（1）外观效果的重要性；

（2）主要材料统计量；

（3）曲面幕墙的定位、施工；

（4）幕墙划分及消耗；

（5）幕墙形式的不同分类；

（6）留洞及开窗的考虑（图3.3-10～图3.3-12）。

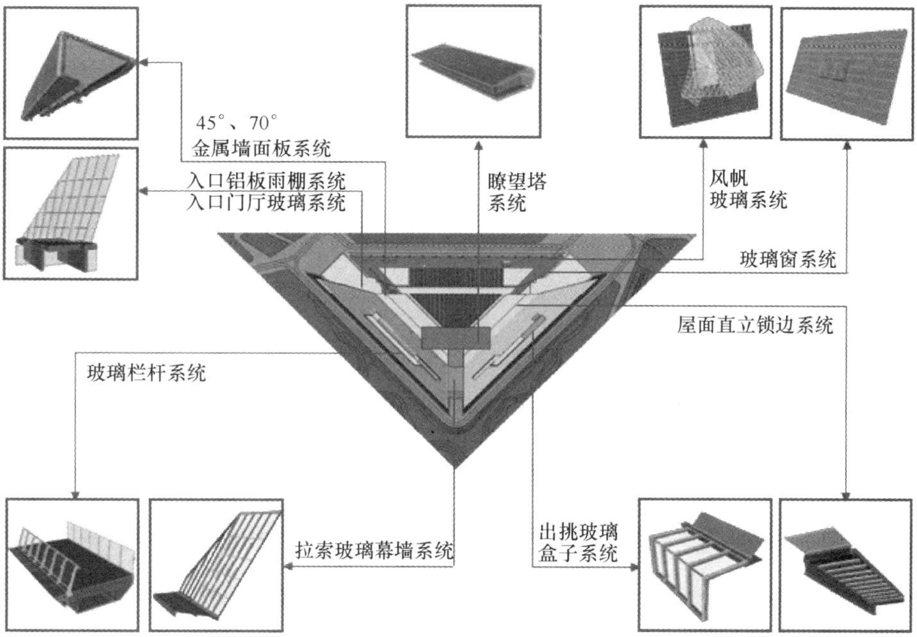

图3.3-10 幕墙优化价值分析

2. 可施工性分析

通过模型提前预知施工难点，提出切实可行施工方案，运用BIM三维可视化功能再加上时间维度，利用碰撞优化后的三维管线方案，可以进行施工交底、施工模拟，发现本工程的重难点施工部位，按照场地特点、国家规范制定详细的施工方案，将施工方案模型化、动漫化，直观地进行项目虚拟场景漫游，在虚拟现实中身临其境般地进行方案体验和论证。基于BIM模型，对施工组织设计方案进行论证，就施工中的重要环节进行可视化模拟分析，按时间进度进行施工安装方案的模拟和优化。对于一些重要的施工环节或采用新施工工艺的关键部位、施工现场平面布置等施工指导措施进行模拟和分析，以提高计划的可行性。在投标过程中，通过对施工方案的模拟，直观、形象地展示给甲方，让评标专家、甚至非工程行业出身的业主领导都对施工方案的各种问题和情况了如指掌。

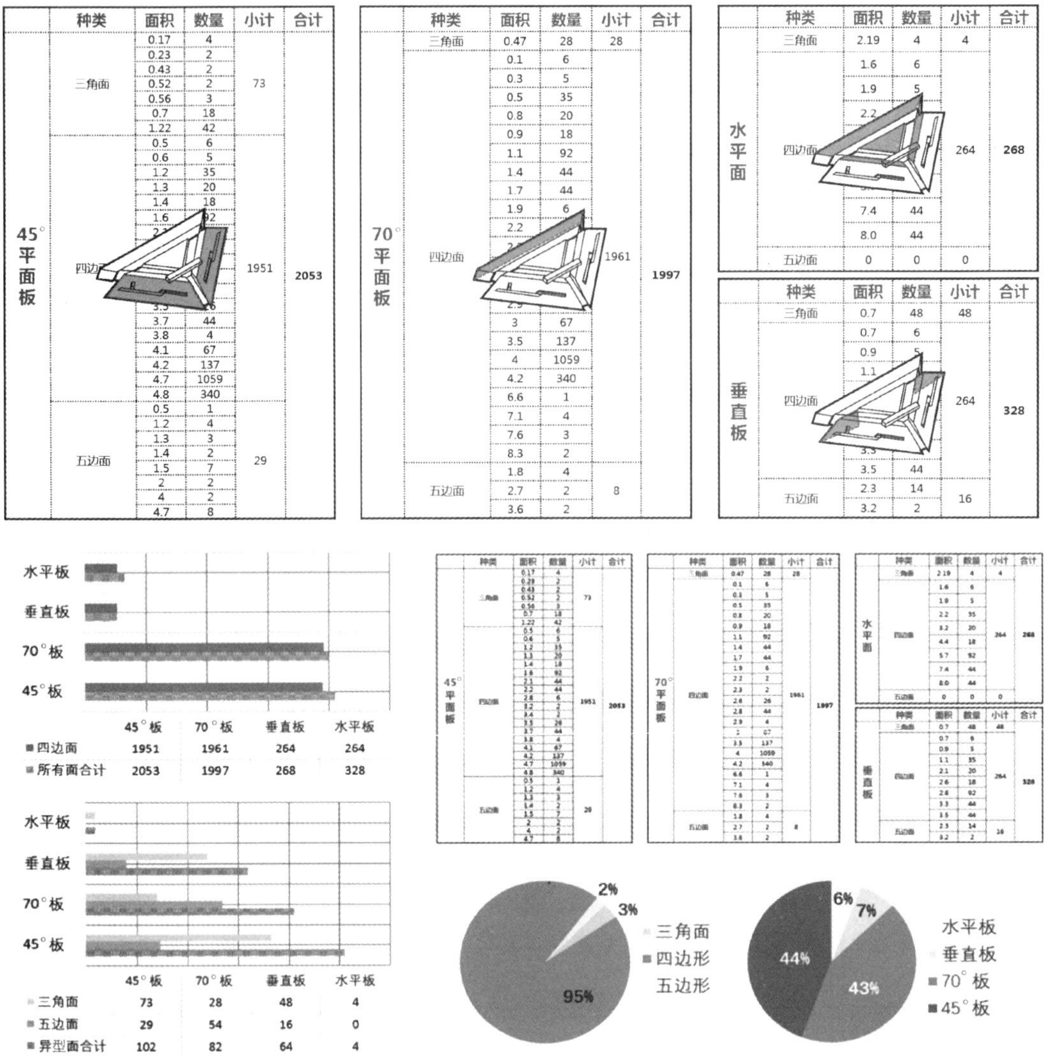

图 3.3-11　幕墙优化方案对比

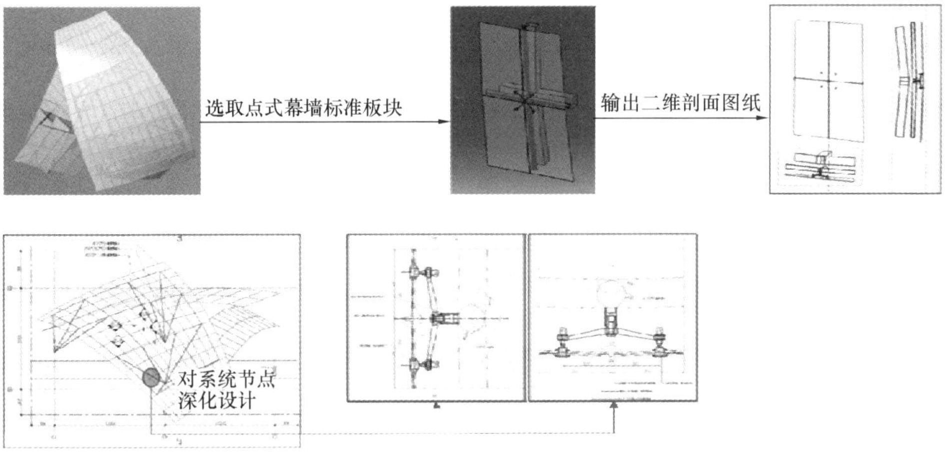

图 3.3-12　对于复杂难点的幕墙结构，通过 BIM 技术进行搭建

(1) 方案比选

基于模型的可优化性对设备布置方案进行比选，最终确定塔吊型号和位置。并可从模型中直接提取塔吊等设备各项参数和性能指标，形成附表附在方案中，充分体现设备方案的可信度和说服力（表 3.3-1）。

如某高层塔楼施工塔吊配置，在方案一与方案二之间进行综合比较，最后选择一种适宜本工程的塔吊方案，如图 3.3-13 所示。

方案比选模式对比表 **表 3.3-1**

	传统工作模式	BIM 工作模式
表达方式	文字＋图文	三维模型＋动态模型
理论依据	经验＋标准	经验＋标准＋图示
方案比选	难度大、准确度有待评论、对从业人员专业水平要求高	计算机辅助、难度小、准确度高、直观度高、决策专业水平要求低
保障措施	常规方案，具体操作需根据现场情况调整	根据现场模拟出的情况有针对性地制定方案，现场可直接使用
成本统计	速度慢	快速，根据模型直接生成
环境管理	困难，需要其他专业配合	预先计划，全程采用 BIM 管理，现场有序

图 3.3-13 施工塔吊方案比选

(2) 进度优化

建筑施工是一个高度动态和复杂的过程，当前建筑工程项目管理中经常用于表示进度计划的网络计划，由于专业性强、可视化程度低，无法清晰描述施工进度以及各种复杂关系，难以形象表达工程施工的动态变化过程。

在具体实施过程中进度计划往往不能得到准确的执行，主要的原因见表 3.3-2。

传统进度计划管理缺陷 **表 3.3-2**

序号	主要原因	具体问题	后　果
1	施工图纸原因	首先，通常一个工程项目的整套图纸少则几十张，多则成百上千张，图纸所包含的数据庞大，而设计者和审图者的精力有限，存在错误是必然的；其次，项目各个专业的设计工作是独立完成的，导致各专业的二维图纸所表现的内容在空间上很容易出现碰撞和矛盾	如果上述问题没有提前发现，直到施工阶段才显露出来，势必会对工程项目的进度产生影响

续表

序号	主要原因	具体问题	后　果
2	管理组织及人员原因	工程项目进度计划的编制很大程度上依赖于项目管理者的经验，虽然有施工合同、进度目标、施工方案等客观条件的支撑，但是项目的唯一性和个人经验的主观性难免会使进度计划存在不合理之处，并且现行的编制方法和工具相对比较抽象，不易对进度计划进行检查	一旦计划出了问题，那么按照计划所进行的施工过程必然也不会顺利
3	参与方沟通和衔接不畅	由于专业不同，施工方与业主和供货商的信息沟通不充分、不彻底，业主的资金计划、供货商的材料供应计划与施工进度不匹配	如果没有一个详细的资金、材料使用计划，或者计划与施工进度不匹配，进行施工必然也不会顺利
4	施工环境影响	工程项目既受当地地质条件、气候特征等自然环境的影响，又受到交通设施、区域位置、供水供电等社会环境的影响	项目实施过程中任何不利的环境因素都有可能对项目进度产生严重影响

因此，必须在项目的开始阶段就充分考虑到这些因素的影响结果，并提出相应的应对措施。

建筑业项目管理效率低下的主要原因之一是信息传递不流畅造成信息丢失。通过将 BIM 与施工进度计划相链接，将空间信息与时间信息整合在一个可视的 4D（3D+Time）模型中，可以直观、精确地反映整个建筑的施工过程和虚拟形象进度。基于 BIM 的 4D 虚拟建造技术的进度管理通过反复的施工过程模拟，让那些在施工阶段可能出现的问题在模拟的环境中提前发生，逐一修改，并提前制定应对措施，使进度计划和施工方案最优，再用来指导实际的项目施工，从而保证项目施工的顺利完成。基于 BIM 的进度优化流程图如图 3.3-14 所示。

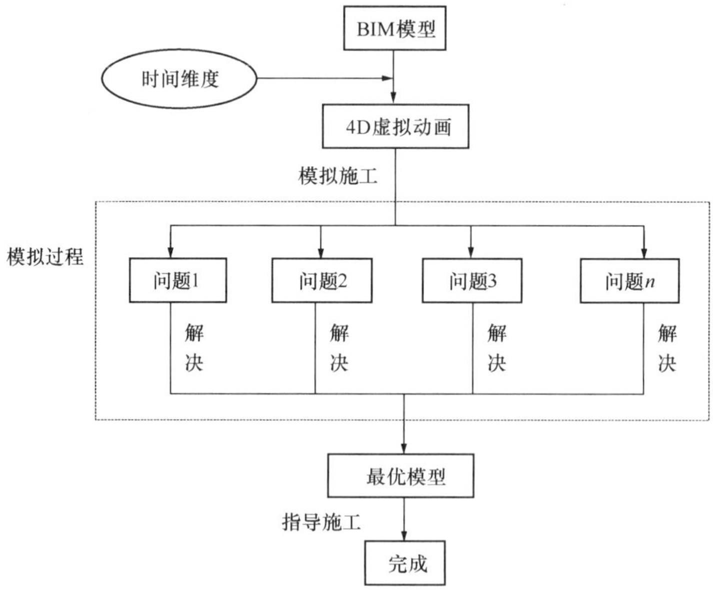

图 3.3-14　基于 BIM 的进度优化流程

三维模型的各个构件附加时间参数就形成了 4D 模拟动画，计算机可以根据所附加的时间参数模拟实际的施工建造过程。通过虚拟建造，可以检查进度计划的时间参数是否合理，即各工作的持续时间是否合理，工作之间的逻辑关系是否准确等，从而对项目的进度计划进行检查和优化。

将修改后的三维建筑模型和优化过的四维虚拟建造动画展示给项目的施工人员，可以让他们直观了解项目的具体情况和整个施工过程，更深层次地理解设计意图和施工方案要求，减少因信息传达错误而给施工过程带来的不必要的问题，加快施工进度和提高项目建造质量，保证项目决策尽快执行。

4D 施工模拟技术可以在项目建造过程中合理制订施工计划、精确掌握施工进度，优化使用施工资源以及科学地进行场地布置，对整个工程的施工进度、资源和质量进行统一管理和控制，以缩短工期、降低成本、提高质量。此外借助 4D 模型，施工企业在工程项目投标中将获得竞标优势，BIM 可以让业主直观地了解投标单位对投标项目主要施工的控制方法、施工安排是否均衡、总体计划是否基本合理等，从而对投标单位的施工经验和实力作出有效评估。

3.4 思考与总结

随着经济结构的调整，各行各业都迎来新一轮产业革命，全球主要经济体不约而同地推出了一系列重大战略和举措，把科技创新作为国家发展战略的核心，把绿色发展作为国家发展战略的关键，大力实施加紧布局新兴产业的推动和传统行业的转型升级，以抢占未来科技创新和产业发展的制高点。

建筑行业也不例外，但如何在行业变革的过程中，获得长足的发展，并实现利润最大化，就必须意识到以技术创新和成本管控为发展理念的必要性和重要性。在设计阶段的 BIM 成本管控，立足于设计的根本，引入后端的实际需求，通过设计对整个项目的理解来实现质量、进度和成本控制间的平衡，以全局和整合的方式有效提高项目的经济性。BIM 技术在设计阶段的成本控制运用基本做到了以下几点：

（1）提高算量工作的效率和准确性。

（2）控制设计变更，提高设计品质。

（3）高效沟通，过程成本控制成为可行。

（4）方便历史数据积累和共享。

（5）有利于项目全过程造价管理实施。

然而，设计阶段需要解决的问题众多，对于成本管控，每个管理部门和个人都有不同的理解和目的，因此人为因素的参与很难通过改进生产工具和方法的手段来规避，只有依靠不断的项目实践过程中体制机制的优化和利益分配的重建而逐步弱化。实际运用中还有很多地方值得去探索、实践和突破：

（1）建筑行业依然是一个规模和利润巨大的行业，是一个效率和效益抢跑的行业。行业高速发展所带来的巨大惯性，导致人们习惯了在原有项目管理上的惰性，对于 BIM 技术的快速推广和应用有着一定的阻力，在设计阶段就开始进行设计师并不擅长的成本控制和 BIM 技术的结合运用，对于设计师而言有着巨大的压力和阻力。

（2）建筑行业涉及问题复杂，和地域气候、项目种类、时间进度等都有着千丝万缕的联系，如何理清思路，找到成本控制在设计阶段的主线和关键点，需要大量的项目积累和运用，停留于纸面的研究是无济于事的。

（3）为更好地实现设计阶段对成本的有效控制，需要后端问题前置思考，这也导致了工作方式和流程的转变，设计师要具备足够的项目实践经验并且对各方面的知识都要有所涉猎和适当的研究，这类复合型设计人才的缺口很大而且培养周期长，如何加快这些人才的培养是实现设计阶段成本管控的重要一环。

（4）BIM人才匮乏，培训和咨询不足，相关的研究往往存在于理论层面上，BIM技术应用于建筑设计全过程，缺乏相应的出图标准和行业规范，在执行标准和成果体现方面缺乏考核依据。这些都一定程度上限制了BIM技术在设计阶段成本控制上的有效运用。

（5）推行一项新技术，无论是时间投入还是成本投入都存在未知数，而现阶段国家政策规范方面，体系不够完善、约束力不够强，很多企业会因为初期投入过高而失去对建筑BIM信息化探索的动力，这也是建筑行业BIM技术运用难以高质量、高标准展开运用的一大因素。

（6）BIM技术凭借其三维立体、可视性强、信息丰富、便于整合等特点，可以有效提高项目的管理的效率和效果。但如何让BIM的应用可以充分发挥其潜质，使其作用效能不仅仅存在于理论层面上，而在实际的工作中可以高效地展开操作，为工程项目管理工作提出新的思路，产生一些基于BIM技术的新方法、新工具。这些方法和工具的应用可以不同程度地提高项目管理的效率，同时也对整个建筑业的工作模式有着深远的影响。

第 4 章　项目施工阶段的 BIM 成本管控

导读：

随着工程建设项目市场化管理需求的逐步提高，建设项目施工阶段对成本管控的需求层次也逐步提高。传统的通过计量计价软件结合表格式指标数据等成本管控手段已经跟不上项目管理的要求，尤其在目前国家大力推行全过程工程咨询的背景下，如何实现成本引领设计、成本指导施工、减少重复计量计价、增加成本与技术方案结合等其他项目信息的交互方面，就需要全面融合新型信息技术手段来实现。

现阶段看，BIM 技术是实现上述愿望最佳的方式和工具。BIM 技术的三维可视化、资源可挂接、信息可流通、数据可共享等特点是其他手段无法比拟的。通过 BIM 技术手段提升项目成本管控在许多项目中得到了应用和实践，并取得了很好的管控效果，尤其在项目施工阶段，BIM 技术结合 GIS、测量机器人、AI、智慧工地系统等新技术手段，对项目成本管控提升起到了重要作用。

从不同维度分析，BIM 技术应用是项目精细化、智能化、工业化、共享化等项目管理的最好途径，也是项目成本管控最好的工具和方法。同时，我国成本管控体系正在逐步由定额成本管控体系向市场化成本管控体系转变，BIM 技术也是这一转变最佳的实现途径。

本章将重点介绍施工阶段项目成本管控的要点、BIM 模型搭建及信息集成、BIM 模型工程量提取等 BIM 成本管控应用基础内容，并按照施工前期、施工过程及施工后期不同阶段，分别介绍项目成本管控的 BIM 应用。

4.1　成本管控在施工阶段的作用和意义

4.1.1　施工阶段成本管控现状

基于计划经济的管控手段，我国传统的工程建设项目管理成本管控，在施工阶段，仍然保留着主要为合同成本管控服务的烙印。

从建设单位维度，工程建设项目各阶段，传统的成本管控主要考虑的口径是投资控制口径和合同管理口径。具体到施工阶段，主要是进行合同口径的成本管理，见表4.1-1。

建设单位维度合同口径的成本管理　　表4.1-1

序号	项目建设阶段	项目造价形式	成本管控口径	成本管控目的	成本管控作用
1	项目规划	项目估算	投资口径	项目效益	大
2	项目批复	项目概算	投资口径	项目效益	小
3	项目设计	项目预算	投资口径	项目功能	小
4	项目招采	招标价格	合同口径	合作期望	小
5	合同签署	合同价格	合同口径	项目风险	大
6	项目施工	进度支付	合同口径	项目资金	小
7	项目交付	项目结算	合同口径	功能实现	大
8	项目转固	项目决算	投资口径	预算执行	小

从施工单位维度，工程建设项目各阶段，传统的成本管控主要考虑的口径是利润口径和合同管理口径。在施工阶段，施工单位仍然是通过成本管控进行合同口径的管理，见表4.1-2。

施工单位维度合同口径的成本管理　　表4.1-2

序号	项目建设阶段	项目造价形式	成本管控服务口径	成本管控目的	成本管控作用
1	项目投标	投标价格	利润口径	平衡中标	大
2	合同签署	合同价格	利润口径	项目利润	大
3	项目施工	进度申请	合同口径	项目产值	小
4	项目交付	甲方结算	合同口径	项目利润	大
5	项目结算	分包结算	利润口径	项目利润	大
6	项目维修	维修预算	合同口径	完成义务	小

工程建设项目，施工过程中，把合同口径的成本管控思路，转变为利润口径的成本管控，已经越来越得到行业的认同。这一转变，也正是我国成本管控变革的主要思路。

4.1.2　BIM成本管控在施工阶段的作用和意义

成本管控管理口径的转变，引发了工程建设项目成本管控新的需求，主要包括：

（1）全过程工程咨询的成本管控管理（对应工程总承包）；

（2）项目前期策划商务分析，项目决策对成本的需求（成本管控要点前移）；

（3）项目按功能清单完成的需求（设计前投资管控的需求）；

（4）项目信息化智能化管理的需求（实时了解项目信息以便分析决策）。

为满足上述成本管控需求，目前的项目管理在施工阶段还存在不少困惑，主要包括：

（1）项目管理机构碎片式部门岗位管理如何统筹；

（2）项目风险如何有效传递并预控；

（3）如何摆脱经验管理形成数据沉淀与更新；

（4）传统定额成本管控思路如何与市场经济接轨；

（5）基于国情被动接受项目组织内耗；

（6）设计后造价体系如何升级为功能清单成本管控；

（7）成本管控如何有效与设计、技术、招采、施工组织结合。

顺应市场经济潮流，结合大数据利用 BIM 技术进行施工过程成本管控，成为解决建设项目一系列困惑，以及满足建设项目成本管控需求比较好的途径。

BIM 成本管控在施工阶段的意义主要包括：

（1）成本管理思路由计划思维向市场思维转变；

（2）成本管理决策由经验管理向数据管理转变；

（3）在 BIM 系统平台中，项目成本可有效地与设计、技术、施工管理结合；

（4）成本管控从算量计价到项目全过程管理转变；

（5）从成本验证设计满足管控要求，向成本引导设计的转变；

（6）从单项目成本管控，向多项目成本体系转变。

4.2 施工过程 BIM 成本管控要点

建设项目成本管控一直以来都是工程管理中的难点之一，由于建设项目成本管控周期长，涵盖工程建设的每一个阶段，与各个业务环节都息息相关。因此，成本管控相关的每个对象（工程）都有海量的数据且计算关系十分复杂，即使一个普通住宅楼项目，若要达到精细化管理的水准，涉及的成本数据也是非常庞大的。

随着经济快速发展，各大中城市大型复杂工程剧增，建设项目成本管控工作难度越来越大。传统手工算量、单机预算软件应用等成本管控手段已落后于时代的需要。我国建设领域近 20 年的高速发展，工程造价行业内涌现了数百家造价软件公司，促进了工程建设项目成本管控效率的整体提高。但是我们也应该看到，工程建设项目成本管控软件依然多停留在单机的、单条套定额的计价软件，建设项目成本管控依然局限在事前的招投标和事后的结算阶段，无法做到对造价全过程的管理和控制，即使部分管理软件包含过程管理，但其精细化水平和实际效果不尽理想。

BIM 技术的推广与应用，可以有效改变传统管理模式下成本管控工作量大、效率低、数据分析不及时等问题。各阶段 BIM 模型均有参数化特征，每一个构件都可以得到相应的工程量、造价等不同的成本指标。通过建筑工程历史数据的积累，利用 BIM 技术快速准确进行数据处理的特点，快速分析工程项目的成本分布情况，指导项目施工及组织管理，也能更加方便查询和利用数据。

4.2.1 BIM 成本管控应用实施方法

传统环境下成本管控中的造价分析，主要通过人工比对及分析的手段，按照发现问题、分析问题、纠正问题的流程进行项目成本管控或控制工程费用。通过 BIM 技术进行项目成本管控时，一般会引入多算对比概念，多算对比通常从时间、工序、空间等不同维度进行对比，在 BIM 模型可挂接的优势下，整合项目施工进度计划、施工组织设计方案、施工质量检查信息、工程预算书等不同专业的信息，能够更加细化 WBS 拆分的细度，结合管理人员专业知识，对项目问题的分析会更加全面，对项目成本管控的深度和细度也更加深入。BIM 模型丰富的参数信息和多维度的业务信息能够辅助不同阶段和不同业务的成本分析和控制能力，在统一的三维模型数据库的支持下，从最开始就有了模型、造价、流水段、工序和时间等不同纬度信息的关联和绑定，在过程中，能够以最少的时间实时实现任意纬度的统计、分析和决策，保证多维度成本分析的高效性和准确性，以及成本控制的有效性和针对性。

不同阶段的 BIM 成本管控应用内容及实施方法包括：

（1）估算阶段：造价工程师可以从数据库中调取相似工程的历史数据或通过 BIM 软件快速建立初步概念模型获取粗略的工程量数据，利用这些数据计算出估算造价。

（2）概算阶段：从初步设计模型中获得项目的各种项目参数和工程量。将项目参数和工程量结合，查询指标数据库或概算数据库，计算出准确的概算造价。也可以对设计 BIM 模型进行不同的设计方案论证，造价工程师针对不同的设计方案测算概算指标，从而指导设计人员开展价值工程和限额设计。

（3）施工图预算阶段：建立准确详细的施工图预算 BIM 模型，为编制施工图预算提供准确的工程量。

（4）招投标阶段：随着招投标周期的越来越短，如何在规定时间内测算项目工程量成为困扰投标单位的一个难题。传统模式下，大部分企业通过人海战术，加班加点，但是仍有很多缺项、工程量统计错误的情况发生。利用 BIM 软件，建立招投标模型可以编制准确的工程量清单，达到清单不漏项、工程量不出错的目标。投标人根据模型获取准确的工程量、与招标文件的工程量清单比较，可以制定更好的投标策略。

（5）签订合同价阶段：通过对招投标阶段模型进行调整，使其数据与合同对应，为承发包双方建立了一个与合同价对应的基准模型，它是计算变更工程量和计算施工工程量的基准，在建项目的清单实物量都应该基于这个模型进行调整。

（6）施工阶段：施工 BIM 模型可以记录各种变更信息，并通过模型记录变更版本，为审批变更和计算变更工程量提供基础数据。结合施工进度数据，按施工进度提取工程量，为工程造价过程进度款支付申请提供工程量数据。

（7）结算阶段：施工模型经过实际现场数据的集成，已经与竣工工程的实体一致。为结算提供了准确的工程量数据。

4.2.2　BIM 成本管控的应用流程

工程建设无论是一个项目或一个单项工程，其管理目标都应当全面贯彻节约投资、提高效益的精神，要严格执行国家的有关规定，按照管理程序办事，严格控制工程款的拨付和各项有关费用的施工签证。基于 BIM 技术的项目成本管控流程，可以有效解决数据传递不及时、数据来源不一致等情况，统一成本数据的来源，提高成本管控的准确性。基于 BIM 技术的项目管理工作总体流程如图 4.2-1、图 4.2-2 所示。

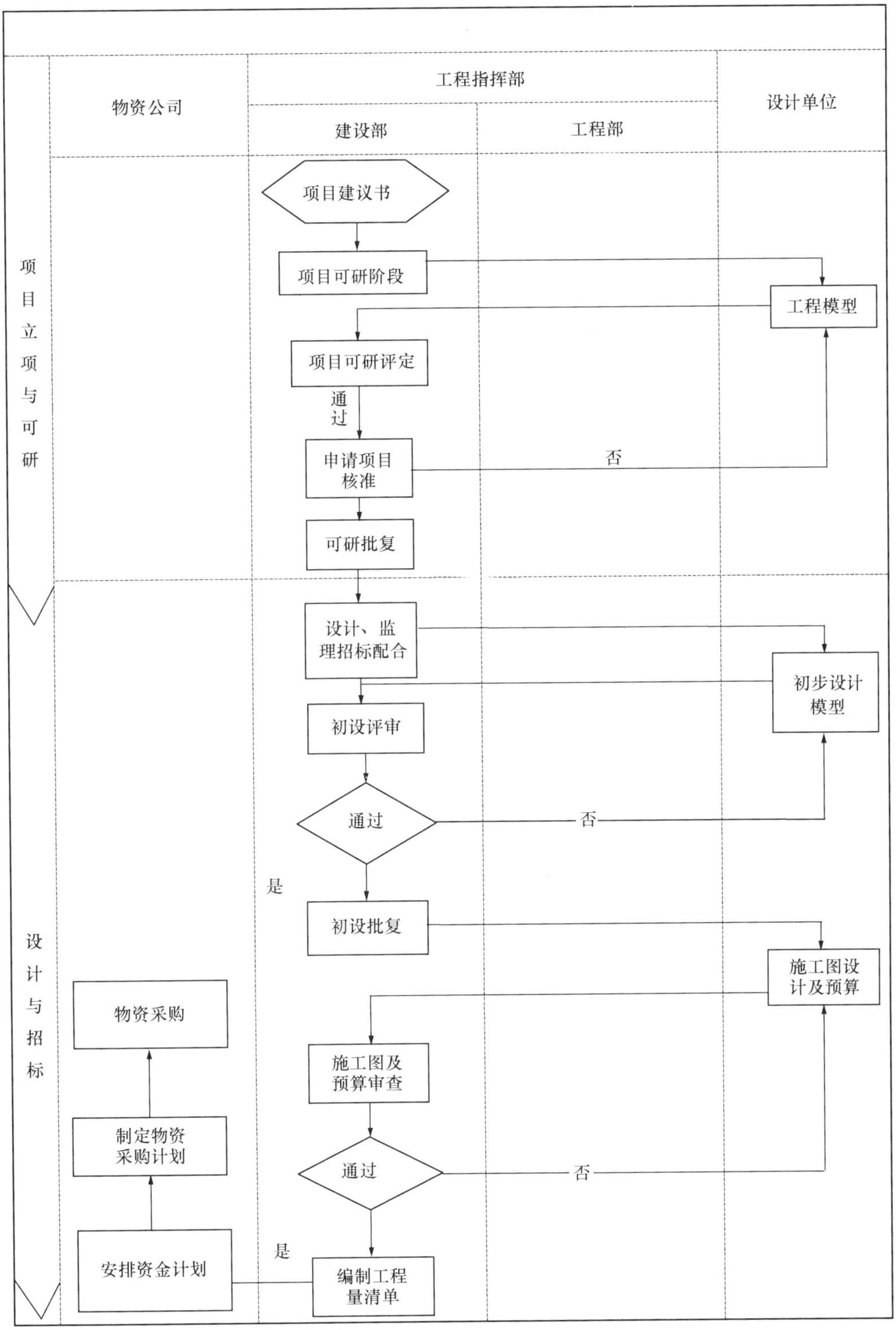

图4.2-1 基于BIM技术的项目管理工作总体流程（1）

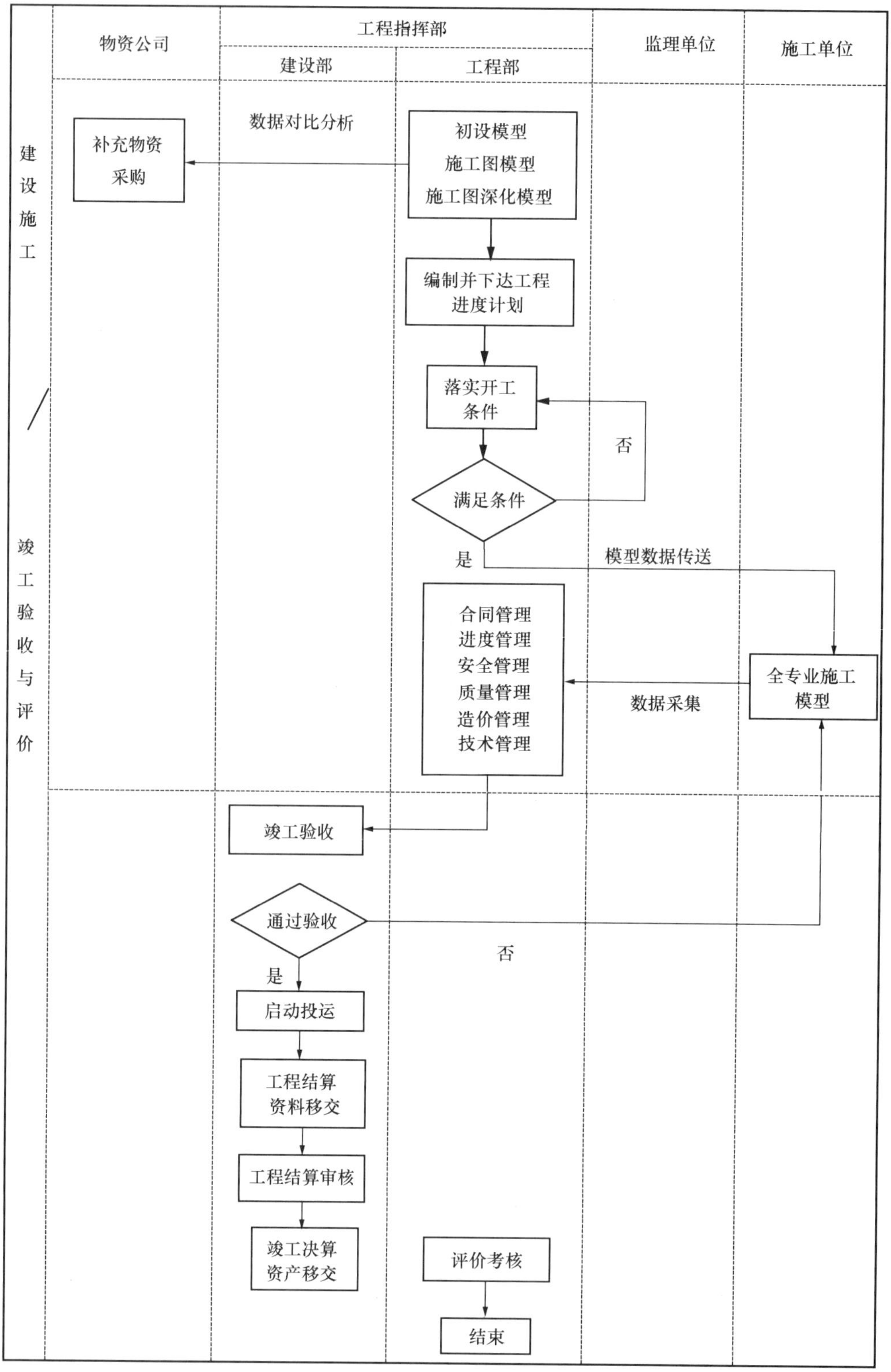

图 4.2-2　基于 BIM 技术的项目管理工作总体流程（2）

4.2.3 BIM 成本管控的管理制度

为促进各参建单位积极运用 BIM 技术进行项目管理，提高项目管理水平，降低建设成本投入，建设单位应根据各参建单位的工作性质，制定 BIM 应用日常管理办法，从制度方面引起各单位、各部门对新技术与新管理方法的重视。让 BIM 技术成为项目管理中一个常用工具。

4.2.4 BIM 成本管控的协同组织

在传统的造价模式下，建筑信息都是基于 CAD 图纸建立的，工程进度、预算、变更等基础数据分散在工程、预算、技术等不同管理人员手中，在进度款申请时难以形成数据的统一和对接，导致工程进度计量工作难以及时准确，工程进度款的申请和支付结算工作也较为繁琐，致使工作量加大而影响其他管理工作的时间投入，甲乙双方经常花很多时间在进度款争议中，增加项目管理风险。

BIM 技术的推广和应用在进度计量和支付方面为我们带来了便利。BIM 5D 可以将时间与模型进行关联，根据所涉及的时间段（如月度/季度），软件可以自动统计该时间段内容的工程量汇总，并形成进度造价文件等为工程进度计量和支付工资提供技术支持。

建筑信息模型的 5D 应用是指建筑三维数字模型结合项目建设时间轴与工程造价控制的应用模式，即 3D 模型＋时间＋费用的应用模式。

在该模式下，建筑信息模型集成了建设项目所有的几何、物理、性能、成本、管理等信息，在应用方面为建设项目各方提供了施工计划于造价控制的所有数据。项目各方人员在施工之前就可以通过兼职信息模型确定不同时间节点的施工进度与施工成本，可以直观地按月、按周、按日观看到项目的具体实施情况并得到该时间节点的造价数据，方便项目的实时修改调整，实现限额领料施工，最大地体现造价控制的效果（图 4.2-3）。

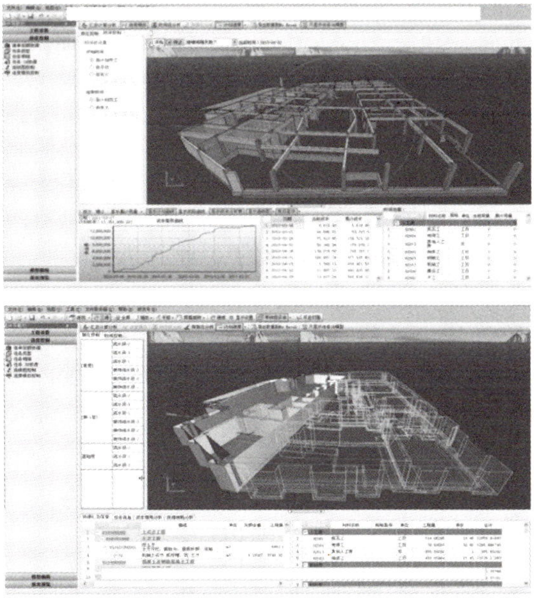

图 4.2-3 基于 BIM 5D 的成本管控模型

在施工管理过程中材料消耗量的分析，尤其是计划部分材料消耗量的分析是一大难题。目前材料、设备、机械租赁、人工与单项分包等过程成本拆分困难，无法和招投标阶段进行对比，到项目结束阶段才进行统计分析，需要投入大量的人力来保障。

基于 BIM 5D 施工管理软件将模型与工程图纸等详细的工程信息资料集成，是建筑的虚拟体现，形成一个包含成本、进度、材料、设备等多维信息的模型。目前，BIM 模型的粒度可以达到构件级，可快速准确分析工程量数据，结合相应的定额或消耗量分析系统

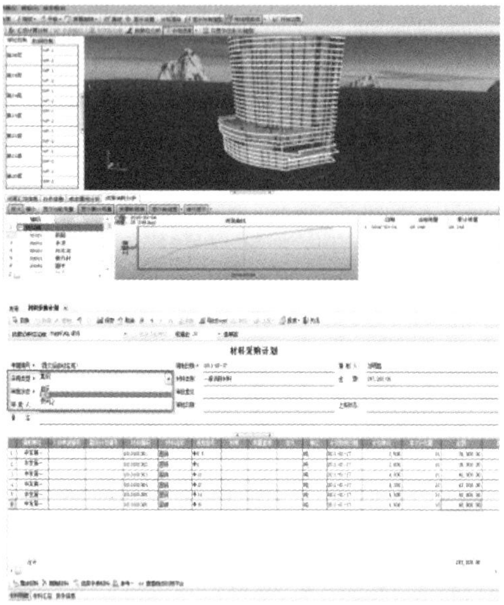

图 4.2-4 基于 BIM 5D 的材料用量统计分析

确定不同构件、不同流水段、不同时间节点的材料计划和目标结果。结合 BIM 技术，施工单位可以让材料采购计划、进场计划、消耗控制的流程更加优化，并且有精确控制能力。并对材料计划、采购、出入库等进行有效管控（图 4.2-4）。

4.3 基于成本管控的施工模型

4.3.1 施工管理模型的概念

BIM 计算在施工过程成本管控应用时，往往会分为设计模型、施工模型、力学分析模型、建筑性能分析模型等不同维度的模型，为更好地理解这些模型之间的区别与联系。下面对土建专业设计模型与施工模型进行分析。

设计师在设计过程中，主要考虑工程结构的稳定性，以及建筑功能能够满足业主需求。例如，一个地下室基础可能会有很多个相同名称的构件，如 CT1 有 30 个，ZH1 有 100 个，这些构件，在 BIM 建模过程中通过软件的转化功能，也许几秒钟就能完成识别，而且这些模型的名称及属性信息，也能达到与设计图纸标注完全一样，构件识别后生成实体模型，就可以导出构件工程量。在项目实践中，这个模型是不可以用来现场指导施工的，主要原因基于以下几点：

（1）做过施工管理的专业人员都知道，施工单位对图纸标注有一套符合现场施工要求的命名方式与自编号规则，这个规则也许是按施工流水段，也许是按楼栋号，也许是按上下左右的顺序进行数字编号。对于现场施工条件有限的工程，一个构件甚至会拆分成多个时间施工，图纸标注也会做相应拆分，这样方便现场施工安排、容易定位构件位置、容易现场配料选料。如果施工 BIM 模型不能按照施工管理要求进行调整、匹配，那么施工人员拿到设计人员或者其他咨询单位的设计模型，也就无从下手了（图 4.3-1）。

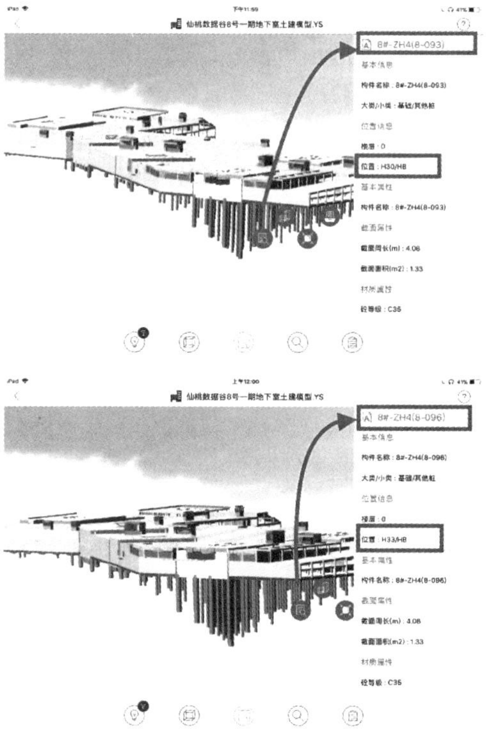

图 4.3-1 施工模型构件编号调整

（2）设计图纸中对于很多现场施工的信息没有给出明确的信息，这就导致设计模型不能真实反映出施工需要获取的信息，施工人员还需要根据施工方案进行模型信息的二次完善。比如，二次结构中铁马镫的布置方式、混凝土现浇楼板的裂缝防治、构造柱的设置要求、圈过梁的设置、窗台是否需要压顶等等，这些施工信息只有在充分了解施工方案和相应的标准后，才能完善到施工模型中，生成正确的施工管理信息体系。

（3）设计模型往往只考虑主要构件，对施工节点等细节涉及的比较少，而施工节点，往往是施工管理中资源计划方案编制要考虑的主要因素，这样，施工人员还需要对设计模型进行二次完善。

当然，设计 BIM 模型不能直接应用于施工还有其他一些原因。

施工 BIM 模型的主要目的就是服务现场生产。不管是解决技术问题，还是解决工程量统计问题，施工模型的信息一定是一个动态变化的过程，要想基于模型发挥施工管理的价值，需要在设计 BIM 模型基础上，补充完善施工信息，这也是为什么施工模型的创建成本要高于设计图纸翻模成本的原因。

我们可以对施工模型做出一个简单的概念性总结：为了满足施工现场管理需求，结合实际施工条件，按照 WBS 进行拆分而建立模型。

4.3.2 施工成本管控对 BIM 模型创建要求

BIM 模型的创建是 BIM 技术应用在成本管控中的前提和基础，如何正确创建一个模型，需要建模团队、质量审核团队甚至设计院等相关单位的相互配合、沟通与协作。以下流程为创建模型的基本流程，也可根据企业实际情况作相应调整（图 4.3-2）。

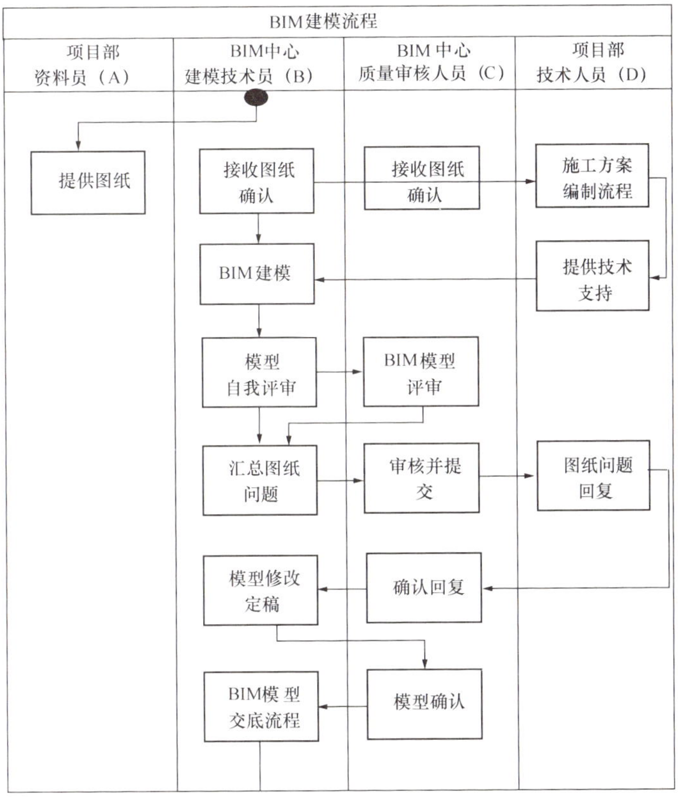

图 4.3-2 创建 BIM 流程图

制定企业级BIM实施行为相关的标准规范，目的是重新定义和规范企业新的业务流程、业务活动及协同方式，通过重新梳理和定义，保证BIM实施过程的运转顺畅，从而提高BIM工作效率，保证实施水平和质量，降低实施成本。

实施行为相关的标准和规范中，最重要的是制定企业的BIM建模标准和协同工作规范。建模是BIM实施的基础，为最终的交付服务，不同行为节点的交付成果在BIM模式下包含哪些内容需要首先定义清楚，这也是制定建模标准的基础。

协同工作规范的建立过程就是企业制定协同工作规定和形成习惯的过程，包含企业内部协同（专业内、专业外）和外部协同两部分。

从成本管控角度，BIM模型深化的原则应遵循：

（1）深化的目的是可施工。

（2）深化要综合考虑工期、成本和施工难度等因素。

（3）BIM模型深化，需考虑加工的方便性及快捷性。

4.3.3 施工成本管控对BIM模型成果深度与交付格式的要求

目前，由于BIM技术应用处于起步阶段，部分企业对BIM交付成果的理解尚停留在三维可视化效果展示方面，片面的追求BIM可视化及模拟仿真效果，使BIM技术的应用局限于效果展示上，忽略了BIM技术能够为优化设计、提高设计质量、提高成本管控手段所带来的价值，偏离了BIM应用的正确方向。因此BIM交付成果的内容，应将重点放在BIM技术的优势方面，不仅包含三维模型，还应包括成本信息等内容。

1. BIM模型深度要求

定义建模（模型交付）深度是为了使工程建设项目的各参与方在描述模型应当包含的内容及模型的详细程度时，能够使用共同的语言和相同的等级划分规范。主要用于确定模型的阶段成果，表达用户需求及在合同中规定客户的具体交付要求，有助于各单位、各专业、各工种的有效配合，更好地控制建设周期和有效地组织管理。

各阶段交付深度见表4.3-1。

各阶段交付深度 **表4.3-1**

深度＼阶段	规划	设计	施工	运维
Ⅰ	√	√	√	√
Ⅱ	√	√	√	√
Ⅲ			√	√
Ⅳ				√

各等级交付深度要求如下：

（1）深度等级Ⅰ

模型仅需表现对应构筑物实体的基本形状及总体尺寸，无需表现细节特征及内部组成；信息包括面积、高度、体积等基本信息，也可加入必要的语义信息。

该深度主要用于规划、预可研或可研阶段。

（2）深度等级Ⅱ

模型应表现对应的构筑物实体的主要几何特征及关键尺寸，无需表现细节特征、内部构件组成等；信息包括构件的主要尺寸、安装尺寸、类型、规格及其他关键参数和属性等。

该深度主要用于初步设计或施工图设计阶段。

（3）深度等级Ⅲ

模型应表现对应的构筑物实体的详细几何特征及精确尺寸，应表现必要的细部特征及内部组成，应包括施工期构建及必要细部特征；信息应涵盖施工阶段涉及的各类详细信息，包括施工材料、进度、方案、工艺、成本等。

该深度主要用于施工阶段。

（4）深度等级Ⅳ

模型应表现对应的构筑物实体的详细几何特征及精确尺寸，应表现必要的细部特征及内部组成，应包括运维期构建及必要细部特征；信息应涵盖运维阶段涉及的各类详细信息，包括运维管理、应急救援、监测、调度等。

该深度主要用于运维阶段。

2. BIM 模型成果要求

由于模型交付的目的、对象、后续用途的不同，不同类型的设计模型，应规定其适合的数据格式，并在保证数据的完整、一致、关联、通用、可重用、轻量化等方面寻求合理的方式。BIM 模型成果应满足以下条件：

（1）应能满足各阶段 BIM 技术应用的需要。

BIM 模型的交付目的，主要是作为完整的数据资源，供建设工程全生命期的不同阶段使用。为保证数据的完整性，应保持原有的数据格式，避免数据转换造成的数据损失。

（2）能直接或结合相关开发无损传递模型附带的信息。

（3）企业应该采用本企业认可的模型格式，基于原则是：

1）在生命周期中某一阶段内（如设计阶段），如频繁数据交换，应尽量采用同一软件厂商的专有数据存储格式，可降低错误率。

2）在不同阶段间的应用，如需长期保持的数据，应尽量采用标准格式（如 IFC 和 gbXML 等格式），同时应保留原格式的数据。

3）在进行模型信息传递时也可采用模型与信息分离的方法，采用分别进行传递的方式。

（4）模型应能满足交付标准。随着 BIM 技术应用的逐步深入，企业在业务流程、组织结构改变的同时，也带来了交付成果的变化。企业制定 BIM 交付标准，对“交付”和“提交”应有所区别和侧重。对于企业外部“交付”相关的内容、深度、格式等规范，应依据政府主管部门的报批要求，以业主或甲方的合同要求为基本准则。对于企业内部“提交”相关的内容、深度、格式等规范，以保证企业内部工作协同和信息传递的准确、高效、顺畅为基本原则，并以此建立交付标准。

3. 不同方式 BIM 模型创建对成本管控的影响

基于 BIM 成本管控，首先要解决的问题就是软件的计算结果准确吗？软件计算的工程量能用于现场材料计划吗？其实，软件只是工具，准不准这个问题主要取决于建模人员对于软件计算原理的理解程度，以及对设计图纸的理解程度。比如两款不同的算量软件，因为软件设计计算规则及算法的差异，可能就无法实现形成完全一致的工程量数据。

下面就以某超高层项目为例，分析同一层楼层梁钢筋工程量的差别，以便进一步了解如何通过 BIM 软件实现成本精细化管控。

影响钢筋计算结果的主要因素有抗震等级、混凝土等级、钢筋直径等，下面重点介绍混凝土等级对锚固长度的影响及软件应用。通过预算钢筋量及下料钢筋量的对比进行说明（图 4.3-3～图 4.3-5）。

8．3　钢筋的锚固

8．3．1　当计算中充分利用钢筋的抗拉强度时，受拉钢筋的锚固应符合下列要求：

1　基本锚固长度应按下列公式计算：

普通钢筋

$$l_{ab}=\alpha\frac{f_y}{f_t}d \qquad (8.3.1\text{-}1)$$

预应力筋

$$l_{ab}=\alpha\frac{f_{py}}{f_t}d \qquad (8.3.1\text{-}2)$$

式中：l_{ab}——受拉钢筋的基本锚固长度；

f_y、f_{py}——普通钢筋、预应力筋的抗拉强度设计值；

f_t——混凝土轴心抗拉强度设计值，当混凝土强度等级高于 C60 时，按 C60 取值；

d——锚固钢筋的直径；

α——锚固钢筋的外形系数，按表 8.3.1 取用。

表 8.3.1　锚固钢筋的外形系数 α

钢筋类型	光圆钢筋	带肋钢筋	螺旋肋钢丝	三股钢绞线	七股钢绞线
α	0.16	0.14	0.13	0.16	0.17

注：光圆钢筋末端应做 180°弯钩，弯后平直段长度不应小于 $3d$，但作受压钢筋时可不做弯钩。

2　受拉钢筋的锚固长度应根据锚固条件按下列公式计算，且不应小于 200mm：

$$l_a=\zeta_a l_{ab} \qquad (8.3.1\text{-}3)$$

式中：l_a——受拉钢筋的锚固长度；

ζ_a——锚固长度修正系数，对普通钢筋按本规范第 8.3.2 条的规定取用，当多于一项时，可按连乘计算，但不应小于 0.6；对预应力筋，可取 1.0。

图 4.3-3　《混凝土结构设计规范》（GB 50010—2010）对于钢筋锚固要求

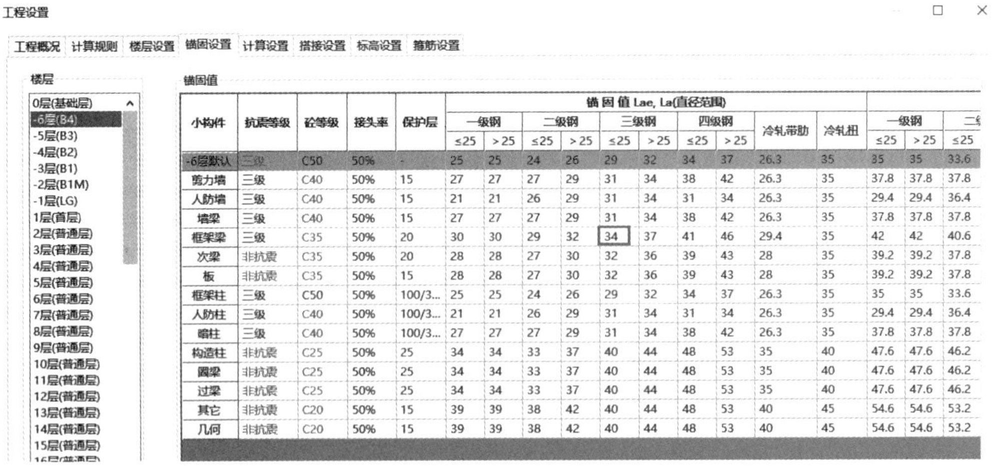

小构件	抗震等级	砼等级	接头率	保护层	锚固值 Lae, La(直径范围)												
					一级钢		二级钢		三级钢		四级钢		冷轧带肋	冷轧扭	一级钢		二…
					≤25	>25	≤25	>25	≤25	>25	≤25	>25			≤25	>25	≤25
-6层默认	三级	C50	50%	-	25	25	24	26	29	32	34	37	26.3	35	35	35	33.6
剪力墙	三级	C40	50%	15	27	27	27	29	31	34	38	42	26.3	35	37.8	37.8	37.8
人防墙	三级	C40	50%	15	21	21	26	29	31	34	31	34	26.3	35	29.4	29.4	36.4
墙梁	三级	C40	50%	15	27	27	27	29	31	34	38	42	26.3	35	37.8	37.8	37.8
框架梁	三级	C35	50%	20	30	30	29	32	34	37	41	46	29.4	35	42	42	40.6
次梁	非抗震	C35	50%	20	28	28	27	30	32	36	39	43	28	35	39.2	39.2	37.8
板	非抗震	C35	50%	15	28	28	27	30	32	36	39	43	28	35	39.2	39.2	37.8
框架柱	三级	C50	50%	100/3...	25	25	24	26	29	32	34	37	26.3	35	35	35	33.6
人防柱	三级	C40	50%	100/3...	21	21	26	29	31	34	31	34	26.3	35	29.4	29.4	36.4
暗柱	三级	C40	50%	100/3...	27	27	27	29	31	34	38	42	26.3	35	37.8	37.8	37.8
构造柱	非抗震	C25	50%	25	34	34	33	37	40	44	48	53	35	40	47.6	47.6	46.2
圈梁	非抗震	C25	50%	25	34	34	33	37	40	44	48	53	35	40	47.6	47.6	46.2
过梁	非抗震	C25	50%	25	34	34	33	37	40	44	48	53	35	40	47.6	47.6	46.2
其它	非抗震	C20	50%	15	39	39	38	42	40	44	48	53	40	45	54.6	54.6	53.2
几何	非抗震	C20	50%	15	39	39	38	42	40	44	48	53	40	45	54.6	54.6	53.2

图 4.3-4　某软件默认状态下框架梁锚固值计算

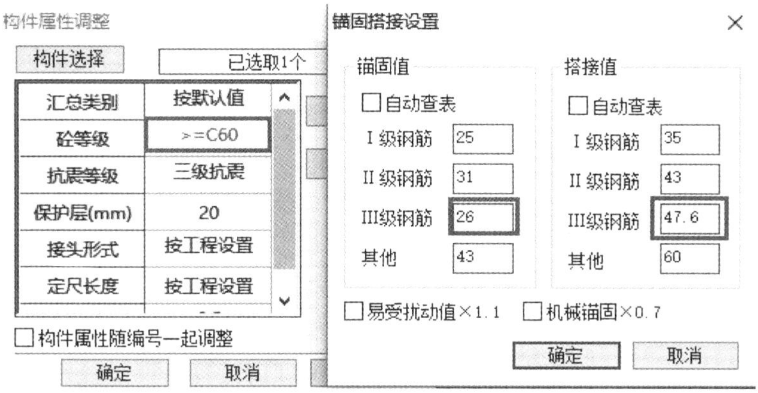

图 4.3-5 修改计算参数后框架梁锚固值计算

钢筋锚固长度计算按软件默认值，B4 层梁钢筋总量为 329.2t，如图 4.3-6 所示。

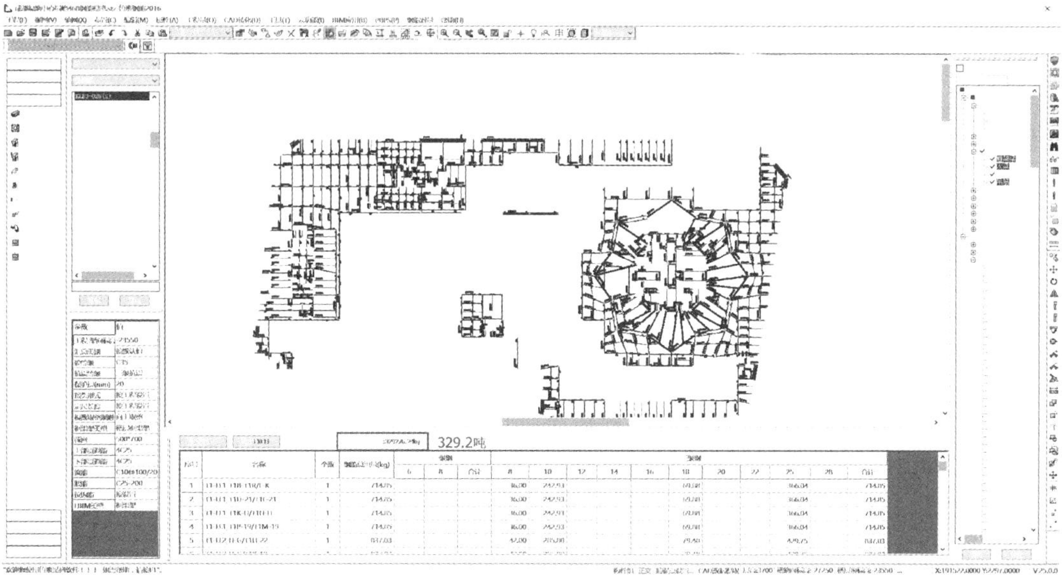

图 4.3-6 钢筋锚固长度计算按软件默认值

锚固长度计算，混凝土等级按梁支座构件混凝土等级，B4 层梁钢筋总量为 317.4t，如图 4.3-7 所示。

上面情况是对于钢筋预算软件来说的，为了避免二次建模增加的成本投入，很多人员都会将钢筋预算模型直接导入钢筋下料模型，进行钢筋下料数据的加工，用以生成指导现场施工的钢筋数据。这个过程确实提高了很大的工作效率，但还是需要作一些调整的。

模型通过预算软件导入下料软件，钢筋锚固长度计算，混凝土等级按梁支座构件混凝凝

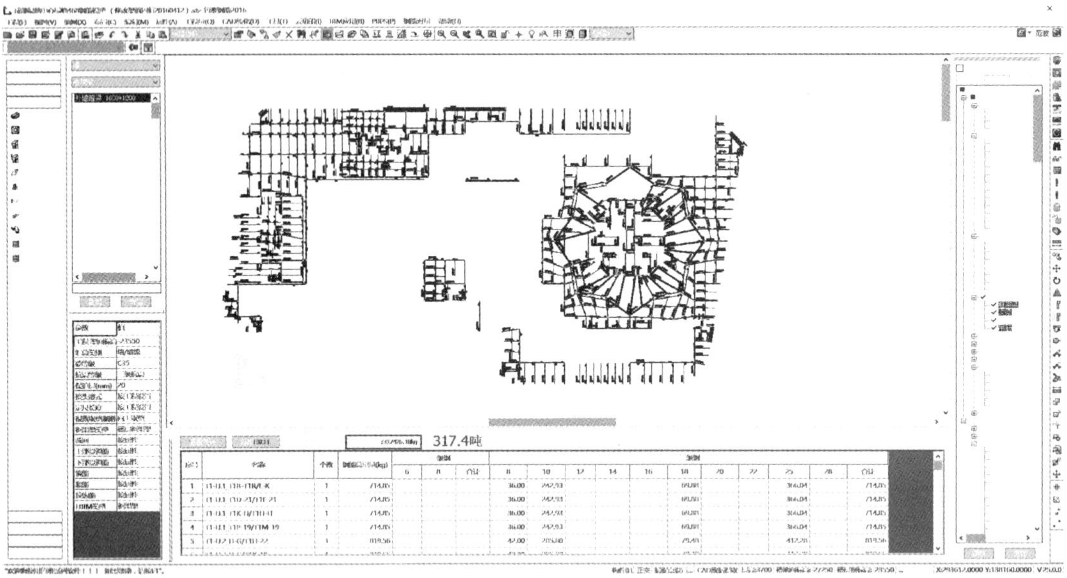

图4.3-7 锚固长度计算，混凝土等级按梁支座构件混凝土等级

土等级，B4层梁钢筋总量为306.7t，如图4.3-8所示。

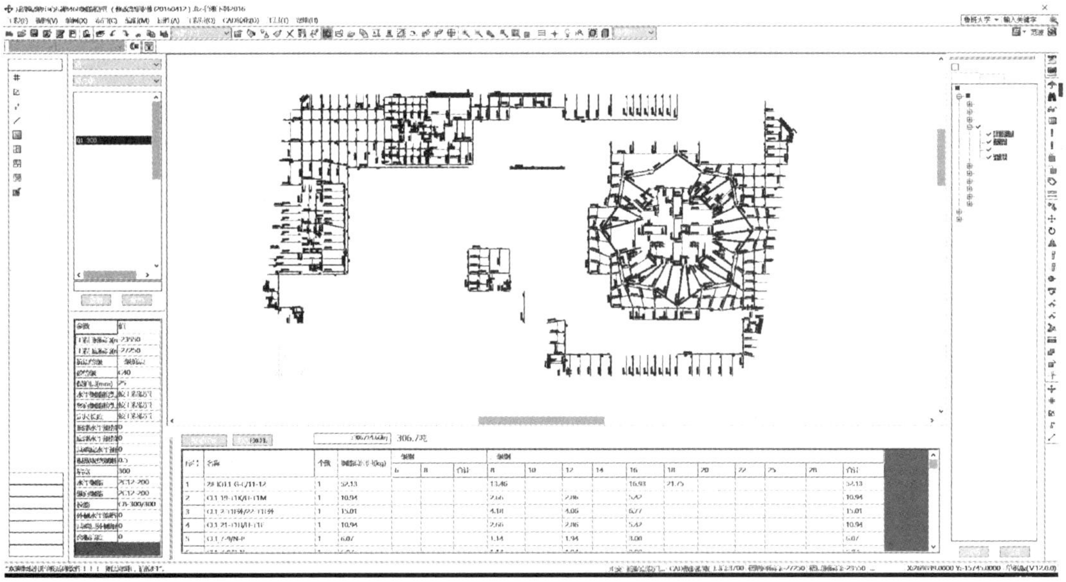

图4.3-8 下料软件计算的钢筋量

钢筋下料软件在默认状态下的计算结果以及钢筋排布图，如图4.3-9所示。

通过调整后，钢筋下料软件的计算结果以及钢筋排布图，如图4.3-10所示。

各种计算环境下软件计算结果对比见表4.3-2。

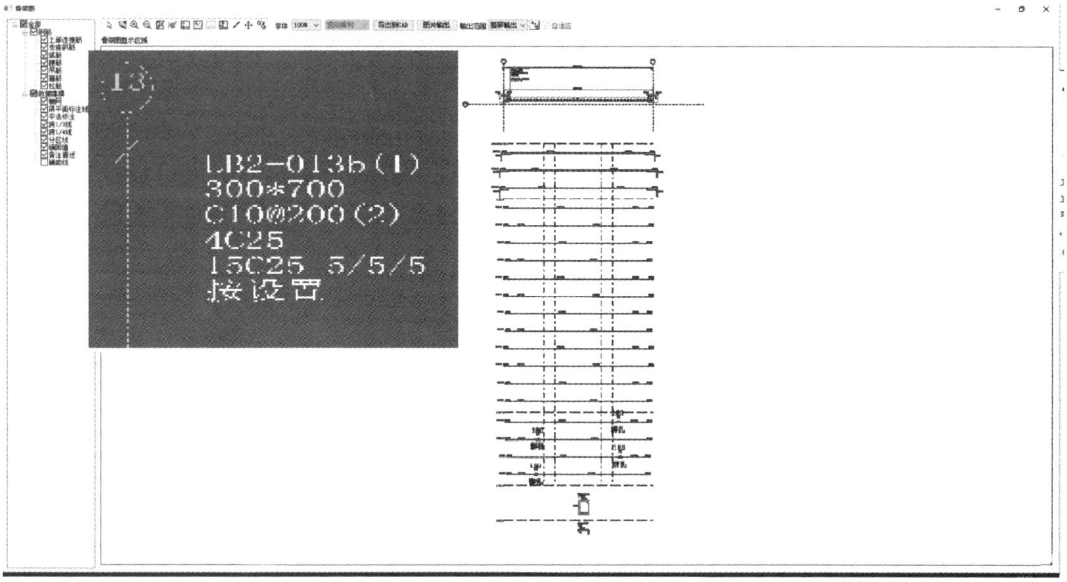

图 4.3-9　默认状态下的钢筋排布图

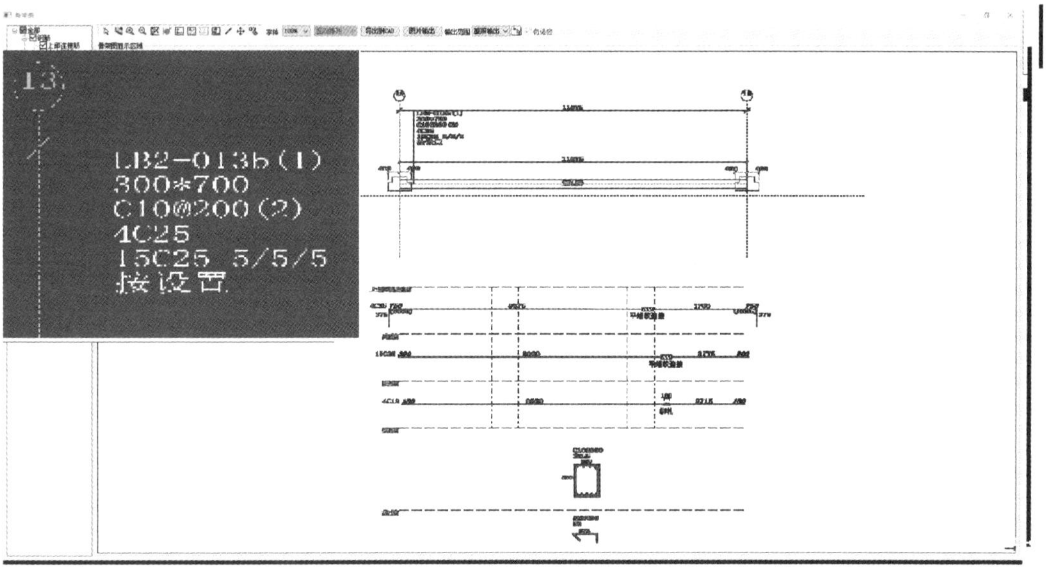

图 4.3-10　调整后的钢筋排布图

各种计算环境下软件计算结果对比　　　　**表 4.3-2**

预算		下料	量差	
默认计算设置	调整计算设置	调整计算设置	预算软件	预算与下料
329.2t	317.4t	306.7t	11.8t	22.5t

通过数据对比，我们不难发现：同一款软件除了模型本身的准确性和精度影响，计算设置对影响钢筋专业基础数据的影响也是非常明显的。

所以软件本身的设置功能是很好的，但需要应用者进行设置调整，只要设定好了，软件就会按着设置的思路进行计算。

建筑工程因为其唯一性和不可复制性，导致软件计算并不能完全满足项目本身的全部需求，更多细节还需要我们通过专业知识去调整，使软件成为提高工作效率的工具或手段。

4.4　施工BIM模型信息集成

建设项目信息的类型、复杂性、来源随着当代建筑规模、要求、功能的增加而不断增加。建设项目信息，来源于不同项目维度和信息来源渠道，例如，从项目参与方维度，有设计方、业主方、监理方、施工方、材料设备供应方等不同的项目参与者提供并应用不同种类的信息；从项目建设流程维度，有项目投资决策、项目设计、项目招标、项目施工、项目竣工验收等不同阶段、不同方面的施工信息。从项目各专业维度，建筑、暖通、施工、水电、安装、结构等不同专业的各类数据、信息等。准确的数据信息支持着项目成本管控工作。

各种不同种类多且复杂的信息，给建设项目建设过程中的信息记录以及信息整合造成了很大的障碍。同时，也不利于工程项目相关信息传递以及信息共享贯通在建设工程项目全过程造价管理之中。信息管理的不通畅阻碍着建设工程项目全过程造价管理的顺利实施。

BIM平台通过计算机技术以及互联网技术，实现各种数据和信息的实时共享与充分共享，改善了原有落后的项目管理沟通方式，信息传递的滞后性也能得以有效避免，信息通过数字化的方式在各方之间传递，而不再单纯的依赖于传统的纸质文件传送，信息流失得以有效避免，信息成本有效减少。利用BIM技术，各方的信息之间建立起关联，一方信息的修改，其余各方的信息同步进行了修改，信息实现了集成化和关联化，减少了信息重复录入，保障了信息的有效性。

相对建设工程项目成本管控而言，BIM的主要作用是把各种软件集合到一个大型的、共同的工作平台上来。BIM平台的参数化以及自动化算量等功能能够为工程项目各阶段带来好处，改善了工程项目各个阶段的成本控制手段，从而为实施全过程成本管控建立了基础。

4.4.1　资料信息BIM集成

多年来，在全国各地建筑市场的检查过程中，经常会发现，各地建筑工程资料信息管理比较混乱。工程资料信息不但是工程项目质量管理及安全管理的重要依据，也是工程投资管理和成本管控的主要依据。工程资料信息系统化管理和信息化管理是提升工程项目管理水平的主要通道，也是项目成本管控的基础。尤其在当前项目推行BIM技术的前提下，通过BIM系统加强和提升工程资料信息管理水平，对项目成本管控的影响巨大。

项目信息是项目建设、管理过程中形成的各种形式的数据、材料、影像等书面或电子资料。一个项目从立项、设计、招采、施工、验收、运维，在这个过程中形成了大量的信息资料，这些信息资料将形成项目前期成本管控、施工过程成本管控及项目运维成本管控基础内容，对项目成本管控起至关重要的作用。

在工程建设过程中，工程资料信息管理是一项长期的不间断的工作，从工程建设之初到验收结束，工程资料信息来源越来越广，工程资料信息形式也不仅仅局限于书面资料，扩展到了电子文档、数据模型、影像资料、虚拟数据、数据库资料等各种类型。通过 BIM 系统等计算机软件进行集成管理，让工程资料信息与 BIM 模型进行挂接，是管理和利用工程资料信息进行项目成本管控的最好手段。

1. 项目资料信息分类

从项目成本管控角度，重点关注过程项目信息，通过对过程项目信息的管理，对项目成本进行分析、预判和决策，这和常规项目管理所称的项目档案管理有所不同。根据不同维度，对项目信息进行分类。

（1）按项目建设流程各阶段划分：

1）项目规划阶段项目信息；

2）项目立项审批阶段项目信息；

3）项目设计阶段项目信息；

4）项目招采阶段项目信息；

5）项目施工阶段项目信息；

6）项目验收结算阶段项目信息；

7）项目运维阶段项目信息。

（2）按项目信息存在的形式划分：

1）书面项目信息；

2）电子文档项目信息；

3）数据模型项目信息；

4）照片影像类项目信息；

5）数据库类项目信息。

（3）按项目信息来源划分：

1）历史工程信息；

2）市场行情信息；

3）项目参与各方个人经验信息；

4）本项目基础信息；

5）本项目处理或加工后信息。

另外，还存在按项目参与人角色分类、按重要性等维度进行分类。从成本管控角度，一般主要按项目建设流程各阶段对成本管控信息资料进行分类。主要包括各阶段投资及造价编制审核的基础资料、编审依据、计算底稿、结果文件及执行资料。

2. 项目资料信息与 BIM 模型集成

BIM 模型与成本管控所需的项目资料信息集成后，方能通过 BIM 技术进行项目成本管控。基于 BIM 模型可挂接的特性，在项目成本管控中，需将项目图纸、合同信息、项目参与方信息、工程量清单信息、进度信息、技术方案等影响成本管控的项目信息与 BIM 模型构件进行挂接（图 4.4-1）。

由于 BIM 模型搭建时，模型构件的细度主要考虑设计检查及施工管理的需要，基于成本管控的项目信息与 BIM 模型挂接时，要注意挂接构件的对象，需对应并满足相应对等关系。

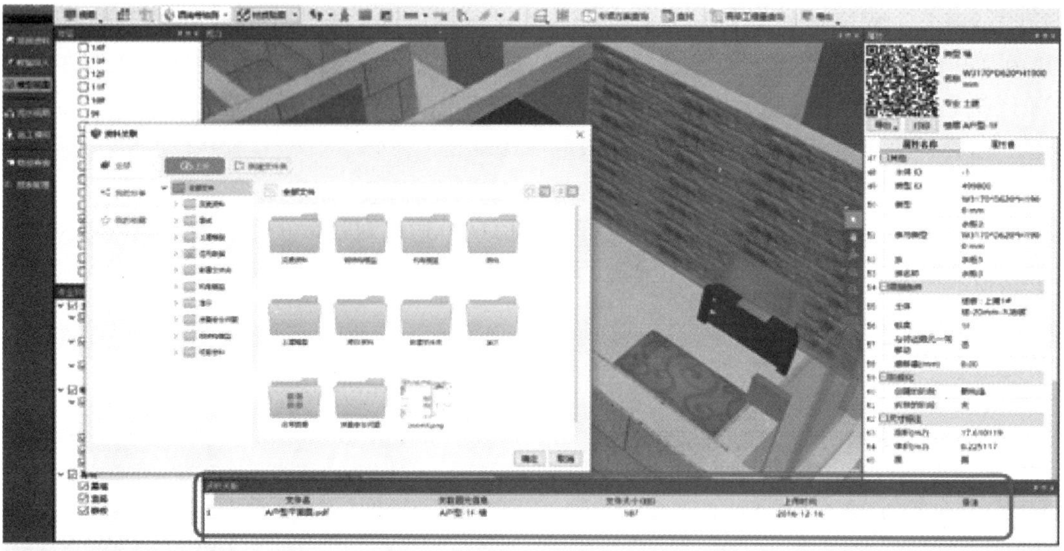

图 4.4-1　资料与 BIM 模型构件关联

例如，墙面装修工程，BIM 模型包括了墙面抹灰及墙面面砖并可以分别建模，而合同清单中对应的墙面贴砖清单为一个综合清单，既包含了墙面抹灰也包括了墙面面砖的内容。这样，在进行合同清单与 BIM 模型墙面装修构件挂接时，就要把墙面抹灰及墙面砖的构件同时进行对应。

另外，为方便应用，BIM 系统中将项目资料信息根据用途分为共用信息和私有信息两类，当信息与 BIM 模型集成时，如选择共用信息，该信息则会自动匹配到项目全部构件，如选择为私有信息，则只匹配到选择的 BIM 模型构件（图 4.4-2）。

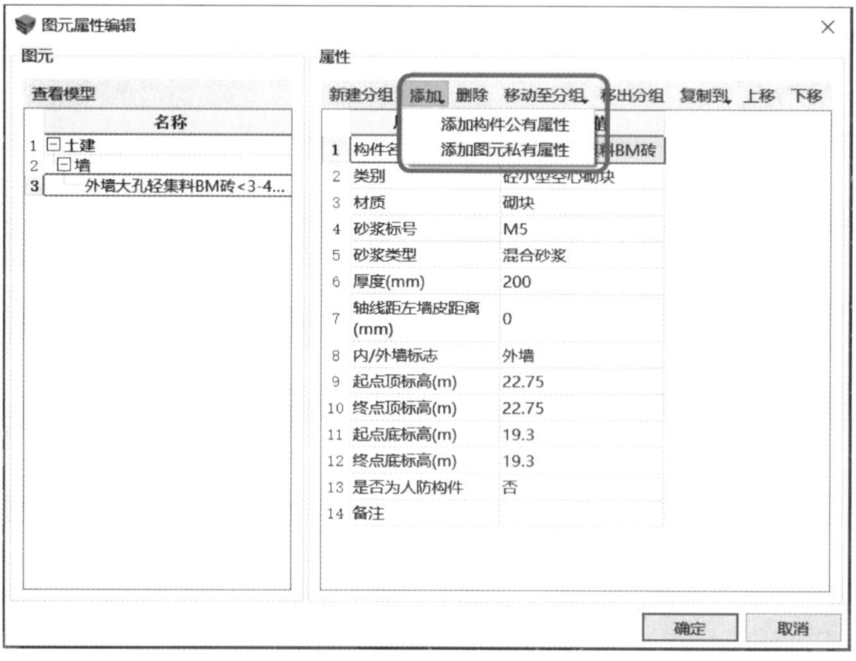

图 4.4-2　添加属性信息

3. 项目资料信息集成对成本管控的影响分析

建筑项目基于 BIM 的方案模型一旦建立完成，BIM 软件就能够自动、准确、快捷地计算出来构件工程量。在 CAD 电子图纸中，造价人员只有在输入线条的属性之后，才能得到相关信息。而利用 BIM 平台，线条设计元素很快就会被相应的各种属性的建筑物构件替代，实现了三维算量从半自动化发展到自动化的过程。BIM 平台把造价工程师从先前的算量工作中拯救出来，节约更多的时间、节省更多的精力用于价值更高的询价、评估风险等工程项目增值工作。

另一方面，利用 BIM 的自动化算量功能，能够有效避免人为因素所造成的工程量计算错误，进而得到准确、客观的计算数据。同时，BIM 技术大大提升了工程造价预估的准确性，提高了整体造价工作效率。

BIM 平台能够实现各种不同造价软件之间的兼容性。造价管理软件、施工模拟软件等可以利用 BIM 平台相互连接。各方的数据、信息、指令等可以较为便利、便捷地实现转换，而不再是利用传统的纸质或者口头的传送方式。各种相关联的数据可以及时得到有效反馈，各个项目阶段的造价管理定然可以愈加高效。

BIM 具有协调性、优化性、信息集成性、可视化、可出图、参数化、模拟性等优点。BIM 技术在建设工程项目各个阶段都起着相应的主要作用，从而在一定范围内解决了工程项目各个阶段的建设工程项目造价管理问题。

通过 BIM 技术对项目成本管控过程，BIM 模型搭建是基础，项目信息是灵魂，对信息进行管理是关键，进行成本管控决策是目的。所有的成本管控决策都是基于项目信息进行的。

项目资料信息对成本管控的影响主要层次包括：

（1）项目信息有无

通过 BIM 进行成本管控，以下基础项目信息应具备，如图 4.4-3 所示。

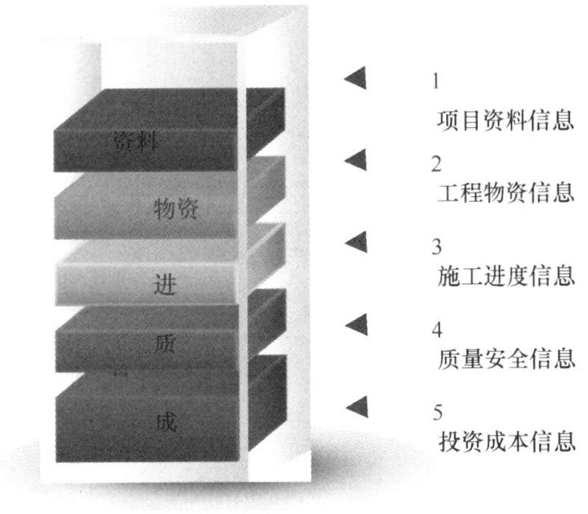

图 4.4-3　基础项目信息

（2）项目信息齐备

项目信息字段应完善，例如施工进度信息。应包括序号、专业、分部分项、计划开始时间、计划结束时间、实际开始时间、实际结束时间等字段信息。施工进度信息，与 BIM 构件挂接后，即可以任务的形式在 BIM 系统中显示和统计，如图 4.4-4 所示。

（3）项目信息与 BIM 模型挂接对应性

所有的项目信息应与 BIM 模型构件进行对应，该对应可能是一对一对应，一对多对应，或者多对一的对应关系。例如，同一个空调机 BIM 模型构件，可能分别对应设备安装施工单位及设备供应单位。而同一个空调机合同工程量清单，不但包括对应空调机本机 BIM 构件，也包括空调机组的安装铁件等 BIM 构件。

项目信息与 BIM 模型挂接对应工作，在实际项目工作中，难度不大，但工作量较大，是 BIM 应用的基础工作，是需要项目管理层重点关注的工作。

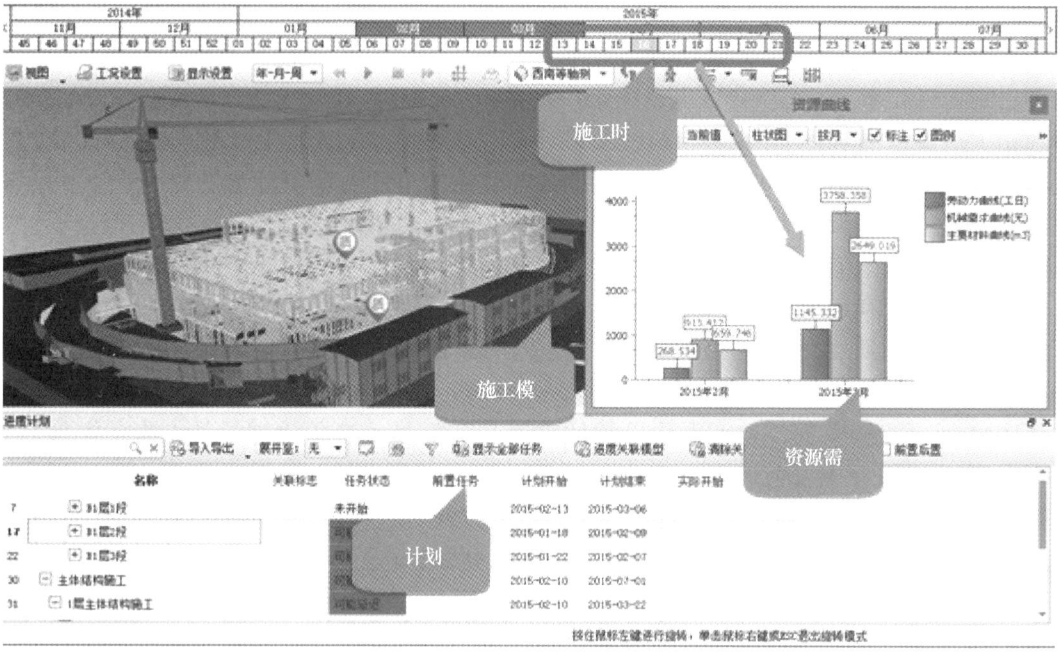

图 4.4-4　施工进度与 BIM 模型挂接

（4）项目信息分析

在 BIM 应用软件系统中，通过项目信息与 BIM 模型的挂接，利用数据分析功能，对项目信息进行有选择性的分析，对项目成本管理提供数据支撑。

基本的成本管控数据分析，主要包括项目概预算成本汇总分析、项目合同成本汇总分析、项目实际消耗成本汇总分析等（图 4.4-5）。

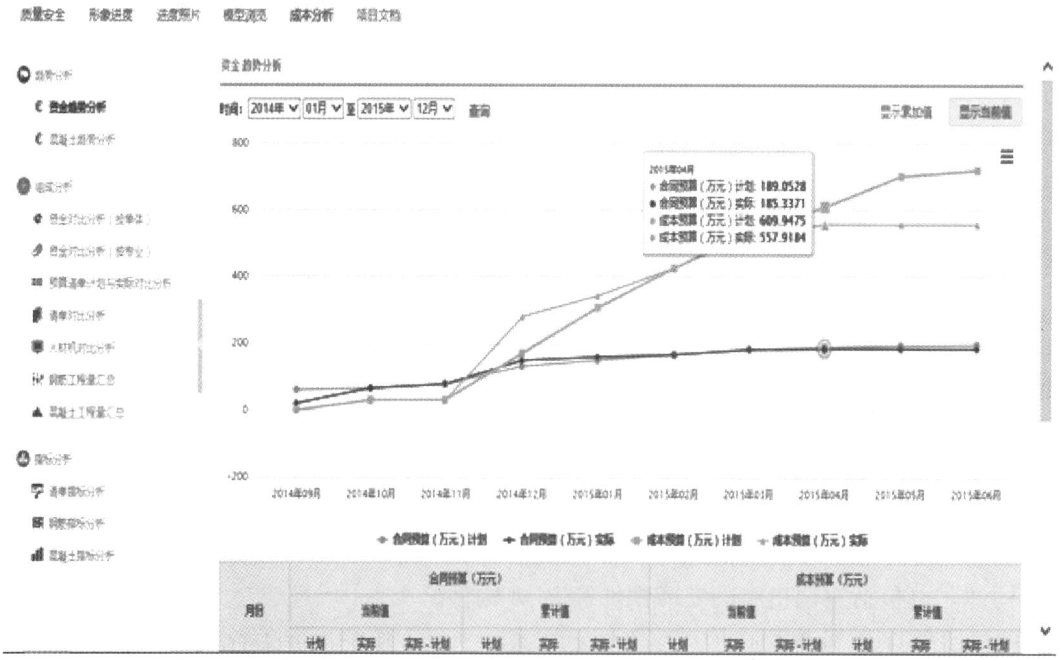

图 4.4-5　基于 BIM 的成本管控数据分析

4.4.2 进度信息 BIM 集成对成本管控的影响

在施工的过程中，基于建筑信息模型的进度与成本管理，可以通过进行进度与成本计划的管理、进度与成本执行情况的跟踪、进度与成本信息的实时更新等工作，对工程项目的进度与成本进行实时追踪监控。

工程项目的进度计划编制与管理在项目管理的三大控制中，占有非常重要的地位。良好的施工进度计划可以使项目各参与方达到“协调一致”。因此，不管是从业主方还是从施工方，在工程项目管理中做好施工进度计划编制与管理工作是非常重要的。目前大多数项目进度计划多是对设计方设计出的图纸用专门的进度计划软件编制，在这个过程中项目的相关信息随着项目的进展不断增多，但是由于项目各方不能很好地传递信息，以及相关的设计变更，致使进度计划编制和应用工作量加大。

项目工期管理和施工进度调整也是项目成本管控的基础工作，项目前期，施工进度规划和计划是确定与控制项目投资的主要依据；项目实施阶段，施工进度计划是项目支付与成本节超的基础信息；项目竣工阶段，目前普遍的项目超工期因素同样是项目超投资的主要根源。

通过 BIM 系统，将进度计划信息挂接在 BIM 模型上，并和成本信息有效结合，建设项目相关人员在一个平台中协同工作，增强工作效率，提升项目成本管理效果。

1. 进度信息关联模式

目前进度信息 BIM 集成，有两种思路，衍生出两种实现方法。其一为直接在 4D 集成平台中添加时间信息，创建出进度信息并与 3D 模型关联；二是在现有进度管理软件中创建进度信息，导入 4D 集成平台中，再与 3D 模型进行关联。项目实践中，国外项目多应用第一种模式，国内项目一般多采用第二种模式（图 4.4-6）。

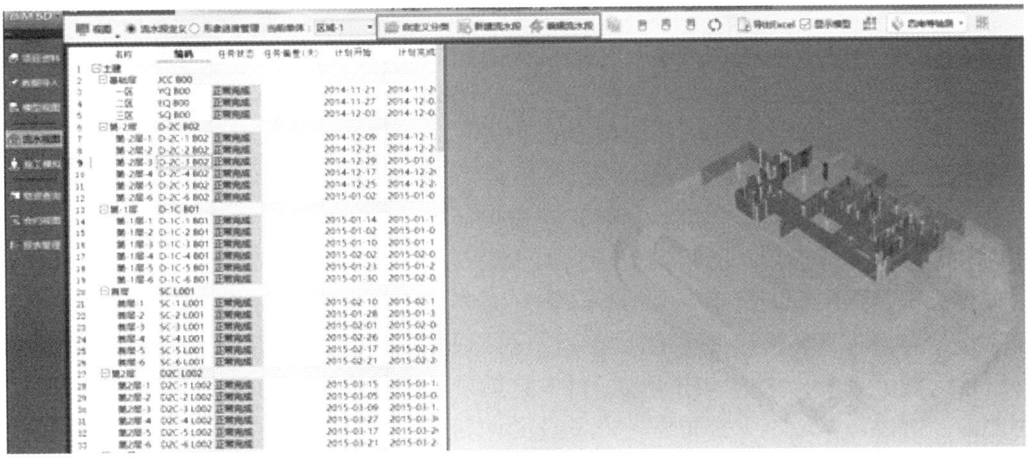

图 4.4-6　进度信息关联（模式二）

2. 不同阶段进度信息集成

（1）项目前期成本管控进度信息

项目前期阶段成本管控，对进度信息集成的需求主要集中在对项目工期预判方面，计算投资回收期和施工工期措施成本分析应用。项目前期成本管控的进度信息要求进度信息宜粗不宜细，重点考虑影响因素及要素全面性，风险因素规避要求合理，工期计算需合理。进度信息集成为一次性工作，将编辑成型的施工进度计划一次性导入 BIM 系统平台中，创建关联即可。

（2）项目施工过程成本管控进度信息

项目施工过程阶段成本管控，对进度计划集成的需求主要集中在项目实际施工进度与计划施工进度的对比偏差，计算项目实际支出和计划支出的对比偏差。进度信息集成为持续性工作，主要工作是将实际施工进度信息按进度节点持续性录入 BIM 系统平台中（图 4.4-7）。

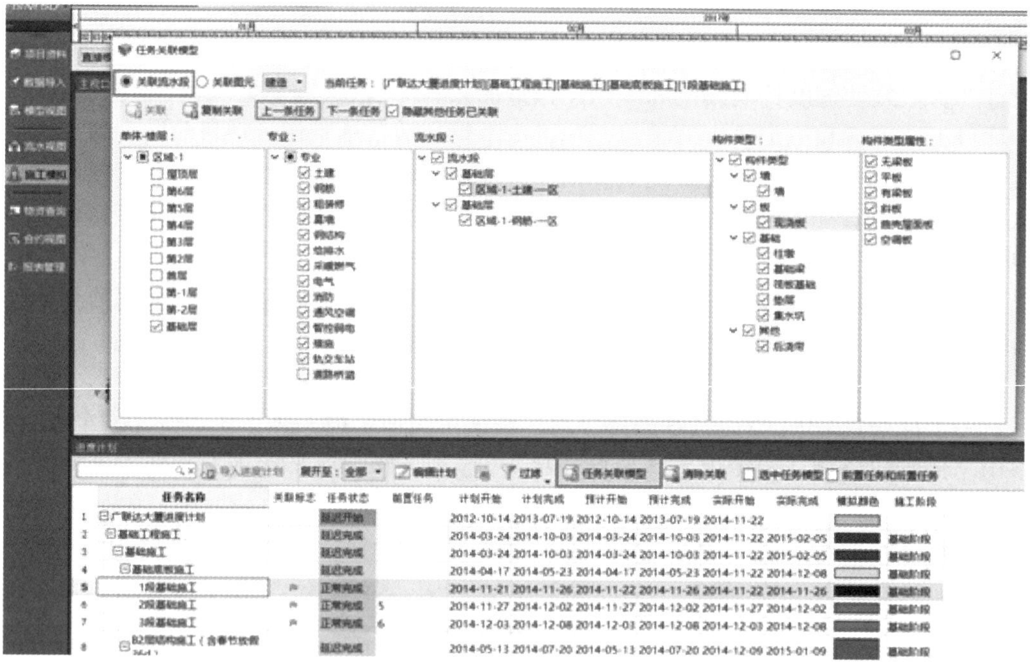

图 4.4-7　进度关联流水段

3. 进度信息的细度

施工进度会因项目复杂程度、项目管理要求、施工流水划分、专业分配情况、编制人员能力等因素，其节点拆分的粗细程度、工作流安排、WBS 节点设置等均有所不同。

项目成本数据中合同清单划分的粗细程度需要和施工进度计划进行关联和匹配，成本管控工程师需要将二者作出最优的匹配。进度计划节点划分太粗，无法满足成本管控的要求；进度计划节点划分太细，在实践项目中数据录入工作繁重，对成本管控精度提升效果也不明显。所以，从成本管控角度考虑，进度计划如能和合同清单完全一一对应，是比较理想的效果，但实践工程中并非如此，一方面成本和技术分属不同部门，部门之间信息沟通不畅形成的信息孤岛效应会自然存在，另一方面施工进度计划核心从施工组织角度考虑进行编排，和成本管控出发点和工作维度不同，也会形成一定的偏差。

合适的实践操作方式是，在编制施工进度前，成本管控工程师从成本管控的角度，提出编制进度计划精度和节点划分的需求，编制施工进度计划的技术工程师，结合成本工程师的需求，综合考虑编制进度计划。编制完成的进度计划导入到 BIM 系统中再与模型构件及清单信息进行关联（图 4.4-8）。

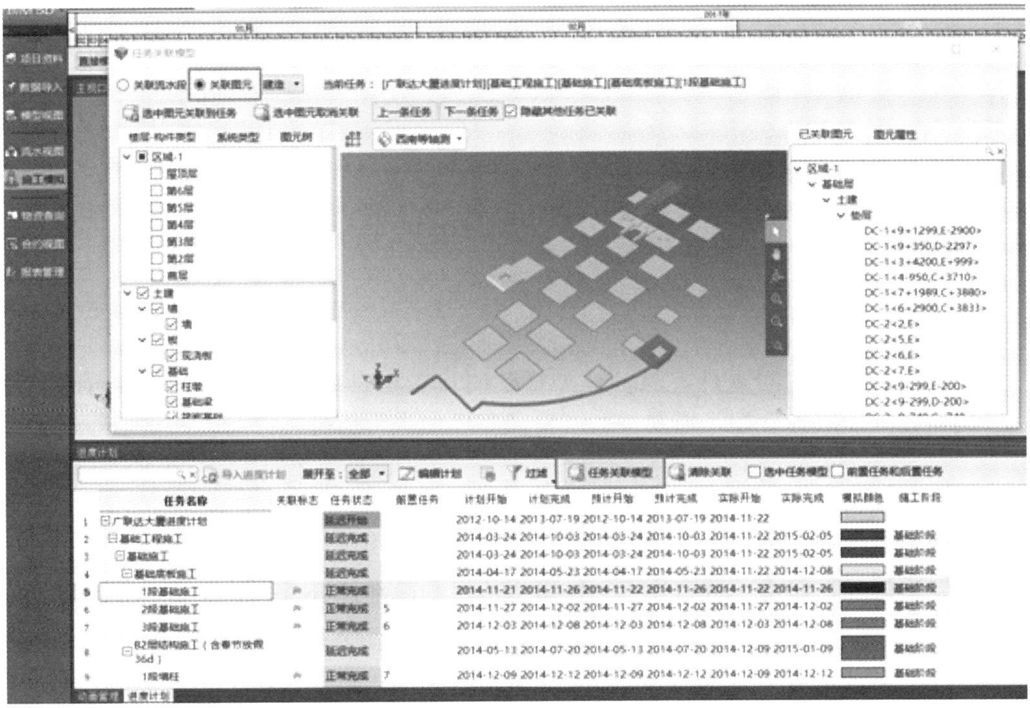

图 4.4-8 进度关联图元

4.4.3 合同清单信息 BIM 集成对成本管控的影响

合同清单作为项目施工甲乙双方的合同履约、支付价款、工程结算的主要载体，在 BIM 系统是成本管控的核心信息。

1. 合同清单类型

国内工程合同清单模式主要分为：

（1）国标工程量清单模式；

（2）定额模式；

（3）港式清单模式；

（4）Excel 表格市场价清单。

不同清单模式，其格式和表现形式不同，以常规的国标工程量清单进行说明。

国标工程量清单数据形式为三层数据结构，一层为实体工程量清单、措施工程量清单、项目取费，二层为实体工程量清单下挂接的地区定额或企业定额，三层为定额下挂接的人材机和定额取费。合同清单与 BIM 模型集成时，需要将三层数据全部进行挂接，软件系统中将第一层工程量清单与 BIM 构件挂接时，二层数据和三层数据将自动匹配挂接，应用者只需将需要调整的二层和三层数据调整即可。

2. 工程量清单匹配

实体工程量清单挂接，按照清单项内容与模型构件匹配关联即可，软件会提供自动匹配功能，个别无法匹配的清单，软件也提供手工匹配操作。

措施工程量清单挂接，在实践项目时存在一定困难。部分措施工作和具体构件并无对应关系，无法一一对应关联，甚至部分措施工作和部分构件无任何关系，但和整体项目有关。例如，通过三维场布功能，构建的外墙脚手架措施工程量清单，只与外墙构件有关系，而安全文明施工措施工程量清单，以及垂直运输塔吊等措施工程量清单，与任何构件无直接关系。

措施工程量清单与 BIM 集成的原则：一是措施工程量清单与构件有对应关系的，需关联构件匹配；二是措施工程量清单与构件无对应关系的，需将措施工程量清单与整个项目进行关联匹配。

项目取费，并未通过工程量清单形式表现，主要通过实体工程量清单及措施工程量清单自动按比例进行关联。

另外，需要考虑的问题是，BIM 模型搭建时，主要是从专业分类划分考虑的，没有考虑合同口径；而成本管控，需要按合同口径对模型进行拆分，并与合同信息等资源进行关联。

例如，某项目在 BIM 模型搭建时，按结构部分统一进行建模，实际施工中，核心筒部分地上地下的结构部分由一家施工单位施工，地下结构等其他部分由另一家施工单位施工，按照合同口径，该项目就需要将结构模型从核心筒部位进行拆分。

基于此，需要补充的一个前置工作，是按合同口径对模型进行拆分。当然，不同维度的项目管理要求都会对 BIM 模型拆分提出要求，例如，按施工流水段对模型进行拆分，按合同口径对模型进行拆分，按工期划分对模型进行拆分，按施工方案对模型进行拆分，按专业划分对模型进行拆分等，模型拆分的内容详见本书模型搭建相关章节。

3. 施工预算清单匹配

针对施工单位，进行成本管控时，不但要进行合同清单管理，还有对实际消耗的施工预算清单进行管理。

施工预算清单主要是施工单位根据企业自身的企业定额或数据库，编制的项目实际消耗清单，预算清单是施工单位进行项目成本核算、分包管理、材料设备采购、税金规划等项目成本管理的主要资料。施工预算清单不同于合同清单，施工预算清单主要根据施工企业对项目成本管控的要求编制，与现场实际施工基本符合。施工预算清单与 BIM 模型的匹配，可以完全脱离合同清单，但需与合同清单作出对比，进行成本管控分析。

4.4.4　技术方案信息 BIM 集成对成本管控的影响

施工技术方案，是直接影响项目成本管控的基础信息。施工技术方案在 BIM 系统中集成，不但更方便进行项目成本管控，也是指导现场施工的良好手段。

1. 成本管控考虑的两类施工技术方案

成本管控考虑两类施工技术方案：一类为直接影响合同工程量清单工程量或综合单价的技术方案；一类为不影响合同工程量清单工程量或综合单价的技术方案。

第一类施工技术方案，即直接影响合同工程量清单工程量或综合单价的技术方案，属于显性成本技术方案。例如，脚手架施工技术方案就属于该类方案，脚手架施工技术方案中的脚手架租赁周期，会直接影响脚手架工程量清单的综合单价，也是我们重点关注的信息。该类方案重点关注影响工程量清单量价变动的主要因素。

另一类施工技术方案，方案本身不会影响合同工程量清单工程量或综合单价的变动，但会影响施工实际消耗的成本投入。该类技术方案会根据项目角色的不同应用程度也不同。作为建设单位一方，该类方案不影响合同计量计价调整，原则上只从技术上考量该方案的可行性即可；而作为施工单位一方，则需重点分析该方案的实际消耗成本投入，是施工单位进行成本管控的重要手段之一。

例如，土方开挖，合同清单主要考虑土方的挖填工程量，施工技术方案考虑综合开挖方式、放坡系数、工作面等因素即可。而施工单位进行成本管控的施工预算清单及施工技术方案，对土方开挖的考虑，不但应考虑上述因素，至少还应包括马道设置、挖土工期、回填土堆放、余土外运等实际消耗的成本投入因素。

2. 技术方案集成方式

不同于合同清单BIM模型的集成方式，施工技术方案BIM模型的集成，主要采取分列式集成的方式。

例如，塔吊布置施工技术方案，采用三维场布塔吊布置软件工具，结合施工工期、进度计划、塔吊数量、场地限制等因素，综合设置塔吊立塔时间、爬升时间、回旋半径、拆除时间等技术信息，在BIM模型中按时间节点为主与模型进行关键。

常规的施工技术方案，宜同时编制2～3个不同的方案，按照分列式进行对比，择优选择其一（图4.4-9）。

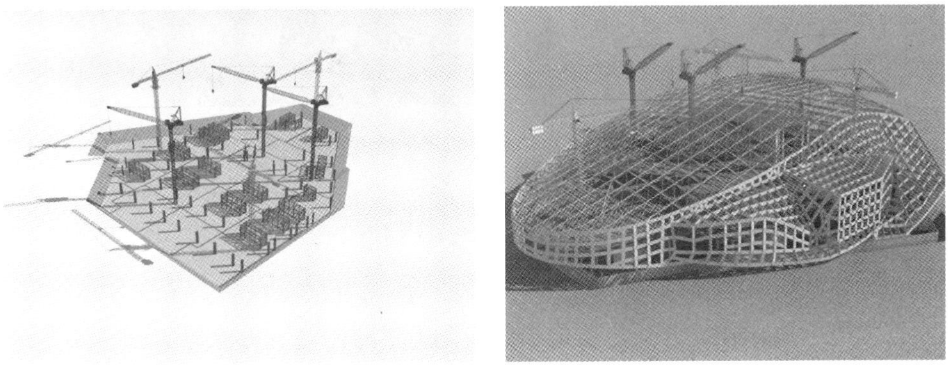

图4.4-9 塔吊布置施工技术方案

3. 施工技术方案优化集成

项目施工过程中，施工技术方案是在不断地优化中逐步完善并实施的。施工技术方案与BIM集成，同样，也需要不断更新迭代、施工方案的完善、BIM模型的精细化、设计方案的变更等因素，都是导致方案集成更新的原因。这也就是我们在实践中常说的，项目管理中不是一套BIM模型就能够完成项目建设的。

4. 专项方案

除常规的施工技术方案外，项目中也会涉及一些专项方案。例如，桁架层施工顺序方案、复杂节点组焊顺序方案、智能顶升平台方案、物流运输通道方案、大体积基础混凝土施工专项方案等（图4.4-10）。

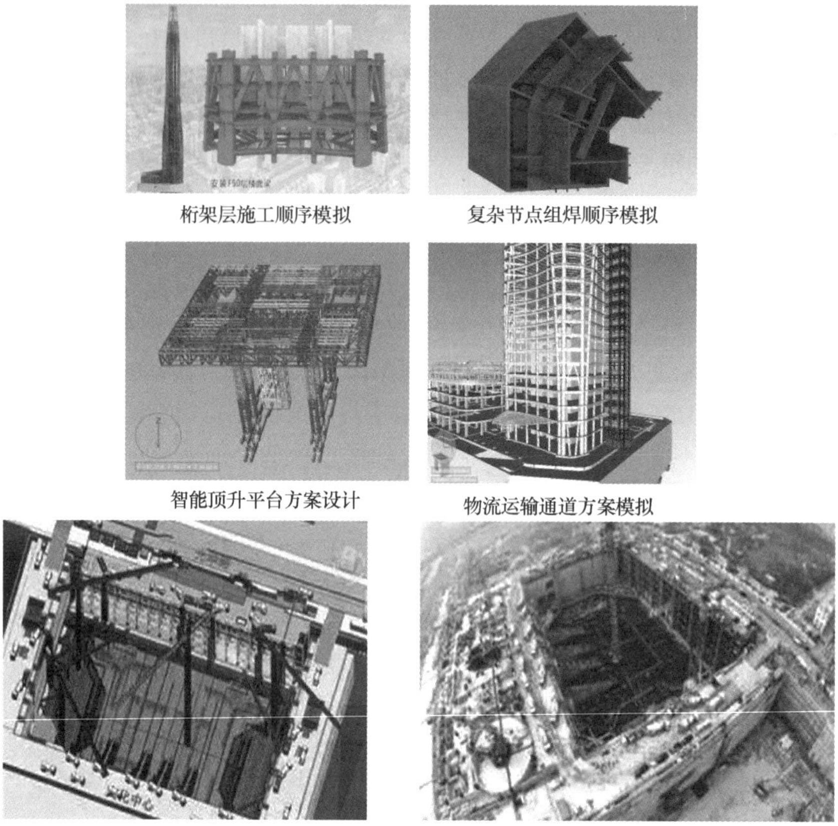

图 4.4-10　大体积混凝土施工 BIM 模型专项方案

4.4.5　质安信息 BIM 集成对成本管控的影响

质量和安全管理 BIM 应用的成本管控目标，是通过信息化管理方法和技术手段，在项目成本管控范围内，在提升项目质量确保安全施工的同时，更好地实现工程项目的质量管理和安全管理目标，全面提升工程项目的建设管理水平。

1. 质安信息内容

质安信息，指项目质量管理的信息和安全管理的信息。项目质量管理信息和安全管理信息在 BIM 系统中应用模块相同，可以统一放在一起讨论。

因项目质量管理主要属于事后管理的后验收模式，项目质量信息来源于对质量分项实际施工验收后的结果，例如，钢筋绑扎完毕后进行质量验收，机电管线安装完毕后进行质量验收等。而安全管理主要属于事前管理的先验收模式，主要管理安全措施是否保障到位。例如，安全教育交底是否到位，洞口防护是否到位等。项目安全信息来源于对安全措施的检查。

另外，质安管理比较到位的项目，会把质量验收标准及安全管理标准等信息在 BIM 系统中预先设置，由系统对验收结果和标准进行对比和智能判断，帮助项目管理人员进行质安管理。

2. 质安信息集成方式

质安信息集成方式主要有两种：一种为系统预先设置，如验收标准等信息；一种为随施工进度在BIM系统中进行录入，如分部分项质量验收结果等信息。

质安信息对项目成本管控的影响主要是隐形影响，不是由质安信息直接反映在项目成本上，而是会通过为提高质量标准或安全防范措施进行了施工技术方案改造增加的成本，或者发生质量或安全事故后增加的事故处理费用等方式体现。

项目实践中，在BIM系统中质安信息集成和管理流程如图4.4-11所示。

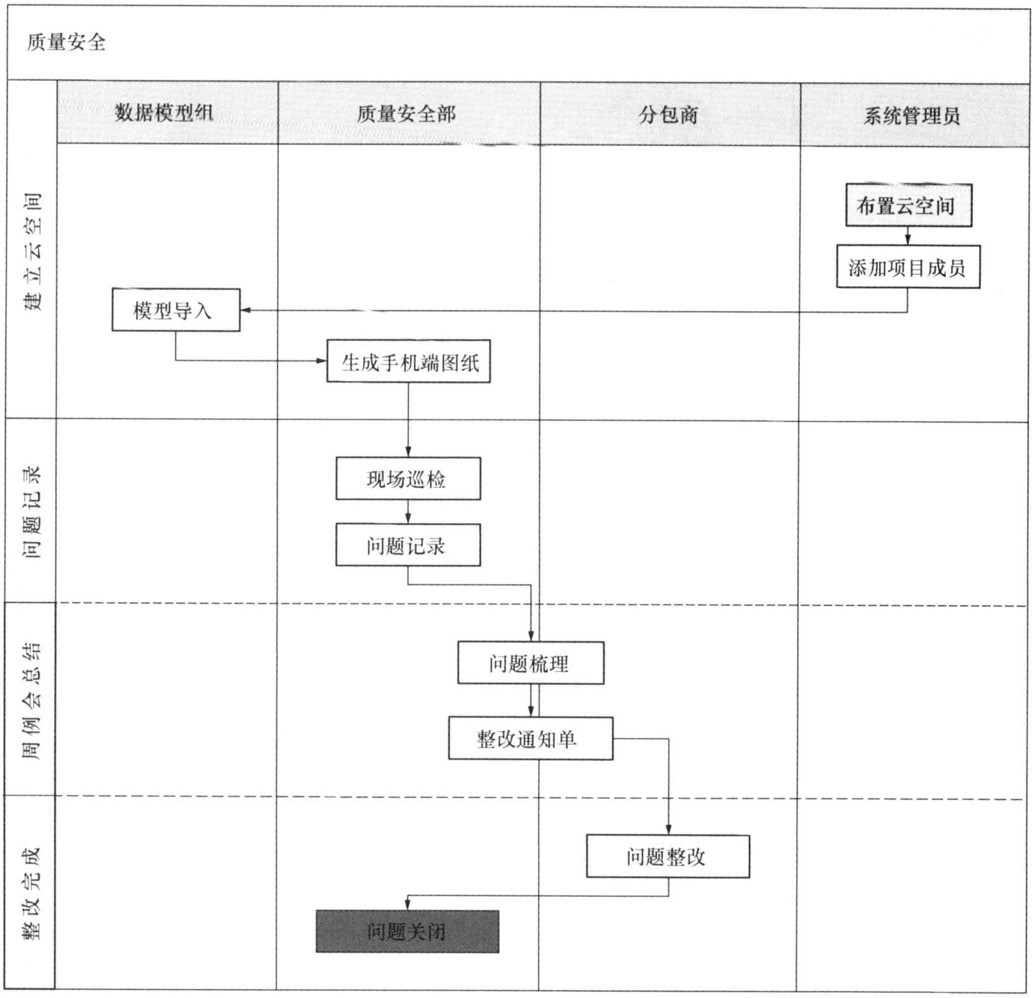

图4.4-11 质安信息集成和管理流程

3. 质安信息呈现方式

BIM系统中，质量和安全信息一般情况会通过以下方式呈现，方便项目管理者应用：一种为在系统中用数据、图表等方式呈现；另一种为项目管理者通过扫描建筑物或设备上粘贴的二维码获得质安信息，该信息可以包括质安信息中的分类、结果、处理状态等相关信息（图4.4-12、图4.4-13）。

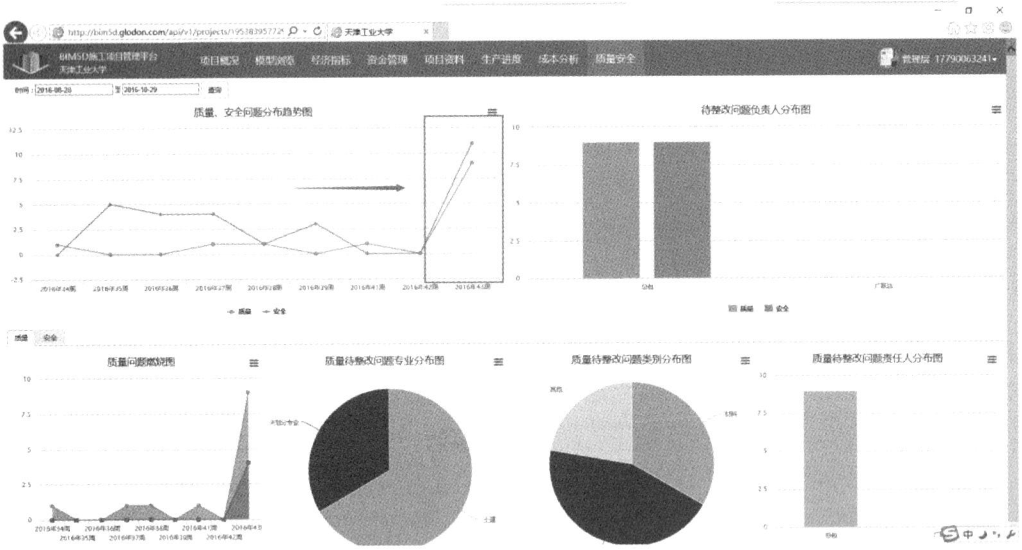

导出

附件	类型	类别	专业	描述	单体	楼层	发生时间	责任人	状态
附件	安全	其他	未划分专业	楼层牌损坏	11#、12#	结构12F	2016-10-28	袁传亮	进行中
附件	安全	其他	电气	塔吊未关灯	7#、8#	结构1F	2016-10-28	荆辉	进行中
附件	安全	其他	电气	塔吊未关灯	7#、8#	结构1F	2016-10-28	荆辉	进行中
附件	安全	防护措施	土建	钢筋加工区隔离防护围挡刮倒，应及时恢复	11#、12#	室外地坪	2016-10-28	吴昊远	待验收
附件	安全	防护措施	土建	钢筋加工区隔离防护围挡刮倒，应及时恢复	11#、12#	室外地坪	2016-10-28	吴昊远	待验收
附件	安全	防护措施	未划分专业	临边定型防护未及时恢复	11#、12#	结构7F	2016-10-28	吴昊远	已关闭
附件	安全	防护措施	未划分专业	临边定型防护未及时恢复	11#、12#	结构7F	2016-10-28	吴昊远	已关闭
附件	安全	防护措施	粗装修	防护二次结构拆除未及时恢复	9#、10#	结构6F	2016-10-28	杨乐源	进行中
附件	安全	其他	土建	文明施工	11#、12#	结构1F	2016-10-27	荆辉	进行中
附件	安全	其他	土建	文明施工	11#、12#	结构1F	2016-10-27	荆辉	进行中

1　2　下一页

图 4.4-12　BIM 系统安全信息显示

图 4.4-13　BIM 系统质量信息显示

4.4.6 施工变更信息BIM集成对成本管控的影响

1. 施工变更信息内容

施工变更主要包括设计图纸变更、施工洽商变更、现场签证变更等信息内容。因变更发起人不同，所以变更内容对成本管控的影响也会不同。

设计图纸变更，变更发起人为设计单位或建设单位，信息内容主要是调整施工图纸的设计内容。该类变更会直接导致成本的增加或减少。

施工洽商变更，变更发起人为施工单位或建设单位，信息内容主要是根据现场施工情况进行方案或措施调整。该类变更根据变更造成的原因，按照合同原则考虑是否会导致项目成本的增加或减少。

现场签证变更，变更发起人为施工单位或建设单位，信息内容主要是根据现场施工情况甲乙双方对图纸外的零星工作进行确认。该类变更根据变更造成的原因，按照合同原则考虑是否会导致项目成本的增加或减少。

2. 施工变更信息集成方式

施工变更信息会包括设计（洽商、签证）变更单、现场照片（或视频）等资料，该类信息在BIM系统中集成时，通常会以变更单文件（加附件）的形式在系统中集成。该文件也可以和相应的BIM模型进行关联。

施工变更的费用一般会以独立的工程量清单文件体现在BIM系统中。

如施工变更涉及施工措施或施工技术方案的调整，还需要同时对措施或方案信息在BIM系统中进行调整或完善。

4.5 施工BIM模型工程量提取与计算

4.5.1 BIM模型工程量与成本管控工程量关系

四量四算体系：

BIM模型是工程建设项目的三维数字化模型，模型本身由组成建筑物的不同构件叠合组成，模型中构件具备位置、尺寸、属性等计量所需的基本参数，所以，通过BIM模型提取构件工程量具备一定基础条件。

BIM模型可反映的工程量是根据模型实体参数计算出的图元实物量。

我国工程建设项目成本管控通常采取的是国标工程量清单及地区定额体系，从合约角度，需要管控的工程量是国标清单规则下的合同清单工程量，以及定额规则下的定额工程量。

工程建设项目在实际施工过程中，进行采购或组织施工时，施工单位需要的是实际材料消耗量。

以上工程量，我们称之为成本管控“四量”，即实物量、清单量、定额量和消耗量。在成本管理体系中，如何通过BIM系统，更好地合理地管理好这四种工程量是所有成本管控工程师面临的问题，也是我国BIM应用在商务上的核心问题。四量的简单定义如下，

（1）实物量，是指按照设计图纸计算的工程实体的图示工程量。

（2）清单量，是指按照设计图纸，采用《建设工程工程量清单计价规范》（GB

50500—2013）的计算规则，计算的实体或措施清单项工程量。

（3）定额量，是指按照设计图纸，采用我国全统定额或地区定额的计算规则，计算的实体或措施定额项工程量。

（4）消耗量，是指按照设计图纸，结合现场实际施工消耗，在施工过程中，实际消耗的实体或措施人材机工程量。

采用上述不同工程量，结合市场价格，在项目不同的阶段，就可以组成不同的项目成本管控投资文件。下面分别介绍。

按照不同的项目建设阶段，项目成本管控的造价文件有所不同，大致包括以下四类，我们称之为“四算”体系：

（1）前期估算，建设单位在项目可研阶段，采用估算或指标体系编制的项目估算。

（2）初设概算，建设单位在项目初步设计阶段，采用概算定额体系编制的项目概算。

（3）合同预算，项目招采阶段，建设单位和施工单位根据招投标结果或协商结果确定的，采用国标清单等造价体系确认的合同额造价预算。

（4）竣工结算，项目竣工验收后，建设单位和施工单位根据合同计量计价原则，确认的工程建设项目实际完成资产的造价投资额明细。

另外，项目验收后，建设单位根据工程财务会计规则及资产管理原则，进行工程竣工财务决算，确认工程建设项目实际完成的投资明细。财务竣工决算是建设单位将项目资金转换为项目资产的环节。在建设单位的项目管理过程中，同样至关重要，尤其是 EPC 项目或 PPP 项目，项目成本管控应包含财务竣工决算。

从施工单位成本核算的角度，还存在按实际消耗人材机和企业成本单价组成的项目成本预算。项目成本预算是施工单位进行向下分包和企业利润创建的核心指标。

4.5.2　BIM 模型与四量的关系

国际上的工程建设项目，建设单位和施工单位通常管控的都是实物量。我国长期形成的定额成本管控造价体系，在合同和结算环节，主要管控的是清单量和实物量，在施工过程中，施工分包主要管控的是消耗量，和国际上成本管控比较而言，相对比较复杂。

在 BIM 应用初期，我国工程建设项目的成本管控主要考虑如何通过 BIM 模型提取清单量或定额量；随着 BIM 应用的深入，尤其在商务领域的落地应用的开展，政府或行业人士应重点研究和考虑通过实物量及消耗量进行项目成本管控。

BIM 模型本身可提取构件的实物量，为满足现有成本管控要求，需要采取一定的手段，将实物量转换为清单量。

BIM 模型与各类工程量的关系如下：

（1）BIM 模型　　　　　　　　　　　　　　　⇨实物量

（2）BIM 模型　＋　插件　　　　　　　　　　⇨清单量

（3）BIM 模型　＋　转换格式工具 ＋ 计量软件　⇨清单量（定额量）

（4）BIM 模型　＋　转换格式工具 ＋ 消耗系数　⇨消耗量

4.5.3　BIM 模型量应用趋势

BIM 模型是存储项目构件信息的数据库，可以为造价人员提供编制造价所需的项目构件信息，从而大大减少根据图纸人工识别构件信息的工作量，以及由此引起的潜在错误。因此，BIM 的自动化算量功能可以使工程量计算工作摆脱人为因素影响，得到更加客观的数据。随着云计算技术的发展，BIM 算量可以利用云端专家知识库和智能算法自动对模型进行全面检查，提高模型的准确性。

随着工程造价市场体系的不断健全，采取实物量确定工程造价的趋势越来越明显，这一趋势也符合国际工程投资管理的惯例。国内大型房地产企业，以及精装修、幕墙工程等专业工程，采用实物量加市场价进行项目成本管控的比例越来越大。这也给 BIM 模型直接提供的实物量应用带来很大契机，采用实物量确定工程造价，不但能减少目前采取的清单量或定额量理解偏差造成的重复计量和多次核量的人力资源消耗，也能为通过实物量管理工程建设项目施工过程的成本管控真正落地助力。

另一个角度，工程设计在不断探索和积极尝试设计图纸标准化建模及正向设计模式。正向设计的优势在于设计阶段采取三维设计，设计模型可直接提取工程量，BIM 模型介入计量计价、施工管理业务的路径会更加清晰，最终实现建模、计量、计价一体化操作，更加方便打通设计、招采、施工、竣工各阶段的成本管控途径，届时，BIM 模型工程量的应用价值会更大。

4.5.4 不同软件类型 BIM 模型工程量提取与计算

1. 工程量提取方式

工程量的提取方法很多，主要有以下三类。

第一类，在专业 BIM 建模软件中通过设置工程量计算规则，或利用插件，直接提取模型中的构件工程量。

第二类，通过专业 BIM 建模软件建好模型后，通过数据转换工具，将模型导入专业计量软件中，利用计量软件的专业计量规则，计算后提取工程量。

第三类，直接利用专业计量软件建模提取工程量。

不同方法，工程量提取的难度和数据准确性有所不同，采取何种方式，取决于具体项目的专业、类型和管理需求。

2. 在专业建模软件中提取工程量

在专业 BIM 建模软件中直接提取工程量，其基本流程为：

（1）建立正确的 BIM 计量模型；

（2）设置计算规则或利用插件进行算量代码设置；

（3）对构件进行算量码标识提取工程量；

（4）调整未识别构件；

（5）汇总计算；

（6）导出工程量结果。

下面分别介绍各流程工作内容。

（1）建立正确的 BIM 计量模型

BIM 计量模型，分为可直接计量构件和附件计量构件，梁、板柱、管道、阀门等可直接计量的构件，称为直接计量构件；房间装修等需要其他构件辅助计算或组合计算的，称之为附件计量构件。各类模型构件计量时，应包含构件的细化分类、构件名称、所属族、几何特征、材料信息、施工信息等内容，相关构件属性设置，参见 BIM 建模相关课程。

BIM 模型建立后提取工程量前，需进行模型审查，以确保模型符合成本管理要求，否则，非常容易造成构件识别错误、工程量遗漏等问题。模型审查的主要内容包括：

1）模型基本设置核查，主要核查模型的基本参数、构件共用属性、构件私有属性、构件命名、构件参数等设置是否满足构件识别及成本管控要求。

2）模型完整性核查，主要核查模型的轴网、楼层、空间、构件元素、材质做法等内容。

3）规范性核查，主要核查族库应用是否规范、构件关联是否规范等内容。

4）图模一致性核查，主要检查三维模型与二维图纸表达信息的一致性，以及节点构造的相关性。

5）专业核查，分专业检查专业特性是否满足要求。

在项目建设过程中，BIM 计量模型需要与工程建设时间保持同步更新和维护，以确保模型处于可用状态，随时可通过模型提取工程量。

（2）设置计量计算规则

BIM 模型计量的规则设置，可以在建模软件中直接设置，也可以通过插件形式。

计量计算规则，主要设置不同构件之间的扣减关系和计算规则，计算规则分两类：一类为国标《建设工程工程量清单计价规范》GB 50500—2013 计算规则；另一类为各地区定额的计量规则。

在建模软件中直接设置计算规则时，需特别注意建模软件不符合工程成本管控计量要求的某些特性。例如，建模软件板扣减柱、板扣减梁等扣减规则与成本管控计量计算规则不同，这就需要修改相关参数，如图 4.5-1 所示。

图 4.5-1　建模软件中设置规则

个别二次开发软件或平台，在设置构件工程量后，还可以根据国标清单设置清单项目。这样，在BIM模型提量的同时，工程量清单项也可同时提取，方便后期计价工作。

在建模软件中直接设置计算规则后，需对模型规则审查，以确保构件工程量计算结果的准确性，尤其要关注清单规则中综合考虑计算扣减的规则内容，如成本管控中规定小于300mm的洞口不扣除工程量等特殊计算规则，以及模型构件族与算量各类型构件的映射关系。

审查模型规则，是成本管控工程师的主要职责。为保证工作的延续性，成本管控工程师宜尽早参与模型规则的设置，并对规则设置的正确性负责。

在建模软件中设置计算规则，在国内还没得到普遍应用和大量项目结果的检验，所以，在项目实践中，需要成本管控工程师和建模工程师进行多次沟通，确保模型提取工程量的准确性。目前国内已有不少软件企业成功研发并在实际项目上应用了上述插件，能满足基本的提量功能，插件常规应用功能包括：

1）内置构件属性集；

2）构件属性集与国标工程量清单项目对应映射；

3）读取BIM模型中构件属性信息；

4）按内置规则进行节点工程量的扣减计算。

（3）提取工程量

设置计量规则后，即可按模型构件、部位、按材质等维度提取模型工程量。经过不同项目的实际工程量对比分析，通过BIM模型提取工程量，在规则设置正确的前提下，可读取的构件模型工程量误差率可以控制在2%以内，基本能满足成本管控的要求。

（4）调整算量

对于某些构件图元无法对应插件中映射构件时，通常可通过手工对应等方式单独或批量读取模型构件，并设定合适当前图元的计算规则再进行计算及统计，如图4.5-2所示。

图4.5-2　调整算量

（5）导出计算结果

BIM 模型直接提量后的工程量结果，一般均可导出表格形式，方便后期应用，如图 4.5-3 所示。

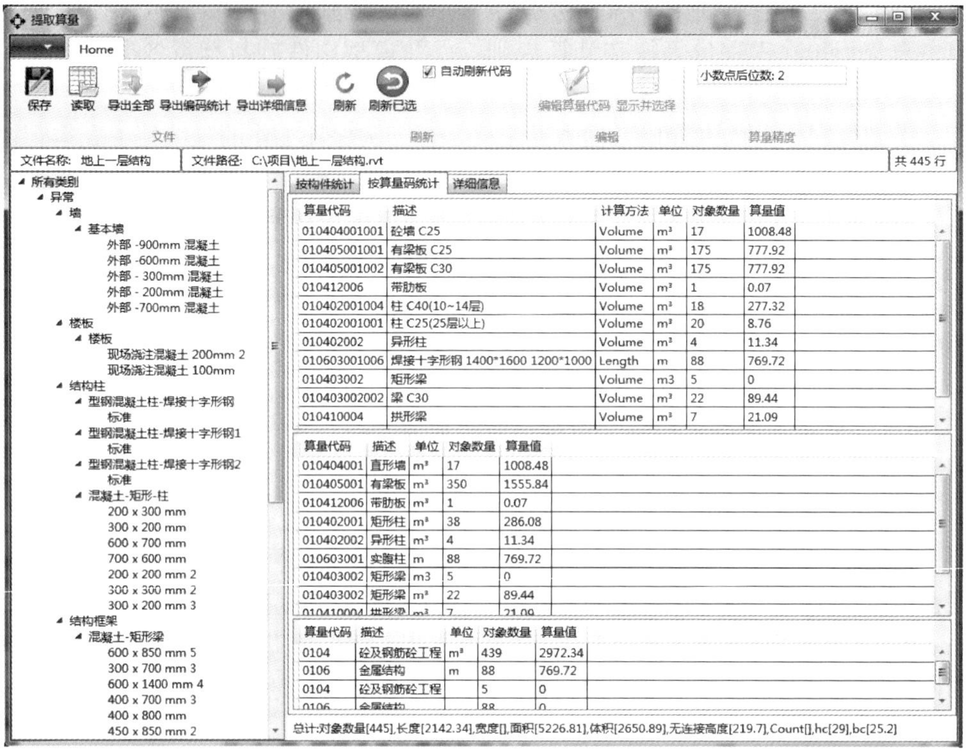

图 4.5-3　导出工程量

（6）应用分析

BIM 模型直接提取的工程量，主要优点包括：

1）数据和信息有连续性，BIM 模型建模后可直接提取工程量，无数据缺失现象。

2）软件应用少，无需另行购置计量软件。

3）数据追溯性强。

4）修改灵活，模型调整后，工程量相应自动更新。

5）比较适合采用实物量计价的项目应用（如国际项目）。

BIM 模型直接提取的工程量，主要缺点包括：

1）通过插件或代码设置工程量计算规则，存在规则设置不全面或设置不规范的风险，无法达到专业计量软件的计算细度。

2）对使用者的插件工具研发或代码编制的要求较高。

3）错误纠偏较难，一旦插件或代码编制存在一定问题或错误，尤其是隐形的错误，使用者不能直观看出工程量存在错误时，对错误的纠偏有一定难度。

4）专业整合难度大，目前不同专业的主流 BIM 建模软件不一样，通过插件或代码如要满足市场上各种专业建模软件来提取工程量，难度和工作量都比较大。

5）部分省市或地区还没有相应的软件插件或软件代码供国内项目从模型直接提量

使用。

BIM 模型直接提取的工程量，需要注意的事项包括：

1）建模软件的构件提量计算方法与造价行业构件工程量计算规则不一致，如构件搭接部分的体积扣减处理。

2）由于设计师的绘图惯例，BIM 模型中构件的分类和命名方法使其无法完全按照《建设工程工程量清单计价规范》（GB 50500—2013）的规则合并汇总同类构件，比如无法区分内外墙，无法识别有梁板和无梁板等，需要另行设置。

3）造价 BIM 模型需要计算的部分工程实体或措施项目在 BIM 模型中不一定有体现，尤其是设计 BIM 模型，如内外脚手架、机电支架等，这时就需整合其他建模软件来实现。

4）部分与价格有关的信息在 BIM 模型构件属性中缺失，需补充完善，如混凝土强度等级等。

3. 模型导入计量软件中提取工程量

目前，很多专业计量软件已具备了设计 BIM 模型导入功能。BIM 模型导入计量软件后，可以方便高效地完成工程量提取。计量软件提取的工程量，不但满足国标工程量清单或地方定额的计算规则，还可以与造价计价软件进行无缝数据衔接。

BIM 模型导入计量软件中提取工程量，是现在常用的构件工程量提取方式。专业建模软件创建 BIM 模型后，使用专门的转换工具，将模型导入到计量软件中。该转换工具，类似国际上常用的 BIM 模型转换工具 IFC，不过与 IFC 不同的是，增加了识别国内工程量计算规则的功能。

模型导入利用计量软件提取工程量，其基本应用流程为：

（1）建立正确的 BIM 模型；

（2）利用数据转换工具将模型导入计量软件；

（3）计量软件进行构件识别和完善；

（4）通过内置计算规则计算工程量；

（5）提取工程量数据，导出工程量结果。

下面分别介绍各流程工作内容。

（1）建立正确的 BIM 计量模型

专业建模软件创建 BIM 模型，只需考虑模型的基本构件信息即可，对模型的线型、颜色等计量本身不需要的模型参数要求不高。也无需设置附件构件，该工程量可通过计量软件另行设置。当然，在模型创建时需建立符合转换数据的构件信息映射规则，同时需注意在模型创建时族的选取。

（2）利用数据转换工具将模型导入计量软件

和 IFC 工具相同，利用数据转换工具，将 BIM 模型导入计量软件，计量软件自动识别和关联模型构件。对于不可识别的构件，可进行手工识别，为方便应用，常用的计量软件还提供【批量修改族名称】等功能，可对同类构件进行批量调整，提高工作效率。

（3）模型完善

针对房间装修等需要补充的构件，可在计量软件中完善相关计算设置。

（4）通过内置计算规则计算工程量

计量软件按照内置的国标清单或地区定额计算规则，汇总计算工程量，工程量可按构件、部位、按材质等不同维度分别提取。

（5）导出计算结果

模型导入计量软件提取工程量，一般均可导出表格形式，方便后期应用。

（6）应用分析

模型导入计量软件提取的工程量，主要优点包括：

1）工程量清单及各地区定额计算规则设置完善、全面。

2）计量软件已经非常普及，能满足各类专业、行业、地区不同类型工程计量应用。

3）对使用者要求较低，成熟的造价工程师均可自行应用。

4）工程量追索方便，所有工程量均自动形成计算底稿，计算过程和扣减关系比较清晰。

5）转换成本低，完全吻合现在造价工程师计量习惯。

模型导入计量软件提量工程量，主要缺点包括：

6）数据和信息的连续性不足，存在数据转换丢失情况，无法百分之百识别全部模型数据。

7）建模工程师和计量工程师工作协调和配合偏差会增加工作难度。

8）模型如有二次调整，工程量也需要将模型再次导入计量软件进行计算，工程量不能随模型一次性自动更新。

4. 计量软件直接建模提取工程量

目前市场上常用的专业计量软件均可以进行三维模型创建，并直接提取工程量。其基本应用流程为：

1）计量软件进行三维建模。

2）通过内置计算规则计算工程量。

3）提取工程量数据，导出工程量结果。

下面分别介绍各流程工作内容。

（1）建立正确的三维计量模型

专业计量软件创建三维模型，操作上比较方便，可以通过自动识别 CAD 图纸、手工绘制构件、手工计算构件工程量等不同的方式创建和计算构件工程量。相关内容可参考计量软件应用学习内容。

（2）提取工程量

计量软件按照内置的国标清单或地区定额计算规则，汇总计算工程量，工程量可按构件、部位、按材质等不同维度分别提取。

（3）导出计算结果

计量软件直接建模提取工程量，一般均可导出表格形式，方便后期应用。

计量软件直接提取工程量，主要优点包括：

1）工程量清单及各地区定额计算规则设置完善、全面。

2）能满足各类专业、行业、地区不同类型工程计量应用。

3）对使用者要求较低，成熟的造价工程师均可自行应用。

4）工程量追索方便，所有工程量均自动形成计算底稿，计算过程和扣减关系比较清晰。

5）转换成本低，完全吻合现在造价工程师计量习惯。

6）数据连续性强，模型调整后工程量自动更新，不存在数据转换或丢失情况。

7）现有造价工程师均可完成建模到提量的工作，工作协调难度小。

计量软件直接提取工程量，主要缺点包括：

8）模型精度不足，达不到专业 BIM 建模软件的精度，不方便后期模型在施工管理过程中的应用。

9）计量软件创建的模型，部分构件只有计量过程没有三维模型或只有简单的模型，如钢结构、幕墙工程等。

5. 深化施工图模型提取消耗量

项目成本管控中常规计量计价需要的只是施工图构件工程量，如果要指导实际施工，还需要提取深化施工图的细部构件消耗量。该消耗量常规只能通过 BIM 专业建模软件深化模型后提取。

下面以钢结构深化施工图模型为例，说明提取消耗量的过程与方法。

从项目成本管控角度，钢结构工程工程量通常需要统计不同类型钢结构构件的重量；实际施工时，如果能统计出某个钢结构构件加工的原材料构件明细，就会对实际构件加工和施工过程起到很好的指导作用。

国标工程量清单体系中，钢结构的工程量是按构件的质量计算，即“工程量，按设计图示尺寸以质量计算。不扣除孔眼、切边、切肢的质量，焊条、铆钉、螺栓等不另增加质量，不规则或多边形钢板，以其外接矩形面积乘厚度乘单位理论质量计算，依附在钢柱上的牛腿及悬臂梁等并入钢柱工程量内”。

实操中钢结构工程量分为线型构件工程量和面型构件工程量两种，其中：

线型构件质量＝构件延长米单重×构件长度

面型构件质量＝构件单位面积重量×构件面积

按国标工程量清单计算的工程量，只能应用在合同工程量清单中，无法满足实际施工下料和采购。为正确指导施工下料、构件安装等工作，需提取构件分解后细部构件的尺寸和消耗量。专业钢结构 BIM 建模软件，具备该功能，可以创建深化施工图模型解决这个问题。有时需要采用多种专业钢结构建模软件相互配合，对钢结构节点和构造进行细部建模、提取细部构件消耗量，见表 4.5-1。

多软件配合功能表　　　　**表 4.5-1**

软件名称	主要作用	在工作中最有效的功能
软件 A	3D 实体模型建立、3D 钢结构细部设计、钢结构深化设计详图设计、清单报表生成等	三维协调交底、材料统计
软件 B	计算分析，弯扭构件出详细加工图	弯扭构件出详细加工图
软件 C	计算分析	计算分析
软件 D	弯扭构件深化	弯扭构件出详细加工图
软件 E	弯扭构件轮廓建立	弯扭构件轮廓建立
软件 F	三维模型建立	三维模型建立

施工图深化模型创建后，即可提取构件消耗量，如图 4.5-4 所示。

<常规模型明细表>

A	B	C	D	E	F	G	H	I	J
吊杆型号	合计	族	钢板a	钢板b	钢板厚度	部件说明	L	规格	钢板面积
	1	A型槽钢多层							
	1	钢板	240	240	10				0.058 m²
	1	钢板	240	240	10				0.058 m²
	1	槽钢					390	10	
	1	槽钢					390	10	
	1	槽钢					2642	10	
	1	膨胀螺栓							
	1	膨胀螺栓							
	1	膨胀螺栓							
	1	膨胀螺栓							
	1	膨胀螺栓							
	1	膨胀螺栓							
	1	膨胀螺栓							
	1	膨胀螺栓							
	1	DN25防晃支							
	1	AⅠ型角钢多							
	1	角钢					880	6.1	
	1	角钢					880	6.1	
	1	角钢					1080	6.1	
	1	角钢					1080	6.1	
	1	角钢					200	6.1	
	1	角钢					200	6.1	
	1	膨胀螺栓							
	1	膨胀螺栓							
	1	膨胀螺栓							
	1	膨胀螺栓							

图 4.5-4　常规模型明细

如软件中设置或挂接了各类用工数据库，还可以提取构件施工的工人用工量，方便编制劳务用工计划，见表 4.5-2。

劳务用工计划（工作日）　　　　**表 4.5-2**

XXXX 项目	铆工	焊工	起重工	普工	总计
龙骨加工	40	180	70	35	325
龙骨安装	30	150	55	60	295
屋面桁架加工	70	120	30	40	260
屋面桁架安装	25	70	50	45	190
合计	165	520	205	180	1070

构件消耗量，是施工项目管理的核心信息，在消耗量的基础上，结合项目进度计划等相关信息，可方便制定人力、材料、机械的需求量计划并组织落实，使施工过程中的劳动力和管理人员在满足需要的同时不出现冗余；使材料的采购数量和供应时间恰到好处，减少库存数量从而减少材料保管费用和资金积压，避免因材料短缺造成务工的现象，执行限额领料，减少材料损耗和不必要的浪费；使施工机具的配置刚好满足施工需要，调配使用有序，避免因闲置而造成浪费。

加强构件消耗量的提取和应用，是加强项目成本管控的主要发展方向，也是施工企业提高企业自身管理能力建立管理优势的综合体现。

通过 BIM 系统的应用，构件消耗量的应用将逐步广泛。

6. 特殊构件工程量

工程项目管理中涉及的特殊构件工程量，需采取特殊的建模或计量工具来完成。如土石方工程量、脚手架工程量等。下面以土石方工程量提量为例进行说明。

土石方工程量计算，尤其是非房建类项目的土石方工程量，往往是项目成本管控中工程预算或工程结算的争议焦点。造价工程师常用的土石方工程量计算方法是采用方格网等工具进行计算。但这种传统的土石方工程量计算方法存在计算复杂、计算精度不高、数据量大等缺点。同时，方格网计算结果也无法和 BIM 模型整合。

部分项目已经应用 BIM 模型可挂接的特性，通过 GIS+BIM 相结合的方式，方便准确地计算土石方工程量。其应用流程如下。

（1）利用无人机从原始地貌提取初始数据。

（2）利用专业建模软件将初始数据转化为 BIM 模型。

（3）利用专业建模软件计算土方工程量。

下面分别介绍各流程内容。

（1）利用无人机从原始地貌提取初始数据

无人机摄影测量已逐步成为一项新兴的工程测绘手段。无人机可对土石方施工场地进行全方位航拍，航拍结果将会以照片的形式记录在无人机数据存储卡 SD 中，该照片是通过编号有序排列的。每张照片都带有该片拍摄时的经纬度、海拔高度、拍摄姿态（角度）等 POS 信息，这就是土石方工程量计算的初始数据信息（图 4.5-5）。

图 4.5-5 无人机摄影测量

（2）初始数据转化为 BIM 模型

利用专业 BIM 建模软件，对带有经纬度、海拔高度、拍摄姿态（角度）等 POS 信息的照片进行识别，识别时需要对照片进行处理。例如可以通过照片处理软件处理成点云数据，这些点云数据可加载到三维绘图软件中，转变为具有高程性质的线模型，即得到带有高程点的三维数据模型。

（3）BIM 模型得出土石方工程量

将三维数据模型导入专业建模软件生成原始地貌模型。在建模软件中设置工程最终需要的建筑地形表面，软件通过对比原始地貌模型和最终建筑地形模型，计算挖方量和填方量。

运用 BIM 建模的方法模拟土石方开挖与回填，在直观有效地开展土石方的挖运分析与运算基础上，可做到土方平衡计算的精确化与精细化，节约解决争议的时间，对项目成本管控发挥重要作用。

另外，该土石方模型还可扩展应用到施工仿真模拟、制作土方施工方案等管理上。

在软件中演算好土方模型后，可同时建立土方机械模型（挖掘机、运土车），用内建体量模型模拟单位运土车的土方倒序铺设，把模型全导入专业动画制作软件中制作演示动画。也可以运用进度计划软件结合施工动画制作初始施工进度表，运用动画软件演示施工进度（尽可能考虑到现场每一个实际情况），得出现场车辆运行路线、路线碰撞等预知信息，并在此信息上不断优化施工方案。

7. 工程量对比

在施工过程中，利用 BIM 综合管理平台系统，将模型工程量和实际完成工程量进行对比，可以日、周、旬、月、季度、半年、年等不同单位时间生成相应工程量对比报表，方便各个管理部门进行统计和对比，掌握项目的实际进度等情况。

4.6　施工前期成本管控 BIM 应用

4.6.1　合约规划成本管控 BIM 应用

合约规划重点是项目管理的资源计划。资源及成本计划控制是项目管理中的重要组成部分，基于 BIM 技术的成本控制其基础是建立 5D 建筑信息模型，将进度信息和成本信息与三维模型进行关联整合，然后通过该模型，计算、模拟和优化对应于项目各施工阶段的劳务、材料、设备等的需用量，以及与企业的合格供养商库对应，从而建立总包工程、分包工程、劳务、材料设备采购和机械租赁等规划，在此基础上形成项目合约规划，指导项目进行项目前期准备及下一阶段招投标工作。

在项目合约规划时，要尽可能地考虑各专业之间的组织协调和资源协调。各专业由于受施工现场、专业协调、技术差异等因素的影响，不可避免地存在很多局部的、隐性的、难以预见的问题，容易造成各专业工作界面不交圈或工作交叉、重叠的情况。在合约规划前，尽量通过 BIM 技术的可视化、参数化、智能化特性，进行多专业碰撞检查、净高控制检查和精确预留预埋，或者利用基于 BIM 技术的 4D 施工管理，对施工过程进行预模拟，在合约规划时尽量做到事先协调，可以减少因技术错误和沟通错误带来的协调问题，大大减少返工，节约施工成本。

在项目合约规划时，也可以预先处理资源波峰波谷的平衡处理。基于 BIM 5D 平台将项目管理软件、建模软件及算量软件等集成在 BIM 5D 平台，然后按照计划任务进行 5D 模拟，提取每天、每周或每月的工程量、业主清单费用、资源投入量、分包支出费用等，并自动按照工期安排进行物资分析、资金分析、劳动力分析等，通过数据分析判断合约规划的合理性及可优化空间。后期在施工过程中也可以将现场实际进度影响资料上传至 5D 平台，与计划工期实时对比定点记录，及时掌握现场施工进度情况，出现工期滞后和工期提前平台都会及时预警，确保工程如期交付，合理优化资源配置，实现工期的精细化管理，有效降低施工成本，提高施工效率。

4.6.2　招投标文件对 BIM 的应用

项目应用 BIM 技术时，招标文件中对 BIM 应用的描述，应包括但不限于下列内容：

（1）BIM 应用的范围；

（2）BIM 应用的工具和环境要求；

（3）BIM 应用的成果及目标要求；

（4）对 BIM 团队及个人的要求；

（5）对 BIM 体系与其他管理系统的接口要求等；

（6）BIM 评标标准及分值设置。

项目应用 BIM 技术时，投标技术文件（BIM 应用方案等），应包括但不限于下列内容：

（1）BIM 应用方案按照工程概况；

（2）BIM 应用工作内容和范围；

（3）BIM 应用依据；

（4）对本项目需求的分析与理解；

（5）本项目 BIM 技术应用状况评估情况；

（6）对项目 BIM 的应用主要问题、重点及难点的阐述；

（7）BIM 应用技术路线；

（8）BIM 应用工作深度；

（9）BIM 应用成果预期与成果目标；

（10）工作时间计划；

（11）对本工程采用 BIM 技术的合理化建议。投标人可根据自己对本项目具体应用点的理解与认识，就 BIM 技术应用内容、范围、深度等提出合理化建议；

（12）项目承诺条款，包括提供规划优质服务的保证措施以及保证 BIM 技术应用进度的措施等。

4.6.3 招投标工程量 BIM 应用

利用 BIM 技术进行工程算量可以大大提高工程量计算的效率。使编制招标文件或投标人员有更多时间和精力去询价、评估预防项目风险等，做更有价值的工作，并可以利用节约的时间编制更精确的预算。相关 BIM 模型工程量提取见相应章节。

4.6.4 施工合同管理 BIM 应用

BIM 以信息资源管理平台的模式，实现对工程合同的管理。相比常规合同管理，有以下特点。

1. 便于工程信息的共享

传统的建设工程合同管理，涉及众多部门单位，工程合同信息的输入输出常常出现滞后的现象，导致“信息孤岛”。BIM 技术的核心就是数据的共享与转换，通过建立一个 BIM 建筑信息平台，该平台集成各类建模软件，以及不同办公软件，将各方软件进行数据接口。因此，通过 BIM 技术应用，系统中汇集了来自各个部门和层次的所有合同，合同管理部门或合同使用者能够直接从数据库中提取合同有关的信息，并且，该数据会随着原始数据的改变而发生改变，数据能及时更新，从而实现工程项目的顺利进行。

2. 降低工程合同管理的风险

建筑工程中引用 BIM 技术能够对工程项目全生命周期产生跟踪和预测作用。传统的合同风险分配采用的是可预见性风险分配原理，没有充分考虑到双方对风险事件的偏好和能力问题，无法理性有效地合理分配风险，那么就很难实现降低成本和减少风险的目标。BIM 技术的不断完善使得在信息的掌控和资源的分配方面逐步得到提高，即时获取有效的资源，并且通过完善各方面资源，不断加强对风险的处理，促进各参与方的利益平等。

3. 实现工程合同动态管理

建筑工程项目施工是一个动态化的过程，不仅需要对施工现场的信息进行及时的跟踪、采集和处理，还要在综合所有施工信息的基础上能够对下一步的施工过程作出预测和判断，帮助决策者做好规划。BIM 技术利用 3D 可视化表达、4D 的时间、5D 效果和多维的功能表现，对项目进行实物控制和精准控制，增加合同管理者对项目的掌控，从而减少工程变更。

4. 优化工程合同条款

目前在国内还没有形成一套大家均认可并执行的 BIM 标准，都是以附件的形式在合同条款中作出补充，以描述 BIM 技术在项目中的应用。因此，以合同的形式明确项目各参与方之间的权利义务关系确保项目的顺利进行，也有助于业主对项目进行管理，有效应对在 BIM 项目应用中产生的实际问题。BIM 技术可以根据项目的实际情况，在工程合同管理中进行仿真模拟，并制定责任明确、各种方案优化的合同条款。

4.7　施工过程成本管控 BIM 应用

4.7.1　材料招采及预制加工 BIM 应用

1. 材料招采 BIM 应用

材料物资采购管理是企业运行、生产、科研的重要保障，在当今科学技术飞速发展、物资产品种类繁多、新型建材更新加快、市场经济环境瞬息万变的形势下，企业特别是大中型企业对材料物资采购管理基本都实行了科学化、信息化管理。提高材料物资采购管理水平，优化物资采购模式，降低物资综合成本，已成为企业提高竞争能力的持续改进课题。

BIM 与招标采购对接刚刚起步，当前应用 BIM 的供应商公司相对比较少，还需要继续引导使用。比如，可以在招标条款上加一些对供应商应用 BIM 的要求，只有真正做到了这些要求才有资格进入招标范围。

2. 物资采购要控制的两个问题

采购计划：采购计划方面需要关注当施工企业根据工程量提出一项任务时，是否也会相应地为现场材料、劳动力和设备产生出一个相关的采购任务？

采购控制：采购控制方面则需要明确施工企业当前如何管理采购过程，企业是怎样与合同管理甚至预算管理相关联，以及企业如何管理施工现场物资及消耗等问题。

3. 采购计划环境 BIM 应用

物资采购、进场与施工现场的合理存放、使用，都会直接影响工程进度。施工企业可以根据 BIM 模型，结合工期进度和现金流量情况，预先提出物资采购计划，及时采购，合理组织、协调施工材料进场、施工辅助工具、机具现场布置及使用等相关工作。可利用 BIM 模型实现可视化，也便于通过模拟，使材料堆放更合理，现场机具、设施使用更便捷。

4. 采购控制环节 BIM 应用

招标采购阶段，需要精确的算量并套取工程清单，基于项目编码、项目名称、项目特征、计量单位和工程量计算规则“五统一”的原则形成了一个业主的采购“清单”。

传统管理模式下，工程量的清单需要造价人员人工计算，随着现代建筑造型越来越复杂、艺术化，人工算量的难度越来越大，快速、准确地形成工程量清单成为传统工作模式的难点问题。

通过 BIM 软件，建立模型，工程量可快速统计分析，形成准确的工程量清单。一方面，模型可由自己的力量建立；另一方面，可要求投标单位必须建立模型并提交，既可提前在模型中发现图纸问题，也能精确统计工程量。并且在建模过程中，软件会自动查找建模的错误，并且发现遗漏的项目和不合理处。

在计价过程中，可以查询造价指标，可以查询材价信息，以实时获得市场价，指导采购。

5. 预制加工 BIM 应用

（1）构件预制加工主要应用于施工阶段

BIM 技术可以提高构件预制加工能力、提高工作效率、提升建筑质量；同时运用 BIM 技术可以有效控制装配式建筑的材料消耗用量，对于主要材料（如钢筋、水泥等）使用量做到精确测算，从而降低建造成本。在此基础上推行的工厂化建造是未来绿色建造的重要手段之一，对提高建筑品质、降低建筑行业对环境的影响和污染将起到积极的促进作用。

根据《2017 某市建筑信息模型技术应用与发展报告》内容指出，2016 年某市实施装配式的建设项目共报建 320 个，应用 BIM 技术的项目共 54 个，占比 17%。从投资性质来看，政府投资 11 个，投资总额 50 亿元，国有企业投资 17 个，投资总额 590 亿元，其他社会投资 26 个，投资总额 391 亿元。

从应用阶段来看，跨设计、施工、运营（可含）全过程应用的项目数为 37 个，占比 69%；单阶段应用的项目为 17 个，占比 31%。

从项目类型来看，实施装配式的建设项目涵盖了居住建筑（普通商品房、公租房、商住楼、经济适用房）、公共建筑（商办、医疗卫生、教育文化）及其他项目类型（图 4.7-1）。

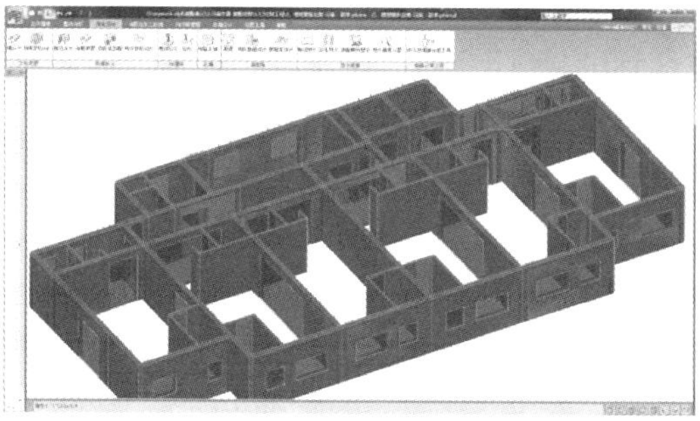

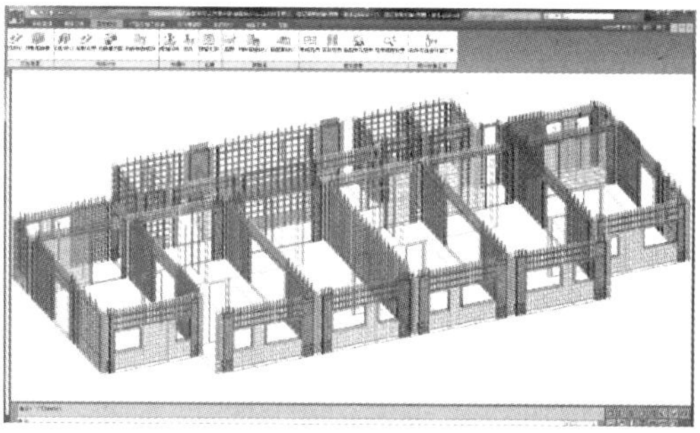

图 4.7-1　基于 BIM 技术的装配式建筑模型

（2）构件预制加工的主要工作内容应包括：

1）收集准确的设计图纸数据，创建预制构件模型。

2）与施工单位确定预制加工界面范围，并确定方案设计、编号顺序、施工组织设计与专项施工方案等。

3）将原施工作业模型中的构件替换成预制厂商产品的构件模型。该构件模型可以由厂家提供或由施工企业根据厂商产品参数规格自行建立。构件模型需与原施工作业模型格式保持一致，确保在后期可执行必要的数据转换、机械设计及归类标注等工作，将施工作业模型转换为预制加工设计图纸。

4）根据现场情况及厂家产品库的要求，将施工作业模型进行分段处理、划分加工批次，及时与厂家沟通，确定物流进度，安排施工场地，进行构件的堆放、清点与转运工作。

5）将构件预装配模型数据导出，进行编号标注，生成预制加工图及配件表，经施工单位审定复核后，送厂家加工生产。

6）构件到场前，施工单位应再次复核施工现场情况，如有偏差应当分析偏差原因，进行调整、校正。无法通过现场技术手段进行校正的，将构件进行返厂处理。

7）通过构件预装配模型指导施工单位按图装配施工。

（3）构件预制加工的主要工作成果应包括：

1）构件预装配模型。模型应当正确反映构件的定位及装配顺序，能够达到虚拟演示装配过程的效果。

2）构件预制加工图。加工图应当体现构件编码，达到工厂化制造要求，并符合相关行业出图规范。

6. 装配式建筑BIM应用

建筑工业化正是将传统建筑业的湿作业建造模式转向学习制造业工厂生产模式。制造业信息化将信息技术、自动化技术、现代管理技术与制造技术相结合，可以改善制造企业的经营、管理、产品开发和生产等各个环节。从而实现产品设计制造和企业管理的信息化、生产过程控制的智能化、制造装备的数控化以及咨询服务的网络化，全面提升建筑企业的竞争力。为了更有力地推动建筑工业化的进程，对建筑工业化技术的推广形成有效带动作用，所以有必要将BIM技术在预制构件工厂建设和运营中有效的应用。

（1）建立场地和车间BIM建模

利用BIM技术进行平面布置工作，实现“所见所得”的视觉效果，对于PC预制构件工厂建设来说，作用是非常大的，例如日常拿到的施工图纸，只是各个建筑功能件的信息在图纸上采用线条的绘制表达，但是其真正的构造形式就需要人去自行想象了。对于一般简单的东西来说，这种想象也未尝不可，但是对于结构复杂、体量大的PC预制构件工业厂房BIM提供了可视化的思路，让人们将以往的线条式的构件形成一种三维的立体实物图形展示在人们的面前；BIM技术提到的可视化是一种能够将厂房设备之间形成互动性和反馈性的可视，在BIM建筑信息模型中，由于整个过程都是可视化的，所以可视化的结果不仅可以用来做效果图的展示及报表的生成，更重要的是，项目设计、建造、运营过程中的沟通、讨论、决策都在可视化的状态下进行，从而实现现场平面布置合理、高效的场地布置。

（2）生产工艺布局方案建模

利用BIM可视化的特点，所有的方案调整都即时地呈现在计算机上，使得PC预制构件工厂实现功能分区明确、合理、得当，布局紧凑，节约用地，管理维修方便，留有一定发展余地。

并利用信息化软件对各个主入口、通道进行交通流线和人流模拟，使产业基地与外界保持良好的交通和运输联系，出入口和内部道路符合人流与车流的集散要求，各运动流线保持顺畅、短捷；建筑物布置应考虑当地总体景观，与周边环境相协调；便于利用当地已有的上下水、供电、通信等基础设施。

（3）优化施工规划

通过参照工程进度计划，可以形象直观地模拟各个阶段的现场作业情况从而实现优化-执行-再优化的循环；事实上整个设计、施工、运营的过程就是一个不断优化的过程。

没有准确的信息做不出合理的优化结果，BIM 模型提供了建筑物的实际存在的信息，包括几何信息、物理信息、规则信息，还提供了建筑物变化以后的实际存在。复杂程度高到一定程度，参与人员本身的能力无法掌握所有的信息，必须借助一定的科学技术和设备的帮助。现代建筑物的复杂程度大多超过参与人员本身的能力极限，BIM 及与其配套的各种优化工具提供了对复杂项目进行优化的可能。基于 BIM 的优化可以做以下工作：例如行车、异型构造区等在工厂随处可见的功能岗位，这些内容看起来占整个建筑的比例不大，但是占投资和工作量的比例却往往要大得多、重要得多，而且通常也是施工难度比较大和施工问题比较多的地方，运用 BIM 的方式对这些内容的设计施工方案进行优化，可以带来显著的工期和造价改进。

充分利用原有生产设备和试验检测仪器，新增部分数控设备（例如数控钢筋弯箍机）提高工艺水平，根据工艺要求选用适用的生产设备。在满足构件加工工艺、精度和生产工艺等要求的前提下，综合考虑设备的性能价格比，以减少投资和降低成本。工艺设备设计重视节能和环保，均选用国家推荐的节能型产品，具备高效优质的特点。

（4）施工关键点建模

在施工过程中，现场出现的错误不可避免，如果能够将错误尽早发现并整改，将对减少返工、降低成本具有非常大的意义和价值。在 PC 工厂建设过程中运用 BIM 专业软件对复杂构件和复杂节点如大难度吊装、隐蔽工程等情况，使用 BIM 软件进行图形影像化的模拟，供设计深化交底和施工指导使用以达到增加复杂建筑系统的可施工性；提高施工生产效率；增加复杂建筑系统的安全性。

（5）基础预埋和设备安装

与住宅和商业不同，PC 预制构件工厂结构类型一般为钢结构，PC 预制构件工厂在设计过程中更注重专业（如钢结构、电路、管线综合等）的提前协作，各专业相互制约又互为条件，并预先根据项目特点，进行多方深化设计。与此同时也注重下游环节的配件供应商，设计过程需模拟建造，对可能发生的碰撞和预留做提前处理。

（6）成本预算（工程量统计）和物料采购

通过该 BIM 模型，计算、模拟和优化对应于项目各施工阶段的劳务、材料、设备等的需用量，从而建立劳动力计划、材料需求计划和机械计划等，在此基础上形成项目成本计划，其中材料需求计划的准确性、及时性对于实现精细化成本管理和控制至关重要，它可通过 5D 模型自动提取需求计划，并以此为依据指导采购，避免材料资源堆积和超支。

（7）订单到前期准备

运用 BIM 技术可对生产订单进行管理，包括维护生产订单，显示订单列表。可以按照不同订单、物料以及车间对不同的物料进行备料准备，反映现有库存对生产订单的保证情况，列示缺料明细，提醒管理人员及时跟踪或催收所缺物料，不致发生生产订单下达后却因缺料而无法生产。当接洽订单后，生产规划部根据产能规划安排订单处理方案；与此同时，预制构件工厂开始进行该项目的物料采购、生产计划安排、成品堆场整理准备等工作，实现信息化高效管理。

(8) BIM技术在预制件加工、生产中的运用

通过专业BIM软件对项目建筑图纸进行预制构件深化工作，在项目的全流程中，制作建筑、结构、机电等专业能够在同一平台上工作，减少不同专业间的交叉工作。与此同时，软件完成的深化图纸以数据的形式传输到车间MES系统中，从而减少因操作次数和降低人为操作带来的失误，提高生产效率。

(9) BIM技术在生产规划阶段的运用

预制件生产车间的排产计划表和堆放列表都是可视化的，生产管理人员根据深化设计的数据完成构件堆放与排产设计，其余相应部门都能同步看到排场计划，各个相应岗位根据排产计划同时准备各项生产用数据资料（如标签、堆放表、钢筋加工单、纸质图纸、技术资料等），提交给车间管理类人员准备生产。

(10) BIM技术在预制构件中的运用

将正确数量和类型规格的预制构件或部品件，直接运送到项目工地现场。要实现这一点，就需要信息控制系统与各个部门进行联动，实现信息共享。现场项目部通过BIM平台把项目现场的待安装的预制构件需求反应给信息控制系统。以便管理人员能够及时做好准备工作，了解自己的库存能力，并且实时反映到系统中，提前完成堆放等作业，然后准时完成直接送达项目现场的任务。

项目现场安装时每一块预制构件都有独一无二的标签代码，信息控制系统会记录每一块预制件的运输情况，提供关于物流进度的信息，并能马上以虚拟化模型或表格的形式将内容可视化呈现物流情况，从而将数据返回至仓库和生产组进行下一个节拍的作业。

一幢建筑在其生命周期的费用消耗中，约80%的部分是发生在其使用阶段，在平均建筑物的使用年限达到7年以后，这些使用阶段发生的费用就会超过该建筑物最初的建筑安装的造价，然后，这些费用总额就以一种不均匀的抬高比例增长，在一幢建筑物的使用年限达到50年以后，建筑物的造价和使用阶段的总的维护费用这两者之间的比例可以达到1∶9。因此，专业数字化的BIM运维管理将会给业主和运营商带来极大的经济效益。

厂房的运营维护，包括厂房基础图纸、雨水、消防水管道等。通过BIM模型可以查阅设备的信息，如使用期限、维护情况、所在位置和供应商情况等，能够对寿命即将到期的设备进行预警，提醒运营商及时进行更换；也可准确定位虚拟建筑中相应的设备，并对设备是否正确运行提供信息。

4.7.2 施工场地三维场布BIM应用

1. 施工场布的主要工作内容

主要工作内容有：(1) 现场办公及生活设施布置；(2) 办公及生活设施布置；(3) 施工场地布置；(4) 施工用水、用电布置；(5) 文明施工措施；(6) 安全措施。

2. 传统场布工作方式方法

传统的做法是二维平面图布置，通过图纸进行尺寸标注，依据现场施工人员的经验进

行排布，由此引发了在空间的排布中不能做到万无一失、设备与操作区域等之间的布置有运行交叉等一系列现象。

3. BIM 三维场布的特点及优势

基于 BIM 模型及理念，运用 BIM 技术三维反映施工场地布置，可以协助施工场地布置方案的优化。对施工现场的邻舍、各生产操作区域、大型设备安装，通过 3D 模型以动态的方式进行合理布局，最终选择分析最佳方案；通过虚拟交底使员工对施工现场的准备及施工各区域有切身了解；运用 BIM 技术对生产性施工设施和生活性施工设施以及建设项目施工必备的安全、防火和环境保护设施，在进场前得到更佳的布置方案且得到事先预演。运用 BIM 技术进行三维场布，为后续施工奠定基础，提高施工效率及质量，从而做到绿色施工、节能减排。

采用 BIM 技术进行施工总平面辅助管理，对施工现场进行虚拟模拟，通过基于施工现场 BIM 模型的建立，达到施工现场总平面的合理布置，并通过 BIM 技术高效安排各有效平面的功能作用和使用时间。

通过基于 BIM 信息技术搭建的信息管理平台，综合考虑和安排施工各阶段各专业分包对总平面的需求，对施工总平面内各关键位置进行全方位的掌控，通过布设在各场地的信息窗口发布该场地的实时安排，以视频监控系统采集场地实时图像数据，并由现场管理人员通过信息反馈系统反馈任务处理和完成情况，将第一手数据及时返回到管理平台。通过对现场的直接管理控制，合理高效地安排任务，能够避免材料和加工构件的二次运输和重复垂直运输，缩短物料运输时间。

场地分析应用点主要内容包括：收集准确的测量勘察数据；建立场地模型，模拟分析场地数据，如坡度、方向、高程、纵横断面、填挖方、等高线等；根据分析结果，评估办公场地、构件加工场地选址的可行性（图 4.7-2）。

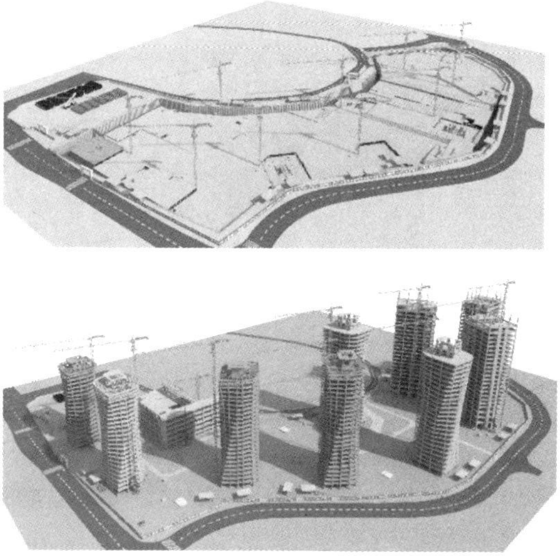

图 4.7-2 某项目场地布置方案

4.7.3 施工进度 BIM 应用对成本管控的影响

基于 BIM 技术的进度计划管理，将原本虚拟的二维进度计划，直观地反应在人的视线中，让项目管理人员可以直观清晰地确定整个工程的难点、重点及节点部位，使得更容易作出合理可行的进度计划，并保证了整个项目过程中人力、材料、机械等方面的可行性与合理性，对于节约成本、节约工期以及绿色建筑都有着较大帮助。

无论是项目的施工总进度计划还是具体到每一天的施工进度计划，都可以通过 BIM 软件编制或者直接在管理系统中直接编制进度计划，将进度计划附加给模型中的各个构件进行 4D 施工模拟，清晰直观地了解各个时间节点完成的工程量和达到的效果，方便项目的各个参与方随时了解项目的施工进展情况（图 4.7-3）。

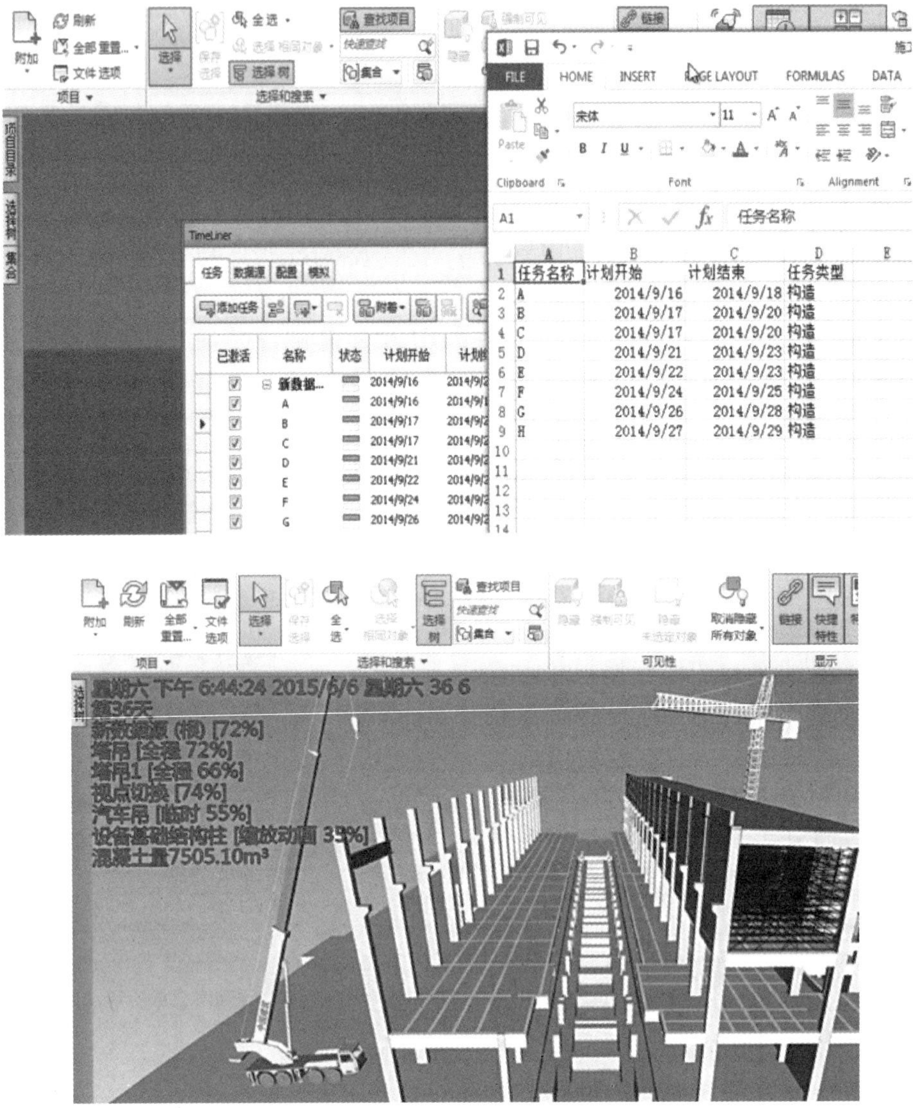

图 4.7-3　基于 BIM 技术的进度计划管理

1. 进度管理系统的整体框架与流程

（1）基于 BIM 的进度管理系统的整体框架

信息采集系统、信息组织系统、信息处理系统三者之间是一种层层递进、前者是后者的基础的关系。

信息采集系统负责自动采集业主、设计、施工、供应等各参与方的有关项目的类型、人工、材料、机械、功能构件、工程量、建造过程、运行维护等项目全生命周期内的信息。

信息组织系统在信息采集基础上按照特定规则、行业标准和实际应用需要对其信息进行编码、分类、存储、建模。

信息处理系统则是利用信息组织系统内标准化、结构化的信息在项目全生命周期内为项目各参与方提供施工过程模拟、成本管理、场地管理、运营管理、资源管理等各方面支持。

(2) 基于 BIM 的进度管理系统的流程

进度计划的核心是现场施工作业计划，与其相关的劳动力计划、材料供应计划、机具设备计划等都是对现场施工作业计划的准备和支持。多种计划组成了以现场施工作业计划为核心的全面施工作业计划，是对各计划的分类管理，进度管理的侧重点就是对现场施工作业进度计划的管理。可划分为：总进度计划、二级进度计划、周进度计划、日常工作计划。

1) 总进度计划

总进度计划的建立是整个流程的开始，编制小组利用从 BIM 数据库中获取的相关资料从实质上把握各单位的实施情况，编制一系列高层级的活动和工作项，确定开始和完成时间。完成对主要设备和空间等资源的高层次分配。

2) 二级进度计划

在总进度计划的基础上进行二级进度计划的制订。其编制过程可以按照以下顺序：①将高层次的活动分解为较小的、更容易控制的工作包。②以活动间联系的形式定义逻辑和工序，计算工程量，计算劳动量和机械台班数，确定持续时间。③利用编制项目进度计划的相关软件产生施工进度计划，分配设备和物料。

3) 周进度计划

周进度计划是以末位计划员系统概念为指导，在二级进度计划的基础上编制。它可以分为两步：首先，每个施工队伍需要根据计划开始时间和优先级从二级进度计划中选择他们在下一周里可以执行的工作包，做成一个候选工作包集，为周进度计划制订会议做准备；其次，项目经理和施工班组长可以根据“建筑组件”这一属性将工作包分解为候选任务，并将它们按照工作类型的不同进行分组。项目经理可以通过将符号拖动到特定一天的特定施工队伍的方式来分配任务。除了施工班组长创建和分配的任务之外，还有两种特别的任务：由该施工班组长安排给另一施工队的工作和其他施工班组长分配给该施工队的工作。这些工作将通过一个协商过程分配给施工人员并安排进他们的周进度计划中。

4) 日常工作计划

日常工作的制定是在周进度计划的基础上完成的，与每周内工作的执行同时发生。施工班组长可以通过它获知工作计划，并且在需要的时候有权与其他工人们一起协调工作计划。这里需要一个专业的模型界面来显示每一位施工班组长的任务，可以通过大型的触摸屏来传递信息。这个界面不仅可以根据需要传递过程和产品信息，还可以实时收集过程信息。施工班组长利用它来报告任务的开工、暂停及过程、完成和更新状态。一些对任务的执行产生不利影响的问题，比如设计错误等就可以通过它进行上报。系统服务器根据预先设定的工作流自动提醒相关负责人来解决问题。如果某一施工班组长需要改变一项任务的执行顺序，他就可以通过触摸屏发起对话，与项目计划者和其他相关施工班组长进行协商，以此来维持整个工作计划的稳定性。

2. 基于 BIM 技术的项目进度计划分析

(1) 基于 BIM 进度管理工作分解及计划编制

通过总进度计划、二级进度计划、周进度计划、日常工作编制流程后，项目进度计划还需结合作业工期、各工序间逻辑关系、资源配置、成本估算及预算设定等条件制定，利用 Project、P6 等进度计划工具完成总进度计划的编制，再结合模型数据、工程量等逐一估计作业时间及各工序间逻辑关系。

将 BIM 模型构建与作业工期估算值相关联、分配各工序间逻辑关系，同时赋予模型构件详细信息，如计划起止时间、资源分配（人工资源、材料资源等）、作业成本等。在项目模拟及实施过程中便可比较实际费用与预算费用，随时调整项目计划，监控支出。

（2）计划分析与目标建立

进度计划初步完成后，需对计划从最小工作分解级别划分、资源分配、作业工期、施工工序、施工工序限制条件等内容进行分析，以确定计划合理性。

在 BIM 进度管理系统中可在进度视图中直接对工作进行模拟仿真，能够更形象地展示工作进展，发现工作间逻辑关系的合理性。同时在模型完成各级进度计划的关联后，每一项工作均已分配了相关预算，可直观反映预算费用与实际支出的偏差。当出现较大偏差时，可过滤不相关构件，选择相关工作进行单独分析比较，找出引起较大偏差原因。同理，经多方面分析协调后的各级进度计划，可作为相应目标计划用于进度控制，用来比较实际施工进展情况。

3. BIM 进度控制分析方法

（1）实现方法

1）基于 BIM 技术的进度自动生成系统

通过运用 BIM 中空间、几何、逻辑关系和工程量等数据建立一个自动生成工程项目进度计划的系统。通过系统自动创建任务时长，并利用有效生产率计算活动持续时间，最后结合任务间逻辑关系输出进度计划，可以大大提高进度计划制定的效率和速度。

2）进度施工模拟

基于 BIM 技术的可视化与集成化特点，在已经生成进度计划前提下利用 BIM 5D 等软件可进行精细化施工模拟。从基础到上部结构，对所有的工序都可以提前进行预演，可以提前找出施工方案和组织设计中的问题，进行修改优化，实现高效率、优效益的目的。

3）实现进度计划动态管理和修改纠偏

基于 BIM 技术的进度控制系统，实现进度计划的动态管理与联动修改。进度计划编制中每项任务都有独一无二的项目编码，这样就可以与 3D 实体模型的 ID 以特定规则链接，当出现工程变更时可以将变更信息联动传递到进度管理系统；当需要修改进度信息时，3D 模型信息与资源需求量也会相应改变。

（2）应用步骤

1）构建基于 BIM 的 5D 模型

在 BIM 5D 软件中导入已建立完成的 Revit 模型，并以其作为 5D 信息模型的基础。作为基本信息模型，主要在于建筑物的三维几何信息，如构件实体的几何尺寸、空间位置以及空间关系等，此外还包括工程项目的类型、名称、用途、建设单位等基本工程信息。

5D 虚拟建造技术，其原理是为 3D 建筑信息模型附加上时间维度与费用指标，从而构成 5D 模拟动画，通过在计算机上建立模型并借助于各种可视化设备对项目进行虚拟描述。此模型在施工过程中可以应用到进度管理和施工现场管理的多个方面，在进度管理上主要表现为可视化功能、监控功能、记录功能、进度状态报告功能和计划的调整预测功能。

2）5D 施工管理系统中的进度管理

5D 施工管理系统的应用，为管理者提供了相关管理操作界面与工具层。利用该系统，操作人员可制定相应的施工进度计划、施工现场布置、资源配置等，从而实现施工进展、施工现场布置的可视化模拟，以及对项目进度、综合资源的动态控制和管理。5D 施工进度管理使用以下实现方法：

① 利用进度管理软件管理界面，可以控制并调整进度计划。如果平台中的进度计划被修改，5D 施工模型也会随之自动调整，不仅能够用横道图、网络图等二维平面来表示，还可以运用三维模型方式进行动态呈现。

② 在 BIM 软件操作界面中，可实现 5D 的施工动态管理，对未能按工期完成的工序使用不同的颜色来标注，从而实时监督任意起止时间、时间段或工程段的施工进度，查看任意构件、构件单元或工程段等的施工状态与工程属性，进行适当的修改，系统即会自动调整进度数据库和进度计划，并即时更新呈现 5D 图像，最终实现了基于进度计划的资源动态管理。

4. 引入 BIM 前后管理的差异

基于 BIM 的虚拟施工，其施工本身不消耗施工资源，却可以根据可视化效果看到并了解施工的过程和结果，可以较大程度地降低返工成本和管理成本，降低风险，增强管理者对施工过程的控制能力。引入 BIM 前后管理的差异如下。

（1）流程方面

BIM 建立了一种三维设计理念，它是建立在平面和二维设计的基础上，让设计目标更立体化更形象化。BIM 提供了可视化的思路，让人们将以往的线条式的构件形成一种三维的立体实物图形展示在人们的面前。运用 BIM 技术创建的虚拟建筑模型包含了建筑的所有信息，将这个虚拟建筑模型导入建筑能耗分析软件中，可以自动地识别、转换并分析模型中包含的大量建筑数据信息，从而方便快捷地得到建筑能耗分析结果，以满足日益复杂的建筑功能需求。

（2）协调性方面

在设计时，往往由于各专业设计师之间的沟通不到位，而出现各种专业之间的碰撞问题，例如暖通等专业中的管道在进行布置时，由于施工图纸是各自绘制在各自的施工图纸上的，在真正施工过程中，可能在布置管线时正好有结构设计的梁等构件在此妨碍着管线的布置，这种就是施工中常遇到的碰撞问题，BIM 的协调性服务就可以帮助处理这种问题，也就是说 BIM 建筑信息模型可在建筑物建造前期对各专业的碰撞问题进行协调，生成协调数据提供出来。当然 BIM 的协调作用也并不是只能解决各专业间的碰撞问题，它还可以解决例如：电梯井布置与其他设计布置及净空要求之协调，防火分区与其他设计布置之协调，地下排水布置与其他设计布置之协调等。

（3）可视化效果方面

对于建筑行业来说，可视化的作用是非常大的，对于一般简单的东西来说，可以想象，但是近几年建筑业的建筑形式各异，复杂造型在不断的推出，那么这种光靠人脑去想象的东西就有点不太现实了。所以利用 BIM 技术，让人们将以往的线条式的构件形成一种三维的立体实物图形展示在人们的面前；在 BIM 建筑信息模型中，由于整个过程都是可视化的，所以，可视化的结果不仅可以用做效果图的展示及报表的生成，更重要的是，项目设计、建造、运营过程中的沟通、讨论、决策都在可视化的状态下进行。

（4）模拟性

模拟性并不是只能模拟设计出的建筑物模型，还可以模拟不能够在真实世界中进行操作的事物。施工阶段可以进行4D模拟（三维模型加项目的发展时间），也就是根据施工的组织设计模拟实际施工，从而来确定合理的施工方案来指导施工。同时还可以进行5D模拟（基于3D模型的造价控制），从而来实现成本控制；后期运营阶段可以模拟日常紧急情况的处理方式的模拟，例如地震人员逃生模拟及消防人员疏散模拟等。

（5）优化性

基于BIM的优化可以做下面的工作：

1）项目方案优化：把项目设计和投资回报分析结合起来，设计变化对投资

回报的影响可以实时计算出来；这样业主对设计方案的选择就不会主要停留在对形状的评价上，而更多的可以使得业主知道哪种项目设计方案更有利于自身的需求。

2）特殊项目的设计优化：例如裙楼、幕墙、屋顶、大空间到处可以看到异型设计，这些内容看起来占整个建筑的比例不大，但是占投资和工作量的比例和前者相比却往往要大得多，而且通常也是施工难度比较大和施工问题比较多的地方，对这些内容的设计施工方案进行优化，可以带来显著的工期和造价改进。

5. 在进度管理中引入BIM带来的经济成本效益

进度和成本控制贯穿于工程项目各个阶段，然而工序的复杂性和参与人员的多样性，为建筑项目的有效成本控制带来了许多不确定因素。对于每一个项目而言，其最终所要达到的目的就是通过一系列有效的控制手段和管理方案来取得良好的经济效益。

（1）可以有效减少传统二维图纸的错漏碰缺问题，减少由于后期返工造成的成本增加，节约工期，从而实现更多的经济效益。

（2）可以提高成本控制中工程量计算环节的工作效率和精度。只要设计单位提交合格的BIM设计模型，甲乙方造价工作人员在算量阶段均无需再次建模，工作量可减少50%以上，且精度不受人为因素影响。如果用于招投标、预结算，可大幅提高工作效率；如果用于过程控制，可对单层或者单构件所用工程量进行实时控制和预警，作为材料采购和编制施工计划的依据，有利于材料管理和控制，便于及时发现工程量偏差，从而及时纠偏。

（3）可以用于制作竣工模型，便于后期运维管理。设计单位可以配合施工方汇总施工过程各相关材料设备并制定最终的全专业BIM模型。项目所记录的资料同样会保存在服务器中，便于日后对该项目的查找和追溯，可以快速、准确地对工程各种资料进行定位。大量的数据留存与服务器经过相应处理形成数据库，为后期运维管理提供数据支持，可有效降低后期运维成本。

4.7.4　质量安全BIM应用对成本管控的影响

工程质量问题自古以来就受到人们的关注，影响着项目使用者的人身财产安全。随着科学技术的进步，以及工程工具和建筑材料的不断创新，许多工程中的质量问题正在逐步被解决，但是同时也伴随着新的问题的出现。BIM技术在工程质量管理中的应用可以对

现存的某些问题进行针对性解决，达到提高工程质量管理效率的目的。

1. 工程质量控制系统过程

工程项目质量由于其影响因素多、波动大、变异大、隐蔽性以及终检局限大等特点造成工程项目质量管理中往往会不可避免地出现一些问题，又因为工程质量的重要性，它直接影响着整个项目的最终使用功能是否达标，影响着人民群众的生命财产安全，所以在工程实践中需要投入大量的人力和财力来进行管理。同时，工程项目质量管理不是一个单一的、短期的过程，而应该是一个长期的、系统的过程。施工项目质量控制的系统过程主要分为：事前质量控制、事中质量控制和事后质量控制。

2. 工程项目质量管理中存在的问题

工程质量管理方面存在的问题主要表现在以下几个方面：

(1) 施工人员专业技能不足

工程项目一线操作人员的素质直接影响工程质量，是工程质量高低、优劣的决定性因素。工人们的工作技能、职业操守和责任心都对工程项目的最终质量有重要影响。但是现在的建筑市场上，施工人员的专业技能普遍不高，绝大部分没有参加过技能岗位培训或未取得有关岗位证书和技术等级证书。这就造成很多工程质量不好都是因为施工人员的专业技能不足造成的。

(2) 材料的使用不规范

国家对建筑材料的质量有着严格的规定和划分，个别企业也有自己的材料使用质量标准。但是往往在实际施工过程中对建筑材料质量的管理不够重视，个别施工单位为了追求额外的效益，会有意无意地在工程项目的建设过程中使用一些不规范的工程材料，造成工程项目的最终质量存在问题。

(3) 不按设计或规范进行施工

为了保证工程建设项目的质量，国家制定了一系列有关工程项目各个专业的质量标准和规范。同时每个项目都有自己的设计资料，规定了项目在实施过程中应该遵守的规范。但是在项目实施的过程中，这些规范和标准经常被突破，一来因为人们对设计和规范的理解存在偏差，二来不能准确预知完工后的质量效果。一个项目完工之后，如果感官上不美观，就不能称之为质量很好的项目。但是在施工之前，没有人能准确无误地预知完工之后的实际情况。往往在工程完工之后，多多少少都有不符合设计意图的地方，基本上也都有遗憾。较为严重的还会出现使用中的质量问题，比如设备的安装没有足够的维修空间，管线的布置杂乱无序，因未考虑到局部问题被迫牺牲外观效果等，这些问题都影响着项目完工后的质量效果。

(4) 各个专业工种相互影响

工程项目的建设是一个系统、复杂的过程，需要不同专业、工种之间相互协调、相互配合才能很好地完成。但是在工程实际中往往由于专业的不同，或者所属单位的不同，各个工种之间很难在事前做好协调沟通。这就造成在实际施工中各专业工种配合不好，使得工程项目的进展不连续，或者需要经常返工，以及各个工种之间存在碰撞，甚至相互破坏、相互干扰，严重影响了工程项目的质量。如：水、电等其他专业队伍与主体施工队伍的工作顺序安排不合理，造成水电专业施工时在承重墙、板、柱、梁上随意凿沟开洞，因此破坏了主体结构，影响了结构安全的质量问题。

3. 工程质量产生问题的原因

（1）施工方对效益过分追求

“经济人假设”认为每个人都以追求自身利益最大化而存在，但是作为“社会人”同时要承担起自己的责任。追求效益最大化是一个企业生存的目标这无可厚非，但是考虑到成本与质量的相互关系，施工企业过分地追求额外效益会对工程项目的质量产生影响。偷工减料、更换劣质材料和设备等事件在工程施工行业内时有发生，考验着施工行业的人员素质和社会责任心。

（2）质量管理方法很难充分发挥其作用

建筑业经过长期的发展已经积累了丰富的管理经验，在此过程中，通过大量的理论研究和专业积累，工程项目的质量管理也逐渐形成了一系列的管理方法。但是工程实践表明，大部分管理方法在理论上的作用很难在工程实际中得到发挥。由于受实际条件和操作工具的限制，这些方法的理论作用只能得到部分发挥，甚至得不到发挥，影响了工程项目质量管理的工作效率，造成工程项目的质量目标最终不能完全实现。

（3）对环境因素的估计不足

建筑工程项目一般都是在露天的环境中施工，因此工程项目的质量总是与自然环境、施工条件和各级管理机构状况以及各种社会因素紧密相关。但是，有些项目管理者只将注意力集中在工程项目的实体本身上，往往忽视环境因素对工程项目质量的影响。同时由于环境因素的复杂多变，管理者很难进行准确的估计和把握，往往造成环境因素对项目质量管理造成影响。

4. 传统施工项目质量控制

建造业中项目的质量控制是施工方与建设方十分关注的问题，传统工程项目通常由建设方、施工方和监理方对项目质量进行管理控制。

（1）传统质量控制方法与过程

项目初期，建设单位需要根据相应的质量标准和政策法规，制定项目的质量目标和质量管理方案。设计和施工阶段是质量控制的重点时期，设计的质量控制对于整个项目的后期发展具有决定性作用，主要包括对设计本身质量的控制和对项目质量标准的控制。施工阶段，建设单位按照一系列施工标准和质量管理方案进一步编制工程质量控制计划，对现场施工进行自我检查评定。同时，由建设单位委托的监理单位或者建设项目负责人在现场对项目情况进行监管，从事前、事中和事后三个节点对建造质量进行全面监控。观察各种工艺流程和施工方法，对施工中的突发状况和各种问题提出解决方案，及时处理和反馈施工方的要求或索赔等情况，并代表建设单位对施工进行阶段性的竣工验收。监理单位在验收时对质量与设计方案符合程度的检查，是施工阶段质量控制的关键。阶段验收不合格的部分，需要施工人员进行返工，进行不同程度的重新施工或者修补，直到验收合格为止。整个项目的质量控制就是建立在建设单位、施工单位和监理单位三方的管理之中，但是施工单位基本不参与项目的初期设计，只是从项目设计基本完成时才进入项目。建设单位肩负统领项目质量控制的职责，通过监理单位的反馈，对施工进行间接质量控制，并提供对处理方案的意见。

（2）传统质量控制的缺陷

虽然有严格的施工规范和工程验收质量标准体系，传统质量控制模式下的工程建造事故频发，质量问题令人担忧。甚至出现通过验收，建造完成后仍然出现质量缺陷或未达到预期标准的情况，导致各种施工成本的浪费，甚至无法达到项目的基本质量要求。综合传统工程项目质量控制的过程和实施现状来看，主要缺陷有：

1）施工单位基本未参与到项目的设计

施工单位与设计单位工作的脱离，是导致质量差异的重要原因之一。项目设计方的设计方案很少或者没有考虑到施工过程中可能遇到的难题，设计细度和深度达不到施工要求，导致实际施工中障碍的产生。施工单位对于设计方案的理解与设计方的最初想法产生出入时，使得建造中出现质量问题。双方专业知识不同，对于项目不同阶段的重点并没有深入了解，如果在项目初期没有充分的交流沟通，即使有强大的质量控制体系，工程质量的提高仍然存在很多困难。因此，施工方的意见对于设计方案是否能最终实施有重要参考作用。目前的施工质量管理中，施工方与设计尽管是为同一个项目的建设工作，信息交流并不充分，很少有团队合作的意识。导致返工现象频繁，资源浪费严重，建造成本难以降低。

2）标准不统一

施工人员在施工中需要遵守工艺流程和施工规范来保证工程质量，但是目前施工管理中对于工程各个部分有国家标准、地方标准以及工业标准等，并且不同层面的标准相互关联，部分关系复杂。例如在高压喷射灌浆工程中，对于尺寸、形状和机械属性的要求存在三种以上的规范标准。对于不同施工者没有按照统一的标准进行施工或者验收人员和施工人员衡量标准不同，都会导致工程质量问题的产生。

3）质量责任难以明确和追踪

传统施工过程中，施工人员以施工班组为单位，施工单位几乎没有对每个施工个体进行详细的任务分配和信息的统计。施工人员自身技术的不成熟、施工规范模糊或冲突或者对设计方案误解等情况，都会导致工程质量的缺陷或潜在危险，但施工单位难以确定导致工程验收不合格部分的个人，质量责任无法深入追究。即使返工验收合格，导致质量问题的潜在个人或因素仍然没有消除，使得工程质量只能依靠反复检查和验收来提高，效率低下，无法实现可持续提升。

4）注重质量结果，忽视质量控制过程

目前的质量管理过程中，施工单位的目标是通过监理单位和建设单位的验收，证明工程质量过关。为此，施工方十分看重工程最终的质量结果，而忽视了施工中的控制手段。在工期紧急和成本压低的情况下，施工方看重短期利益，短期内通过正式验收，但交付工程的实际使用质量却不堪一击。此外，在很多质量要求高的重要工程中，由于缺乏完善的质量控制体系，导致高质量结果下的高能耗、高成本和严重浪费，与精益建造的可持续理念完全相悖。结果质量管理和过程质量管理的目标都是提高项目质量水平，前者无法体现精益原则，以资源的浪费为代价达到质量要求；后者是工程质量可持续提升的重要途径，利用精益化的质量控制体系，才能实现整个建造业中产品质量提升的长远目标。

5. BIM 技术在工程项目质量安全管理中的应用

项目施工的主要依据是施工设计图纸，施工图会审则是解决施工图纸设计本身所存在问题的有效方法，在传统的施工图会审的基础上，结合 BIM 总包所建立的本工程模型，对照施工设计图，相互排查。若发现施工图纸所表述的设计意图与 BIM 模型不相符合，则重点检查模型的搭建是否正确。在确保模型是完全按照施工设计图纸搭建的基础上，运用专业的 BIM 软件运行碰撞检查，找出各个专业之间以及专业内部之间设计上发生冲突的构件，同样采用 3D 模型配以文字说明的方式提出设计修改意见和建议。

在图纸会审阶段发现的设计图纸上的问题，运用 BIM 工作协作平台，能很好地与参与项目的各个单位进行快速交流沟通，减轻传统项目管理中的诸多繁杂工作，提高工程设计与深化质量（图 4.7-4）。

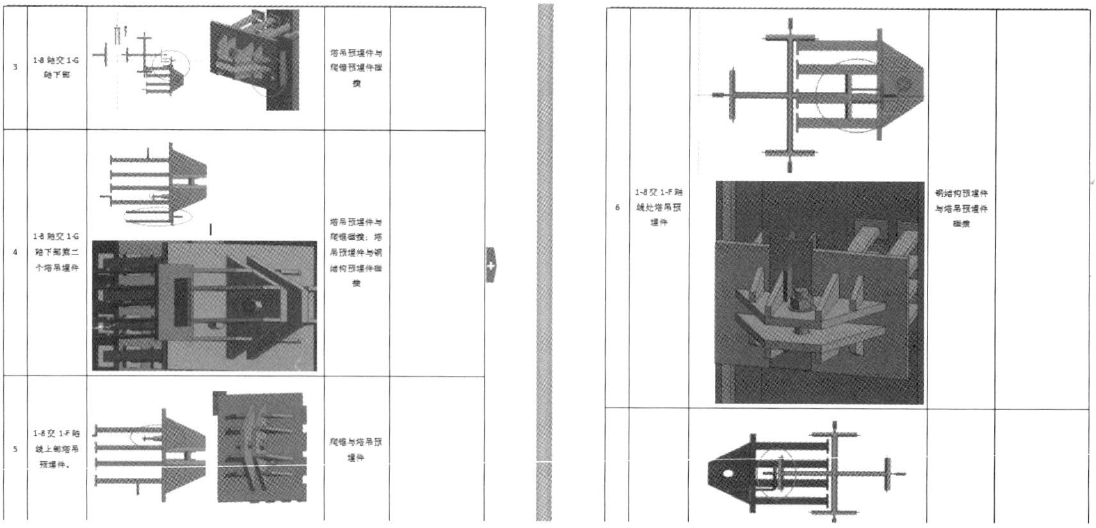

图 4.7-4　基于 BIM 技术的图纸审核

通过登陆 BIM 系统，通过手机与电脑应用客户端，项目管理人员随时随地了解项目现场情况，管理人员能通过客户端上传现场质量问题照片、推送协同管理信息、下发整改通知单等，提升了项目信息协同共享能力，以及各岗位之间的沟通效率（图 4.7-5）。

图 4.7-5　基于 BIM 技术的质量问题管理

模型中集成了所有建筑构件及施工方案的信息，建筑本身的相关信息作为一个相对静态的基础数据库，为施工过程中危害因素和危险源识别提供了全面而详尽的信息平台。而施工方案配合进度计划则形成了一个相对动态的基础信息库，通过对施工过程的模拟，找出施工过程中的危险区域、施工空间冲突等安全隐患，提前制定相应安全措施，从最大程度上排除安全隐患，保障施工人员的人身财产安全，减小损失产生的概率。

建立以模型为基础的危险源识别体系，按照《危险化学品重大危险源辨识》的相关规定，找出施工过程中的所有危险源并进行标识（图 4.7-6）。

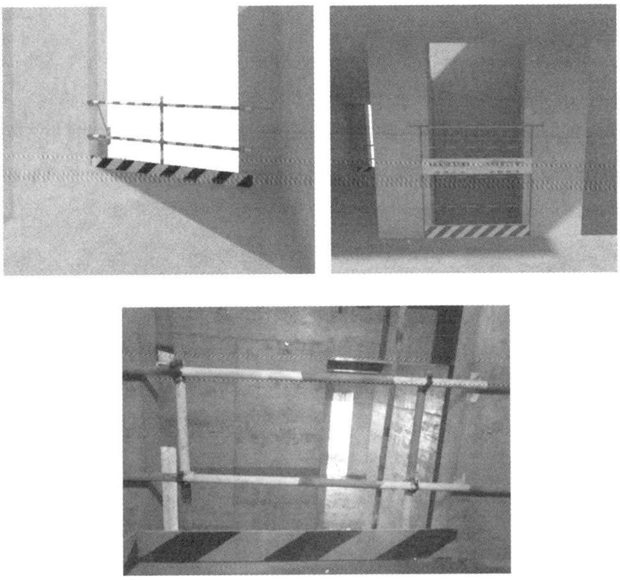

图 4.7-6 基于 BIM 技术的安全隐患辨识

安全文明施工标准化图集建立模型库，库内所有模型形成详细做法，统一标准，可以充分提高项目标准化工地建设水平，也可以在前期临建施工时指导现场施工（图 4.7-7）。

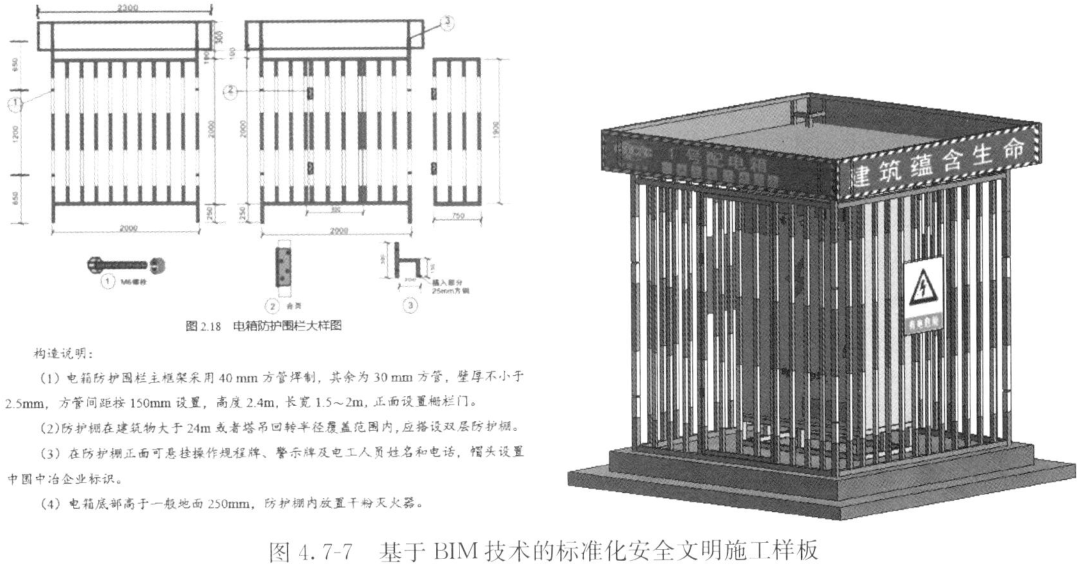

图 4.7-7 基于 BIM 技术的标准化安全文明施工样板

施工作业前，不仅要对施工管理人员和施工作业人员进行技术交底，还要对参与施工的所有人员进行安全交底，同样利用模型，分析施工过程中的各个危险因素，采用多媒体进行详细的讲解，让施工人员，尤其是施工作业人员了解危险因素的存在部位，掌握防范措施，从而保证每一个施工人员的人身财产安全。

BIM技术可以通过施工流程模拟、信息量统计给项目管理提供重要的技术支持，使每个阶段要做什么，工程量是多少，下一步做什么，每一阶段的工作顺序是什么，都变得显而易见，使管理内容变的“可视化”，增强管理者对工程内容和质量掌控的能力。基于BIM技术的质量管理既体现在对建筑产品本身的物料质量管理，又包括了对工作流程中技术质量的管理。

就建筑产品物料质量而言，BIM模型储存了大量的建筑构件、设备信息。通过软件平台，从物料采购部、管理层到施工人员个体可快速查找所需的材料及构配件信息，规格、材质、尺寸要求等一目了然，并可根据BIM设计模型，跟踪现场使用产品是否符合设计要求，通过先进测量技术及工具的帮助，可对现场施工作业产品进行追踪、记录、分析，掌握现场施工的不确定因素，避免不良后果的出现，监控施工质量。

施工技术的质量是保证整个建筑产品合格的基础，工艺流程的标准化是企业施工能力的表现，尤其当面对新工艺、新材料、新技术时，正确的施工顺序和工法、合理的施工用料将对施工质量起决定性的影响。BIM的标准化模型为技术标准的建立提供了平台。通过BIM的软件平台动态模拟施工技术流程，由各方专业工程师合作建立标准化工艺流程，通过讨论及精确计算确立，保证专项施工技术在实施过程中细节上的可靠性。再由施工人员按照仿真施工流程施工，确保施工技术信息的传递不会出现偏差，避免实际做法和计划做法不一样的情况出现，减少不可预见情况的发生。

同时，可以通过BIM模型与其他先进技术和工具相结合的方式，如：激光测绘技术、RFID射频识别技术、智能手机传输、数码摄像探头、增强现实等，对现场施工作业进行追踪、记录、分析，能够第一时间掌握现场的施工动作，及时发现潜在的不确定性因素，避免不良后果的出现，监控施工质量。

（1）基于BIM的质量控制应用亮点

BIM在施工质量控制的应用常表现在技术交底、质量检查对比、碰撞检查及预留洞口、施工质量控制高效的沟通机制、收集整理现场质量数据和实时动态跟踪等几个方面。

1）技术交底

根据质量通病及控制点，重视对关键、复杂节点，防水工程，预留、预埋，隐蔽工程及其他重、难点项目的技术交底。传统的施工交底是通过二维CAD图纸，然后空间想象。但人的空间想象能力有限，不同的人想法也不一样。BIM技术针对技术交底的处理办法是：利用BIM模型可视化、虚拟施工过程及动画漫游进行技术交底，使一线工人更直观地了解复杂节点，有效提升质量相关人员的协调沟通效率，将隐患扼杀在摇篮里。

2）质量检查对比

质量检查对比首先要现场拍摄图片，通过目测或实量获得质量信息，将质量信息关联到BIM模型，把握现场实际工程质量；根据是否有质量偏差，落实责任人进行整改，再根据整改结果核对质量目标，并存档管理。

3）碰撞检测及预留洞口

土建 BIM 模型与机电 BIM 模型，在相关软件中进行整合，即可进行碰撞检查。在集成模型中可以快速有效地查找碰撞点，详细地审查碰撞检查报告和预留洞口报告。如在某项目中，共发现了 952 个碰撞点，其中严重碰撞 13 个，需要建筑、结构、机电三个专业调整设计。某项目的大型商业综合体，BIM 小组将标准尺寸的施工电梯和塔吊的族，放入整体结构模型中，导入塔吊和施工电梯二维布置定位图，完成结构绘制；然后导入 BIM 模型软件，相关责任人根据 BIM 模型直观地审视方案布置的可行性、合理性，规避时间、空间不足，实现方案优化。利用 BIM 技术可以在施工前尽可能多地发现问题，如净高、构件尺寸标注漏标或不合理、构件配筋缺失、预留洞口漏标等图纸问题。而在施工之前，提前发现碰撞问题，有效地减少返工，避免质量风险。

4）施工质量控制高效的沟通机制

BIM 在施工过程的质量控制的最大优点就是提高了施工单位项目部内部员工间对实时质量信息的沟通效率，而且大大改善了施工单位与其他项目参与方的沟通机制。比如施工单位项目部的质量员发现问题形成文档找班组长，班组长找操作人员进行整改。传统沟通需要的时间较长而且比较繁琐；基于 BIM 的沟通，不管你在哪里都能随时随地地查看质量信息，移动端就能要求整改并上传质量信息。坐在办公室的项目领导只需打开相关的系统及软件就能实时查阅质量信息及发送指令，便于远程控制。

5）收集整理现场质量数据

建筑信息模型承载了项目的各种相关信息，一切用数据说话，数据是质量管理活动的基础。在施工质量控制的过程中，及时收集质量数据，并对其进行归类、整理、加工，获得建设质量信息，发现质量问题及原因，及时对施工工序改进。数据收集完成之后，要及时地统计、使用，以免数据丢失。BIM 实现了质量信息的载体，我们不仅仅是建立 BIM 模型，构建施工质量信息化系统框架，最重要的也是比较困难的就是将 BIM 模型与施工现场的质量数据和整改状况进行实时对接，做到项目完工时的质量信息与模型一致。BIM 技术的应用为质量信息的收集、整理和存储提供了技术保障。

6）实时动态跟踪

实时跟踪、及时准确地将质量信息录入 BIM 模型是 BIM 质量管理应用的亮点。这方面的主要应用有质量信息核对和质量偏差整改。使用比较前列的有 iBan 浏览器，它使用方便简易。

质量信息核对：手机、iPad 可下载 iBan 客户端，查看设计图纸施工部位的质量信息，方便施工员、监理员、班组长及施工人员核对信息，省去传统地查看多张图纸并且有时还要具有二维转化成三维的空间想象能力。传统方法麻烦而且较易出错，应用 BIM 省时省力而且增加准确性。施工员要及时将质量核对的时间、天气、工程部位等文字信息和反映质量状况的图片信息录入 BIM 模型。

质量偏差整改：发现质量误差时要及时整改，并把质量整改时间、整改结果等以图片和文档的形式录入 BIM 模型。

在项目质量管理中，BIM 技术通过数字建模可以模拟实际的施工过程和存储庞大的信息。对于那些对施工工艺有严格要求的施工流程，应用 BIM 技术除了可以使标准操作流程“可视化”外，也能够做到对用到的物料，以及构建需求的产品质量等信息随时查询，以此作为对项目质量问题进行校核的依据。对于不符合规范要求的，则可依据 BIM

模型中的信息提出整改意见。同时我们要看到，传统的工程项目质量管理方法经历了多年的积累和沉淀有其实际的合理性和可操作性。但是，由于信息技术应用的落后，这些管理方法的实际作用得不到充分发挥。往往只是理论上的可能，实际应用时会困难重重。BIM 技术的引入可以充分发挥这些技术的潜在能量，使其更充分、更有效地为工程项目质量管理工作服务。

（2）安全 BIM 应用对成本的影响

1）安全交底，危险提前预防

以往的安全交底，往往只是安全负责人对现场工作人员耳提面命，工人的接受程度并不是很高。一些危险地段施工应该注意的地方往往只是简单的口头描述，不能在现场工作人员的脑海中形成较深的印象，效果很差。结合 BIM 技术，可以将施工现场中容易发生危险的地方进行标识，告知现场人员在此处施工的过程中应该注意的问题，将安全施工方式方法进行展示。通过现场的 BIM 工作室将危险源在模型上进行标记，安全员在现场指导施工时，可以查看模型上对应现场的位置，查看现场施工时应注意的问题，对现场的施工人员操作不合理的地方进行调整，避免安全事故的发生。并且把现场图片实时上传到平台服务器中，挂接在模型上和现场对应的位置，让项目管理人员能够不亲临现场就能实时把握施工进度，查看现场的安全措施是否到位。

2）完善安全流程，危险实时把控

安全检查要改变以往的沟通不顺畅、落实不到位的情况。从安全员在现场进行例行检查开始就应该建立一个完整的安全体系，发现问题及时上报，安全组长或者安全总监发现后立即作出批示，安全员指导现场进行整改。在引入 BIM 技术后在施工现场建立一个平台，安全员、安全总监以及项目经理都可以依托这个平台对现场进行管控，并且能将流程中产生的表格数据等以文档的形式输出，形成工作记录。基于 BIM 平台的现场安全管理实现了操作流程的规范，每个人各司其职，没有疏漏。既可以依托检查情况对工作人员进行工作考核，亦能实现现场的精细化管理，确保工程施工的顺利进行，能够摆脱以往沟通不顺畅、信息闭塞的情况，发现情况后能够及时有效地进行处理，从管理层到施工现场实现有效地衔接，杜绝以往检查时突击整改，不检查时放松警惕的现象。

3）合理场地布置，营造安全施工环境

现在的施工现场的场地布置往往是在编制投标文件的施工组织设计的时候，依据项目人员在工地多年的经验积累编制。在施工正式开始时是项目执行人员根据施工现场的情况进行物料的摆放，随着项目的进行，现在的施工布置很有可能不能适应施工的需要而必须进行二次搬运，造成人力物力的资源浪费，增加了施工成本。在使用 BIM 技术之后，可以在三维模式下依据施工组织设计和施工工序的要求，对施工现场的物料进行三维布置，从而减少二次搬运。

通过三维模拟出施工现场的场地布置，需要进行安全防护和安全警示的地方在模型中做好标记，提醒现场施工人员。在模型中标记出安全检查需要重点查看的地方，切实保证施工现场的人员安全。像一些安全围栏、标识牌、遮拦网等保证安全文明施工的设施在模型中进行相应的建立，既能提醒工作人员安全施工，又能提高工作效率，起到事半功倍的效果。

4.7.5 施工方案 BIM 应用对成本管控的影响

与传统的施工方案编制及技术措施选取相比较，基于 BIM 的施工方案编制与技术措施选取的优点主要体现在它的可视性和可模拟性两个方面。

传统的施工方案通常采用文字叙述与结合施工设计图纸的方式，将施工的工艺流程和技术措施予以阐述，这样往往会造成因对文字的理解不充分而影响施工质量和施工进度，造成不必要的浪费。

采用 BIM 技术，通过模型，不仅可以对建筑的结构构件及组成进行 360°的全方位观察和对构件的具体属性进行快速提取，还可以将施工方案与进度计划结合，在软件中进行施工过程模拟，直接将具体的施工方案以动画的形式予以展示，方便施工技术人员直接看出方案可行还是不可行，实施过程中会出现哪些情况，实施的具体工艺流程、方案是否可优化，从而保证在方案实施前排除障碍，做到防患于未然，避免盲目施工、惯性施工等可能遇到的突发事件，从技术方案上保证一次成活，减少返工造成的材料浪费。

例如，在某工程中，每一个单体建筑的高度不高，单体建筑之间相对位置较分散，针对材料的垂直运输这一具体问题，有两种方案：

方案 1：采用塔吊负责材料的垂直运输。

方案 2：采用一台塔吊负责 1 号综合厂房 B 区的材料垂直运输，其余采用汽车吊负责材料的垂直运输。

两种方案的具体布设如图 4.7-8 所示。

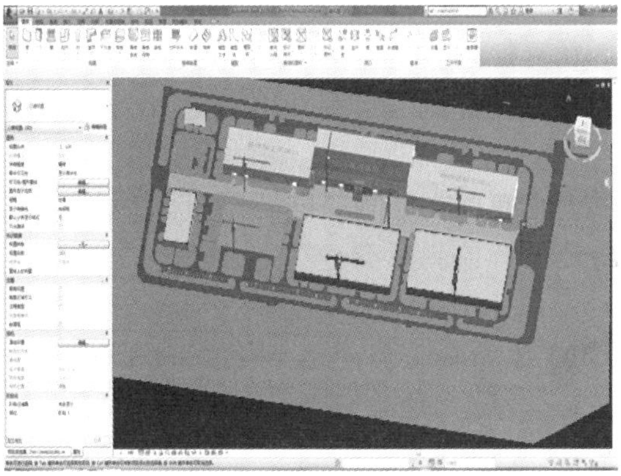

方案1

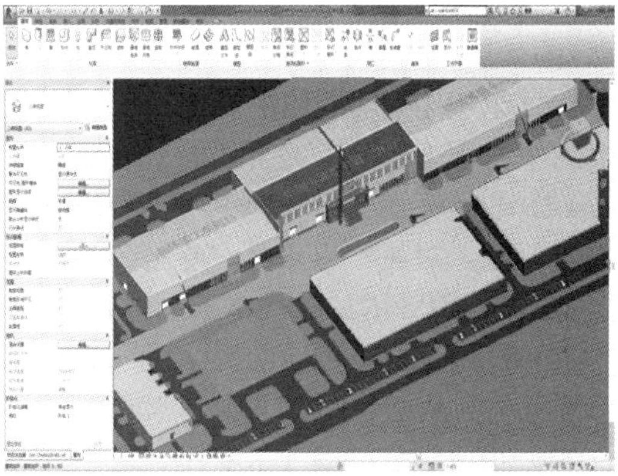

方案2

图 4.7-8 两种塔吊方案

将上述两个方案导入专业 BIM 软件中进行施工过程模拟，并结合进度计划以及机械设备的租赁费用等信息进行比选，结果显示：

方案 1：采用塔吊负责材料的垂直运输，由于单榀钢屋架的最大重量约为 21t，超过了塔吊对重量的最大限制，屋架的整体吊装无法进行，所以方案 1 为不可行方案，应予以否决。

方案 2：采用一台塔吊负责 1 号综合厂房 B 区的一般材料垂直运输，其余大、重构件的垂直运输采用汽车吊负责，选用合适吨位的汽车吊就可以很好地解决超重构件的垂直运输问题，并采用场内调配使用的方式使设备得以充分利用，有效地降低了机械设备的使用费。

4.7.6　施工成本分析 BIM 应用

1. 施工成本控制现状分析

成本控制要以降低成本计划、费用开支标准及范围和财经纪律、法规、制度为准绳，对施工生产全过程进行控制。特别是严格“定额管理”是保证降低成本最有效的控制手段。工程项目部全过程的控制，包括材料成本、人工成本、机械使用成本、其他直接费成本及现场管理费成本。

但是我国目前施工企业成本管理往往伴有各种问题，使得施工企业得不到有效的成本控制：

（1）施工企业成本管理人员的观念淡薄，落实情况较差。很多施工企业还停留在按部就班地完成称职的观念中，并没有把全过程、全方位、全要素、全员参与控制成本支出提到日程上来，忽视了产值增大、利润减少的情况；有些施工企业已针对成本管理制定了相关的方法和措施，但在具体实施过程中却因为机制、分工等种种问题得不到真正落实。这种只安排工作而不考核其工作效果，或者只奖不罚、奖罚不到位的做法，不仅会严重挫伤有关人员的积极性，而且会给今后的成本管理工作带来不可估量的损失。

（2）成本管理水平较低，对生产成本控制不严，浪费现象严重。有些项目施工队伍选择不当、工作效率低等造成人工费的浪费严重；有些项目不严格执行领料用料制度，有的材料失窃时有发生，造成材料费浪费严重；有些项目机械设备闲置等造成的机械使用费浪费严重；监督机制也不健全，出了问题往往找不到责任人。

（3）忽视工期对成本的影响。比如工期延长造成设备租赁费等费用的增加，为了抢工期额外发生很多质量上的事故而造成成本增加。

（4）非生产性支出管理不严，铺张浪费严重。企业存在超规格购置小车，对小车管理不严的现象，对业务招待费、差旅费等重要费用也没有控制标准。

2. 基于 BIM 的施工成本控制体系

在传统施工成本控制的弊端频现的今天，BIM 作为新技术进入到大家的视野里，相对于前者，其优势可以归并为 5 大点：

（1）快速算量，提升精度；

（2）合理计划，减少浪费；

（3）优化方案，提高质量；

（4）虚拟施工，有效协同；

（5）加快结算，减少成本。

BIM 技术在项目施工过程中进行成本控制覆盖了两个阶段：施工准备阶段和施工实施阶段。

（1）施工准备阶段

1）优化施工组织设计

施工组织设计是指导工程施工的纲领性文件，一般包括工程概况、施工部署及施工方案、施工进度计划、施工平面图、主要技术经济指标等五项基本内容。将施工方案和

BIM 模型进行集成，应用 BIM 技术对项目的重要环节、关键部位进行模拟、分析、优化施工方案；将施工进度计划和 BIM 模型集成后，通过进度模拟可提高其可行性；应用 BIM 模型建立反映临建、设备间立体关系的三维场地平面布置，参照施工进度计划，形象模拟各阶段现场情况，检查、修改临建布置，使现场平面布置满足动态变化需求，资源配置更合理，从而避免浪费，节约成本。

2）辅助图纸会审

通过 BIM 模型及其碰撞检查、净高分析等，辅助进行图纸会审，对净空、管线布置等细节问题进行优化，减少返工，缩短工期，控制成本。

3）指导施工成本计划的编制

将 BIM 三维模型与进度信息、成本信息通过关联整合形成 5D 模型，从而对施工过程中各个阶段的相关需求量进行计算、模拟、优化、指导劳动力、材料和机械计划的建立，提高成本计划的精确性，从而降低成本。

（2）施工实施阶段

1）多维多算对比

多算对比是及时发现项目问题、降低项目费用、控制项目成本的有效手段。目前，多算对比是从三个维度——时间、工序、空间位置，对项目计划成本与实际成本进行对比分析。只分析其中一个维度是不够的，比如项目一个时间段的总体状况良好，实际成本低于计划成本，但可能存在实际成本高于计划成本的子项工序，因此需要将项目实际成本按工序进行拆分。而且，项目施工通常是不同施工段同时进行，所以还要按照空间区域进行成本对比和分析。利用 BIM 模型可快速、精确地进行不同维度的多算对比。基于 BIM 模型引入时间因素，可以对任意时间段的实际成本和预算成本进行对比，直观判断该阶段盈亏情况，从而及时采取纠偏措施；将 BIM 模型和施工工序进行结合，按照具体工序对成本进行对比，有利于及时发现、处理问题，实现成本精细化管理。

利用模型，能够快速、准确、精细地计算并提取所选定施工任务的各项工程量信息，并以表格的形式输出，大大减轻了工程量计算的负担，方便工程量按照不同要求进行统计汇总与整理。

在施工过程中，将实际施工过程中的消耗量录入到模型中，并以日、周、旬、月、季度、半年、年等不同单位时间生成相应报表，方便各个管理部门进行统计和对比，掌握项目的实际进度等情况（图 4.7-9）。

2）动态成本管理

在 BIM 模型基础上增加时间维度和造价维度建成 BIM—5D 模型，使用该模型在施工过程中实时跟踪项目进展。动态展示资金使用情况，及时统计、汇总规定时间段的实际成本，与预算成本、计划成本进行三算对比，若发现成本超支情况，及时采取有效纠偏措施，避免项目投资失控，实现成本的有效动态管理。

3）改善变更管理

在施工过程中，工程变更的发生是在所难免的。工程变更经常会引起项目工程量的变动及项目进度的变动等问题，这些问题都可能造成实际施工成本与计划成本发生较大出入，所以，必须高度重视和重点控制变更对项目成本产生的影响。在发生变更时，使用 BIM—5D 技术进行变更管理，因 BIM 模型信息具有关联性，工作人员只需将变更构件在

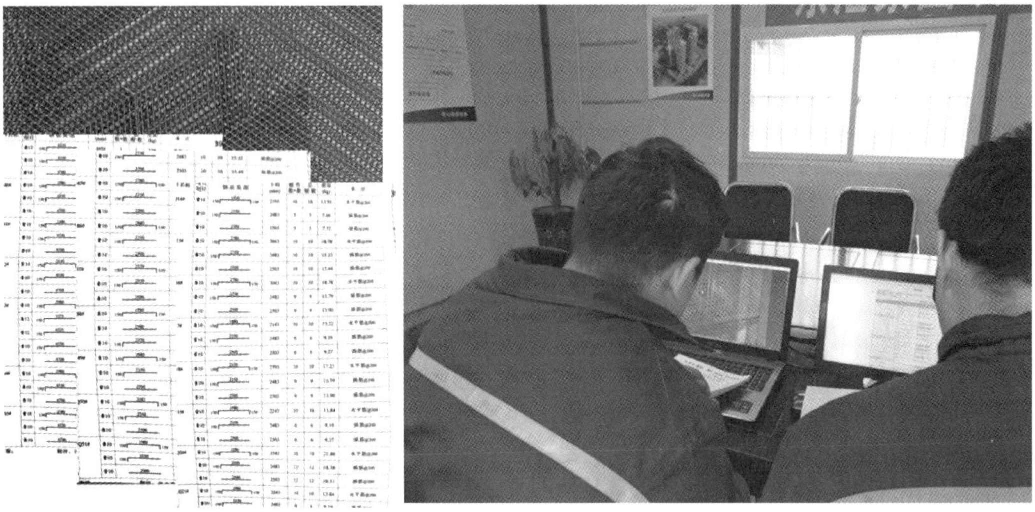

图 4.7-9　基于 BIM 技术的工程量审核

BIM 模型中进行修改调整，整个模型中与之关联的部位都会自动更新，而且由于 BIM 模型的共享协同能力，各参与方之间传输交换信息的时间大为减少，从而可快速计算变更工程量，准确确定变更费用，减少成本浪费，有序管理变更造价。

4）快速结算工程进度款

进度款结算，一般是由施工单位根据已审批下来的工程形象进度，计算出本阶段完成的工程量，套用相应的综合单价，算出工程款，向建设单位提出支付申请。由于 BIM 模型可将工程数据以建筑构件为载体进行存储、分析，所以利用 BIM 模型可快速完成工程量拆分。而且 BIM 模型根据施工现场进度及时更新数据库，因此造价人员利用 BIM 技术可实时、精确地汇总某一阶段的工程量，快速编写该阶段的工程计量申报表。建设单位可以通过 BIM 共享平台迅速审核其数据的准确性，提高工程进度款的结算效率，减少时间成本。

将各种材料的合同单价相应录入到模型中，以分项工程为单位，将分部工程所消耗的人工工日和机械台班数量按照定额消耗量、计划消耗量、实际发生量、同类施工社会平均消耗量等分别录入并进行统计比较，找出其中的差别，对于费用结余的，找到产生结余的原因以作为降低施工成本的有效方法；对于费用超支的，找到产生超支的原因，分析并制定措施以控制施工成本在合理的范围内。在下一期施工任务开始前，可根据上一期或上几期的各项统计，准确地制定资金使用计划，降低资金使用费用。

在每个月的产值报表中，将附有各种材料价格和消耗量的模型作为电子附件一并报于业主，这样不仅方便业主审核实际施工产值，更有利于业主方进行投资控制等相关工作（图 4.7-10）。

5）真正实现限额领料

限额领料是控制现场材料使用量从而降低项目成本的有效方法，定额的确定是其关键工作。利用 BIM 技术，根据数据库中以往同类项目的详细数据可快速、精确地计算施工任务的材料消耗量，相关人员通过共享平台对数据进行审核，下达限额领料单，实现限额

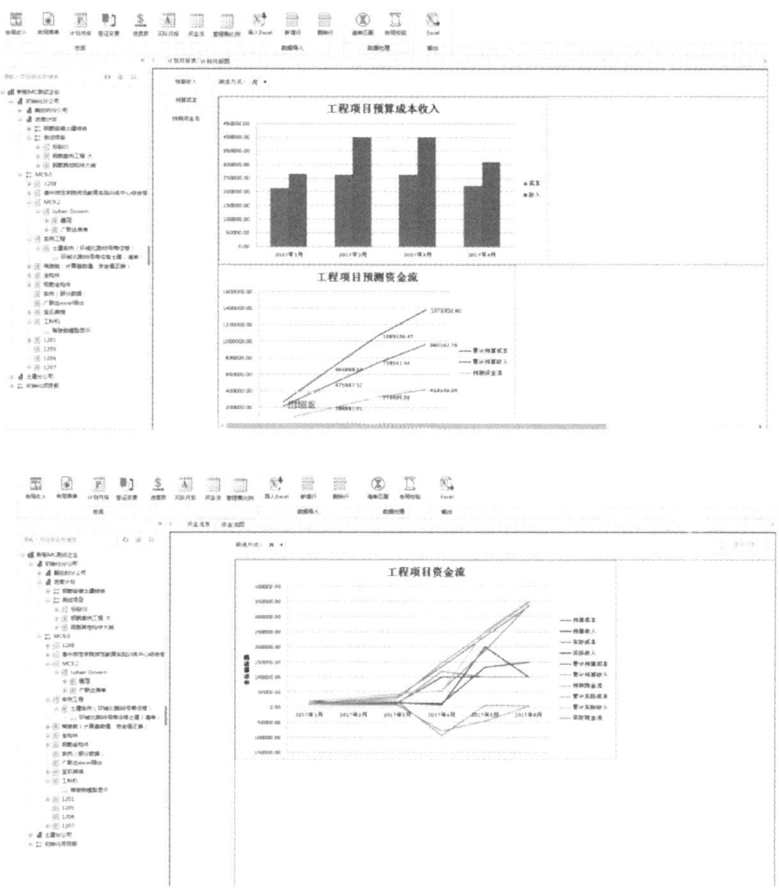

图 4.7-10 基于 BIM 技术的产值分析

领料。

结合项目进度计划与工程量等相关信息，制定人力、材料、机械的需求量计划并组织落实，使施工过程中的劳动力和管理人员在满足需要的同时不出现冗余；使材料的采购数量和供应时间恰到好处，减少库存数量从而减少材料保管费用和资金积压，避免因材料短缺造成误工的现象，执行限额领料，减少材料损耗和不必要的浪费；使施工机具的配置刚好满足施工需要，调配使用有序，避免因闲置而造成浪费（图 4.7-11）。

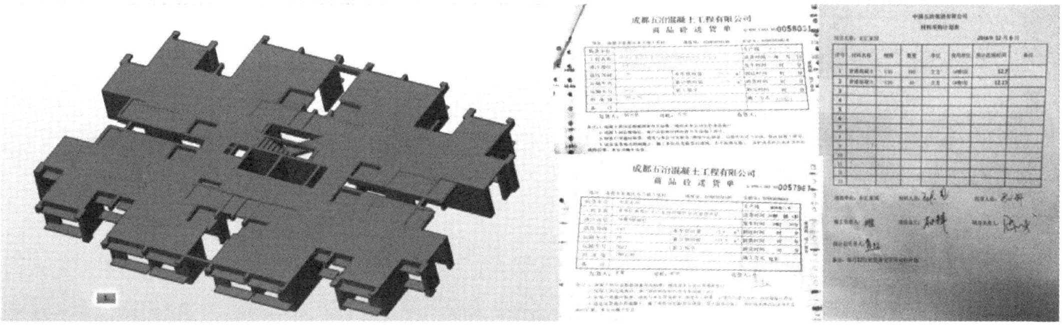

图 4.7-11 基于 BIM 技术的材料计划管理

BIM技术在处理实际工程成本核算中有着巨大的优势。建立BIM的5D施工资源信息模型（3D实体、时间、工序）关系数据库，让实际成本数据及时进入5D关系数据库，成本汇总、统计、拆分对应瞬间可得。建立实际成本BIM模型，周期性（月、季）按时调整维护好该模型，利用软件统计分析能力可满足各种成本分析需求。

4.7.7　物料跟踪BIM应用对成本管控的影响

基于成熟的BIM模型，根据算量规则自动生成清单量，为成本管理提供最全的数据支撑。其中，依据BIM模型中的工程量，可以导出相应的局部建筑所需生产材料清单，再根据进度需要，进行限额领料表记录，实现用多少，出库多少，减少材料的现场堆叠浪费，以及尽可能减少材料堆积造成的不安全情况的发生，从而实现基于BIM的成本控制和管理。

下面介绍基于BIM的二维码物料跟踪应用。

1. 应用说明

以往项目建造过程中，很多现场信息（比如重要设备）的采集无法及时反馈至项目管理者，很容易造成因信息的滞后以及不对称而导致决策错误、资源浪费。BIM＋二维码，是当前解决现场信息采集不及时不准确的不二选择。现场人员操作简单，与BIM同步方便，管理层获取数据无延迟。二维码如果作为连接现场与云平台的核心介质，将具备：

唯一性：二维码作为设备的身份“ID”，具有唯一性，减少设备运输、安装过程中的掉包、遗漏、错装。

便捷性：现场人员通过移动端设备扫码设备二维码，自动将设备信息加载云平台，同时将设备运输、安装、验收信息都同时记录到云平台中，供后续数据分析。

同步性：扫码信息上传至云平台，有权限的管理人员等均能同步看到项目现场信息的动态变动情况。

2. 应用方法

基于BIM的二维码的应用，可以理解为是原有工作方式的升级，通过BIM＋二维码的介入，使得传统的物料、设备管理更清晰、更高效，信息的采集与汇总更加及时与准确。常规的应用步骤如下：

（1）模型上传：首先将BIM模型上传至云服务器，让现场人员能够通过移动端共享模型数据，设置好管理者权限，以便现场各个环节的操作人员进行数据记录。

（2）自动生成二维码：系统根据BIM模型构件ID号生成二维码，分类打印并如实粘贴到各个设备、物料实物上。

（3）现场应用：设备进场、开箱、出库、安装等不同阶段扫码，进行设备定位、验收及信息记录，同步到云服务器。

（4）线上同步展示设备状态：后台实时显示设备信息，管理层第一时间掌握数据及时发现问题。

4.7.8　项目异常管理BIM应用对成本管控的影响

1. BIM模型对项目的异常管理

基于整合的BIM模型，可以实现诸如碰撞检测、净高分析、管道预留洞等多种BIM

应用，在施工之前就对虚拟建筑进行调整深化，从而避免施工过程中可能会产生的返工或进度延误等，从而最有效地减少由于异常产生的额外工程成本。

2. BIM 协同云平台对项目的异常管理

如今项目施工过程中，不可避免会发生多种异常情况，需要进行多方沟通，涉及合同变更、图纸变更、造价变更等。以往都是通过现场会议交流来实现信息互通，有明显的延迟性，从而导致工期的停工延误。借助 BIM 技术，通过协同云平台，此类问题都可以进行线上讨论、审核、批复，无需人员花费来往现场的时间，尽可能地减少发生项目异常后，问题解决所需的时间，从而有效地管理进度和成本。

4.7.9 项目竣工 BIM 应用对成本管控的影响

1. BIM 竣工模型的建立

竣工模型信息量大，涉及信息面广，已经如一个数据库。所以如何建立、用做何种用途、细节程度等都需要在整个建模流程前确定清楚，这些也将确定整个竣工模型的最终形态和整体工作量。

一般建模的流程：BIM 建模开始—建立楼层线及网格—汇入施工图文档—建立柱、梁、墙、板等构件—建立门、窗、楼梯等构件—建立阳台、雨篷、栏杆—建立机电模型—立体模型彩现—BIM 建模结束。创建过程中，检查原有图纸疏漏地方，对信息不全、图纸不清的地方需要整合清楚，如有必要，需要现场测量情况。实打实一步步做，对整体的记录、思路也有帮助。

竣工模型建立，需要集成建筑过程中所有信息，其中不乏根据现场改动，还有不少验收更改信息。建模过程中，对整个施工过程中建筑构件的信息需要全部掌握。虽然对于掌握不全的，可以通过现场测量和检测来收集信息，但是由于很多物件在经过多道工序后，很难再判断原有完成尺寸、原材料类型、原有误差。所以竣工模型适合在整个施工一开始，就紧跟进度，逐步整理并记录在相应构件中。

2. BIM 竣工模型的应用

（1）竣工模型在工程收尾阶段的应用

BIM 竣工模型在工程收尾阶段，通过自带实物量统计及二次开发插件的清单量的统计，可轻松拿到项目的所有量的信息，以往需要 10 个工作日以上，现在只需 2 个工作日整理就能拿到所要信息，从而缩短竣工结算所需的时间，减少额外支出成本。

（2）竣工模型运维阶段的应用

运维阶段的信息化应用方式与建设阶段截然不同，很难在同一种模式中协调，于是基于 BIM 的数据管理系统也将会成为协调两者的最佳工具。两者将会并行而集成服务于整个运维阶段，这个几乎等同于全生命周期的界定。以往管道维修，由于是不同组人员，找寻相关图纸、资料，需要 2～3 个工作日，现用竣工模型，5 分钟就拿到相关区域的所有信息，3D 形式也便于缩短认知过程。

4.7.10 GIS 等新技术 BIM 应用对成本管控的影响

1. GIS 技术 BIM 应用

GIS 技术为 BIM 数据提供了多种实用的 GIS 查询与分析功能，同时发挥 GIS 的位置服务和空间分析特长，提供了 BIM 专用的动态模拟功能。在隧道、桥梁、轨道交通等大型室外项目上应用越来越广泛，GIS+BIM 技术对项目的施工位置、设计参数、施工路线等进行全面分析，实现了 GIS+BIM 三维辅助方案设计，减少了大量人工数据采集过程，从而减少项目成本。另外，GIS+BIM 技术也可以用于竣工模型的运维管理。

2. 3D 扫描 BIM 应用

现如今，越来越多的异型建筑出现在各个城市的版图上。此类建筑 BIM 模型的建立，由于二维设计图提供的信息不全，需要花上比其他常规模型多 1 倍，甚至 2～3 倍的时间，增加很多隐性成本。而通过 3D 扫描仪现场的数据采集，让原本二维设计图上标识不明确的参数一一呈现，甚至借助 BIM 技术，可以直接对接 3D 数据，实现现场的数字化还原，从而减少了诸如场地、精装修用粗装模型等 BIM 模型的建立，缩短工作时间，减少成本。

4.8　施工后期成本管控 BIM 应用

4.8.1　项目数据模型与大数据分析

现代建筑逐渐向绿色、智能、宜居、环保、生态的建筑产品转变，利用人工智能、云计算、大数据、物联网等新技术实现工程建设项目的数字建造过程，正在带动行业进行升级改造。工程建设项目精细化管理及项目风险前移的需要，使得虚拟建筑和实体建筑的虚实映射被广泛建立链接。

造价将从过去“由专家完成的静态造价形式”进化为如今的“自动采集、智能生成、精准匹配”。换算过程将越来越少，90%将可以精准匹配，智能造价时代已来。

数字建筑产业平台使造价要素以数字化的形态出现。包括造价要素类的消耗量、人材机价格、费用，通过这些要素作用于全过程造价管理各阶段，即估、概、预、过控、结、审。通过数字化模型集成了人员数据、项目数据、企业数据、资金数据、工艺工法、材设数据等信息形成造价大数据库，造价大数据库通过云计算、大数据等技术的应用形成造价依据的智能组合，最终实现造价要素智能采集、自动生成、实时应用的数字化效果。通过这个循环过程将形成新的造价模式——“智能组价”。

在新的全过程造价管理的环境下，传统材料信息价采集任务量大，价格不准。指标指数分析方式落后，不能满足市场主体参考及决策层决策要求。定额维护工作量很大，造价监管只能人工判断，信用评价没有素材。如何解决这个问题，需要大数据技术来助力：

（1）大数据的核心是要有数据，数据积累可以应用目前现有的资源，如材料厂商、造价备案、交易数据。

（2）大数据分析可以对造价数据、材料价格、参与主体进行分析，形成材料价格、造价指标体系、定额使用情况、企业及人员的业绩情况。

（3）通过对数据的应用，将来可以实现数据批量分析、应用，智能造价。

（4）模型与数据的双向关联，赋予数据模型的属性，更直观，颗粒度粗细收放自如。

（5）设计标准入库、加快设计速度、设计变更减少，清单标准统一、成本主动管控，严控无效成本。

（6）建造标准指导设计，限额指标控制成本，设计结果快速匹配目标成本，减少方案设计及招标采购中反复成本测算效能，提高工作效率。

行业大数据共识的关键点：

（1）充分结合建筑行业的信息化属性：结合行业特点，充分借助 BIM＋物联网形成的数字建筑信息化属性，形成行业特有的模型化大数据，数据颗粒易分解，数据后期应用更全面。

（2）部分数据开放，建立开放的数据生态体系，形成多边数据连接，提升数据价值。

（3）建立多维度数据：政府、企业、金融、交易等市场数据进行多维度结合，数据维度越多，数据全面性越高，作用越大。

4.8.2 多项目成本管控 BIM 应用

多项目 BIM 应用，可通过项目之间的大数据对比，提高公司整体的决策效率和项目管理能力。在 BIM 系统中对项目进行横向、纵向多工程指标对比，也帮助企业及时完成项目后评价工作。

4.8.3 企业工程数据库建立 BIM 应用

通过项目级 BIM 应用，企业逐步收集了本企业的工程项目信息数据，可以在此基础上建立企业工程数据库。企业工程数据库的建立为 BIM 应用带来更大的方便，通过大数据应用，提高项目决策和项目管理效率的同时，也为企业成本节约和方案复制提供了便利。

模块化设计，也是推动企业工程数据库建立的主要原因。模块化设计，可以在项目未形成决策前期就建立标准族库、标准模块等基础工作，不但能大大加快 BIM 三维模型的搭建速度，也降低了项目 BIM 模型搭建错误的风险。由于标准一致，在 BIM 应用过程中，多方协同有了共同基础，沟通协作畅通。

4.9 思考与总结

4.9.1 总结与习题

学习本章后，请总结思考回答以下问题。

（1）预算部门对 BIM 成本管控的管理内容有哪些？

（2）施工成本管控对 BIM 模型创建要求有哪些？

（3）项目资料信息对成本管控的影响主要层次包括哪些？

（4）BIM 模型量应用趋势如何？

（5）BIM 技术在施工实施阶段项目施工过程中进行成本控制包含哪些内容？

（6）企业如何建立 BIM 应用工程数据库？

4.9.2 思考与展望

BIM 本质上解决的是项目管理上的时间和空间的冲突问题，其应用的核心就是项目决策，信息化决策又是项目成本管控的重点。展望未来，我国 BIM 成本管控应用的时间还比较短，编者以为，至少在以下方面还有很大的提升空间。

（1）BIM 模型工程量促进我国造价管理体系市场化变革方面。

（2）BIM 系统与智慧工地管理系统、企业项目信息管理系统、企业财务管理系统、企业 OA 管理系统、楼宇智能控制系统相结合。

（3）BIM 系统与 AI 等新科技技术、5G 等通信新技术、物联网等技术有效结合。

第 5 章　地产项目的 BIM 成本管控特性

导读：

利润最大化是所有房地产企业的核心工作和最终目的，近年来，随着政府相关宏观调控政策的实施，加上房地产市场的日益规范，终结了房地产行业的暴利时代。在此背景下，房地产开发企业更加关注成本的控制工作，并将其当成管理工作的重中之重。值得说明的是，房地产开发项目具有较大的复杂性，尤其是大量数据的存在加大了工程造价管理的难度，正是由于上述问题的存在，导致了房地产开发项目的成本难以控制从而产生不必要的浪费，最终严重降低房地产企业的利润。由此可见，重视和做好房地产开发项目成本控制工作是十分必要的。

BIM 技术的应用作为房地产企业管理上的一次技术革命，是以全新三维模型作为项目信息载体，通过可视化方式实现项目管理的实时与动态调整，可更加高效、准确、快速获取各类项目信息，提升工程管理水平，最大限度地节约成本，避免项目设计变更、现场签证和额外支持。

本章对房地产项目的成本管控特性进行分析，梳理基于 BIM 的成本管控总体目标、实施流程、组织架构、责任矩阵、成本管控的系统构建等，对地产项目的成本管控提出了一套完整的思路和方法。并以房地产开发全过程的各阶段为主线分析各阶段地产成本管控的特性，结合 BIM 在各阶段的实际应用对当前基于 BIM 的地产项目成本管控进行了总结。认为 BIM 技术比传统的管控模式具有先进性，但现阶段的应用还有很多的不足，并因此提出了 BIM 技术在地产项目成本管控中的期望。

5.1　地产项目的 BIM 成本管控特性概述

5.1.1　现阶段地产成本管控的特性

从我国大多数的房地产成本管控现状来看，目前的成本管控呈现以下特性：

1. 成本管理与市场联系不紧密

目前很多企业仍采用的传统成本管理方法、成本管理体制、成本管理模式的局限性制约着地产项目成本管理水平的提高与发展，存在着管理知识陈旧、信息收集面窄、管理经验缺乏、经营理念滞后、管理技术落后等问题。

2. 工程量计算及变更复杂

工程量是项目工程成本控制的最基础、最关键的要素之一，是项目成本测算、工程招投标、商务谈判、合同签订、进度款支付等一切成本管理活动的数据来源和基础。成本管理工作中工程量计算占用了成本管理人员的大量时间，在项目实施过程中的各类设计变更和现场签证又不断出现，工程量计算的连续性和变动性导致工程量计算的工作贯穿于项目实施的全过程。对于工程量计算的准确性如何提升一直是成本管理人员的关注重点，也都在尝试用不同的方法来提升工程量计算的准确性和及时性。

3. 信息共享程度太低

地产项目的参与方众多，即便是业主本身也存在设计、工程、成本等多部门的协作和沟通。在大多数情况下，这些部门的人员对自身管理的事务各自为政，成果信息很少得到及时共享，部门之间的协同合作程度很低，成本管控人员与外部各参与单位缺乏沟通机制。并且由于缺乏完善的信息反馈体系，导致各方沟通交流不畅，成本管理的信息极不对称，影响了成本管理的工作质量。

4. 成本管理数据更新不及时

项目在实施的过程中总会发生各类的设计变更或现场签证，这就要求对成本管理的数据进行及时的更新，企业高层快速进行分析和决策。但是由于项目的复杂程度以及人员等沟通协调的问题，目前大多数的项目成本管理数据的更新较滞后，成本管理的手段和方法以及相应的反应总是不及时，不能够为决策提供可靠的成本管理数据，成为成本管控的瓶颈。

5. 成本信息管理难度大

成本管理是一个不断重复、累计测算、预控、计算、计价、提供准确数据支持决策等过程，并且由于工程项目建设周期长、规模大、数据量庞大、造价高等特点，需要成本管理人员多次计量、成果还需具有可追溯性，各项变更必须做好记录，各类信息数量巨大，管理难度非常之大。

通过我国大多数的房地产的成本管理的现状，可以看出诸多问题制约着成本管理的质量，而成本管理的根本之道是利用领先的成本管控战略做到全过程成本精细化管控，BIM 技术将是当前地产成本管控最佳的辅助手段之一。

5.1.2 地产项目BIM成本管控实施规划

1. BIM实施目标及说明

BIM实施目标按照目标类型的不同，可以分为两类：第一类目标主要与改善项目的整体表现有关，包括缩短项目工期、节约成本费用、减少或避免项目安全事故的发生以及提升项目工程质量目标，如关于提升项目质量目标，通过关于建筑物能量BIM模型的快速模拟与完善得到一个绿色能源效率更高的设计，再如通过BIM的三维模型进行安装空间优化，减少碰撞的发生等；第二类目标对具体任务效率的提升，包括利用BIM模型更高效地绘制施工图，通过自动统计工程量更快进行造价成本等的计算及运维阶段快速资料查找定位、模型维护等极大节约时间成本。

任何一个具体的BIM实施目标可能通过一个BIM应用来达到，也可能需要若干个BIM应用来完成。在定义BIM实施目标的过程中可以用优先级来表示某个具体的BIM实施目标对该建设项目的设计、施工、运营成功的重要性。表5.1-1为某建设项目定义BIM实施目标的案例。

某建设项目BIM实施目标优先级表　　表5.1-1

优先级	BIM实施目标描述	涉及的BIM应用
2	提升现场生产效率	设计审查，3D协同
3	提升设计效率	设计建模，设计审查，3D协同
1	为运营阶段提供匹配精确的3D记录模型	记录模型，3D协同
1	提升项目可持续目标的效率	工程分析，LEED评估
2	施工进度跟踪	4D模型
3	定义与阶段规划相关的问题	4D模型
1	审查设计进度	设计审查
1	快速评估设计变更引起的成本变化	成本计算
2	消除现场冲突	3D协同

注：优先级用1、2、3来表示，1表示最优先级。

2. BIM实施总体流程

BIM技术在项目实施阶段的运用，应开始于前期决策阶段，依次经过设计、施工、竣工直至项目运维阶段，其实施总体流程应主要包含阶段的划分、应用内容以及核心产出成果，具体实施总体流程图如图5.1-1所示。

3. 地产项目BIM成本管控的介入时机

鉴于BIM成本管控的优势，在地产项目中自立项开始即为最佳介入时机，并且进行全过程管控直至该地产项目的寿命终结。

（1）立项规划阶段

该阶段，利用BIM手段对地产项目的布局、环境、规划、造型、日照、容积、人车流量等一切相关数据进行模拟，在达到最佳效果的同时最大限度地降低预期成本并利用BIM进行初步概算。

（2）设计阶段

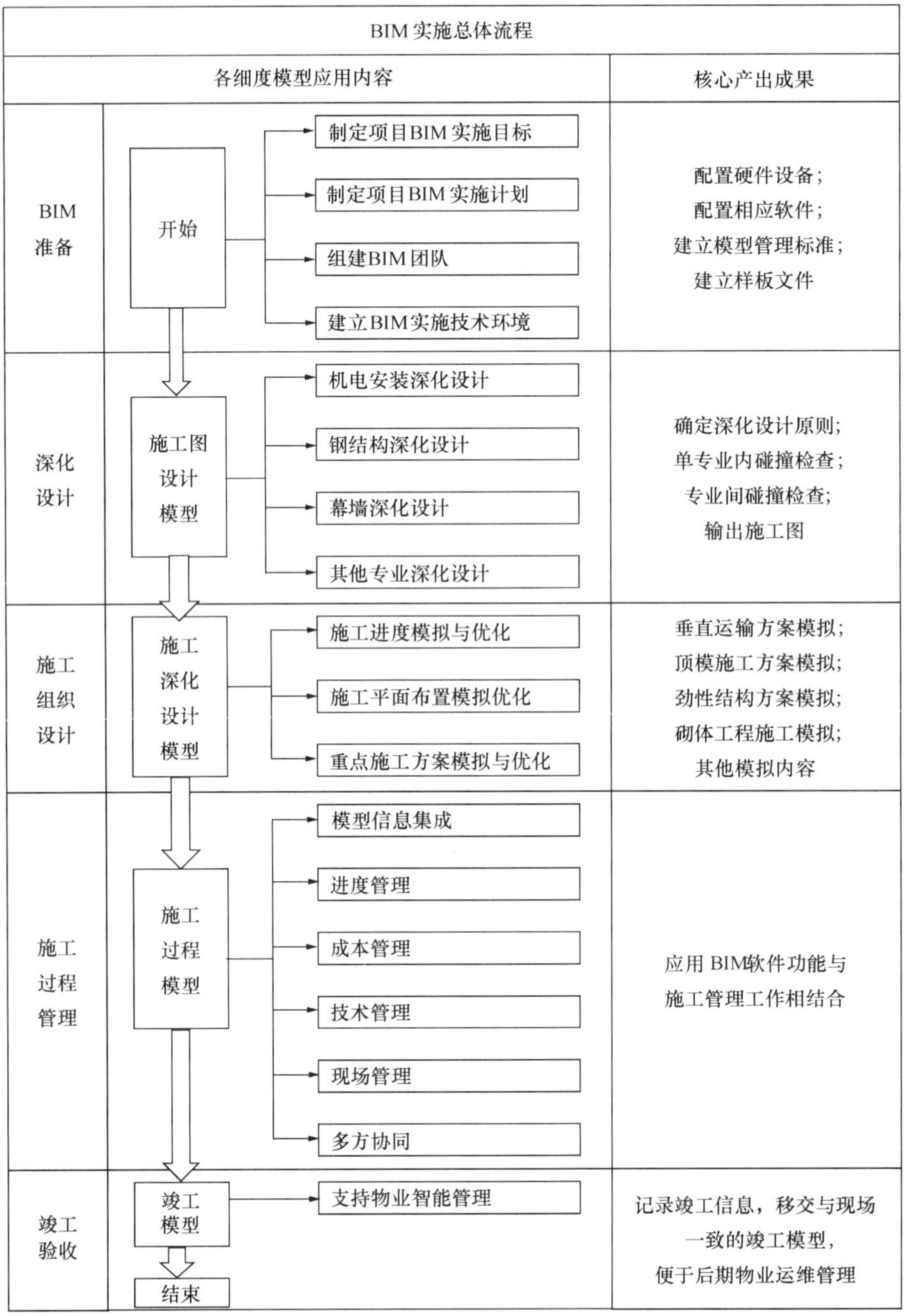

图 5.1-1　BIM 实施总体流程图

该阶段，利用 BIM 模拟进行设计优化，尽量满足需求方的要求并减少甚至消灭设计变更，同时能够快速计算设计概算满足业主方需求。

（3）工程招标阶段

在该阶段，利用 BIM 能够快速准确的根据施工图计算工程成本，以挑选最合适的承包商。

（4）施工阶段

该阶段利用BIM模拟，进行施工工艺优化，降低施工成本，将可预见的施工工艺成本增加概率降至最低，并且能够模拟部分不可预见成本，在施工过程中可以利用无人机值守、三维扫描的各种BIM辅助手段对工程工期、质量、安全、物料等相关数据进行实时监控，以便建设方实时掌握动态数据，根据各类数据结果及时拨付进度款等各类款项，以期达到最低施工成本。

（5）销售运维阶段

在销售阶段可以利用BIM的三维虚拟手段配合VR及AI设备，让客户对该地产项目有更直观的感受及体验，从而降低销售人员成本提高销售量，缩短销售时间，提高效益。

在销售的同时运行维护阶段也同步开始，在本阶段运行维护人员利用BIM数据及各类传感器对项目进行实时监控及模拟，将各类故障、事故等不利因素消灭在萌芽中，并且在故障、事故等一旦发生时能够及时、快速地解决问题，最大限度地减小损失。

4. BIM实施组织架构

（1）地产公司实施BIM的作用

房地产公司实施BIM对项目进行管理总结主要有以下几点作用：

1）物业管理和维护，记录和评估存量物业。BIM包括了物业使用、维护以及调试等需要的所有信息，同时也为物业后期的改造、扩建以及报废等都提供了完整的原始信息，这样能够大大节省运营时间成本提升运营效率。

2）进行产品规划。业主能够通过BIM模型形象直观地了解设计方案的变化对项目投资收益以及回收周期的影响，提升了工作效率。

3）辅助设计方案评估与招标。通过BIM业主可以形象检查设计方案在规划合理性、消防以及日照节能、建造成本等各方面的数据，保证设计方案的技术经济性，同时作为招标文件的一部分可以更好地提供更为明确的招标文件，减少后期沟通以及合同纠纷。

4）有利于项目参与各方的沟通与协调。通过利用BIM模型的可视性特征与项目各参与方之间进行沟通，可以大大节省沟通决策时间，减少理解偏差带来的沟通不畅，大大提高了沟通协调的效率。

（2）地产公司内部公司级BIM组织架构

一般情况下，参照典型房地产企业现有项目的开发模式，一般是城市公司向区域公司负责，区域公司向地产集团总部负责。同时参照现有行业内运用BIM较成熟的标杆性房地产公司万达BIM总发包模式以及龙湖地产BIM模式，其在公司内推行BIM通常分为三层，即集团、区域以及城市公司三层。其中集团层面负责确定标准，例如族库、编码、插件、平台以及标准模型等；区域层面负责规范操作流程、确定实施的组织架构、确定BIM实施目标以及过程监管等；城市公司负责具体项目的BIM应用实施，包括设计模型变量、设计条件反馈以及设计总包、施工总包、监理等各方组织协调（图5.1-2）。

1）项目级BIM组织架构

按现有地产项目的建造方式，通常由一家承包单位负责整个项目的绝大部分建设任务。同时参照现有标杆房地产企业BIM实施的做法，是将项目的BIM实施通过发包的方

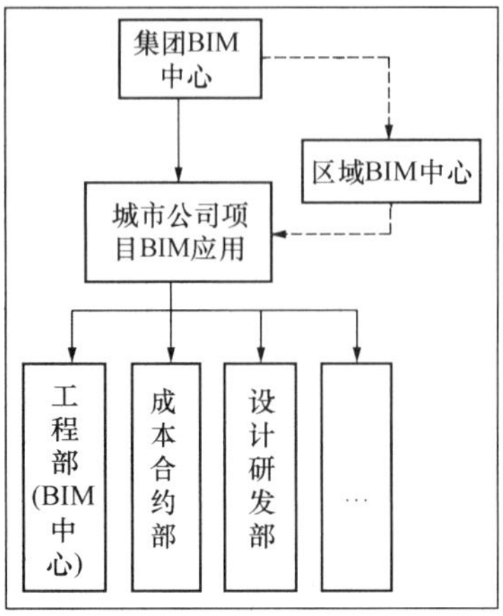

名称	主要职责
集团BIM中心	建立标准、族库、编码插件、平台及标准模型及过程监督
区域BIM中心	规范操作流程、确定实施架构、实施目标及过程监控等
城市公司BIM项目应用	设计模型变量、设计条件反馈、具体组织实施协调

图 5.1-2　地产公司内部 BIM 实施组织架构

式承包给一家 BIM 咨询总承包单位，由 BIM 咨询总承包单位负责整个项目的 BIM 咨询服务，BIM 咨询总承包单位相当于地产公司项目管理团队的一部分，专职辅助开展本项目整体 BIM 工作的策划、标准制定、模型搭建与优化（或审核）、实施管理、协调、成果审查施工过程中各单位 BIM 成果和最终交付竣工模型。这种模式之下业主可以节约大量的人力与管理，同时也有利于充分发挥 BIM 咨询单位的专业管理能力，项目级 BIM 组织架构具体如图 5.1-3 所示。

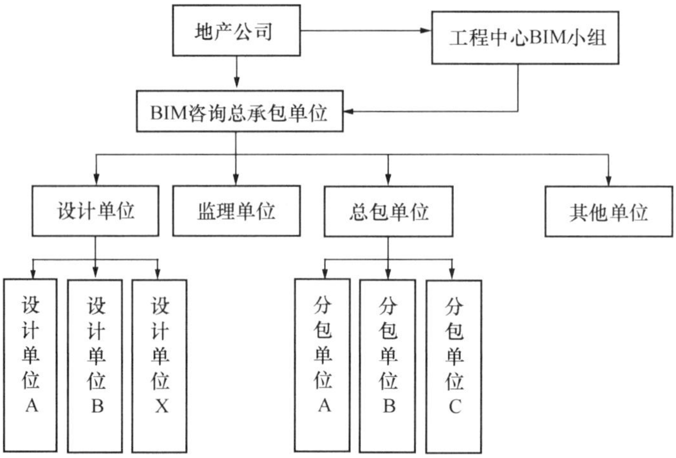

图 5.1-3　项目级 BIM 组织架构

2）项目参与方组织协调关系的变化

在城市公司总经理下属部门设立 BIM 中心来主导项目的 BIM 实施，BIM 中心与其他职能部门一样对总经理负责，BIM 中心以及其他所涉及的职能部门将借助项目 BIM 实施平台实现项目研发、设计、工程、成本等的可视化和信息化，提升项目管理的效益，通过 BIM 中心的设立与 BIM 的实施，将改变现有的地产公司级项目参与各方的沟通模式，具体如图 5.1-4 所示。

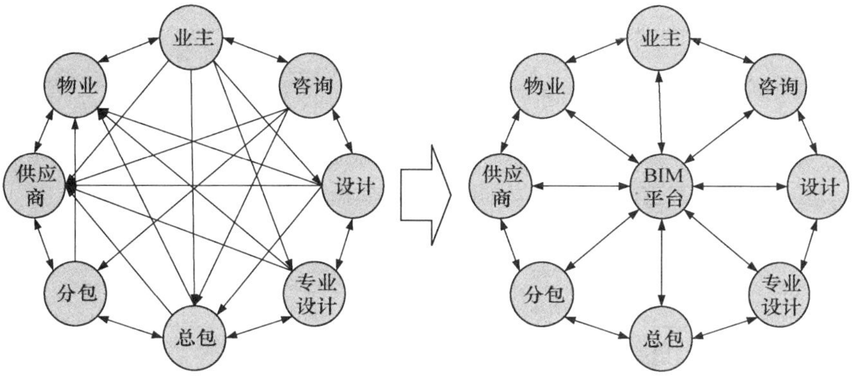

图 5.1-4 项目参与方基于 BIM 的实施组织协调关系的变化

5.1.3 BIM 实施责任矩阵

责任矩阵（Responsibility Matrix，RM）是一种将工作任务分配、落实到具体的部门或个人，并明确表示其角色、工作关系以及应该承担的职责的矩阵图形，责任举证以具体的工作任务为行，以部门或个人为列，以字母或者特定的符号表示部门或个人在工作任务中承担的职责与角色。通过责任矩阵这一项目管理工作可以达到两方面的作用：一方面可以让每个部门每个人的职责明确，使得部门或个人工作的靶向性提高；另一方面使得每个具体的工作任务可以对应到具体的部门或个人，避免互相推诿、无人负责现象的发生。

责任矩阵通常的运用步骤包括以下几步：

列出项目任务→ 列出参与部门、人员信息 → 以工作任务为行，以参与部门或个人为列，画出关系矩阵图→ 在矩阵图中行与列的交叉处用字母、数字或符号表示任务与执行者之间的关系（任务执行者与工作任务之间通常有三种角色与职责：A——审批，R——直接责任，I——参与）→ 调整优化任务分配的均衡性→将责任矩阵结果与参与部门或人员进行沟通→确定责任矩阵并执行。

1. 地产公司内部各部门 BIM 实施责任矩阵

地产公司内部各部门 BIM 实施责任矩阵见表 5.1-2。

地产公司内部各部门 BIM 实施责任矩阵 **表 5.1-2**

序号	项目阶段	具体工作内容	公司内部主要参与方				
			设计部	采购部	成本部	工程部	工程分管
1	设计阶段	项目 BIM 实施框架建立	R	R	R	R	A
2		设计 BIM 模型过程管理	R	I	I	—	A
3		设计 BIM 模型审核及验收整合	R	—	I	I	A
4		基于 BIM 模型进行设计概算	I	I	R	I	A
5	招标阶段	根据合约规划分别编制施工图预算及招标清单	I	R	R	I	A
6		基于 BIM 模型招标合同界面划分	—	R	R	I	A
7		总包单位 BIM 招标条款编制	—	R	I	I	A
8		BIM 模型与招标过程文件合同集成管理	—	R	I	I	A

续表

序号	项目阶段	具体工作内容	公司内部主要参与方				
			设计部	采购部	成本部	工程部	工程分管
9	施工阶段	编制施工阶段 BIM 应用框架体系	—	—	—	R	A
10		协助各参建单位 BIM 技术应用方案建立	—	—	—	R	A
11		协助施工前各方图纸会审工作开展	I	I	I	R	A
12		BIM 模型传递与技术体系培训	I	I	I	R	A
13		审查各参与单位 BIM 模型深化及应用情况	—	—	—	R	A
14		BIM 模型 4D 进度管理	—	—	—	R	A
15		基于 BIM 模型和平台的质量安全管理	—	—	—	R	A
16		专业模型 3D 交底即现场组织与协调	—	—	—	R	A
17	竣工阶段	竣工模型交付标准编制	R	I	I	R	A
18		竣工 BIM 资料收集与管理	I	I	I	R	A
19		竣工模型创建及信息录入，竣工验收	I	I	I	R	A
20		竣工模型审查与整合，归类交付	I	I	I	R	A

注：A——审批；R——直接责任；I——参与。

2. 项目 BIM 实施各参与方责任矩阵

按照上述所列责任矩阵的实施步骤，同时结合项目各参与方的组织结构，得出项目各参与方的责任矩阵见表 5.1-3：

项目 BIM 实施各参与方责任矩阵　　表 5.1-3

序号	项目阶段	具体工作内容	项目主要参与方					
			地产公司	BIM 总包	设计	施工总包	监理	其他
1	设计阶段	项目 BIM 实施框架建立	审定	编制/策划	执行	—	—	—
2		设计 BIM 模型交付标准建立	审定	编制	执行	—	—	—
3		设计 BIM 标准宣贯	组织/审定	培训	配合	—	—	—
4		设计 BIM 模型过程管理及优化建议	审定	执行	配合	—	—	—
5		设计 BIM 模型审核及验收整合	审定/提资	审核	提交	—	—	—
6		基于 BIM 模型进行设计概算	审定/提资	编制	配合	—	—	—
7	招标阶段	根据合约规划分别编制施工图预算及招标清单	审定/提资	编制	配合	—	—	—
8		基于 BIM 模型招标合同界面划分	审定	培训	配合	—	—	—
9		总包单位 BIM 招标条款编制	参加	编制	配合	—	—	—
10		BIM 模型与招标过程文件合同集成管理	提资	管理	配合	—	—	—

续表

序号	项目阶段	具体工作内容	项目主要参与方					
			地产公司	BIM总包	设计	施工总包	监理	其他
11	施工阶段	编制施工阶段BIM应用框架体系	审定	编制	—	执行	执行	执行
12		协助各参建单位BIM技术应用方案建立	参与	执行	—	执行	执行	执行
13		协助施工前各方图纸会审工作开展	参与	执行	参与	组织	参与	参与
14		项目BIM管理平台建设	提资	搭建	适用	反馈/使用	使用	使用
15		BIM模型传递与技术体系培训	确认/参与	培训	参与	接受	接受	接受
16		审查各参与单位BIM模型深化及应用情况	确认	审查	—	执行	执行	执行
17		BIM模型4D进度管理	管理/参与	管理	参与	执行	执行	执行
18		基于BIM模型和平台的质量安全管理	管理/参与	管理	参与	执行	执行	执行
19		专业模型3D交底即现场组织与协调	确认/参与	组织/协调	—	执行	执行	执行
20		辅助变更工程量统计	提资/审定	执行	配合	配合	配合	配合
21		辅助结算工程量统计	提资/审定	执行	配合	配合	配合	配合
22		BIM施工模型更新维护	确认	维护	执行	执行	执行	执行
23	竣工阶段	竣工模型交付标准编制	审定	编制	—	执行	执行	执行
24		竣工BIM资料收集与管理	提资/审定	执行	配合	配合	配合	配合
25		竣工模型创建及信息录入，辅助竣工验收	提资/审定	协助/审查	—	执行	执行	执行
26		竣工模型审查与整合，归类交付	确认	执行	—	配合	配合	配合

5.1.4 地产项目成本管控系统构建

通过建立成本管理系统，形成以数据系统为基础，以价值管理为核心，以动态管理为手段，以协同管理、绩效考核为保障的成本管理系统，从而提高成本管控效能。

1. 以数据系统为基础

所谓成本数据系统，即企业通过购买或收集的成本数据信息，经处理、总结形成各类指标，以此用于项目成本估算、成本对标、回标分析、工程量清单编审等；它主要包括：造价指标、含量指标、建造标准、物料指数、综合单价、规费价格等内容。

（1）建立成本数据系统

目前，有些企业已经积累了部分成本数据，但大多数成本数据的应用仅限于前期成本测算、内部对标和扩大影响力，缺少数据价值的深层次挖掘、对成本数据的积累和应用缺乏系统高度。因此企业应建立和完善自身的成本数据系统。步骤如下：

1）数据收集整理要求及数据收集模板建立

要求收集的数据须准确、完整；收集的数据须按一定的规则进行分类归纳；建立数据收集标准模板，该模板应包含项目信息、经济数据指标、含量指标、项目周期等重要信息。

2）数据收集整理

历史项目成本数据是数据系统最真实、最原始、最有价值的数据来源，收集这些数据时，须符合下述要求方可录入数据库：

① 施工图预算（基于合约价），包括工程量清单合约价、（总包）重计量预算、专项工程的合约包干价等。

② 项目结算报告，需要注意的是，必须对结算报告数据进行去伪存真，提取其中真实的成本数据，剔除其不真实的数据。

③ 结算价为合约价一定合理范围内的成本指标（须小于5%），超出部分则不予采用。

3）数据收集应建立统一标准的模板

从项目到公司执行标准模板，自下而上，从数据收集、填表—项目公司校验—总部审核入库。

（2）成本数据系统给项目成本管理带来的价值

1）工作效率提高。包括：快速编制审核项目估算、成本对标、核算工程量、清单组价校验等。

2）优化成本管理流程。项目前期的项目估算更快速准确；成本核算和控制阶段，可以利用数据系统持续获取成本数据，使得成本控制高效连续；建立成本预警系统，当发生实际成本超过目标成本一定范围（如10%）即发出预警，成本部门应及时将问题反馈给相关责任部门/人，分析超支原因，及时采取补救措施。

3）通过分类统计变更签证引起的成本变化原因，分析影响项目造价的主因和薄弱环节，形成分析报告，组织相关部门学习，并督促其制定相应的改进措施，进一步优化管理流程。

4）管理模式创新：利用成本数据系统，不仅可以实现成本对标，还可以从技术经济指标、建造标准、设计（活荷载、温度设定、用电量等）取值等更本质层面进行比较和改进，从而实现成本预控。

5）项目竣工结算阶段，总结项目成本管控情况并总结经验方法报告，指导后续项目，并将相关信息录入数据库，为后续项目实施提供经验数据。

2. 成本数据系统的应用（图5.1-5）

（1）项目估算：是造价顾问或成本人员在进行成本测算、制定目标成本、向管理层汇报的依据。

（2）目标成本测算：利用成本数据系统，提取类似项目成本数据，并根据项目自身特点适当调整，快速编制出目标成本。

（3）清单工程量校验：利用成本数据系统，快速查验清单工程量的准确性。

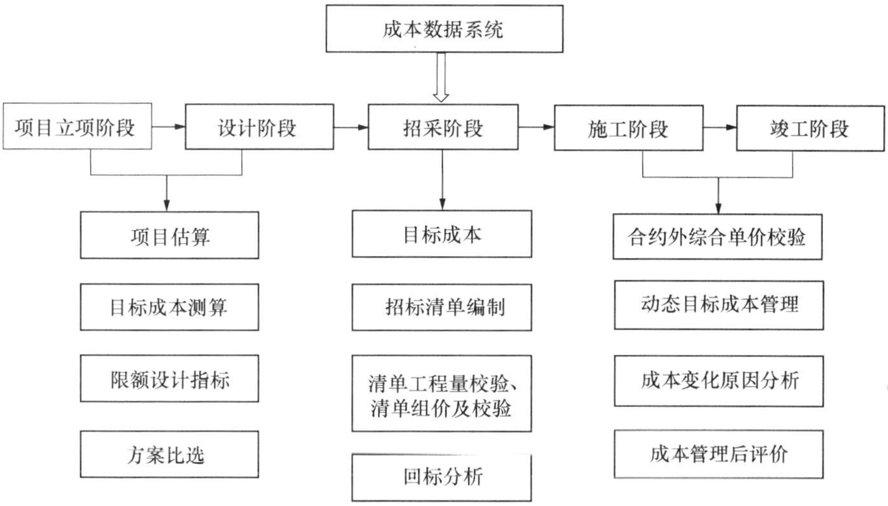

图5.1-5 成本数据系统的应用

(4) 清单组价及校验：利用成本数据系统，提取类似工程量合约单价，快速完成清单计价。

(5) 回标分析：快速查询出回标不合理报价，并利用类似工程量合约综合单价，校验其合理性，还可防止被围标。

(6) 动态目标成本管理：应用成本数据系统，在项目开发建设全过程中，快速提取项目成本的目标值及实际值，将二者持续不断地进行对比，查找偏差及原因分析，及时采取纠偏措施，以动态控制目标成本。

(7) 成本变化原因分析：通过对成本数据系统进行分类统计变更签证引起的成本变化，迅速确定原因、责任，及时发现成本管理薄弱环节，引导相关责任部门制定对策，对症下药，及时采取补救措施。

(8) 成本管理后评价：根据竣工结算报告，进行成本数据分析总结，并录入成本数据系统，为后续项目实施提供经验数据。

(9) 利用数据系统时，应注意因各项目设计方案、发生时间、地点、施工工艺方法各不相同，在引用成本数据的过程中，成本人员应根据自身专业经验，综合考虑拟开发项目的地域特点，并对工料等价格指数作必要的调整，灵活运用成本数据。

3. 以目标成本、价值管理为核心

以目标成本、价值管理为核心，将成本管控的重点由项目后期的施工成本管控，转变成项目前期主动介入、预控布局，进而对项目全寿命周期内成本进行预控。

(1) 尽早介入项目设计阶段，提高项目成本管控效果

设计阶段是建设项目成本管控的关键阶段，合理的设计是施工阶段成本控制的前提，更是项目全寿命周期成本控制的重点。从国内外实践所形成的数据来看，影响开发成本的是约占开发项目建设周期1/4的设计前期阶段。合理的设计方案可以节约施工阶段的建造成本。其中初步设计方案对项目全寿命周期成本的影响占75%～95%；方案设计阶段对全寿命周期成本的影响占35%～75%；施工图设计阶段影响成本的可能性为5%～35%。因此，对于成本管控而言，重点应在初步设计阶段。通过早期介入项目设计，对项目全寿

命周期成本有早期预控，优化设计方案，项目的成本才有可能得到有效的控制。

（2）目标成本预控

利用企业成本数据系统，提取类似项目的成本数据，并根据目标成本的限额，对比审批通过的项目规划方案以及材料设备的选型等进行修正，形成目标成本，作为施工图限额设计、工程规划大纲编制以及项目招商洽谈等依据。

（3）方案比选与成本优化

通过组织多方（设计顾问、专项设计交叉优化、BIM 顾问、第三方设计优化公司、投标人等）参与，努力提高设计的经济性、合理性，最大限度减少变更和潜在的成本风险。

（4）选择合适的建造标准

根据项目的具体情况，在充分调研的基础上，严控项目成本，合理分配功能性成本，灵活适配敏感性成本，提升成品整体价值。

（5）应用价值工程的分析方法

改善招标评标办法，选出管理水平高的优秀项目团队，从组织结构上提高成本管控力。

（6）项目价值最大化

积极参与产品组合的多方案比较，从质量、费用、工期等方面比选出最优方案，从源头上把控项目的优势，以此控制项目成本，从而使项目价值最大化。

（7）进行全寿命周期价值管理

全寿命周期价值管理的内涵要比全寿命周期成本管理的内涵丰富许多。除了成本，还考虑了时间、质量、功能、符合性以及项目对于社会和环节的影响等多种因素（图 5.1-6）。

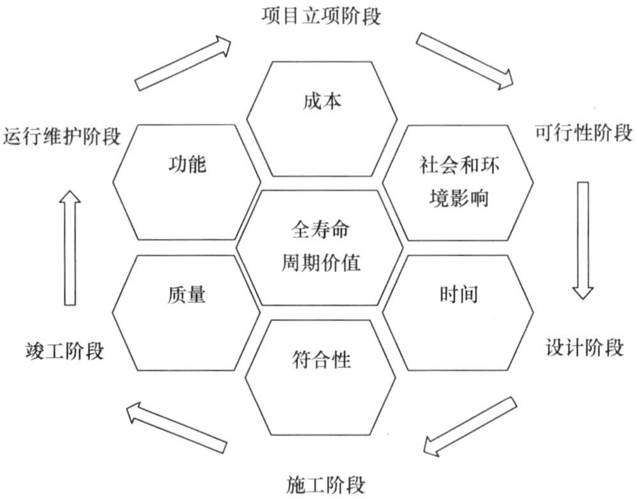

图 5.1-6 项目全寿命周期价值

4. 以动态管理为手段

成本管理的过程是一个动态的过程，在项目开发建设的各个阶段，根据成本数据系统，用动态、渐进的工作方法制定目标成本，并将目标成本分解成合约规划及责任成本，落实到各责任部门、责任人，以此来指导后续的设计、采购、招标、施工等业务。

(1) 动态成本管理流程

主要按照项目的开发建设时间，划分为：项目立项、规划设计、扩初设计、施工图设计、工程施工、竣工结算，根据上述各阶段，形成对应阶段的目标成本（图5.1-7）。

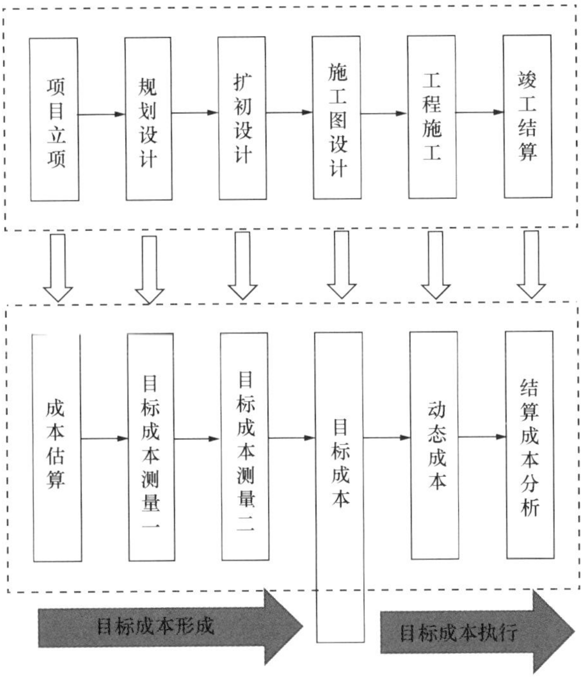

图5.1-7 地产项目动态成本管理流程图

(2) 在项目开发建设过程及时掌握动态成本数据

每月形成项目成本月报，及时掌握成本动态数据，分析成本变动的原因和责任主体，从而实现动态成本监控，并设置偏差预警值；在项目建设过程中，通过不断收集实际值，对比目标值，若发现偏差达到预警值，需及时反馈至相关部门（或责任人），查找偏差原因，及时纠偏，确保因主观/可控原因导致的偏差在目标成本范围内。以此平衡总成本，或对成本重新配置。

(3) 编制动态成本分析报告

在项目每个重要节点对动态成本与目标成本进行总结分析，找出偏差原因，提出成本管控过程中出现的问题，并提供解决方案，力求在保证工程质量的情况下压缩成本，确保企业经济效益最大化。

(4) 须建立成本管控制度、流程及作业规范

建立一套与相关职能部门的有效协同机制及考核机制，以确保成本管理的有效实施。

(5) 动态成本管控中需注意的问题及建议

1) 需要注意的问题

动态成本管控贯穿整个项目开发建设过程且牵涉部门多，而且由于各部门对成本管理的重视程度不同，所以在日常实施过程中，经常会遇到以下问题：

① 目标成本编制后，项目主要指标发生变更，如项目分期、产品业态、产品用地及

建筑面积发生变更等导致编制动态成本时无法与目标成本进行比对，而如果重新编制目标成本，就会失去动态成本管控的意义。

② 由于在企业内容宣传及培训力度不够，企业各职能部门对编制口径认识不一致，导致汇总数据失真或不具可比性。

③ 很多企业在实际操作过程中以财务部门作为牵头，而财务人员大部分对成本构成及计算方法不是很精通，且财务部门也不具备对其他各职能部门的领导能力，导致各职能部门分工不明确，协作能力不强，最终成本管控工作推进十分困难。

2）建议

① 项目在概念设计阶段，应充分调动各方专业人员，并对市场进行充分分析后，结合本公司实际情况，对产品类型、区域划分、开发分期及进度节点等进行充分论证沟通，一旦确定尽量保持不变，公司自下而上统一口径和标准，这样目标成本编制后就可以持续使用。

② 在项目设计方案通过后，由成本管控部门组织项目各职能部门充分学习动态成本管控的核心业务及操作流程，培训结束通过考试检查培训效果，使各职能部门都能了解动态成本管控的重要性及具体操作方法。

③ 动态成本管控工作应由主要领导亲自抓，项目成立成本管控小组，由主要领导任组长，各职能部门都需指定成本专员，严格分工，责任到人，定期召开相关人员会议，对过程中发生的各类问题及时解决。在每个重要节点动态成本分析报告编写完成后，认真总结经验，发现不足，力争一期比一期编写准确完整，最终形成一套科学标准的动态成本管控体系。

5. 以协同管理为保障

（1）部门协同

从多项工程的不完全统计得出：建安工程结算价超合同价部分，商业项目约 70%（居住类 45%）是由其他职能部门管理不善造成的，成本管控绩效深受“木桶效应”影响，单纯的“成本—成本”的管理模式已经难以确保成本管理绩效，各职能部门管理水平以及相互间的配合协调，将决定成本管理绩效。因此，成本部门应携手各职能部门一起进行成本管控，主要内容如下：

1）成本部门与项目拿地/开发责任部门协同

在项目概念阶段，成本部门根据成本数据系统，测算项目成本及完成项目成本估算，以配合项目拿地/开发责任部门。

2）项目定位责任部门与设计部门协同

在项目定位阶段，项目定位责任部门（租售及物管）必须先确定项目定位、功能布局及物管建议，以避免项目定位滞后于设计方案，导致后期设计方案大幅度变更，从而增加无效成本。

3）成本部门与财务部门协同

成本部门负责编制各方案产品组合的成本测算和比选，提供给财务部门，协助确定最佳方案的产品组合。

财务部门测算出目标成本上限，下达给成本部门。成本部门将目标成本上限按照一定的分配原则予以分拆，并完成各成本子项的费用分配。

4）成本部门与设计部门协同

成本部门编制成本限额设计指标，在设计工作开始前下达相应控制指标给设计部门。设计阶段的成果不仅决定项目 75%的项目成本，而且据成本大数据资料显示：在建设过程中，约 50%的建安成本超支原因，是由设计不善原因造成的。因此，成本部门与设计部门协同，及时协调好各项工作，可以最大限度地避免设计变更引起的成本超支、专项设计间的错漏碰缺引起的已完工程的拆改等无效成本发生，从而从根本上提高成本管控效能。

（2）全员协同

1）企业内部建立包含成本管理组织，构建基于责任成本管理的绩效激励机制，以动员公司全员积极参与成本管控。

2）企业外部从项目的角度对全团队的组织模式进行优化，并对各组织成员的角色进行梳理，全团队成员还需要加强培训和教育来更好地实现成本协同管理价值的最大化。

（3）全过程成本管控协同

目前成本管控现状：

1）项目立项阶段：市场定位不准确，决策机制不完善。

2）设计阶段：不施行限额设计，图纸优化力度不够，项目决策层过多参与设计。

3）招投标阶段：招投标程序不规范，选择承包商草率，分包项目设置过多，定价方式庞杂。

4）合同管理：缺乏平等、合作共赢意识，合同内容不严谨，参与部门少。

5）施工阶段：工程款支付不及时，签证管理、材料管理不规范。

6）竣工结算阶段：结算时间滞后，结算资料不完整。

鉴于上述现状情况，成本管控应致力于全过程管控：强调成本管理的时间从项目前期开始介入，到工程的设计、招标采购、施工直至竣工结算交付完成。

此外，成本管控绩效不仅靠成本部门的努力和简单的提倡提高全员成本意识，还必须提高项目整体管理水平；借助于 BIM 技术的应用，成本部门的主要精力和管控重心应转型至：如何利用成本数据系统，引领、协同相关职能部门优化管控措施，提高管理水平，从而防范和降低成本风险，提高成本管控绩效。

5.2 地产项目各阶段 BIM 成本管控特性

5.2.1 地产项目前期阶段的 BIM 辅助投资决策

1. 地产项目前期阶段成本管控特点

在开发项目的投资决策阶段，项目的建设标准、建设地址、建设规模、项目定位、融资方式等内容均已初步确定，项目决策正确与否，直接关系到项目的成败。正确的项目决策是控制好工程成本的前提，如果项目投资决策阶段决策失误，则后续阶段再有效的成本控制也不能取得满意的成本控制效果。经核算，对于房地产开发项目来说，虽然在前期决策阶段的成本费用包括土地费、前期工程咨询费、市场调研费、项目融资成本等，仅占总投资比例约 1%，但是对于项目总体成本控制影响程度高达 60%～70%。现实中，由于建设方主要看到支出金额小而忽略了影响程度，从而导致成本控制的重要性认识不足，包括：

（1）可行性研究缺乏科学合理性

对于项目开发而言，前期的造价控制是房地产开发项目造价控制的源头和重点，但是在实际开发过程中，有不少房地产项目的投资和财务经济评价未经过科学的测算和分析论证，对市场需求预测生搬硬套，拍脑袋进行设计方案比较，盲目确定项目的建设规模，对原材料和设备变动估计不足等，导致“三超”现象严重，概算超过估算、预算超概算、结算超预算，最终不能实现造价控制的目标和良好的投资回报。

（2）项目成本估算不精确

成本估算是成本控制的重要基础，属于一项动态性较强且连续的工作，估算结果虽然并不是最终的结果，但是对于成本的控制来说却具有较强的借鉴参考价值，如果估算的准确性较差的话，将会影响到整体的成本控制水平。在实际工作中，不少房地产公司在开发项目前期工作中，甚至没有设置前期造价控制的部门，也没有聘请专业的咨询公司把关，而是让财务部或总工办等非专业部门替代，缺乏专业性，有的公司甚至凭借经验或拍脑袋得出造价数据，缺乏科学性、合理性和前瞻性，以至于投资估算等财务经济指标在项目开发投资中不能起到作为造价控制依据的作用。

随着传统项目策划中调研、分析、管理等问题的出现，传统的项目策划技术越来越无法满足业主的要求和项目水准。自 BIM 技术产生以来，与其相关的研究和应用不断加强，当前的 BIM 应用不仅是技术实现问题，更是一种上升到行业发展战略层面的管理问题。斯坦福大学 CIFE 的 Kunza 和 Giligan 在 2007 年曾进行一次问卷调查，评价 BIM 在建筑业的应用价值发现，BIM 应用最广的三个领域为文档管理、概念设计和项目前期策划。调研结果显示，2006 年，25 个被调查项目中，有 44％的项目在前期策划阶段应用了 BIM；2007 年 53 个被调研项目，有 49％的项目在前期策划阶段应用了 BIM。而在 BIM 技术是否给项目带来增值的比例中，2006 年被调查项目有 50％认为带来增值；2007 年有 65％的被调查项目认为带来增值。数据表明，业内对 BIM 在前期策划阶段应用的认可度日益增高。

2. 地产项目前期阶段的 BIM 辅助决策特性分析

（1）可视化助力场地分析

在决策阶段，场地的地貌、植被、气候条件都是影响场地布置的重要因素，需要进行详尽的评价及分析。利用 BIM 技术建立起工程项目初步构思的真实方位，利用 BIM 与其他软件的兼容功能，形成项目实时实地的方位模型，其周边真实的市场环境、交通状况、周边商业建筑布局等即刻尽收眼底，并可进行实时漫游，使业主表达和交流思想更加充分，对项目的判断更加明确高效，大幅缩减了决策所用时间，同时避免场地规划空间的浪费，保证合理布局，并对项目主题定位、业态分布等的决策提供结论和建议，通过 BIM 技术协助场地分析，加快决策速度，节约了时间成本。

（2）使投资估算更有依据

在决策阶段，首先要确定项目的投资，对不同建设方案进行造价估算，投资估算作为成本管理的主要文件，是工程项目可行性研究报告的一个重要组成部分。

企业数据库中的 BIM 模型包含工程的参数化信息，在投资估算时，成本估算人员通过构建初步建筑信息模型，调取与拟建项目相似工程的历史 BIM 模型，再根据拟建项目实际情况进行修改，借助精确 BIM 模型进行有依据的投资估算；另外，结合可随时更新的材料单价信息，快速查询多家材价服务商的材料价格信息，使投资估算过程中的材料单价始终处于一种动态的控制之中。

（3）协助业主方比选方案

投资方案的选择是决策阶段一项关键性工作，需要综合考虑工程量、成本、土建每平方米造价、安装每平方米造价等指标，以此确定最优方案。传统投资方案的比选一般通过自行搜集成本指标和价格数据来进行项目成本的测算，准确性难以保证。

利用 BIM 模型可以对相似历史项目进行抽取、修改、更新，快速形成不同方案的模型，找出不同投资方案的优缺点，帮助项目投资方直观方便地进行方案比选。BIM 技术在前期决策过程中提高了决策效率和质量，对于节约前期成本投资估算发挥很大作用。

5.2.2 地产设计阶段的 BIM 成本管控

1. 地产项目设计阶段的成本管控特点

设计阶段决定了建设项目的结构形式以及材料设备的选择，是房地产成本形成的主要阶段。在这个阶段，设计方案、设计质量的好坏直接影响成本、进度和工程质量，是在满足使用功能的前提下，对项目进行合理设计，将会大大降低工程成本。因而在此阶段，一定要做好成本控制工作。

本阶段一般进行成本控制的方法包括方案比选、限额设计等，但是传统方式下，上述成本控制的方法存在的问题包括：

（1）设计方案比选落实不到位

地产项目的设计大多采用直接委托而非招标方式，很少涉及设计方案的比选。某些项目采用招标方式，也只是对初始设计方案的比选，初始设计方案一旦确定，相应的设计单位也被确定为，后续的技术方案和施工图设计就不再进行比选优化。某些大型房地产开发企业聘请第三方设计单位进行设计优化，然而由于目前法律和法规的要求，第三方设计的设计成果很难作为施工的依据。另外在地产设计方案的比选中，也大多注重项目的建筑造型和实用功能等技术性指标而忽视经济性指标。

（2）限额设计实施有困难

关于限额设计的推广，大多强调采用限额设计的意义，即限额设计促使设计师将技术和经济结合，能有效防止项目的“四超”。关于限额设计的具体方法和技术难点探讨很少，尤其是投资限额的估算、投资限额的分配以及在限额下进行设计。如限额投资的估算方面，由于地产项目的基础数据信息不足，不可预见因素多，技术条件不明确等，其投资估算的难度大且精度低，在设计过程中因反复修改而不能起到约束作用。另外，投资限额仅指地产项目的初始化成本，容易导致设计时为满足投资限额，而忽视项目的全生命周期成本。而在投资限额的分配方面，目前常用的分配方法主要是参照类似项目的数据资料将投资限额分配到各单位工程，由于地产项目的成本会因为时间、地点和技术标准不同而相差较大，这种方法进度太粗略。

（3）多专业的信息交流不畅通

地产项目在设计阶段往往涉及众多参与方的信息沟通和交流。目前主要采用人工的方法进行信息交流，其效率低下且容易出错，而且不能及时更新，如各专业的图纸是否符合规范、是否有矛盾冲突，都需要设计师人工进行一一识别，如果专业之间存在冲突，需要一个专业修改后通知其他专业同时修改，如此反复，由于涉及专业多，修改次数频繁，降低设计效率，设计师也因为过程复杂常常放弃修改和优化。甚至很多图纸错误直至施工过程中才发现，造成成本的极大浪费。

2. 地产项目设计阶段的成本管控应用

建设项目的三大控制目标即工期、质量、造价能力以及建成后能否达到预期的经济效益，设计阶段对这两方面都起着决定作用。设计阶段包括初步设计、扩初设计和施工图设计几个阶段，相对应的是设计方案估算、设计概算和施工图预算。在设计阶段，通过 BIM 技术对设计方案进行优化或限额设计，还可以进行设计模型的多专业一致性检查，设计概算、施工图预算的编制管理和审核，逐步实现对造价的有效控制。

（1）基于 BIM 的限额设计

工程建设项目的设计费仅占建安成本的 1%～3%，但设计决定了建安成本的 70%以上，可见设计阶段是影响工程造价控制的关键。设计限额可以促进设计单位有效管理，转变长期以来重技术、轻经济的观念，有利于强化设计师的节约意识，在保证使用功能的前提下，实现设计优化。在传统方式下，做好限额设计是很困难的，因为限额设计难以覆盖到所有专业，设计人员缺乏投资概念且各专业之间工作缺乏沟通，需要反复协调，造价数据无法迅速、动态地得出，其次设计图纸缺乏足够的造价信息，无法使造价工作和设计工作同步，并根据造价指标的限制进行设计方案的及时调整，最后设计阶段的造价工作是滞后的，无法在设计过程中协同进行，设计很难被分解为指向某一具体设计步骤的造价计算，限额设计的指标分解难以实现。

设计限额往往是参考类似项目提出的，但是现在大多数项目在完成后没有进行认真总结，造价数据也没有根据未来限额设计的需要进行认真整理校对，可信度低，BIM 模型包括了丰富的设计指标、材料型号信息等，企业 BIM 模型数据库累积了企业历史项目的造价指标，在设计之前，这些指标可以帮助企业对设计单位制定限额设计目标，在设计过程中，BIM 模型和统一的交换标准可以使各专业协同设计利用 BIM 模型来测算造价数据，在设计完成后，可以快速建立 BIM 模型并核对指标是否在可控范围内。利用 BIM 技术进行成本的实时仿真，并允许实施、同步地分析成本，设计人员和造价人员根据所涉及的设计单元的造价信息来优化设计方案，很好地实现了限额设计。此外，结合财务工具的 BIM 模型能够对投资回报进行综合分析，业主可以了解设计变更对投资收益的影响。同时，使用 BIM 技术还可以进行造价成本分析及建筑能耗分析，使初始决策科学化，避免了建造成本的不必要浪费，包括后期成本。

（2）基于 BIM 的设计概算

设计概算在设计阶段，由设计单位或造价咨询单位依据初步设计图纸，套用概算定额，估算出工程的建设费用。此阶段强调的是一个“图后成本”。在传统工程造价管理模式下，工程造价的控制无法在设计阶段得到体现。这是因为：

1）设计概算不能与成本预算解决方案建立起有效的链接

设计概算主要编制依据是国家或地方的概算定额，从时效性上来讲，定额版本更新的速度很慢，其具有信息量少、时效性差、可比性差和分类较粗等缺陷，难以满足市场的快速变化和发展，造成了设计概算与工程实际造价的分离，同时也造成设计人员在进行设计工作时很难实时、同步地了解每个设计细节的实际造价数据，仅通过概算数据无法真正实现设计阶段的造价控制。

2）设计阶段通过二维的辅助

计算机制图软件所创建的设计图纸或数据，以及由此进行的概算数据无法与造价管理所需的数据自动关联，很难被后续建设阶段的造价管理工作所利用，无法实现整个项目生命周期中设计数据的共享使用。

工程的 BIM 模型集成了工程信息如工程 3D 模型、工程量、成本、价格等业务信息，有效提升了设计概算对设计和后续成本的控制作用。首先，基于 BIM 技术的设计概算能够实现成本的实时仿真和核算，还可以被设计阶段之后的建设项目的管理工作所使用，项目建设过程中的所有参与方可以在设计阶段进行协同工作，方便快捷地预测项目的施工成本和建设时间进度，解决了设计过程中专业割裂以及项目开发过程中阶段分离的问题，也较大程度地避免了设计和造价控制的脱节、设计与施工的脱节、设计变更频繁等问题的出现；其次，BIM 支持建筑师和工程师在实际施工之前使用数字化设计信息对项目性能进行分析和了解，同时开发和评估多种设计方案，建筑师和设计师可以松弛比较，并作出更明智的可持续设计决策。

因此，基于 BIM 的设计阶段管理可以解决成本控制问题，基于 BIM 的设计概算，利用 BIM 的计算能力、工程量快速分析，通过协同 BIM 的历史数据、成本分析指标可以帮助我们更快、更准确地分析设计概算，大大提高设计概算的准确性。

（3）基于 BIM 的碰撞检查

在建设项目的实施过程中，经常会出现因为设计各专业间的不协调、设计单位与施工单位的不协调、业主与设计单位的不协调等问题产生的设计变更，对造价控制造成不利影响。2010 年《中国商业地产 BIM 应用研究报告》通过调查问卷发现，设计企业中有 77%遇到过因设计图纸的不明确所造成的经济损失，其中的 10%认为该损失高达项目建设投资的 10%以上，施工企业的 43%因招投标图纸的重大失误造成纠错成本超过 100 万元。通过应用 BIM 模型，项目各方可以在实际实施前直观地发现问题，及时修改，使设计变更大大降低，大大提高了专业的协调度，有利于成本控制。

BIM 技术在设计变更管理的意义在于最大限度地减少设计变更，从根本上减少由设计变更造成的工期和成本的增加。相关调查统计表明，使用 BIM 技术可以消除 40%的预算外更改。建筑信息模型具有可视化的特点，通过三维设计，设计师可以更容易地发现设计错误，在形成施工图前进行修改完善，三维可视化模型可以准确地展示专业系统的空间布局，专业冲突一目了然，可以提高设计深度，以实现三维校对，很大程度上减少了“错”“碰”“漏”“缺”等设计错误的出现，避免了日后频繁的设计变更。

利用 BIM 技术可以把各专业整合到统一平台，通过集成建筑模型、结构模型、机电模型等，在统一的三维环境中，进行三维碰撞检查，可以发现设计错误和不合理之处，并进行标识和统计，提高设计质量，通过及早发现和解决冲突，很大程度地减少了施工过程中的设计变更，消除预算外变更，减少返工，为项目造价管理提供有效支撑。除了施工阶段的图纸会审，在项目的方案设计、扩初设计和施工图设计中，建设单位和设计公司都可以利用 BIM 技术进行多次的图纸审查。

5.2.3　地产招标采购阶段的 BIM 成本管控

1. 地产项目招标采购阶段的成本管控特点

招标文件是招标过程甚至是一个项目实施全过程的纲领性文件，是一个项目成本控制的关键，招标文件中的主要条款都将直接影响项目的成本控制，如招标文件中出现模糊不清、自相矛盾的内容，会使得工程施工过程中出现索赔，给整个工程的造价造成不确定因素，招标文件总会出现对投标人有利的内容，这样使得投标人能加以利用提出索赔或是采用不平衡报价，为以后的工程造价埋下隐患。具体表现为：

（1）计量计价模式对成本的影响

2003 年 7 月 1 日起，我国开始实施建筑工程工程量清单计价方式，这种方式对招投标阶段成本控制的影响包括：工程量清单的编制如果出现错项而引起的风险将由业主承担，可能最后的成本远大于预期成本；我国市场体制不健全，难以避免出现低于成本价的竞争，会直接影响到工程的质量、工期成本等造成很大影响；投标人的不平衡报价会造成施工过程中的变更增加，从而影响成本。

（2）投标方案对成本的影响

投标人往往结合自身的施工技术水平和能力并分析市场竞争及对手做出自己的投标报价，一旦中标，其施工方案将会对项目的成本产生非常大的影响，主要表现为：投标人串标抬高报价，利益分成，会使得中标价远大于实际成本；投标人故意压价而施工时偷工减料，使得工程质量出现隐患，工程返工重建或维修的费用将会提高。

2. 地产项目招标采购阶段的 BIM 成本管控应用

（1）快速工程量统计

在建设项目成本管理中，工程量的计算是成本管理中最繁琐最耗时的部分之一。传统工程量计算，是使用算量软件或 Excel 表格，将施工蓝图通过建模的方式输入图纸上的数据，这个过程的主要缺点是整个过程耗费人工、时间较多；算量人员的水平对算量结果影响非常大；图纸设计需要达到施工图设计的深度才能准确；当发现图纸设计错误时，需要设计单位、业主单位、咨询单位等多方沟通，修改 CAD 图纸，流程往返费时等。

而 BIM 技术恰好能解决工程量计算的问题。比如 BIM 技术在处理实际工程成本核算中的巨大优势包括：快速——基于 BIM 的成本数据库汇总分析能力强；准确——通过数据库动态维护成本数据；分析能力强——可以多维度（时间、空间、WBS 等）汇总分析满足不同统计条件的成本报表，满足不同层次成本分析的需求；提升企业成本控制能力——项目成本 BIM 模型可以在企业部门间共享，实现信息对称，加强企业成本管控能力等。

（2）施工界面划分及合同体系构建

目前，国内很多的地产项目中，中高端住宅一般在交房时均进行了一定的精装修施工。在施工界面划分上，建设单位一般将主体结构封顶作为项目建设期的第一个形象进度施工控制节点，将室内精装修完成作为第二个形象进度施工控制节点。从成本控制角度而言，常见风险通常出现在主体结构施工单位各分部分项工序内容施工基本完成，精装修单位接收现场之时。

实际案例表明，建设单位有必要严密控制并及时传达设计变更信息资料，保证土建主体结构完成界面与精装修进场接收界面相互符合，并以完备的施工蓝图形式对现场情况进行确认，做到图纸信息与现场信息同步，专业图纸界面严丝合缝，这对避免出现专业界面交接产生的施工扯皮、商务索赔问题至关重要。

房地产工程项目施工全过程是结构、机电、幕墙、精装修、消防、景观绿化等不同工程专业施工承包商协同合作共同推进工作的过程。因此，建设单位的工程管理部门必须切实掌握施工进程中不同专业施工单位进场时机，理清多家施工单位不同操作界面，及时协调解决突发界面冲突，方可确保施工平稳进行。

设想若住宅主体结构部分墙柱未预留几点预埋孔洞，若机电安装桥架未考虑精装修天花吊顶高度限制，若幕墙封闭未考虑消防卷帘盒安放空间，房地产工程项目在实施过程中必然专业之间扯皮严重，工程效率大打折扣，工程费用难以控制，其后的验收交付更是无从谈起，故而不同施工承包商之间的工作界面的澄清在建设单位下开工指令前极其重要。

首先，建设单位有必要从设计方及早获得界面划分清楚的全套各专业施工图纸，经复核后分发至各专业承包商，尽量完善图纸后再行招标开工。当前国内绝大部分设计院采用的依然是二维工程制图，仅仅是在需要进行特定分析计算时才搭建建议三维模型，对建筑内部的构造设计的专业界面未必能实现良好搭接，实际施工过程中，出现设计变更签证在所难免。BIM 技术利用建筑构件模型的参数化在计算机环境中实施“虚拟建造”，实现可视化且过程可逆的构建模式，对整个建筑工程设计、建造等的成本控制必然产生深远影响。

通过 BIM 模型，建设单位可以在签署施工合同之前，发文征求中标承包商对施工界面及图纸的正式书面意见，并组织设计方、相关承包商召开协调会议，全面检查是否存在界面重复或遗漏之处，澄清中标承包商所提出的疑问，所有专业承包商对界面的划分及交接清楚后，对工程界面划分的技术文件进行书面确认，避免因此而造成的成本波动。

5.2.4 地产项目施工阶段的 BIM 成本管控

1. 地产项目施工阶段的成本管控特点

开发项目施工阶段的成本控制是在既定的预算成本基础上，在施工生产的动态过程中，对施工各阶段、各部分的成本进行控制。它对项目竣工后的工程决算具有重要影响。开发项目的施工阶段是将设计图纸转化为工程实体的过程，虽然施工阶段节约投资的可能性比较小，但是这一阶段需要投入大量资源，支付大量资金，浪费的可能性很大，容易造成投资的超支，因此施工阶段的成本控制在房地产开发项目的成本控制工作中占有重要位置。在施工阶段，开发企业应该建立适合企业的、严密的、行之有效的设计变更和现场签证管理控制体系。但在实际操作中，该阶段出现的成本控制问题依然很多，包括：

（1）工程变更管理问题

房地产开发企业中设计部、工程部、成本部分工负责，但由于工期紧迫、变更频繁等原因，往往对合同理解不准确、相互沟通不到位，造成设计变更没有结合工程进展，工程洽谈没有按照合同条款，而承包方容易借机钻空子，增加变更项目和数量，最终导致成本增加。

（2）工程索赔管理问题

在项目实施过程中，索赔事件是很难避免的，但很多房企合同管理粗放，缺乏积极的应对措施，工程签证不及时、不准确、不完整，为索赔谈判带来很大难度。另外，缺乏反索赔意识也是比较普遍的问题。

（3）成本控制的孤立性、片面性

成本控制的目标是建立在工程项目达到预定工程功能和工期要求的基础上的，然而大部分房地产企业还没有形成有效的成本控制体系，基本上是设计、工程、成本分三个部门独立管理，从而形成了项目成本控制的孤立性，没有与项目的质量、进度等项目目标系统考虑，缺乏整体项目管理理念，不利于项目成本的有效控制。

大部分房地产开发企业，单纯强调部门对成本的核算、分析与控制，认为成本控制是专业人员的事，缺乏全员成本控制意识，没有调动全员成本控制的积极性。单纯强调工程建设成本的管理，没有从房地产项目开发全过程管理的角度进行成本控制。缺乏全方位成本控制理念，没有充分发挥材料、设备的使用价值，在控制成本的同时没有节约意识。

2. 施工过程中 BIM 成本管控应用

在施工建造阶段，工程造价管理的主要任务就是通过工程付款控制、工程变更费用控制、预防并处理费用索赔、挖掘节约工程造价的潜力等来控制实际发生的费用不超过计划投资，BIM 助力地产项目成本管控应用体现在：

（1）地产项目资金使用计划的确定

正确编制资金使用计划和进行投资偏差分析，在工程造价管理工作中处于重要而特别的地位。BIM 技术在编制资金使用计划上也有较大优势。BIM 5D 模型整合了建筑模型、时间维度以及造价信息，可以伴随建设过程动态展示资金使用状况，更为直观地体现建设资金的动态投入过程，方便建设单位合理安排资金计划，直观地展示随着项目进度推进的投资资金使用状况。

（2）地产项目合约管理

项目合同的参与者往往只重视合同的签订，忽略随着项目的进行，合同的动态变化，合同管理的真正目的在于纠正实际情况与合同文件的偏差，实际动态的管理，BIM 技术可以通过施工流程模拟、信息量统计等给项目合同管理提供技术支持，使每个阶段要做什么，工程量是多少，下一步做什么，每个阶段的工作顺序是什么，都编的显而易见，增强了管理者对合同实施的掌控能力。

1）4D 可视化模型准确反映工程量

通过 BIM 软件平台的时间点对应的具体工程总进度和工程量来编制进度计划，获得各阶段所需要的人员、材料、机械用量，可以建立 BIM 的 4D 模型让施工进度可视化。4D 可视化 BIM 模型能准确反映实际完成工程量，有利于在充分了解下一步的工作内容和工作时间的基础上严格要求施工方按进度施工，是进度控制的指导性文件，是进度调整、保证合同工期的有力工具。

2）通过 BIM 提供符合工程实际进度的工程量、设计参数、工程参数等

可以进行准确的成本估算、概算，应用 BIM 技术能够迅速、准确提取各部位工程量，实现对项目成本的动态监控，让项目管理者实时掌握合同成本的控制情况。

3）工程合同管理全过程会产生大量的资料和信息

这些信息资料是合同责任、合同纠纷的处理依据，BIM 模型存储着整个项目寿命周期内所有设备、构建、参与者相关工作的详细信息，可以对施工工作产品的质量进行严格

控制，跟踪产品的使用是否符合设计要求，明确项目参与者人员的工作范围和工作责任，能够有效地减少索赔或为反索赔提供依据。

(3) 地产项目进度工程量与进度款控制

基于 BIM 的 3D 模型基础上，结合工程进度与成本控制，形成 3D 模型＋进度＋造价的管理模式，建设方可以在不同的时间节点确定施工进度和成本，以便实现资金计划、限额领料、资源优化以及动态成本控制，基于 BIM 的进度计量和支付可以根据所包含的时间段自动统计工程量形成造价，很好地克服了传统模式下进度计量困难、数据不统一的问题。

(4) 地产项目的变更、签证管理

基于 BIM 的工程变更管理可以直接在原有模型上进行变更管理，自动分析出变更前后的模型工程量，为以后的结算提供准确可靠的数据，很好地防止漏算、少算甚至后期遗忘说不清等造成的损失。基于 BIM 的签证索赔管理可以有效核实进行偏差分析，确认签证的工作内容，计算签证产生的工程量以及费用，可以更准确地处理签证索赔事件，减少争议。

(5) 地产项目动态成本控制

要实现成本的控制目标，必须对项目进行动态成本控制，在施工阶段，必须对成本支出进行分析汇总以便掌握成本目标的执行情况，并且还要与目标进行比较，找出偏差原因，同时为决策提供依据。

利用 BIM 技术可以快速查询构件信息及成本数据，并且可以实时地测定项目实际成本完成多少，对比及偏差分析，使得真正的动态成本控制成为可能。

(6) 地产项目的分阶段结算

目前，有各种各样的结算方式，有每月结算、分段结算、竣工后结算和单项工程结算等。如按月结算，先由施工单位根据本月完成的工作量编制结算文件，再由业主及监理确认后支付价款。由于当月实际完成哪些工程部位业主很难区分，特别是当完成某层的一小部分工程时，如刚把梁钢筋绑扎完成，很难去界定当月实际完成的工程量，所以施工单位往往会多报很多工程量，想提早获得工程价款，甚至出现工程进度款累计支付超出合同价的情况。

依据建设合同和图纸对 BIM 模型构件设置对应参数，能快速、精确地完成框图出量、框图出价，设置好结算的起止时间，模型就能快速实现拆分和汇总工程量，并形成造价进度文件，为造价人员审核进度款提供数据支撑。

5.2.5 地产项目竣工结算的 BIM 成本管控

1. 地产项目竣工结算的成本管控特点

竣工验收阶段是确定最终建设造价和考核项目建设效益、办理项目资产移交，进行各阶段造价对比和资料整理、分析、积累的重要阶段，也是项目建设结束、运营维护阶段的开始，亦是综合检验决策、设计、施工质量的关键环节。目前竣工决算环节成本控制的主要问题包括：

竣工决算的编制、谈判问题。很多项目结束后，竣工决算没有按期编制完成，或者由于时间仓促，竣工决算和实际情况偏差过大，为后期竣工决算的谈判工作埋下隐患。

目前很多房地产企业是通过项目公司管理开发项目，项目结束后主要管理人员往往解散、重组，一般在竣工结算环节设计、工程等管理人员已经离开项目，不利于竣工决算，更不利于考核成本控制的工作成效，应总结经验教训。

2. 地产项目竣工阶段的 BIM 成本管控应用

（1）竣工结算

基于 BIM 的结算造价管理不但能够提升工程量的计算效率，而且可以为结算资料的完备性和规范性提供可靠依据。在前面各阶段的造价管理过程中，BIM 模型也不断地修改和完善，与模型相关的合同、设计变更、现场签证、工程款的支付以及材料管理等信息也不断录入和更新，到竣工结算的时候，信息量已完全可以说明竣工工程实体。BIM 模型的准确性和全生命周期记录的完备性很好地提高了结算效率。同时，BIM 的可视化功能可以直接调用变更前后的模型进行对比分析，这样就避免了在结算时由于描述不清而导致的索赔争议问题，加快了结算和审核速度。

（2）项目后评估

项目后评估，是指对已经完成的项目的目标、执行过程、效益、作用和影响进行系统地、客观地分析和总结的一种技术经济活动。BIM 技术，在 3D 立体建模基础上增加了时间维度，通过与实际施工部署及过程的比照，更加客观、真实地记录了施工偏差，及计划变更情况，从而回顾原因，分析评价，通过直观、便捷的手段，增加了施工各阶段的评价客观性。

5.2.6　运维阶段的 BIM 成本管控

1. 地产项目运维阶段的成本管控特点

目前运维阶段成本管控存在的主要问题包括：

（1）物业成本高、收益小

项目运维阶段主要工作就是运营和维护，但在传统运维管理模式下，企业获取利润是通过物管收支的差额来实现的。传统的物业管理工作属于劳动密集型工作，随着劳动力成本的提高，物业管理的成本逐渐增加，大大挤占了企业的利润空间，使企业收益越来越小。

（2）经营方式单一，效率低

传统物业管理经营内容包括公共设施的维修、绿化养护、环卫工作、治安保障等服务工作，靠人工管理实现。这种模式下导致物业管理的效率很低，无法提升住户对于住宅使用的满意度，大大降低了企业开发项目的价值。

2. 地产项目运维阶段的 BIM 成本管控应用

（1）优化租售方案

传统的运维模式的租售，租户只能等项目建设完成之后才知道商铺的具体样式。一旦发现不满足自身要求，很难进行更改或者需要很长时间进行更改。例如商铺的空间大小、朝向、光照、样式、用电负荷、空调负荷等。同时客户可以根据自己的实际需求向业主提出要求，业主方就可以根据 BIM 模型对现场情况有具体的了解，并在此基础上根据客户需求做出时间和成本最优的变更方案。

（2）系统维护

传统观念下的系统维护一般是运维方通过竣工图纸，再配合 Excel 表格对建筑中各系统、设备等相关数据进行了解，这样缺乏时效性，也不够直观。根据BIM模型，业主维护人员可以快速掌握并熟悉建筑内各种系统设备数据、管道走向等资料，可以快速找到损坏的设备及出问题的管道，及时维护建筑内运行的系统，减少时间成本。

5.3 地产项目BIM成本管控效益分析

5.3.1 BIM成本管理与传统模式对比分析

1. 传统成本管理技术方法

地产项目的开发成本主要包括土地成本、前期费用、工程成本、营销成本、管理成本以及财务成本。从成本的属性来看，土地成本、管理费用及财务成本在项目初期即可大部分确定，其波动幅度微小，可控性相对较小；前期费用、工程成本、营销成本则会因为项目本身情况、涉及复杂因素众多等而出现前后差异较大的情况，如采取有效措施，则可压缩性（可控性）较强。因此，工程成本、营销成本是项目开发过程中进行成本控制的重点。而其中工程成本是进行控制的重点，也是研究的对象。这里的传统成本管理技术方法是指工程成本的管理技术与方法。

如前文所述，对地产项目工程建设各个阶段的成本管控的问题和传统方法已经作了分析。如设计阶段主要是利用限额设计、价值工程、方案比选等方式进行；招投标阶段的成本管理主要通过合理编制招标清单、评标、签订科学合理的合同文件进行成本的控制；施工阶段的成本管控措施主要包括合理控制设计变更、现场签证的发生、加强索赔管理等；竣工结算阶段主要包括竣工结算的办理等。

2. 非业主驱动型BIM成本管理

目前国内BIM在建设项目中的应用模式可以归纳为设计方驱动模型、施工承包商驱动模式和业主驱动模式。因此非业主驱动型BIM成本管理，主要是指设计方以及施工承包商的BIM成本管理。这两种非业主驱动型的BIM成本管理的实施动机一般为自身技术沉淀的需要，以及为增加中标筹码所实施的BIM成本管理，因此从动机驱动力上说与业主驱动相比不足，因而实施效果欠佳，深度也相对不够。

3. 业主驱动型BIM成本管理

如前所述，目前国内BIM在建设项目中的应用模式可以归纳为设计方驱动模式、施工承包商驱动模式和业主驱动模式。根据相关学者的研究，由于现阶段拥有完整专业BIM团队的业主方仍占少数，所以大多数的地产项目如果需要实施BIM技术仍需要专业的BIM咨询服务单位提供服务，因此文章所提的业主驱动型BIM应用模式可以进一步分为咨询辅助型和业主自主型等两种模式。这两种方式尽管都能够达到相应的BIM应用效果，但两种模式在项目建设中表现的特点却各有不同，两种模式的对比见表5.3-1。

两种应用模式对比分析 **表5.3-1**

应用模式	应用成本	应用效果	业主管理难度	适用的项目规模
BIM咨询辅助型	较高	全面但深度有限	管控难度一般	中小型较简单的项目
业主自主型	一般	专业程度高	管控难度大	大型且较复杂的项目

5.3.2 BIM成本管理效益分析

通过BIM的定义，可以发现两个最重要的关键字：全生命周期、共享协同。通过同一个建筑信息模型中实时、准确的信息共享，实现不同阶段、不同参与方、不同应用软件间的协同，对比传统工作方式，可以有效提升工作效率。

根据Mc-Graw Hill（Mc-Graw Hill，The Business Value of BIM in North America，2012）的调研，虽然没有采用明确的量化公式，但通过感知采用BIM技术后时间、成本、精力的投入产出比的比较，有62%的受访者认为投入产出比大于0，5%的受访者认为投入产出比超过100%。而且使用BIM时间越久、越熟练的受访者认为BIM的价值越大（图5.3-1、图5.3-2）。

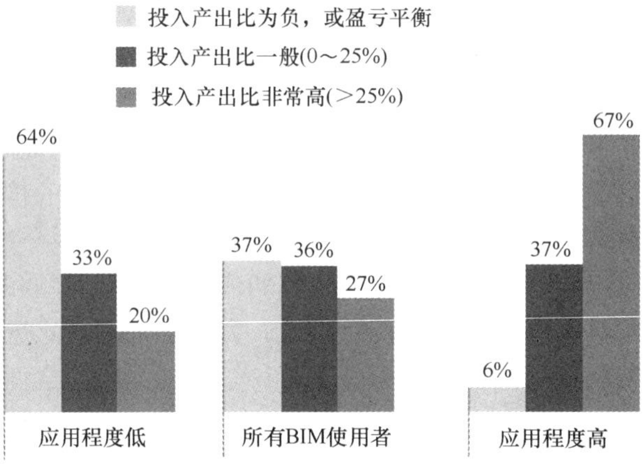

图5.3-1 BIM的应用程度越高，投入产出比例越高

	提升工地安全	有利于可持续发展	对招人与留人的正面影响	加速计划审批与许可	有利于预制加工	降低项目造价	降低项目活动与交付周期	更佳的多人沟通效果	提升项目流程结果	提升个人工作效率
建筑师	13%	47%	46%	35%	19%	62%	68%	74%	74%	79%
机电工程师	13%	20%	28%	28%	22%	41%	50%	65%	59%	59%
承包商	57%	36%	37%	48%	81%	78%	79%	71%	81%	85%
业主	33%	67%	17%	50%	50%	83%	50%	100%	100%	50%
平均	33%	37%	37%	40%	48%	65%	68%	71%	74%	77%

超出75%　51%~75%　26%~50%　小于25%

图5.3-2 不同参与者对BIM的价值的认可

从量化的角度来看，美国斯坦福大学整合设施工程中心（CIFE）根据32个采用BIM的项目总结了使用建筑信息模型的以下优势：

（1）消除40%预算外更改。

（2）造价估算控制在3%精确度范围内。

（3）造价估算耗费的时间缩短80%。

（4）通过发现和解决冲突，将合同价格降低 10%。

（5）项目时限缩短 7%，及早实现投资回报。

美国军部在 2006 年表示，通过 BIM 在以下的范畴里能节省成本：

（1）更好地协调设计：节省 5%成本。

（2）改善用户对项目的了解：节省 1%成本。

（3）更好地管理冲突：节省 2%成本。

（4）自动连接物业管理数据库：节省 20%成本。

（5）改善物业管理效率：节省 12%成本。

5.4 地产项目 BIM 成本管控总结

5.4.1 不足

通过对 BIM 技术的应用，在经济价值上有成本的节约，在管理协调上减少现场复杂环境的管理，同时对公司 BIM 技术人才培养有了进一步的尝试，为地产项目后续全面推广 BIM 技术打下基础，但是现阶段地产项目 BIM 实施过程中有不少不足，需进一步提升加强，主要体现在如下几个方面：

1. BIM 应用点单一，价值发挥不够明显

BIM 技术作为新技术推广，目前在地产项目中应用往往价值点单一，局限于从技术角度来辅助建造过程，主要体现在错、漏、碰、缺查找、三维可视化、深化设计方面，未从管理流程制度上体现 BIM 管理思想的价值。

2. BIM 应用停留于静态模型，未能实现其动态管理应用

很多地产项目中的 BIM 技术应用主要在于其三维可视化模型，在几何尺寸的应用上比较突出，在模型信息的挖掘上比较少，在实际工作中缺少与现场的动态信息的结合，比如进度管理与现场的关联、资源计划与资金计划的结合、安全文明施工的应用挖掘等方面，都需要进一步加强。

3. 甲乙双方在 BIM 技术应用上配合度不够成熟

BIM 的应用对很多企业来说还是新鲜事物，在实际操作中由于项目现场技术人员之前很少接触过 BIM 技术，双方在流程、制度上的配合还在摸索尝试阶段，使得 BIM 技术的应用有些局限性。

4. BIM 人才缺乏及现场技术人员 BIM 重视度不够

现场人员没有充分意识到 BIM 技术的应用价值，大部分工作停留于传统思路的解决方法，仅从 BIM 技术应用点辅助现场管理，需要发挥现场人员的主观能动性去逐步以 BIM 技术去融合解决。

5.4.2 展望

通过总结现阶段 BIM 在地产项目建设的应用现状和不足之后，为了激发 BIM 技术的应用能力，同时也为了该技术能够更好地服务于地产项目的成本管理，建议未来 BIM 技术应用可以朝以下几个防线进行努力。

1. 逐步扩大 BIM 技术的应用外延

现阶段 BIM 技术用得最多的是设计阶段与施工阶段，但从其技术特性上予以分析，BIM 技术完全可以服务于地产项目的全过程成本管理。

2. 加强 BIM 技术的人才培训，增强 BIM 应用的重视度

现阶段业主方对于 BIM 技术的应用还不具有足够的重视度，部分企业认为只是一项可有可无的辅助工具，没有深刻地认识 BIM 技术的应用价值。因而也就没有响应的人才与技术储备，这严重阻碍了 BIM 技术的推广与深化应用。

3. 逐步将 BIM 技术融合于管理体系中才能发挥最大价值

在项目管理过程中融合 BIM 技术，势必会出现与传统管理模式不适用的地方，因此需要在现有传统管理模式上进行调整，调整现有的管理模式以便最大限度地发挥 BIM 技术的应用架子。

4. 对已有 BIM 应用价值进行深化，如对计量计价等实用性价值进行挖掘

在利用 BIM 技术进行成本管理时，其能够显著提高工程量的计算，但传统的 BIM 设计软件无法支持与传统计价软件之间的无缝转换，因此如何打通基于 BIM 设计模型的更精准的计量计价是未来运用 BIM 技术进行成本管理的重点工作。

5. BIM 管理平台及大数据分析的深入应用

BIM 技术的深度运用依赖于一个高度集成的 BIM 平台的支撑，因此如何构建支撑于整个地产项目的成本管理工作，同时能够集成各个项目 BIM 应用大数据库，将对未来 BIM 技术更高层次地应用与发展起到至关重要的作用。

第 6 章　EPC 项目的 BIM 成本管控特性

导读：

EPC 总承包模式（Engineering-Procurement-Construction）即："设计－采购－施工"项目总承包，它是指项目承包商受业主委托，按照合同规定对工程项目的设计、采购、施工、试运行等工作进行全过程的或者若干阶段的承包服务，并在约定的合同条件下，对总承包项目的投资、质量、进度、安全等负责。EPC 工程总承包模式下的项目其设计、采购以及施工阶段的各项工作均由总承包商统筹安排，使得三个阶段能够做到有机融合、合理交叉，有利于更好地控制项目实施中的质量、工期和投资成本，降低风险，保证项目的顺利实施，确保项目获得较好的投资效益之目的。但是，由于 EPC 工程总承包项目参与方众多、合同条款不易准确确定等原因加大了 EPC 工程总承包商对成本控制的难度。

EPC 工程项目的成本管控目的是实现项目规划设计并付诸合理的成本。建设项目成本的传统管控工作较多地依赖项目管理人员，项目的成本因人的管理素质差异而会有较大差异。而基于 BIM 的 EPC 总承包模式成本管理，要求承包商通过 BIM 技术解决了 EPC 工程总承包项目在设计、采购以及施工阶段的信息流失和合理交叉障碍两个方面的难题，严格管控设计、招投标、施工、采购等项目实施各阶段的资源消耗，充分应用 BIM 技术的三维建模功能、模拟功能、算量计价功能等，为 EPC 总承包商提供基于 BIM 的成本管理体系，呈现全寿命周期下的成本管理模式。

6.1 EPC 项目的 BIM 成本管控特性概述

6.1.1 EPC 项目成本管控的特性

EPC 总承包项目的成本是指 EPC 项目实施所消耗和占用资源的数量及价格的总和。它包括业主在项目管理过程中的消耗的管理费等以及承包方为实施合同达到约定标准所必须消耗的人工、材料、设备机械及其管理方面的费用，还有按规定缴纳的规费和税金等。项目实施过程中的每一个环节、每一个作业细节都会有费用的发生，EPC 项目的成本管控贯穿了整个项目管理过程，它直接决定了项目的经济效益。对于业主而言，对项目的管控程度相对减弱，项目实施的主动权掌握在总承包商手里，因此为了项目效益业主在成本管理方面更应该加强管理、控制成本。

EPC 项目成本管控主要是指项目管理者为了使项目费用成本控制在计划范围内所进行的工作，主要包括：成本预测、成本规划、成本控制、成本核算、成本分析、成本考核六个部分，这六个部分分别体现在项目实施过程中的规划设计、设备采购、项目施工、试运行等每一个阶段，对项目的建筑安装工程费、设备及工器具购置费、工程建设其他费用、项目贷款利息等发生的费用进行管理，根据 EPC 项目的管理特点，本文分别从 EPC 项目的设计阶段和施工阶段对 EPC 项目的成本管控特性进行深入分析：

1. EPC 项目设计阶段的成本管控特性

项目设计成本管理是项目成本管控的首要阶段。设计阶段发生的费用成本在整个成本构成中的比例虽然只占到 5%左右，但却决定了项目 80%以上的成本，是对后续阶段的成本管控乃至整个项目的成本管理都有很大的影响。具体来说，EPC 项目设计阶段的成本管理有以下特点：

（1）根据 EPC 总承包管理模式的特点，项目的设计工作是由总承包商或是承包联合体来完成的，业主只给出了项目初步的规划和功能需求原则。所以，设计阶段的成本管理乃至整个项目的成本管理的主体是承包商，业主不同程度的参与。

（2）设计阶段可以确定整个 EPC 项目 80%以上的成本，比如主要材料设备费、建安工程费等。在 EPC 项目中，设计是龙头，是作为项目后续阶段实施的依据。设计阶段地质勘查的准确性与否、设计方案的可行性和经济性、目标成本的准确制定与否、设计人员的专业素质等都会影响到整个项目成本。因此 ，项目成本管理的重点应该是在设计阶段，可以从源头最大限度管控甚至减少项目成本。

（3）EPC 项目的总承包工期是确定的，在保证设计质量的情况下设计工期越短越好，可以为后续的项目实施阶段结余更多时间。在相同工期成本下，设计阶段投入的人工成本比施工阶段的赶工成本是要小的。因此，设计阶段节约施工工期对项目后续的成本节约具有很大的作用，在设计阶段一出现问题可以增加投入，避免影响后续工作，增加不必要的成本。

由于 EPC 总承包模式在我国的运用还不是特别成熟，项目实施过程中的很多管理方式仍然沿用我国传统的成本管理方式，就会出现一些无法规避的成本管理问题。对于 EPC 项目设计阶段的成本管理主要会存在以下问题：

（1）设计阶段和项目的采购、施工等阶段的协调性不高，容易造成施工阶段的设计变更，导致了资源浪费，使成本升高。

（2）对项目对象的安全设计过分保守，钢筋、水泥等材料设备用量会远远超过适用要求，也导致了施工方容易出现偷工减料等问题。从而造成更加严重的资源浪费现象，使项目成本也大大增加。

（3）建筑、结构、暖通、水电等专业之间的设计信息交流不够好，衔接不到位，导致各专业在施工过程中容易出现尺寸、位置、设备型号、施工方案等发生冲突，造成变更或是返工，增加了资源浪费。

（4）设计不够规范，同时设计阶段方案、图纸的审查不够严密，导致很多问题到施工阶段才显示出来，造成施工问题。

（5）设计人员与施工人员没有进行充分交流，导致设计与项目施工存在一定的脱节问题，后期的变更相应增多。

（6）设计阶段没有对整个项目实施过程进行系统性设计规划，没有形成一个完整的实施体系和价值流动体系，每个环节的衔接各部门各岗位所掌控的建设成本信息没有及时地链接起来，造成了成本管理的效率低下，造成了每个环节的衔接不流畅，使无法真正地对项目成本进行管控，从而导致了资源的浪费；不流畅导致了浪费。

（7）设计人员没有将设计方案与成本价值相结合的意识，且没有成本观念和价值观念，在项目设计过程中往往忽视项目的成本因素，导致了项目实施过程满足了项目功能、质量、进度的要求，成本却偏高。

（8）承包商没有充分考虑业主的需求，通常是业主单方面决策，业主与承包商没有形成一个完整合理的成本管理体系。承包商过分追求自身的利益，各参与方之间目标不一致，协同作业少，且各专业设计师之间信息交互少，前期设计考虑不全面，设计与施工脱离，导致施工过程中设计图纸与现场状况不符，从而造成设计变更增多，施工方索赔严重，这些都增加了项目实施的风险，造成项目成本难以控制。

2. EPC项目施工阶段的成本管控特性

在项目施工阶段的成本主要是施工所消耗的材料费用、机械的租赁和使用费用、施工过程中支付给作业人员的工资、奖金、补贴等，以及施工现场管理费用。施工阶段的成本主要有以下特点：

（1）施工阶段是设计在资源驱动下实物化的过程，很大一部分项目成本在设计阶段早已确定，施工阶段的成本管理主要是计划的实施和控制、改善等，施工阶段是项目成本管理最为困难的一个阶段。

（2）施工成本管理较设计、采购成本管理更加复杂和多变，影响因素很多，比如气候、市场、政策、地理环境等，更具成本风险。

（3）受设计阶段和采购阶段影响较大，施工阶段是工程纠纷、索赔、变更等影响成本的事件多发阶段，在施工阶段，合同管理对成本管理尤其重要。

（4）施工阶段对项目管理者的项目管理能力和职业素养要求更高。

EPC项目在施工阶段成本管理中存在的问题如下：

（1）项目实施计划的编制仅根据人员的技术能力和经验来进行，没有充分分析施工过程中的各种成本影响因素和限制条件，造成很多计划并未达到预期效果，这是成本的增加和质量问题。

(2) 前期设计和采购阶段的问题，造成施工阶段工程变更、停工待料、工期延误等问题，成本增加。

(3) 传统的成本控制中，往往都是依赖于项目人员的经验和技术对资源进行调配，并用以安排施工进度计划。随着项目建设周期的增加，所需要的信息越来越多，对资源的分配要求越来越严格，使得成本控制工作效率低，造成人员分配不均衡、机械调配不合理，工期延误问题严重。结果就是在项目实施计划里关注点仅集中于时间节点进度，同步时间进度的材料进度计划关注点不够，导致施工组织可实施性较低，建设项目能源消耗高。

(4) 材料的堆放配置不合理，造成二次搬运，影响施工效率和增加费用；项目现场缺乏标准化生产机制和科学的管理机制。

(5) 劳动人员作业素质偏低，生产技能和职业素养相对低下，缺乏相应的培训机制，导致项目实施效率低，质量得不到保障，加重成本负担。

(6) 项目分包过多，加重了协调工作量，并且容易发生工作交接上的冲突和利益冲突。

(7) 项目管理人员没有改变重技术轻管理的观念，项目管理实施效率不高。

(8) 项目实施人员成本价值观念不够高，技术经济分析不够，没有充分考虑业主需求，往往只在乎追求自身利益。

(9) 沟通协作能力弱。工程项目建设涉及多个专业作业、多个岗位的共同参与，虽然不少承包商已开始重视项目的成本管控工作，并安排专职人员对项目跟进管理，但实施效果并不理想。成本管理人员所获取的项目建设成本信息无法及时共享，导致成本管理部门无法与其他岗位部门协调合作，往往形成各部门各岗位之间交流较少的局面，各部门各岗位所掌控的建设成本信息没有及时的链接起来，造成成本管控的效率低下，导致项目成本管控目标难以实现。此外，各专业之间所应用的工程软件兼容性不足，数据交换端口通用性存在限制，我国目前已有不少软件商开发出适合我国计量标准的算量软件，但在数据交换和共享方面存在障碍，局限了承包商通过专业性软件提高成本管控能力。

(10) EPC 项目实施中很多方面仍然沿用传统的管理机制，造成了成本管理与质量管理、进度管理等很多方面存在不协调，没有充分发挥 EPC 模式的真正效果。

(11) 变更调控能力弱。工程项目开工后，可能会存在业主要求对设计方案进行变更和因施工作业原因必须进行施工变更的情况。因工程变更所产生的费用大约占到工程结算总额的 15%左右，故对承包商项目成本影响较大。建筑材料调整替换、施工工艺流程更变、设备条件变更、建筑物功能变化等变更内容都会导致建筑过程的变更。项目变更和施工变更是对原有建筑方案进行调整更改，往往会引发工程量的增减。实际的施工过程中，变更所带来的调整是链式反应，会对项目后期产生影响，通过人工方式核算变更所产生的工程量、调整物料安排等，所产生的工作量较为庞大，容易出错。

(12) 缺乏动态化管控机制。在项目建造过程中，成本指标具有动态的属性，随着项目进度的伸展，项目的建造成本越高。传统的成本管控计划对项目成本管控工作能够起到一定程度的帮助和优化，但因施工技术的局限性，优化并不充分，成本动态化监控程度不高，无法覆盖整个项目的建设过程。施工方往往重视竣工结算的结果，而对施工进行的过程量疏于管理，项目管理人员对项目的成本信息无法及时了解，丧失了对项目成本管控工作的主动性，偏差成本没有及时修正，最终必然会导致项目的建造成本增加。

（13）成本核算滞后。成本的核算是对施工现场的物资收发、用工状况、设备信息等工作内容进行清点核对，传统的成本核算是通过手工记录的方式进行，将记录的数据进行规整统计后制成表格上报给项目部门，经历逐级上报的过程后，信息反馈存在一定的滞后，承包商的成本核算部门根据所获取的数据进行分析，对异样的数据信息进行跟踪并作出调整。传统的成本数据传递耗时较久，核算周期较长，不能及时地对项目成本管控，无法在进度上实现项目成本管理的及时性，致使“问题发生—问题分析—问题反馈—问题解决”的流程处理实际情况效率低下。

除了以上几方面的成本管理问题之外，还有很多影响施工阶段成本管理的因素，比如各专业工作之间协调不够好、监理人员没有起到相应的监督管理作用等。这些问题是我国传统项目管理模式留下来的问题，国家的相关政策也没有体现出应有的科学性，阻碍了我国项目管理的发展，这需要我国项目管理人员不断改变和探索，规范化我国的项目管理。

6.1.2 EPC项目管理的模块组成及系统架构

1. EPC项目管理模块组成

EPC项目管理由设计管理、采购管理、施工管理三个主要模块组成，这三个模块在项目实施过程中需要统一管理、统一策划、统一协调，有序交叉进行，实现项目全过程的质量、成本、投资控制和针对有效缩短工期的科学管理控制。

（1）设计管理

设计管理包含整个设计阶段的设计成果，如方案设计、初步设计、施工图设计各阶段及管综、节点详图等工作，同时也包含出于采购及施工计划考虑的全部设计工作，实现三个阶段的深度沟通。相较于传统模式，在EPC模式下，设计管理在项目的前期、施工图、施工建造阶段、运营维护阶段的全生命期的主导作用可以发挥，并且设计周期占这个项目工期的比例更大。设计管理的主要内容包含：

1）明确设计内容

业主提出对项目的预期、功能、设计标准等的要求，承包方根据要求进行设计研究，明确设计内容。

2）设立设计沟通协调流程

建立起在设计方面与业主良好沟通的关系，明确交互资料文件的具体内容和标准、提供和审批的时间节点等。

3）规划项目设计进度计划

根据各专业的协同，编制出详细的设计计划，然后将设计计划和设计要求结合研究，制定每项设计计划的工作内容和时间节点。

4）设计质量管理

保证质量是设计成功的前提，设计阶段的问题将会直接影响到采购和施工等方面，将责任细分到各项设计人员，做好设计质量把控。

5）设计进度管理

EPC 模式下，各阶段交叉进行，其中设计在整体项目中起到统筹推进的作用，应合理把控设计进度，加强设计计划管理。

6）设计投资管理

设计阶段对项目投资影响最大，是提高效益的首要环节。应做好投资规划的编制和投资方案的优化，以求主动地掌控投资成本。

（2）采购管理

采购管理除包含项目中的设备采购外，还包含设计及施工各阶段的分包采购，常应采购管理的专业要求分为机电设备安装、园区绿化工程、智能化系统、锅炉房系统等几大板块进行分包采购。设计和施工方面针对专业设备、材料等及时与采购方面作深度沟通交流，达到缩短施工阶段因采购方面造成工期延长的高效率目的。采购管理的主要内容包含：

1）采购制度管理

设备材料采购制度的建立在于从设计阶段就开始制定采购内容的规定和方式，做到标准化管理；从采购的申请到授权人许可，再到材料设备的市场采购的整体流程管理。

2）供应商数据库管理

首先设立供应商准入和评价制度，经过评价制度分析选择合适的供应商，对正式供应商进行数据入库，数据要求标准详细并且定期或不定期更新。

3）专业设备采购管理

采购部门通过与设计、管理、供货商、甚至加工厂等方面的联络沟通，来确定专业性设备材料的采购，达到采购的专业性管理。

4）采购成本管理

作为整个项目中成本占比较大的阶段，采购应与设计、施工两方面保持相辅相成的密切关系，做到科学管理控制，对材料设备进行的成本估算和价格分析来控制采购成本，同时通过集中采购等手段达到二次节约。

（3）施工管理

施工管理指施工管理人员在施工现场具体进行施工组织设计和协调现场关系的一种管理。

与传统模式相比，业主的项目管理任务减少了许多，通常只派出一名业主代表管理整个项目即可。施工管理的主要内容包含：

1）施工组织管理

在施工进场前需要进行施工组织管理的设计优化，以达到人、财、物在合理时间节点的投入，最终实现用最小的成本达到项目合同目标。在施工阶段的成本控制中，施工组织管理的优化是至关重要的，不同的施工组织方案会造成施工成本的较大浮动，因此在进行施工组织方案的设计时项目负责人员要群策群力，以实际项目为导向得出最优施工组织方案。

2）施工责任分解

在保证施工进度及施工质量的前提下将责任分解化，充分利用项目中各个部门的管理人员，以达到各司其职，使施工阶段中的每项工作均有相关责任人。

3）施工签证控制

在施工过程中通常会出现大量施工签证变更的情况，有些签证是由于业主方更改设计，有些则是因设计不周或条件限制而被动更改设计而造成的签证，签证的原因是多样的，但均会造成工程量、施工进度及施工成本的变化。EPC总承包方在施工进场前需要组织各相关方对现场进行勘察，组织技术交底及图纸会审，尽量避免施工过程中出现签证情况。在施工过程中应提前做好签证准备，加强管理，对施工质量及进度进行严格的监管，减少签证现象造成的损失。

2. EPC项目的系统架构

EPC项目的系统架构分为质量管理、进度管理、投资管理三个内容，具体内容如下：

（1）质量管理

在任何一个EPC工程项目中，项目质量的保证一直是项目实施的基础，同时也是一项复杂的系统工程。质量管理贯穿于设计、采购、施工各个阶段，影响质量的因素较多，风险较大，是EPC项目管理中的薄弱环节。质量管理体系并不是千篇一律，需根据具体项目内容及项目特点建立。通过建立健全的项目组织机构、定制化的项目质量管理体系、规范的质量控制管理方法及质量评定程序等方式，对项目进行全方位、全过程的质量控制，加强质量控制意识，以达到EPC项目质量目标。

EPC项目的质量管理要点分为两个方面，一方面需要构建健全的质量保证体系，另一方面需要制定完善的质量控制程序。质量保证体系是指企业依靠完善的组织结构，运用系统方法将项目各部门质量管理人员有效地串联起来，形成权责清晰、沟通顺畅、各部门互相促进的质量管理体系。质量控制程序是指通过对工程质量的监管和审查，形成系统的质量控制网络保证项目质量水平，达到合同质量要求。

（2）进度管理

进度管理是EPC项目管理中必不可少的一部分，在EPC项目管理中处于协调其他管理工作的牵头地位，进度管理通过对项目全周期各个阶段多项工作时间节点进行计划、实施、审验等一系列工作，以保证EPC项目达到预期节点目标。

进度管理一般包含两方面内容，首先，制定完善的进度计划，在签署EPC合同后，根据合同的具体要求进行项目进度计划的编制，其次是要保证进度计划的实施，进度计划编制后进行发布，在计划执行过程中跟踪反馈，及时发现影响进度计划实施的问题并采取适当的措施确保工期的实际进度。

（3）投资管理

EPC项目的投资管理是将项目设计、采购、施工各阶段串联起来的一体化管理过程。

设计阶段是EPC项目的投资管理的关键，通过方案管控和概预算管控等方式进行，进而把握整个项目的投资管理方向。

采购阶段的投资管理需要根据不同的材料设备进行定制化的人员分配，做到专人专职，按质量与经济性兼顾的原则进行采购工作。在保证项目质量、采购数量和项目节点要求的前提下，货比多家、择优采购。

施工阶段的投资管理则需要合理处理好质量、进度和投资三方的关系，通过项目管理控制、施工组织设计的改进、施工方案的技术经济的分析及优化等方式做好成本规划和管理工作。

6.1.3 EPC项目BIM成本管控实施规划

从前面章节对EPC项目成本管控特性的分析可以看出，现阶段我国EPC项目在成本管控过程中存在诸多的问题，对此，我们将通过结合基于BIM技术的IPD模式来提高建筑项目的各参与方之间的协作与信息交流有效性，持续不断地更改优化设计方案，从而缩短设计和评审周期，减少复工与返工的次数，实现协同管理，进而对EPC项目的成本起到更好的管控作用。

在对EPC项目的每个阶段进行成本管控实施规划之前，首先需要完善基于BIM的项目组织结构和相关的管理制度。在项目组织结构与管理制度完善的基础之上进而在项目管理的每一个阶段结合BIM技术展开具体的项目成本管控应用。

1. 基于BIM的项目组织结构

构建基于BIM技术的建设项目组织架构，充分发挥BIM技术所具有的信息化特点，引入到建设项目中，设计基于BIM技术的项目组织架构，改良传统组织架构信息化缺失的局限，细化组织架构各职能属性及其要求，为承建单位进行项目建设提供参考。基于BIM技术设计项目组织结构是为了将BIM技术与组织结构理论要求相结合，新技术融入项目组织结构之中，有效改善组织结构信息交互瓶颈、工作效率低下的情况。基于BIM的组织结构设计的原则是将信息化内容进行共享，组织团队各部门或个人能够及时有效地获取项目信息，各种项目信息能够准确地与BIM模型契合，在应用BIM模型的时候也随项目的推进优化BIM模型，以最简单的结构形式向最有利于实现项目目标的方向发展，将信息化建设引入组织结构中。

在设置组织结构的时候应结合企业自身的硬软件状况，优化结构职能分工，以BIM技术应用为工作导向，根据项目状况设定部门及岗位，划分各组织层次的工作内容和责权。要以灵活适用的原则，合理地使用人力资源，保证组织人员的责权统一，同时也要重视组织结构职能之间的监督，平衡各职能部门及个人的关系和权限，高效地完成项目实施各阶段的工作内容，实现完善的管理制度。

根据项目需求组建集成化项目工作小组，成员应该包含来自施工方、供应商、业主等项目实施各方的参与人员，同时必须要有成本管理的专业人才和BIM；为确保项目的结构完整性以及各层次各专业的交流沟通，应以项目级、专业级、应用级三个层次来进行岗位设置，每个层次都有特定的岗位职权范围。

（1）项目级岗位：是项目建设的总负责人，处在项目管理中的高层，具有项目最高的管理权限，需要较高的BIM知识和管理能力，能够准确把控项目建设的大方向，对项目整个流程都较为熟悉，掌控项目全局。

（2）专业级岗位：是项目各专业的管理者，处于项目管理中的中层，对所从事的专业管理有直接的管理权限，在整个项目建设中，服从上级的安排，执行项目的专业要求，对各专业BIM知识有较高的应用能力，能够合理规划好本专业的计划安排。

（3）应用级岗位：是项目建设的执行者，处于项目管理中的底层，参与实际的BIM模型构建和应用，对项目建设阶段中的信息收集统计，构思基于BIM模型的应用方案，向上级主管反馈项目建设进展和问题，服从并执行上级所下达的指令，良好地完成项目建设的任务和要求（图6.1-1）。

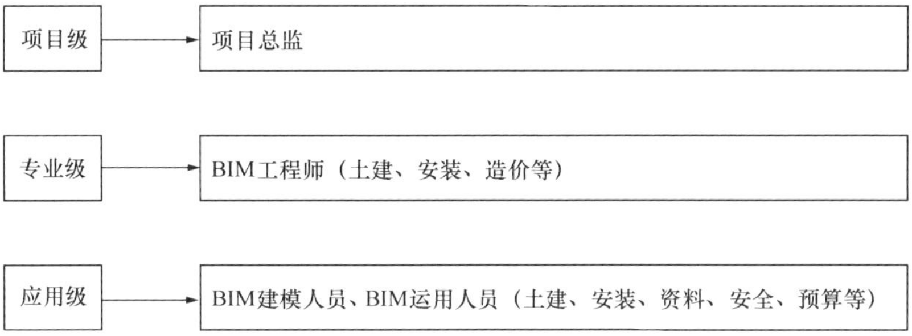

图6.1-1　岗位执行路线图

根据以上三个岗位职责，需要安排四种BIM岗位：

（1）BIM项目总监：在公司的支持下主导项目BIM团队建设，是负责BIM项目全程建设的主要负责人，可以广泛听取下级部门所提供项目建设信息和建议，具有编辑BIM模型的最高权限，是项目组织的最高领导者。其工作内容主要是明确BIM项目的技术路线、审核方案，管理项目各专业主要负责人，协调各专业工作流程，将项目目标实现与企业的经济效益最大化相结合，为企业起到降本增效的作用，在项目后期总结归纳项目BIM应用经验，为企业BIM实施方案优化工作提供依据借鉴。

（2）BIM工程师：负责项目各专业的工作内容，对各专业所出现的技术问题提供技术上的支持，并制定各单位工程的实施方案，衔接好上级主管与生产前线的沟通渠道。根据不同专业类型往往分为土建专业、安装专业、造价专业等，其中土建BIM工程师所主要负责的内容是土石方、基础、钢筋混凝土等土建工程，在BIM技术支持的基础上实现对项目土建部分的专业管理；安装BIM工程师所主要负责的内容是项目的给水排水、电气、暖通、消防等安装工程，解决安装工程所遇到的技术问题，提出合理的安装方案；造价BIM工程师是基于BIM软件应用实现对项目的成本核算，对工程项目的造价内容十分熟悉，能够结合项目造价分析项目不合理的成本，提供此信息给其他专业，优化项目建设的方案，对项目造价动态实时地监控。

（3）BIM建模员：主要负责项目的模型创建与维护，根据项目的设计方案，构建项目施工的目标模型，同时在项目建造中创建反映实时状态的项目模型，对比实时模型与目标模型的差异和不足，及时反馈差异情况给上级各专业主管，起到及时找出问题、发现问题的作用，加强与各专业之间的沟通协作，为施工流程安排提供模型参考，在遇到项目设计变更或施工变更的时候提供可视化的变更模型，为后来变更费用的核算提供依据，避免出现纠纷无据可依的现象。

（4）BIM运用人员：主要负责BIM技术与实际的生产相结合，执行BIM项目要求。不同专业的具体应用存在一定差异，如在土建安装部分运用人员可以用来指导实际的施工过程，如遇到不同专业的可以提前模拟并发现；在工程预算方面可通过模型数据输出得到项目工程量的情况，从而实现快速的项目造价；在安全生产方面可通过模拟施工过程发现建设过程中的安全问题，反馈上级改变实施方案，增强项目安全性。BIM运用人员处于项目的最前线，施工员、预算员、安全员、资料员等都是BIM运用人员，借助BIM技术这一公共信息平台，拉近了与管理者的沟通渠道，减少项目信息流失的情况，一线人员也能准确地获取项目指令，提高项目建设的效率。

2. 基于BIM的项目组织管理制度

为了保障BIM组织结构在工程建设期内正常的运转，在项目组织设置时除了提高项目人员BIM专业素养的门槛要求，还应建立BIM相关的组织管理制度，切实起到保证项目顺利进行的作用。由于BIM的项目组织管理涉及多人员、多设备、多软件，故传统的管理制度无法完全的兼顾到，因此编制基于BIM的项目组织管理制度是十分有必要的。BIM组织管理通常需要对项目的数据信息维护、硬软件管理、实施应用、培训管理等制度内容进行改造补充。

（1）数据信息维护制度

由于BIM技术是建立在项目信息化的基础之上，项目越大的工程所具有的建筑信息量越庞大，在建设项目的过程中，各部门都在BIM的平台上反馈项目建设的信息，庞大的数据需要基于公共数据标准格式才能实现交流共享，同时也需要及时对数据信息存档防止数据遗失，避免出现因数据而报错的现象，设立项目数据信息的访问权限，对项目重点信息内容要进行加密保护，防止项目机密泄露影响施工方的核心竞争力。

（2）硬软件管理制度

BIM技术应用离不开硬软件的支持，BIM项目的硬件设备需要在传统项目物资采购制度中进行补充说明，在使用BIM有关设备的时候也要进行设备使用登记，避免人为的损坏。目前BIM相关软件需要花费一定金额去购买，而且软件一般还存在版本更新和使用期限等情况，因此在使用的过程中要对这部分内容进行补充说明，同时软件的使用周期购买应结合项目的要求进行购买，避免软件闲置浪费。

（3）实施应用制度

在对BIM实施应用的时候应对项目的BIM人员构成和岗位进行补充说明，明确各人员的BIM分工和岗位职责，同时对各岗位的能力要求和基本工作内容要进行明确的规定。

（4）培训管理制度

BIM技术应用目前还在不断地深入研究之中，应用范围也在日益扩大，建立培训管理制度帮助项目BIM人员及时地获取最新的BIM使用情况，有利于项目BIM人才的培养和技术创新，因此在项目组织管理中加入BIM培训管理的制度有利于施工方人员的长期发展。

6.1.4 EPC项目BIM成本管控实施流程

在EPC项目全生命周期中，不同阶段的BIM模型可以整合和提供不同阶段各专业所需的信息。基于EPC项目设计、采购、施工一体化的特点，EPC项目应该在设计阶段就开始预测并在源头消除整个项目实施环节的浪费现象，达到成本、质量、工期、安全等最优。EPC总承包项目的成本管控实施规划如下：

1. 设计阶段成本管控流程

（1）人员配备。根据设计需求组建集成化设计工作小组，成员应该包含来自施工方、供应商、业主等项目实施各方的参与人员，同时必须要有成本管理的专业人才和BIM。

（2）通过与业主的充分交流，明确设计基本原则，并将设计任务进行分解，明确每一个成员的主要任务，同时制定目标成本。

（3）构建信息集成化的交流平台，EPC项目所有的参与方，这些参与方各自都有对数据的特殊要求，利用 BIM 可以在同一个模型中实现各参与方之间的数据交换并对数据进行存储，保证项目信息能够快速在设计方、施工方等项目参建方之间交换，协同项目的参与方之间进行有效交流。

（4）采用并行思想，并行地进行各专业的图纸和方案设计，缩短周期。

（5）设计方在进行方案设计过程中通过 BIM 模型对建筑物的各类系统，包括建筑、结构、机电、消防、电梯等进行空间协调，并且立足项目全寿命周期运用价值工程分析方案的经济可行，控制成本。同时改变了传统模式中先设计再施工的管理流程，项目的业主、咨询方、施工方可以基于设计单位提供的 BIM 软件进行信息的沟通和交流。

（6）在设计单位提供的 BIM 模型的基础上，施工单位可以进行施工方案和施工计划的模拟，进行资源的利用分析，得出最优的施工计划和方案。并进行 4D 建模（三维建模＋进度维）从而使原本在施工现场才能发现的问题尽早在设计阶段就得到解决，以达到降低成本、缩短工期、减少错误和浪费的目的。

（7）方案完成后，召开评审会议对方案进行评审，同时进一步细化目标。

（8）成本管理措施，采用 BIM 技术等进行虚拟施工和成本预算，进一步消除浪费。

（9）设计交付使用，并进行跟踪服务。

根据以上措施，可归纳出以下设计阶段 BIM 成本管控实施流程图，如图 6.1-2 所示。

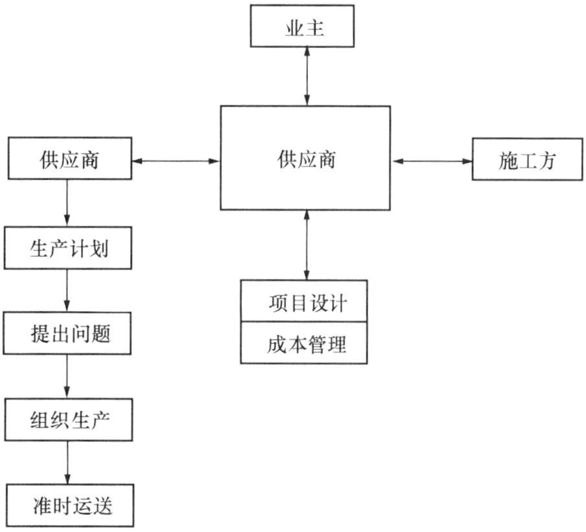

图 6.1-2 设计阶段 BIM 成本管控实施规划

设计阶段是 EPC 项目实施的初始阶段也是最为重要的阶段，在这个阶段决定了项目后续的施工生产和整个项目的成本最大比重。基于 BIM 技术的模式进行设计成本管理能够解决传统项目设计过程乃至整个项目实施过程中的很多资源浪费问题，它是一项科学可行的成本管理手段。但是由于传统管理观念根深蒂固，加之目前我国的项目管理人员的整体业务素质仍落后于实际市场发展，所以 EPC 项目的 BIM 设计成本管理的推行任重道远，需要所有从业人员和企业的共同努力，致力于提高我国建筑企业的真正实力和竞争水平。

2. 施工阶段成本管控流程

EPC 项目的成本管理是一个系统的、动态的过程，在其中引入基于 BIM 技术的 IPD 模式，在项目实施过程中它能够根据设计图纸进行 5D 建模，进行虚拟化施工，提前找出项目的设计问题以及项目可能发生的问题，在项目前期就能预先发现并解决问题，对项目成本进行预测、制定项目成本计划、加强项目成本管理等一系列工作，以此使工程项目各组成要素向工程既定方向运行，从而实现工程项目的成本管控，将成本控制在计划范围内，并能够针对项目成本特点和存在的问题进行管理和改善，保证项目顺利进行，节约资源。

由于 EPC 项目总承包的特点，承包商往往可以在设计阶段就对整个建设项目进行成本的规划，因此，在施工阶段，主要进行规划的实施，进行成本的抑减和改善。也就是说，施工阶段的成本管控是在设计阶段的目标成本规划的基础上进行的。施工成本控制是整个项目实施过程中最为复杂和多变的成本管理阶段，这就需要包括建筑工人、技术部、生产部门等在内的所有项目参与者共同建立起成本管理和资源节约概念，认真执行每一项成本管理措施，将基于 BIM 技术的 IPD 模式在成本管理中的运用起到最大的效果，及时地发现问题、解决问题，实现质量、成本、进度、安全等高度协调和最优的精益工程目标。EPC 项目施工阶段的成本管控实施规划如图 6.1-3 所示。

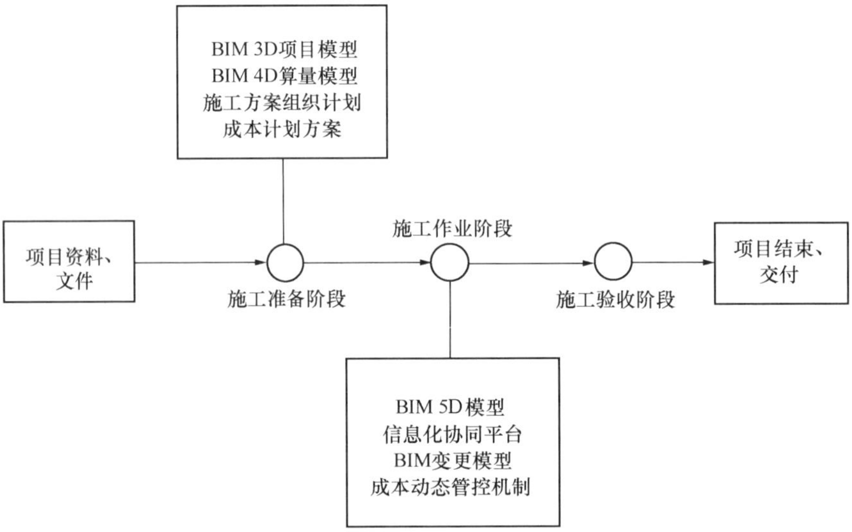

图 6.1-3　施工阶段成本管控实施规划

由图 6.1-3 可知，施工阶段成本管控实施规划可分为施工准备阶段、施工作业阶段和施工验收阶段三个阶段来进行。

（1）施工准备阶段

在施工准备阶段，项目业主在进行项目招标的时候往往给乙方单位预留投标的时间较短，乙方需要在较短的时间内计算项目的工程量和评估建设所需消耗的费用，传统的模式下乙方需要耗费较长的时间来计算项目工程量，其工程量精度较为依赖于造价人员的专业水平，不同的造价人员对同一项目会计算出不一致的工程量。因此提高项目工程量计算精度对项目投标成本预测至关重要。只有准确的工程量统计，才能实现投标的精度，以便后期施工和结算阶段的成本管控工作顺利的开展。

1）建立 BIM 3D 模型和 BIM 4D 算量模型。BIM 3D 模型是乙方根据业主的项目设计要求所创建的三维项目模型，模型精确细化到构件级别，建立整个项目的完整三维模型，实现对业主项目目标要求的理解，以此基础上使用算量软件可以对项目模型实现工程量计算。BIM 4D 是将 BIM 3D 模型方案加入项目工程量维度，以实现项目的四维模型。BIM 4D 算量模型是在 BIM 3D 模型上的深度应用，将业主的设计方案模拟出三维的可视化效果，清晰地展现业主的项目要求，同时对项目构件的类别、物理参数、材质等基本信息细化，结合工程造价的内容，以此实现 BIM 3D 的项目成本分析，清楚地得到项目的成本数据和建设要求。

2）建立项目实施方案。项目实施方案通常在项目施工前编制完成，以施工组织设计和成本计划方案为主要内容。其中施工组织设计是用来指导项目实施过程中的各项活动的综合性文件，将施工技术与项目管理的内容相结合，为施工方在施工作业的过程中提供技术支持和流程参考，使施工活动高效合理地进行。成本计划方案则是项目实施成本管控工作的指导性文件，预先对项目资源使用进行方案优化，合理规划项目的人、物、力资源。在项目实施方案的编制过程中充分发挥 BIM 技术的优势，可改善传统项目实施方案的局限，提高项目实施方案的准确性，有效降低后期项目建设的成本。

3）基于 BIM 的施工组织设计编制。在编制施工组织设计的文件的时候，以 BIM 模型为主要的技术载体，直观地了解项目设计内容，对项目难点进行预先评估和技术沟通，通过三维碰撞检查发现项目各专业之间的设计冲突，及时与业主进行沟通协调，利用虚拟建造的技术实现对项目建造过程的可视化模拟，降低施工的难度，减小出现返工现象的概率。

4）基于 BIM 的成本计划方案。成本计划方案也是施工准备阶段的重要内容，其中成本计划方案涉及项目的物资计划、材料信息、人力安排等内容。成本计划方案是施工阶段成本管控工作的指导性文件，因此对项目工程量信息准确度要求较高，在投标阶段施工方已构建项目的 BIM 4D 算量模型，在编制成本计划方案时可充分利用 BIM 4D 模型所算出的工程量信息，核算建设所需的物资数量、人力投入需求。成本计划方案流程图如图 6.1-4 所示。

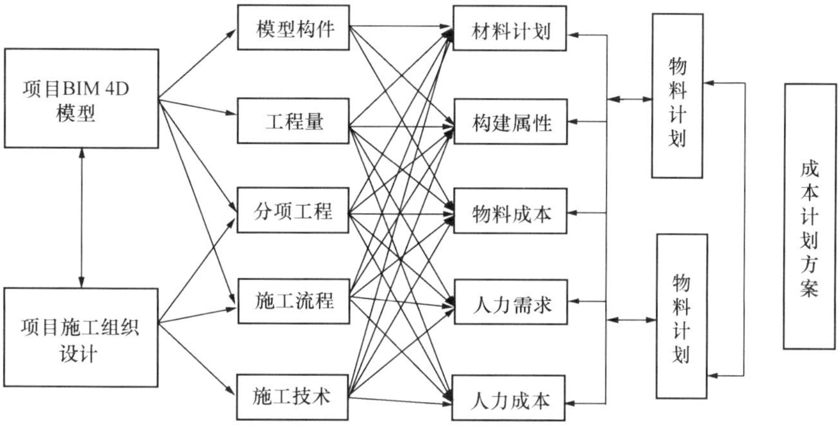

图 6.1-4 成本计划方案流程图

5）基于 BIM 建立物料计划方案。在项目施工前，施工方需根据项目的建设情况采购用于项目建设的物资资源，采购过多会造成成本溢出，采购过少会导致施工进度停滞，故合理的采购用量有利于减少项目建设成本的投入。对于项目用量较大的材料，市场价格的波动会引起项目成本的波动，因此将项目分解为不同节点，利用 BIM 4D 计划，一方面有利于提高材料成本应对市场价格波动影响的能力；另一方面有利于后期项目人员对施工用量的控制，实施限额发料防止出现材料错发、虚报的现象，避免物料的浪费。对项目所采购的物资进行数据备案，利用BIM模型可承载项目构件的属性功能，对物料的供货商、价格等信息进行标注，后期如遇供货商更变可及时找到此前的材料信息，对比分析更变后的成本差异，有助于施工方对材料价格、材料成本管理的主动性。

6）基于BIM的劳动力计划方案。项目建设过程中并不是所有工种都能够参与到项目的起止全过程，例如基础浇筑的班组与后期装修的班组并不是在同一施工流水节拍上，往往各专业班组完成自己本专业的工作内容后会退出施工现场，所以施工方需要对项目各阶段的劳动力需求进行计划，编制劳动力计划方案，避免出现窝工和缺工的现象出现，影响施工的进度，造成项目建设的人力资源的浪费。基于BIM模型将项目各阶段拆分，结合施工流程的技术要求，拟定项目不同阶段的劳动力计划，有助于合理的资源分配。

（2）施工作业阶段

施工作业阶段是项目材料消耗和成本生成的主要阶段，此阶段的资源投入占项目建设总成本的七成左右，施工方在此阶段的成本管控工作好坏直接关系到项目的盈利状况，做好施工作业阶段的成本管控工作是施工方的重点工作内容。施工阶段的成本管理和控制的对象是项目施工过程所涉及的各成本组成，需要全方面和全范围地展开综合管理，才能实现建设成本最优化。在BIM技术引入我国之前，建筑业管理模式精细化程度低，工程施工作业阶段存在各种资源浪费的现象，导致项目成本居高，施工方利润受损。因此，施工方提高项目精细化管理水平，一方面能够提高项目的建设效率，一方面还能降低实际的支出成本，最终使项目顺利交付并实现经济上的盈利。将项目施工作业阶段的成本管理问题主要划分为项目变更管理、安全生产管理、成本动态监控等方面，结合BIM技术展开深入的应用研究，为施工方指出基于BIM技术的可行性方案。

1）项目变更管理。项目变更往往会造成施工方与业主方原始签订的承包合同内容发生偏差，实际生产的工程量与合同约定工程量存在差异，实际成本也会存在一定的差异。按照以往的成本管理模式，一旦发生项目变更，设计人员会对变更内容进行出图说明，项目造价人员需要对变更后的图纸进行追加计算工程量变化的情况，一系列的流程走下来耗费的时间较久，而且遇到较大变更的情况时，会对施工方项目成本管理的风险带来巨大影响。利用BIM模式实时的输入和输出的功能，当项目发生变更内容后，对BIM模型进行调整，对比原始合同模型的内容进行项目增减分析，快速地生成项目变更的信息，得到工程量变化的情况。

将BIM技术应用于项目变更费用的管理，有助于施工方对项目变更所造成的费用快速核算，协同项目各参与方通过BIM平台对变更内容进行确认，及时保存变更数据信息，避免后期结算产生纠纷。清晰的变更责任认定和变更费用认定，施工方可将主要精力集中于项目建设，避免因变更干扰施工作业效率，保证施工方在项目变更中的经济利益。

2）安全生产管理。影响项目施工安全的因素较多，人、设备、管理制度都会对项目安全生产产生影响。在过去施工流程中，项目施工人员对项目的具体信息无法全面了解，各专业施工员之间也相对对立缺乏交流，项目危险的环节沟通较少，过多地依赖于施工人员个人经验来处理，导致项目存在一定的安全隐患。BIM技术是可以将项目清楚直观展示的一种技术，施工人员能够通过BIM 3D模型清楚地了解项目信息，施工方在强调施工安全的时候清楚地告诫施工人员项目存在危险的地方，同时各专业加强交流，避免错误操作引起的施工意外，规范了各专业施工作业的同时也保障了人员的安全。

3）虚拟施工。在过去难以实现对项目施工动态化展示，虚拟的施工只是停留在理论阶段和沙盘仿真操作阶段，而如今BIM技术已能实现对项目的提前规划和布置，对施工过程中遇到的困难施工部位也能放大分析，使项目建设更加合理。BIM技术可实现项目场地模拟，如塔吊运行的范围可进行模拟，三维的可视能力能够辅助管理人员及时发现项目存在的安全隐患，并采取针对性的整改措施，降低项目在施工过程中的意外风险。

4）成本动态监控。BIM技术在成本核算方面有着巨大的优势，无论是项目前期预算阶段、项目交付结算阶段，甚至项目建设的过程阶段都可以实现快速核算工程量。项目的成本预算利用的是BIM 4D模型，而施工过程中的成本核算则利用的是BIM 5D模型，相比多了一个时间维度，将基于挣值法的项目进度与BIM技术相结合，在施工成本监控的过程中，发现成本超支应及时进行分析，找出超支现象的原因，采取针对性的措施将施工成本控制在计划范围内；对进度提前或延误的状况进行核实，总结进度提前的实施经验，配上算量软件辅助计算工程量，分析进度延误的主客观原因，及时优化项目建设的流程，充分发挥BIM技术应用的优势，综合性地对项目施工阶段的成本施行动态的监控。

（3）施工验收阶段

对于施工方而言，项目的最后阶段便是施工验收阶段，这时施工方主要面对项目工程款结算的问题。过去我国发生了较多工程结算纠纷的案例，承包商需要对在建设过程中的变更、材料价格波动、合同外施工费用等数据和费用进行统计，有的文件和数据因时间久远导致汇总起来较为困难，造成实际工程量与结算工程量存在一定偏差，影响到了施工方的经济利益。

结合项目预算的BIM 4D模型和BIM 5D模型，全面地对项目过程进行数据存档，改变了过去施工方在竣工结算的被动局面。项目竣工模型是同施工的进行逐步完善的项目模型，包含了项目建设的进度和成本等信息，将项目施工阶段各信息进行模型存档，竣工模型可直接用于施工方的竣工结算，避免了因数据原因与业主产生争执，同时也提高了核算效率，缩短了竣工核算的时间，便于承建单位尽快地收回成本。

施工方在与业主和分包商的沟通中，充分利用BIM信息化的优势，使项目有关部门在基于BIM的共享数据平台上对话，保障了项目各单位的基本利益需求，切实地保证了项目顺利进行，同时也兼顾了项目成本经济。同时，施工方对项目进行经验总结，对今后的企业业务能力发展也有着极大的帮助。

项目管理模式是建设项目成功的关键，EPC模式是目前项目管理的主流模式，是工程项目成功运作的重要手段。EPC充分发挥了承包商的管理水平，而结合BIM技术辅助于项目管理，调动了设计师与承包商的积极性，从而达到了设计与施工建设的深度融合。进而辅助设计方、施工方的无缝对接和建筑设计施工水平的提升，实现了建设项目过程的模拟性和预见性，及时地发现问题、解决问题，有助于提升项目管理的科学性，提高项目完成质量，增加项目的综合效益并降低项目成本。

BIM模型作为一个平台改变了项目参与方之间的沟通方式，使IPD项目管理模式得以实现。在以后的发展中，基于BIM模型的IPD项目管理模式中设计和施工阶段会有更大程度的重合甚至是同时进行，随着BIM技术的应用普及，可行性研究、设计、施工与招投标阶段也会有进一步的重叠，BIM对IPD管理模式的影响也会更加的深入，BIM模型的构建和归属问题也会迎刃而解。

6.2　EPC 项目各阶段 BIM 成本管控

EPC 项目一般可以分为启动阶段、设计阶段、施工阶段，在整个过程中的成本控制工作应当是一个不可分割的整体，其各个阶段的成本控制环环相扣，如果人为地将其分开，这就会使得其成本控制工作效率低下。而 BIM 的应用，可以让 EPC 各个阶段的工作高效衔接，使 EPC 项目的成本管控更集约更高效。

6.2.1　EPC 项目启动阶段的 BIM 成本管控概述

EPC 项目的特点是设计、采购、施工之间的集成，特点是站在“总包”的角度，通过集成管理来实现各个业务的协同，从而获得集成效应，不是将设计、采购、施工业务的简单相加。工程总承包项目在设计时必须同时考虑后面的采购和施工问题，或者说后面的工作（包括采购、工程、技术、商务等）要合理“前置”。EPC 项目的产业链条相比传统设计、招标、建造模式（DBB）模式更长，集成的难度更大。在 EPC 项目的启动阶段，首先要制定能延续整个产业链条的 BIM 标准，明确 EPC 项目的 BIM 应用目标、应用范围及相应的组织架构。

BIM 的特点是将空间、时间因素融合在一个模型里边，没有统一的 BIM 标准，就没有任何后继的可能性。BIM 标准是 EPC 项目的全生命期内，根据项目需要，将设计、建造、生产、监理、加工、商务等建造标准信息融入模型信息，确保能按照项目管理要求将相关信息逐步深化到 BIM 模型内。为了达到这个要求，制定一系列的 BIM 具体技术标准。

项目启动阶段 BIM 应用目标，必须要明确设计阶段的相关阶段的应用范围，即：BIM 成本管控目标、施工阶段的 BIM 管控目标，将相关目标细化到每个具体阶段，明晰每个阶段的具体目标，明确目标也就明确了 BIM 应用范围。

EPC 项目的特点是设计、采购、施工之间的集成，突出特点是站在“总包”的角度，通过集成管理来实现各个业务的协同，从而获得集成效应，而不是将设计、采购、施工业务的简单相加。EPC 项目的复杂性，BIM 技术的长产业链意味着有着不同的组织架构体系，在项目启动阶段就明晰 EPC 特点，确保项目的可执行性。

6.2.2　EPC 项目设计阶段的 BIM 成本管控

设计阶段的成本管控是整个 EPC 项目成本管理的重点，它将是整个 EPC 项目成本管理成功与否的关键阶段。近 80%的成本在设计阶段形成，利用 BIM 技术，使设计师在设计过程中在保证设计合理性的同时也兼顾了设计的经济性。

1. EPC 项目设计阶段的 BIM 成本管控概述

根据不同 EPC 项目设计阶段成本管控需求，从设计阶段开始分析整个 EPC 项目的价值流，制定 EPC 模式下 BIM 全生命期应用的设计阶段 BIM 建模标准、应用标准，以“专人专事”原则，合理划分设计方案阶段、扩初阶段和施工图阶段的 BIM 成本模型精度，明确设计阶段各个环节的增值活动和不增值活动，利用 BIM 技术改进设计流程，使 EPC 项目设计阶段立足于项目全局，无底线消除设计阶段每个环节的资源浪费，增值 EPC 项目价值链，使 EPC 项目设计阶段成本管控的每一个环节丝丝相扣，形成一个完整的设计阶段成本管控体系，实现EPC项目设计阶段全面成本管控。

2. EPC项目方案设计阶段的BIM成本管控特性分析

EPC项目设计阶段方案的选取直接关系到建设成本的控制效果，无论是建设场地的选取还是建设工程平面布置都需要选择最优方案。利用BIM对各个设计方案的可视度、日照模拟、视线模拟、节能模拟、紧急疏散模拟、CFD模拟、地形坡度等进行分析，结合多指标综合评价法与价值工程等方法进行综合考虑，择优选取设计方案，通过优化设计方案的面积、功能系统等经济技术指标，使设计方案不仅具有创意性、合理性，还具有经济性，从设计方案龙头阶段优化并控制设计成本（图6.2-1）。

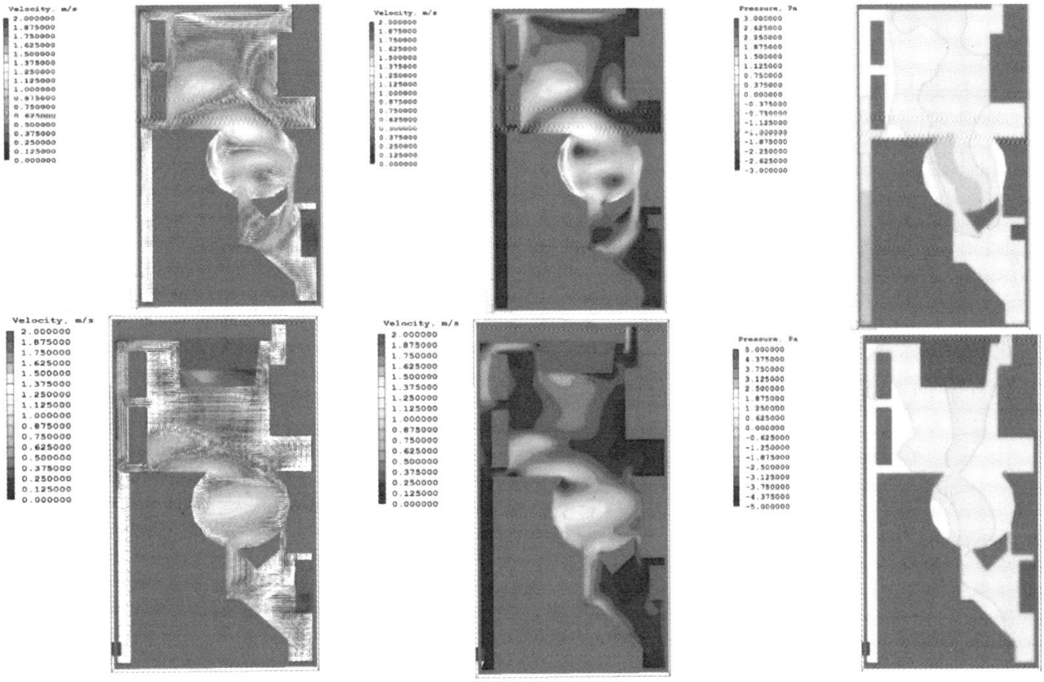

图6.2-1　方案阶段节能模拟优化

3. EPC项目初步设计阶段的BIM成本管控特性分析

根据EPC项目完整的组织管理体系，从项目全生命周期实施成本管理角度出发，利用BIM技术的可视化协调各专业扩初设计阶段的技术矛盾，根据初步设计成本模型精度建立建筑、结构、水、暖、电各专业BIM模型，包括室外总体、市政道路和绿化景观等BIM模型，综合优化设计标高、优化防火分区、优化机房位置、优化各机电系统路由以及不同业态交叉口的综合衔接等内容，充分发挥BIM逆向控制设计和BIM实施限额设计的优势，从源头节省并控制EPC项目成本（图6.2-2）。

图6.2-2　扩初阶段机电管线路由优化

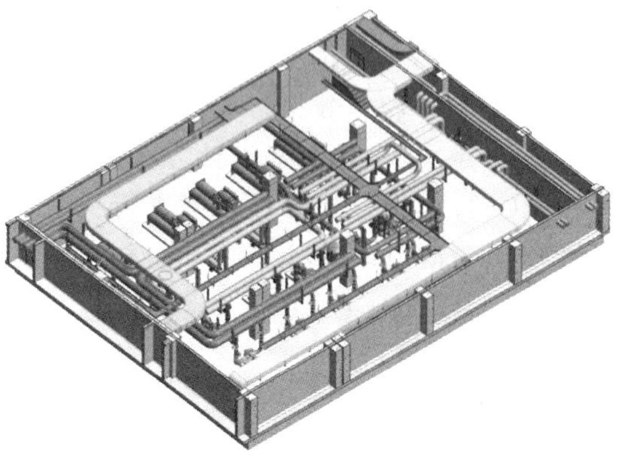

图 6.2-3　施工图阶段机房管线优化

4. EPC 项目施工图设计阶段的 BIM 成本管控特性分析

在施工图设计阶段，充分利用 EPC 模式的价值流动体系优势，通过 BIM 技术改进设计流程，除常规的审核、审定、校对流程外，还增加了 BIM 校审流程，将传统的 DBB 设计模式改变成 IPD 设计模式，如提前确定电梯、自动扶梯、机房设备等型号，将施工阶段深化设计的问题前置，使设计师带有成本理念进行设计，减少原有设计流程固有的结构性问题。同时加强 EPC 项目不同专业设计师间以及设计师与建设方、承包商、材料供应商之间的协作，优化施工图设计，确保 EPC 项目的设计质量，实现零变更，保证施工图设计阶段最大限度地控制项目成本。

例如，在施工图设计阶段利用 BIM 技术推进整体式交付机房，将相关设计工作时间提前，设计统一标准机房，提高了项目装配率，减少了工作交接面，节约了项目工期，方便了项目统一维护（图 6.2-3）。

6.2.3　EPC 项目施工阶段的 BIM 成本管控

由于 EPC 项目施工阶段所包含的成本因素复杂，并且难以精确计算，因此该阶段的成本管控难度最大。而通过利用 BIM 技术，可以从多方面、多角度对施工阶段的成本进行有效管控，最终实现预期目标，具体流程如图 6.2-4 所示。

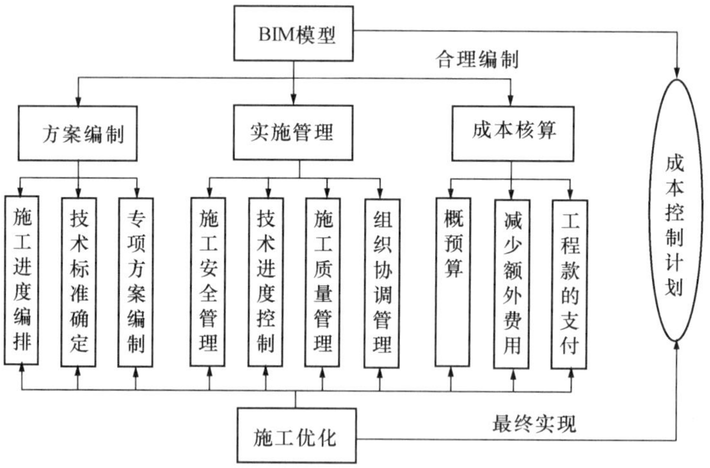

图 6.2-4　基于 BIM 模型的施工阶段成本控制流程

EPC 工程总承包商在工程施工前必须要对项目建设进行仔细规划，这对其以后的协调与管理工作具有重要意义。将 BIM 应用到施工方案的编制过程中，最终使得施工方案更具可操作性和针对性。

1. 施工进度管控中的成本控制

施工进度是EPC工程总承包商进行协调和管理各参与方工作的依据，进度计划的合理制定和管控，对整个项目的成本管控具有重要意义。

（1）进度规划

在基于EPC项目施工图设计BIM模型的基础上附加进度信息和成本信息，从而建立成本管理BIM模型。EPC项目的进度规划需要以合同工期为指导，以成本管理BIM模型为基础，通过相关软件BIM可以精确地计算出各个阶段的工程量，再结合国家定额与企业定额就可以计算出所需人材机的用量，EPC总承包商对其进行动态的优化分析后，可以得到科学合理的施工进度计划，并建立4D的可视化模型以及施工进度计划，在建设前就对整个实施过程进行彩排，给整个动态模拟过程提供准确、可靠的数据信息，通过合理规划不同功能的建筑施工区，调整施工顺序，安排足够的施工资源，方便对工程整体的进度进行管理，确保工程能够按期交付，有效节约EPC项目成本。

（2）进度掌控

基于BIM技术的EPC工程总承包模式的进度掌控与传统方式下的EPC工程总承包模式完全不同，具体见表6.2-1。

传统方式与BIM方式进度掌控比较 **表6.2-1**

项目	传统方式	BIM方式
进度依据	经验、阶段性进度要求	根据工程量核算确定的工程进度安排
物资分配	粗略	精确
控制方式	关键节点的控制	严格、精确地对每项工作进行控制
现场情况	做过才知道	之前进行规划，并模拟现场情况
工作交叉	以自己专业为准	各专业按协调好的图纸施工

在EPC工程总承包模式中利用BIM技术让进度控制变得有章可循，有据可依。在传统方式下，在货物进场与施工安排中分包商只考虑各自的利益，导致施工现场混乱，造成工作效率低下，最终导致工期的延误与成本的增加。但是基于BIM技术，把通过与各参与方沟通协调之后确定的施工进度计划和4D可视化模型作为工程实施的最终依据，各个分包商也都可以清楚地知道各自的工作内容与工作时间，从而合理的安排材料、设备的进场，防止现场进度拖延，从而节省成本。

（3）进度调整和纠偏

在EPC工程总承包项目中，不可避免地因设计、业主等的原因产生工程变更，它将直接造成成本的增加与进度的拖延，此时需要对进度计划作一定的调整和纠偏。基于BIM模型，可清楚地知道变更对工程进度以及工程量的影响，辅助项目决策者及时对进度计划进行调整和控制。

整个项目的现场实施过程是动态的，所以EPC项目中需要对进度进行动态管理，通过利用4D可视化模型与现场实际进度进行实时对比，可以按月、按周、按天实时动态地掌控各项工作的执行情况，当出现偏差时，应当及时采取相应措施加以调整控制，确保项目成本在可控范围内。

2. 施工协同管理过程中的成本控制

EPC 工程总承包项目的成功依赖于 EPC 项目的组织协调管理，各个参与方之间的深入沟通、协作是 EPC 项目成功的基础，而其中施工现场组织协调管理难度最大，传统的方式下施工管理不够成功主要是因为各参与方之间没有一个很好的交流平台，导致相互之间缺乏深入交流与协同工作。BIM 信息集成平台可以很好地解决这个问题，使得各方之间的交流变得方便、快捷、可靠。通过 BIM 模型计算出具体的工作量，并据此对人材机进行合理安排，充分利用各项资源，统筹规划，从而实现施工组织协调工作的顺利开展。

在 EPC 项目现场的施工过程中需要确定高质量的各主导工程及综合工程的施工方案，根据 EPC 项目成本要求，BIM 从工程竣工需要、从每个主导工程统一的作业起点和流向，从整个跨间同时推进，使现场的施工配合形式趋于简单。EPC 总承包将 BIM 和施工现场管理的数据进行集成，可以分析不同施工方案的优劣，从而达到最佳施工方案。此外，还可对 EPC 项目的重点难点部分进行可见性模拟，按秒、分、时进行施工安装方案的分析优化。通过对施工进度和资源的动态管理及优化控制，以及施工过程的模拟，可以更好地提高工程项目的资源、能源利用率和工程质量，对整个 EPC 项目建造过程的成本控制有实际的指导意义。

通过利用 BIM 的虚拟施工技术，在虚拟施工过程中可以清楚地看到需要各个专业配合的地方，并尽早作出相应的安排，以避免各个专业的分包商在现场进行协调，提高工作效率，节约成本。比如，根据材料、设备进场时间，合理规划进场路线，并与各分包商进行沟通协调，提前清除进场路线上的障碍物；同时也可以对材料的堆放通过 BIM 进行模拟，根据材料不同的使用顺序与其堆放所需场地合理确定最佳方案，避免各个分包商因“抢地盘”而造成现场混乱和浪费成本的现象。

3. BIM 在 EPC 项目施工安全过程中的成本控制

EPC 工程总承包项目规模大、周期长、分包商多，如果在施工过程中不对其进行科学合理的管理，很容易出现安全事故，那将导致整个项目的成本大大增加，使项目利益受到严重的损害，因此 EPC 工程总承包商应当坚持“安全第一，预防为主”的原则，并且编写相关安全措施，将施工过程中的关键部位与薄弱环节作为重点保护对象。但是，在传统的 EPC 工程施工管理中，只是依据自身的经验以及相应的规范来制定安全措施，这就导致其针对性不强，最终的实施效果也不太理想。但是通过利用 BIM 技术，可以有效地对施工过程中的安全进行管理，有效减少项目的施工安全成本。

（1）合理规划施工场地与材料堆放场地

在传统的方式下，施工场地的具体规划应当参照总体规划，但事实上还会因施工界面以及作业时间的交叉，造成各专业物料堆放货轮，导致工作效率低下，甚至还存在一定的安全隐患。但是通过利用 BIM 技术可以很好地避免上述情况的发生。因为，在 BIM 模型当中展现的就是实际中的施工现场，然后依据各个专业编制的进度计划，利用其软件平台，科学、全面地对材料以及设备等的具体进场时间、放置地点进行规划，并合理地规划临时用电、用水的位置，使得施工现场有条不紊，可大大提高施工效率。即便施工顺序临时发生变化或者某项施工任务没有按时完成，利用 BIM 信息模型依旧可以进行实时分析，并加以调整。通过对现场施工进行模拟，就能够有针对性地制定出相关的安全防范与管理措施。

（2）合理制定现场防火措施

施工现场的防火装置的配备大多是以平面为出发点，并同时考虑装置各自的覆盖范围，但是对于施工现场的变化情况并没有完全考虑，主要是因为它是基于二维的平面图纸，再者在编制方案之时没有办法很好地考虑项目的全面动态变化过程。但是基于BIM模型，并结合施工进度计划、现场实际状况以及现场材料堆放情况，可以对现场的安全死角进行充分分析，然后配备相应的消防装置。同时可以利用BIM的相关软件模拟现场火灾发生后的逃生情况，并在相应的逃生路径上配备消防装置，用以保证工作人员能够安全逃离现场，降低火灾发生后的损失。

4. 施工质量管理中的成本控制

（1）产品质量管理

EPC工程总承包在施工阶段质量管理应当首先保证人材机的合格，而利用BIM存储了大量数据信息的模型，通过BIM信息集成平台，参与者各方可以方便、快捷地查到任何材料与设备的尺寸、材质等信息，并且可以对现场施工过程进行追踪与分析，避免出现一些不良后果，达到成功监控施工质量的目的。

（2）技术质量管理

施工技术质量能否得到保障将会对整个工程项目有着深远的影响，特别是在使用新材料、新工艺时，合理的用料与正确的施工步骤都对施工质量起着决定性作用。在传统的方式下，施工人员大多根据自身的经验以及对图纸的认识进行施工，受主观影响太大，难以保证最终的施工质量。而通过BIM对施工技术流程进行动态模拟，再让施工人员依据模拟流程进行施工，保证施工信息在传递过程中不会出现错误，降低了技术质量管理的难度，同时提高了自身施工的技术水平，保证了施工质量，有效管控EPC项目成本。

6.3 EPC项目BIM成本管控效益分析

6.3.1 EPC项目BIM成本管理特点

在EPC模式下，业主在放弃项目控制权的同时也将大部分的风险转移给了总承包商，作为项目管理内容之一的成本管理也将面临巨大的不确定性。在EPC模式下BIM成本管理的特点包括：

（1）涉及范围更广。EPC项目包含设计、采购以及施工等多个阶段，总承包商对成本管理的范围更广，面临的不确定因素更多。因此成本管理的复杂度和难度更大，对总承包商的成本管理能力提出了更高的要求。

（2）阶段性成本管理的连续性。在EPC模式下，项目的设计、采购与施工阶段的成本管理是对立统一的关系，且前一个阶段的成本管理效果将直接影响下一个阶段的成本管理工作，因此如何统筹管理每个阶段的成本，且在总成本最优的情况之下做好各个阶段的成本管理是总承包进行成本管理面临的考验。

（3）BIM成本协同管理技术工具的适用性。EPC项目的成本管理将依托于一定的信息化工具如BIM协同管理平台。这就带来了两个难题：其一是协同管理平台的选择是否合适、功能模块是否足够且合理、是否能够真正帮助指挥部提升管理效率；其二是新的平台工具的引入是否能被指挥部的项目管理人员和各参建单位的相关人员掌握和接受。如果不能有效地解决这两个问题，那么协同管理平台的引入必将带来适得其反的效果。因此在EPC模式下运用BIM技术是否能真正达到预想的目标，BIM技术工具的适用性是首先需要解决的问题。

6.3.2 BIM成本管理直接效益分析

1. BIM成本管理直接效益内容分析

BIM技术应用于EPC项目成本管理的直接效益体现为对图纸错、漏、碰、缺的查找、深化图纸设计以及管线综合优化等直接成本的节约。

2. BIM成本管理直接效益

本节以具体实例分析BIM在EPC项目成本管控中的直接效益。

（1）项目简介

本工程位于贵州省遵义市苟江镇。本项目地下一层为车库，地上三层为展厅，为多层公共建筑。建筑高度为21.1m，建筑面积为39668.80m²，其中地下车库面积为11010.6m²，停车位218个，展厅面积为28658m²，结构类型为框架剪力墙结构，采取EPC总承包模式，BIM咨询服务由总承包进行分包。项目具有工期短、多专业多个参与方参与，协调难度大、结构造型复杂，施工难度大以及安全成本、管理难度大等特点，如图6.3-1所示。

图6.3-1 项目整体示意图

（2）BIM成本管理直接效益分析

本项目中共采用了3个大点，15个小点的BIM技术应用点来辅助整个建造工程，从项目的设计、采购、施工直至竣工验收阶段，每个应用点均产生相应的价值，其中产生的主要直接经济价值点在于以下几点。

1）图纸错、漏、碰、缺问题的查找

本项目中，基于BIM技术应用查找的错、漏、碰、缺问题一共有82个，并在施工实施前得到有效解决，避免了返工浪费。分析此问题报告，其中有效问题73个，重大问题23个，如电梯预埋结构碰撞，净高分析不够协调改线，大跨钢结构型钢梁变形过大等问题，经核算，其节约成本估算为67.6万元。

2）深化设计图纸

本项目中，基于BIM技术进行模型深化设计，主要在于管井深化设计排布8处，设备安装深化设计7处，楼梯、坡道深化设计共11处，经核算估计，此项节约成本费用为75.4万余元。

3）机电深化图

本项目中，基于BIM深化输出最终机电施工图，用于指导施工，一共输出各专业（暖通风、暖通水、防排烟、消防喷淋、给水排水、强弱电、智能化等）、各楼层、特殊专业图纸，共计15张，经核算，此项产生的直接经济价值为37.5万余元。

因此，基于以上BIM技术的应用，共产生直接成本价值为180.4万余元，效益比为6.44。

6.3.3 BIM成本管理间接效益分析

1. BIM成本管理间接效益内容分析

在EPC项目中运用BIM技术进行成本管理，如减少现场管理人员的管理内容、缩短沟通交流时间以及提高图纸会审的效率与质量等。辅助于项目的质量、接近度和安全管理，反过来也带来了成本的节约，如通过质量的提升减少了修理、返工的发生，通过进度的如期完成，尽早交付项目致使资金成本减少等。

2. BIM成本管理间接效益

在本项目中运用BIM技术进行项目成本管理的间接效益，包括以下几点。

（1）减少现场管理人员20%协调工作内容

基于BIM技术在本项目中的应用，辅助合同计量部、物资部进行工程量的统计，直观有效查找出图纸问题及碰撞报告，基于BIM模型进行三维设计交底，辅助现场管理人员进行分包工作的协调，大量减少技术部、工程部等现场管理部门的工作，根据现场测算，减少现场管理人员20%的工作内容。

（2）沟通交流时间缩短30%

基于BIM三维可视化特点，辅助项目管理各部门进行三维可视化沟通，对方案进行讨论、工程部署、动态交底，比如对于结构较为复杂的地方，现场一线施工人员理解较为困难，通过三维BIM模型，更加有效直观地进行可视化沟通，大量缩短无效沟通以及冗杂的会议，经现场人员感受，沟通时间节约了20%～40%。

（3）确保了重要施工节点

本项目的BIM技术应用的最大价值点，是保证了成品交付节点。项目工期非常紧，倘若没有BIM技术辅助变更控制的减少，辅助现场管理人员的管理协调，增加沟通效率及减少了协调的工作量，一层、二层机电管线安装没有出现一处较大的返工浪费事件，最终保证了极限的施工进度计划节点。

（4）图纸会审的图纸问题查找完整度从60%提升到95%

本项目中，基于BIM技术应用查找的错、漏、碰、缺问题一共有82个，并在施工实施前得到有效解决。分析此问题报告，其中有效问题73个，重大问题23个，从截止到目前的反馈情况来看，没有因为前期设计图纸问题导致变更索赔的，因此预估整个项目通过BIM技术应用情况下图纸会审的图纸问题查找完整度从60%提升到95%。

6.4 EPC项目BIM成本管控总结

1. 总结

基于BIM技术的应用，建立适用于EPC项目的成本管控流程，构建BIM协同平台，为 EPC 项目实现成本管控奠定了理论基础，同时对于提高建筑行业的信息化管理水平、提升总承包企业的核心竞争力都具有非常重大的意义。

（1）将 BIM 技术应用于 EPC 项目成本动态控制之中。可以充分发挥 BIM 技术与 EPC 模式的优点，基于 BIM 技术可以将项目信息实时传递与共享，可以实现 EPC 项目在各个阶段真正意义上的深度交叉，无论是对提高项目的建设效率还是对项目的成本控制，都具有非常重要的意义。

（2）BIM 协同平台的构建是进行 BIM 成本管控的基础。将 EPC 项目建设过程中的各类信息进行分类整理集成于协同平台，对于提高协同设计、模拟施工、招标采购等都具有现实的基础意义。

2. 展望

（1）BIM 协同平台的流程与业务构想是进行平台研发的设想，但如何基于信息化手段开发满足 EPC 项目的协同平台是未来 BIM 技术应用的关键。BIM 平台应考虑功能模块是否足够且合理，是否能够真正帮助指挥部提升管理效率，是否容易被项目参与人员所掌握。且应考虑平台的后期兼容性不断满足后期更新迭代功能需求的更新。

（2）制定数据之间的传输标准、软件接口标准以及 BIM 在不同阶段的模型标准等是推广应用以及保证 BIM 技术应用效果的关键，应促成每个阶段 BIM 应用的标准的建立。且标准应保持开放的态度，在具体项目的实践中不断地更新完善。

第 7 章　装配式项目的 BIM 成本管控特性

导读：

装配式建筑作为近年来政府大力扶持的项目，越来越多地使用到了土建项目建设中。但作为新兴产业，如何对该部分进行成本管控，使其更加经济实惠地应用到项目中，就成为行业人关注的重点。

本章通过对装配式项目的各类特点分析，通过其发展方向给出成本下调方向，也通过对资金及合同管理进行成本调整；结合 BIM 技术，通过可视化方式实现项目管理各类信息的实时动态调整，可更加高效、准确、快速获取各类项目信息，提升项目管理水平，最大限度地节约成本，应对项目设计变更、现场签证和各类额外支持，对装配式项目的成本管控提出了一些思路和方法。

7.1　装配式项目的 BIM 成本管控特性概述

7.1.1　装配式项目成本管控的特性

装配式建筑是指由预制构件通过可靠连接方式制造的建筑。装配式建筑有两个主要特征：第一个特征是构成建筑的主要构件特别是结构构件是预制的；第二个特征是预制构件的连接方式必须可靠。

装配式建筑将工地作业为主的建造方式变为工厂制造为主，是建筑产业现代化的重要内容，是建筑走向工业化、信息化和智能化的前提条件。装配式建筑可以提升质量、提高效率、节约资源、保护环境、改善劳动、缩短工期。目前，我国建筑以钢筋混凝土结构为主，住宅建筑 95%以上是钢筋混凝土结构。这些建筑绝大多数是现场浇筑施工。PC 化将导致我国大多数建筑的建造方式发生改变。

预制装配式建筑构件的工业化生产，打破了传统模式下设计、生产、施工、装修各环节各自为战的困境，从根本上克服了传统模式的不足，实现了预制装配式建筑建造流程的高度一致性，即体现为标准化设计、工厂化生产、装配化施工、一体化装修和自动化管理的“五化合一”。有别于传统模式的建造流程，预制装配式建筑主要建造流程分为设计、预制构件生产、预制构件运输和构件安装四大部分，流程的各部分高度协同于“五化合一”的建筑工业化思想理念。

1. 与传统建筑相比，材料用量特点

在同等情况下，单就预制构件而言，钢筋、混凝土用量略高于传统建筑，但是由于预制构件的存在，使得砖砌体、内墙抹灰、顶棚抹灰、模板用量等大幅度的减少，降低了其余部分的成本。

2. 与传统建筑相比，费用组成不同

传统建筑工程造价主要由直接费（含材料费、人工费、机械费、措施费）、间接费（主要为管理费）、利润、规费、税金等构成。

预制构件费用构成则为：(1) 预制构件生产费，主要包括：材料费、生产费（人工和水电消耗）、模具费、蒸汽养护费、工厂摊销费、税金（指预制工厂按税法所需缴纳的税金，而非建安税金）等。(2) 运输费，主要包括：预制构件从工厂运输至工地的运费和施工场地内的二次搬运费。(3) 安装费，主要包括：预制构件垂直运输费、安装人工费、专用工具摊销等费用。(4) 措施费，主要包括：脚手架等费用。

3. 通过 BIM 技术，帮助构件加工及现场施工模拟

由于预制构件对设计及施工精细度的要求，利用 BIM 标准化模型库，构建建筑三维模型，使各专业数据产生链接。再加上 BIM 的碰撞检查和自动纠错功能，可以帮助找到各专业的设计冲突。使得建筑在设计阶段就很清晰、直观。同时也有利于信息的有效传递，减少设计变更提高设计效率，避免由于设计原因造成的资源浪费和成本增加；也有利于现场的精细化管理，缩短施工及生产周期、节约成本、保证质量，提高项目管理水平。

7.1.2 装配式项目BIM成本管控实施规划

1. BIM实施目标及说明

由于预制装配式项目具有构件拆分困难、吊装工艺复杂和施工机械化程度高等特点，因此需要借助BIM技术进行项目进度、成本、质量和综合管理，改变传统设计施工方式、改善预制构件加工及库存、提高施工现场管理效率、实现项目各方高效协同，最后实现建筑信息在全寿命周期内的有效利用与管理，达到降低成本的目的。

（1）优化设计

BIM技术能够对预制构件的几何尺寸及内部钢筋直径、间距、钢筋保护层厚度等重要参数进行精装设计、定位，对预制构件进行精细化生产，减小装配式建筑在施工阶段容易出现的装配偏差问题。依赖BIM技术也能通过对模型的碰撞检测，在前期设计阶段对碰撞问题进行修改，减少后期的变更和返工。通过BIM模型的三维视图，设计人员能够更直观地检查建筑构件的契合度，确定节点连接的可靠性，防止装配过程中出现的质量问题，避免因为设计误差影响生产，导致工期的延误和成本的上升，同时，在设计前期可以通过BIM模型可视化，提前精准掌控业主方对房型的需求，实现减少后期变更修改（图7.1-1）。

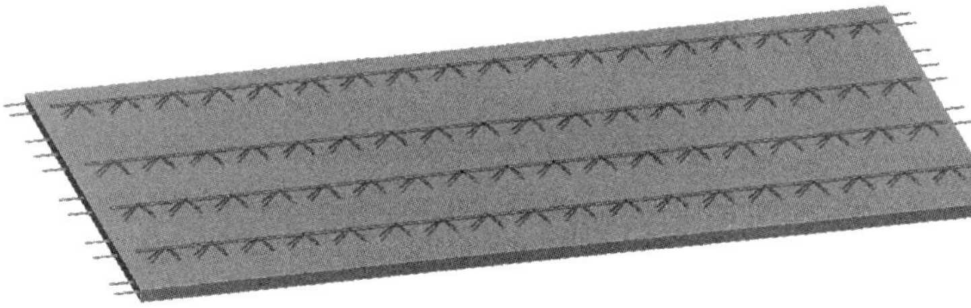

图7.1-1 优化后的PC板

（2）改善预制构件加工及库存

装配式建筑对构件的精确度要求较高，因此，构件的生产环节是装配式建筑施工中重要的一环，更是连接设计和施工的关键环节。传统流程中，设计人员的设计意图多通过图纸传递，设计人员在交底时无法将自身设计意图真正地传递给相关的生产人员，双方在沟通中容易产生偏差，从而引起不必要的返工。且一旦涉及变更，由于所涉及环节众多，极易发生双方争执，不仅影响两方正常的良性沟通，而且耽误生产工期进而造成工程进度滞后。

利用BIM技术，实现生产厂家与设计院在模型上的实时对接，不仅可以大大缩减厂商的造价及工期，而且在一定程度上提高了加工的准确性。通过BIM模型的实时更新与传递，生产厂家能够实时掌握设计人员的设计意图和构件相关参数，有利于构建的批量生产。同时，厂家从模型中直接调取构件几何尺寸、材料种类、数量、工艺要求等信息，可以及时制定并更新自己的材料采购及构件生产计划，有效减少待工、待料情况的发生。

（3）提高施工现场管理效率

装配式建筑施工工程中，预制构件的储存是个重要的课题，影响着堆场场地计划、塔吊旋转半径范围及车辆运输路线规划等。基于场地的布置考虑，施工现场预制构件的堆放存量不宜过多，且预制构件的放置位置以及顺序应结合实际施工情况进行合理的计划安排。一些预制构件尺寸巨大甚至异型，应提前根据构件尺寸类型安排运输卡车，规划运输路线。

利用 BIM 技术，可以事先进行装配式建筑的施工模拟和仿真，对预制构件的进场运输及吊装路线进行前期模拟，减少预制构件场地内二次搬运，提高垂直运输机械吊装效率，实现构件在施工现场零积压，加快装配式建筑施工进度（图 7.1-2）。

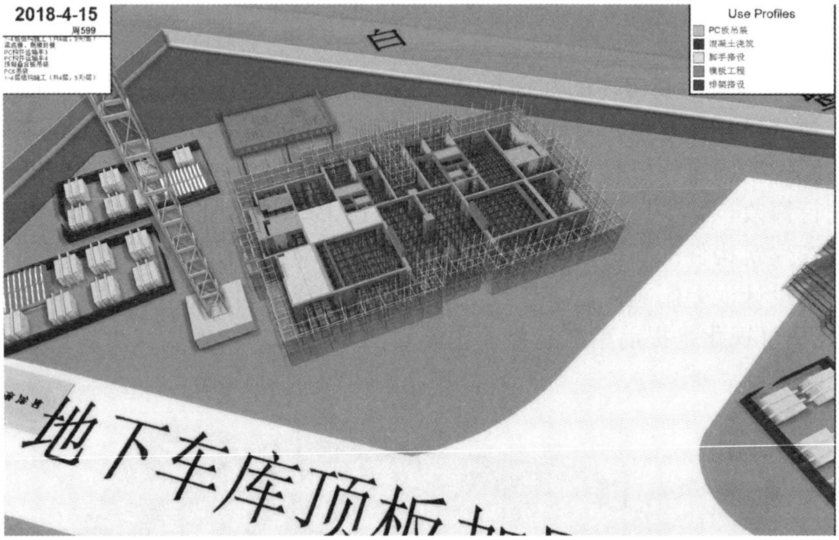

图 7.1-2　PC 板吊装模拟

（4）5D 施工模拟优化施工

在 BIM 模型中引入施工进度和资源维度，将“3D-BIM”转化为“5D-BIM”模型，进而模拟装配式建筑整个施工过程和各种资源的投入情况，实现“动态施工规划”，更直观地展现施工过程中的施工工艺、进度计划安排和分阶段资金、资源的投入情况，优化施工方案和顺序、合理安排资源供应、优化现金流，实现施工进度计划及成本的动态管控。

2. BIM 实施总体流程

（1）业主方 BIM 实施流程

1）项目前期进行可行性分析

业主方在装配式项目的前期进行可行性分析，确定了通过 BIM 技术解决图纸问题，解决工地现场实际问题，减少现场签证和变更，进一步提高施工质量、控制施工进度、节约工程造价，并将基于 BIM 的施工文件管理资料录入建筑信息模型，以方便后续物业的维护管理的宗旨。

2）项目 BIM 工作的启动

装配式项目确定采用 BIM 技术后，在 BIM 工作的管理方面业主方有两种选择：第一，业主方内部自己做 BIM 管理，但这需要成立有丰富 BIM 协同工作经验的项目管理团队来完成，装配式项目的业主方如果没有自己的 BIM 项目管理团队，便可以采用第二种选择，经过 BIM 咨询招投标，确定一家有丰富经验的项目 BIM 咨询管理团队来进行 BIM 管理，以便装配式项目 BIM 技术的顺利进行。

3）项目 BIM 的全过程设计

装配式项目确定 BIM 咨询管理单位后，由咨询单位协调设计单位、装配式建筑的深化设计单位进行全过程的 BIM 设计，设计单位、深化设计单位根据咨询单位提供的“装配式项目模型成果递交要求”进行 BIM 设计和模型递交。

4）装配式建筑专项工程的 BIM 项目管理

装配式项目基于 BIM 协同工作的要求进行 BIM 共享平台的建设，实现项目各个环节之间的信息共享和协同工作，实现 BIM 模型平台化、模型数据的整合、模型与图纸的交互浏览等，除此之外装配式项目还可以实行双周 BIM 工作例会制度，参加单位为项目的业主方、咨询方、设计方、深化设计方、总承包方、预制构件厂、监理方以及项目的其他分包单位，会上通过 BIM 模型集中解决设计图纸问题、工地现场实际问题、进度计划问题以及碰撞检查发现的可以优化的问题，在检查各单位上阶段工作的同时进行下阶段的 BIM 工作安排，对项目实施有效的 BIM 工程管理。

（2）咨询方 BIM 实施流程

1）招标阶段

① 负责进行 BIM 工作梳理，提供相关技术辅导。

② 负责考察各单位 BIM 能力，并给出建议。

③ 根据业主的需求，负责落实各单位 BIM 能力的资格预审、招标比选工作。

2）设计-施工衔接阶段

① 负责确定 BIM 模型标准。

② 搭设各方 BIM 工作管理组织架构、工作职责，划分各方工作界面。

③ 负责制定 BIM 管理大纲，指导各单位的 BIM 管理工作。

3）施工阶段

① 督促协调各方按计划落实 BIM 工作。

② 负责组织并主持 BIM 双周例会。

③ 审核各单位的 BIM 提交成果。

④ 负责 BIM 整体应用管理、协调、监督、检查在项目实施过程中 BIM 管理大纲标准、流程、应用点的执行情况，指导并考核各单位的 BIM 工作。

（3）设计方、深化设计方 BIM 实施流程

1）标准化 BIM 构建库的建立

装配式建筑的典型特征是标准化构件或部品在工厂生产，然后运输到施工现场装配、组装成整体，在装配式建筑 BIM 应用中，应模拟工厂加工的方式，以预制构件模型的方式来进行系统集成和表达，这就需要建立装配式建筑的 BIM 构建库，通过装配式建筑 BIM 构建库的建立，可以不断增加 BIM 虚拟构件的数量、种类和规格，逐步构建标准化预制构件库。

2）可视化设计

通过可视化设计实现多专业协同和更为精细化的设计管理。可视化设计可以大大增强各个工种的协同能力，避免错漏碰缺的发生，并且有利于各参与主体对项目设计阶段的参与，提高设计对项目整体的控制能力。

3）BIM 构件拆分及优化设计

传统方式下大多是施工图完成后，再由构件厂进行构件拆分。实际上，正确的做法是在前期策划阶段就专业介入，确定好装配式建筑的技术路线和产业化目标，在方案设计阶段根据既定目标依据拆分原则进行方案创作。

4）BIM协同设计

BIM模型以三维信息模型作为集成平台，在技术层面上适合各专业的协同工作。BIM模型还包含了建筑的材料信息、工艺设备信息、成本信息等，这些信息可以用来进行数据分析，从而使专业的协同达到更高的层次。

5）管线综合

对于设计来说，最终空间的营造和管线的最终排布有非常直接的关系，传统二维设计中多是通过绘制剖面的管线综合图来完成的，但这些剖面只解决了该位置的管线排布，而实际情况是管线都是连通的，一个位置的排布情况不能代表其他位置这样排布也是合理的，同时还存在着机电管线直接的碰撞等设计问题，这也就是业主需要的碰撞检测基础上的进一步细化设计的要求。

6）利用BIM设计管线预留洞

BIM三维设计不仅能减少设计问题，而且十分方便后期设计修改，因为三维设计的图纸是由模型生成的，模型的修改可以直接带动图纸的自动更新，联动设计是BIM的重要功能。

（4）施工方BIM实施流程

1）三维BIM模型的继续创建与信息添加

根据设计单位提供的装配式项目各专业施工图纸，创建并校核设计单位提供的BIM模型，内容主要包括土建和机电设备安装专业。

2）碰撞检查与优化

对各专业BIM模型进行碰撞检测，查找机电各专业之间、机电与建筑结构之间以及现浇结构与预制结构、预制结构与机电专业之间的碰撞问题，提前发现各专业图纸中存在的冲突点，在施工之前进行调整，以减少设计图纸自身错误和冲突导致的工程变更、现场签证。

3）设计变更调整

在施工过程中根据现场实际情况和工程变更对BIM模型进行围护和调整，使其与施工现场实际情况一致。

4）进度管理

把计划施工时间、实际施工时间与BIM模型相结合，及时发现施工进度偏差，优化工程进度，做到进度计划与模型挂接，细化到具体楼层、施工段以及施工大类；进度计划与现场实际进度对比，直观反应施工进度的偏差情况。

5）资料管理

将现场与施工相关的资料，包括设计变更、质量安全问题、验收记录等资料上传至项目管理平台，方便各方及时查取。

6）竣工阶段应用

工程竣工后完善并提交竣工模型，以便业主方后期的运营管理。

3. 装配式项目BIM成本管控的介入时机

装配式项目成本管控是一个项目全过程尤为重要的一个管控要点，由于装配式项目对于技术、管理、商务上的要求相对比较高，更需要先进的工艺技术、精细化的项目管理、有效的成控手段来实现。如今BIM技术已进入大面积、深度应用时代，和装配式项目相结合无疑从技术上为工艺技术、项目管理、成本管控提供了有效保障。借助于BIM技术，以BIM模型作为信息管理有效载体，可以开展项目全生命周期信息集成管理。基于全生命周期管控的基础，全生命周期的BIM技术和成本管控相结合，能够使得成本管控更加高效、精准、可追溯。

装配式项目的BIM成本管控是贯穿于项目全过程的，具有连续性、影响因素多的特点。因此，越早对装配式进行基于BIM的成本管控，成本管控的效果越好、管控力度越大、管理难度越低。工程项目一般分为六大阶段：项目决策阶段、勘查设计阶段、招标采购阶段、工程施工阶段、竣工验收阶段以及运维阶段。根据越早介入管控效果越好的原则，装配式项目BIM成本管控的最佳介入时机是项目决策阶段。项目决策阶段是对项目全生命期作出规划、策划的阶段，在装配式开始前，结合BIM技术提前对成本管控作出整体规划，不仅可以在项目一开始对之有个整体策划和把控，还可以避免全面实施推进过程中由于规划不到位，为了弥补技术、管理、商务上的缺陷而额外增加的费用。这个阶段结合BIM技术，可以根据项目全生命期的BIM应用策划作出规划，如：建立规划模型，直观反映项目特点，加入运维模拟，计算运维成本及优化项目，减少后期变更，以实现模型及信息在后续环节中的充分利用，以期降低建设成本。

举个反面例子：某项目立项之时采用传统的结构设计，初期并未考虑采用装配式，当项目实施到设计单位施工图绘制完成，施工总承包单位进场之后方才加入了装配式的想法，这不仅颠覆了原先的结构框架设计，对各方的管理协调、技术准备也带了非常大的影响。对于设计单位需要加派人手重新进行计算、设计图纸，对于施工总承包单位需要重新编制施工方案、施工计划，如果现场已动工，对于现有场布、设备、劳动力还需调整，同时还影响到各方的招标、采购计划等。对项目整体的人力、材料、机械、进度、质量、安全带来了极大的风险，这些影响最直接的反映就是成本的增加、项目节奏被打乱，牵一发而动全身。通过这个反面案例，可以总结：技术和管理及成本管控是相辅相成的，成功的项目成本管控离不开科学化的技术和项目管理，基于BIM的装配式项目为成本管控奠定了良好的基础。基于全生命周期的思路，成本管控越早介入对项目管控力度越大，效果越好，最佳的介入时机就是项目决策阶段。

4. BIM实施组织构架

工程项目集成管理要求工程项目各参与方从全局角度考虑，充分利用各方特有的知识和经验，积极主动地参与工程项目管理，因此需要为各参与方提供及时、准确的信息交换和共享。然而现阶段项目各参与方的组织关系大多是基于一系列相互分离的合同构建的，由于合同关系过于分散，严重阻碍了各参与方之间的信息交流和共享。因此，传统的项目组织结构已经满足不了工程项目集成管理的要求，需要一种新型的项目组织结构来适应集成化管理。

通过对项目多要素集成管理、多参与方集成管理和信息管理的研究，结合组织管理理论，建立业主主导下的基于BIM的工程项目组织结构。各个参与方通过网络技术和信息管理系统平台实现对同一个 BIM 信息模型的信息交流和数据共享。具体组织架构如图 7.1-3 所示。

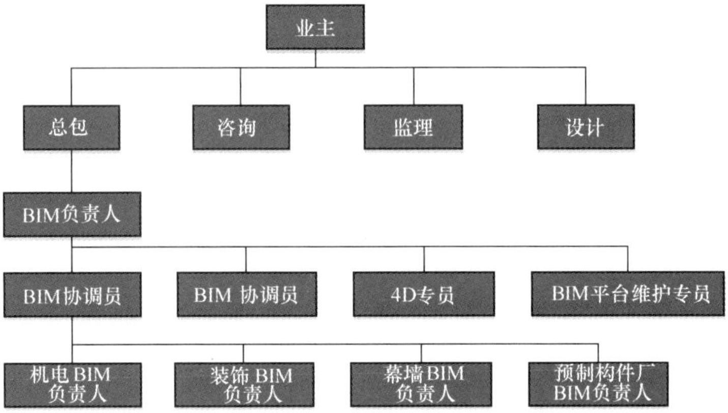

图 7.1-3 项目组织架构图

7.1.3 BIM 实施责任矩阵管理

各管理主体在组织结构建立后，根据各主体特点，设置相应的质量、进度、成本、安全等管理部门，并根据工程建设管理需要配备技术人员和管理人员，明确界定各部门和人员的管理职责。在 BIM 集成管理模式中，职责体系涵盖了业主方、BIM 咨询方、设计方、施工方、监理方以及材料供应方等多个主体。BIM 咨询方为项目管理组织结构决策管理机构，以业主的需求为目标，保证各参与方各专业部门之间的工作协同和信息共享，加深各方之间的相互信任，确定各参与方的具体职责和项目的实施计划，最终实现工程项目的高效率运作和项目利益的最大化。因此，有必要对 BIM 咨询方及总包方职能部门设置及对责权利进行阐述。

1. BIM 咨询方部门职责分配

BIM 咨询方项目经理：是整个 BIM 中心的最高决策者，应具有丰富的项目管理经验和良好的组织能力及沟通能力，熟悉 BIM 技术及软件应用。BIM 系统维护员应具有一定的计算机应用背景和 BIM 系统维护的经验。BIM 数据管理员应熟悉 BIM 软件应用，具有良好的计算机应用能力。除业主外的项目各参与方应服从于 BIM 中心的统一领导，并积极支持 BIM 中心的管理工作。需要注意的是，在集成管理模式下要求运营方在项目规划决策阶段就应介入，通过对各阶段的信息收集整理，更好地为后期运营阶段服务。

2. 总包方 BIM 部门职责分配

(1) BIM 负责人

1) 制定 BIM 实施方案，确定 BIM 实施路线。

2) 负责业主方和项目部的工作对接，落实 BIM 工作开展所需要的软硬件资源。

3) 合理调配资源和人手，主持 BIM 工作的开展，定期提交 BIM 工作成果。

4) 协同各专业的 BIM 分包开展 BIM 工作，并监督、组织和跟踪分包 BIM 工作落实的情况。

(2) BIM 协调员

1）负责各个专业模型的建立更新及维护，整合分包模型，确保模型与现场的一致性。

2）对模型进行碰撞检查，负责与业主、设计、分包等各家单位沟通协调解决碰撞问题。

（3）4D专员

1）实时了解现场施工进度，进行施工模拟工作。

2）同时对复杂区域辅助技术人员现场交底，反映最新的进度计划。

（4）BIM平台维护专员

1）配合业主要求，负责本项目的模型、碰撞报告、设计图纸、设计变更、进度计划上传。

2）平台日常维护工作。

（5）各专业BIM负责人

1）和BIM协调部门进行工作对接的唯一负责人，依据总的计划保证能按时提交BIM工作成果，配合BIM协调部门的工作。

2）根据工作量合理调配资源和人手，保证工作进度的顺利推进。

3）有义务出席BIM工作相关的会议，推动BIM工作的开展。

7.1.4 装配式项目成本管控系统构建

1. 以数据系统为基础

工程项目的成本控制是成本管理的一部分，对于装配式项目亦是如此。装配式项目的成本控制是指在建立确定成本控制目标之后，对项目的成本支出进行严格的监督和控制，并及时发现偏差、纠正偏差的过程。因此，成本管控的基础就是数据系统。只有基于完善系统的数据基础，才能在数据基础上做到及时、合理地管控，实现项目的动态管理。BIM模型、平台中的数据表达和积累就为此打下了坚实基础。BIM模型所包含的数据是大量的，可以根据成本管控的需求提取数据，利用数据进行比较、分析，由于BIM模型、平台具有可追溯性，成本管控的过程也需要不断基于上期数据进行比对、分析，所以两者的结合是相辅相成的。

利用BIM模型所包含的数据信息进行统计和拆分，以达到任何时间点任何工程量的数据都能即时统计出来，对比进度计划和成本计划，做动态监控。比如：一个月完成了500万元产值，实际成本400万元，盈利100万元。但哪些分部分项工作盈利，哪些亏本很难知晓。而BIM技术可以将每一个工序的成本提取出来，因为成本对应的是构件。有了BIM模型的数据让多算对比、成本的动态监控成为可能。

2. 以价值管理为核心

成本管控的核心是什么？答案是价值管理。在管理理论中有一门称之为价值工程。价值工程是指以产品或作业的功能分析为核心，以提高产品或作业的价值为目的，力求以最低寿命周期成本实现产品或作业使用所要求的必要功能的一项有组织的创造性活动，有些人也称其为功能成本分析。价值工程涉及价值、功能和寿命周期成本等三个基本要素。其基本思想是以最少的费用换取所需要的功能。价值高说明该事物的有益程度高、效益大、好处多；价值低则说明有益程度低、效益差、好处少。例如：人们在购买商品时，总是希望“物美而价廉”，即花费最少的代价换取最多、最好的商品。

对于装配式项目成本管控就是希望投入最少的成本、获得最优最佳的建造品质。因此与 BIM 技术相结合的应用为此带来了极大的效益。关键原因在于 BIM 将各方紧紧联系在了一起，以数据为基础的共享模式，在项目开始前通过碰撞优化，防患于未然，大大减少了返工，节约了工期。在一个项目中，不能仅靠一个人，需要依靠每一个人的力量，只有这样才能够把在数字化过程中、网络化过程中碰到的困难克服掉，BIM 能够成功做到这点，比如：建立标准化 BIM 模型库，建立 BIM 三维模型，使各专业数据产生链接，再加上 BIM 的碰撞检查和自动纠错功能，可以帮助找到各专业的设计冲突。使得建筑在设计阶段就很清晰、直观。同时也有利于信息的有效传递，减少设计变更提高设计效率，避免由于设计原因造成的资源浪费和成本增加。一是通过 BIM 技术提升项目管理人员的项目管理效率，二是通过 BIM 技术降低项目协调管理不当造成的额外成本支出，双管齐下，提升项目价值。

3. 以动态管理为手段

成本控制理论的方法是动态纠偏控制理论，是指在制定出计划成本的基础上，通过采用成本分析方法找出计划成本与实际成本间偏差，并且分析产生偏差的原因和可能的发展趋势，进而采取措施以减少或消除偏差，实现目标成本的一种科学管理方法。在装配式项目实施阶段成本控制应该从时间、工序、区域去分解成本和观察成本，将成本分解到分部分项工程中，从微观中观察成本。

在传统的成本控制中非常注重事后的成本核算，尤其是施工单位注重事后与业主方和分包商的讨价还价。对成本影响较大的事中和事前控制常常被忽略。管理人员在事前没有一个明确的控制目标，也对事中发生的情况无法进行科学全面地统计，导致对事中发生情况无法全面地了解。事前控制主要体现在决策阶段，决策阶段是对整个成本影响最大的阶段。事中控制就是需要以动态管理为手段。在 BIM 技术下利用平台模型中的基础数据，可以及时了解项目的变化以及成本发生变化的因素，以便采取纠偏措施，减少不必要的成本发生。比如装配式构件制作加工是装配式生产周期中的一个重要的环节，也是连接装配式建筑设计和施工的一个重要环节。一旦构件生产出现错误，那么设计无从体现，施工也无法进行。因此，设计单位将所有的设计数据以及参数通过二维码的形式直接转化为加工参数，实现设计信息和生产系统的直接对接，避免生产错误、提高预制构件生产的自动化程度和生产效率。在生产的过程中，也可以实时地将生产信息传达给施工单位及各方，便于进度安排，有效控本。

4. 以协同管理为保障

工程项目中协同管理是否顺畅决定了项目能否顺利推进，在协同过程中最需要注意解决的就是信息不对称，对于装配式项目协同的要求更高，加上涉及多个参与方，因此具有大量的协同管理工作，需要花费大量时间和人力投入。为了提高协调质量和效率，在项目中利用 BIM 技术建立三维模型与平台数据库，将项目实施过程中各参与方各类工程数据、工程成本数据传入数据模型，实现 BIM 数据的协同共享，利用 BIM 数据更容易发现工程管理漏洞、现场错误，同时还能够保证数据的同步，确保参与方信息堆成。比如：在设计阶段或深化设计阶段对容易产生冲突的项目进行碰撞检测及优化，以便得到最佳的施工部署及施工顺序，提高各单位之间的协调度，避免实施过程中产生冲突，带来返工、拆除等后果，节省了大量的人力物力，对工程管理与成本的控制，产生巨大的效益。

同时，现在 BIM 技术可以与各类数码设备、移动通信等技术相结合，对施工现场进行跟踪，可以为施工现场提供准确、直观的施工指导，有利于施工方案的制定并保证工程施工进度和质量，提高施工效率，避免不必要的资源浪费，显著降低施工成本。所以，BIM 技术与装配式建筑的结合在项目的全生命周期中发挥重大的作用，有助于项目的精细化管理，有利于缩短周期、节约成本、保证质量，提高项目管理水平。

7.2 装配式项目各阶段 BIM 成本管控特性

7.2.1 装配式项目前期阶段的 BIM 辅助设计决策

1. 户型标准化和公共区间标准化

对于户型标准化和公共区间标准化，可以在方案设计阶段之前就预先准备好各类标准化户型模块和标准化公共区间模块的 BIM 模型，在方案设计时将这些模块模型进行拼装，通过参数驱动各模块模型的尺寸变化。BIM 模型可以快速统计房间面积、疏散距离等指标，三维直观地展现建筑效果，方便建筑师进行决策。在装配式建筑项目里，标准化使得 BIM 成为提高生产力的工具。

2. 模型协同整合对设计的优化

装配式项目在初步设计阶段要进行各专业的协同设计，确定预制的范围、预制构件的拆分方案、安装方向和连接方式，分析影响成本的因素，制定合理的技术措施。相对于传统的二维图纸设计方式，往往会造成信息不对称、各个专业信息孤立，在循环往复的计算及提资过程中，工作效率低且容易出错。利用 BIM 协同工作，不仅可以在统一的平台上对等地共享信息及各专业模型，也方便信息、模型的修改及更新。

3. 正向设计解决建筑标准化

由于预制构件深化图详图设计精细度的要求，需要将每个预制构件的生产加工信息和安装信息进行完整的表达，包括预制构件的三维尺寸、混凝土强度等级与体积重量、钢筋的布置、各类预埋件（套筒、管线、线盒、螺栓、吊钉或吊钩等）的种类和定位、预留孔洞的尺寸与定位、钢筋的下料表、埋件统计表、项目中的安装位置与方向等，工作量巨大。传统的二维图纸只能反映平面信息，无法将三维构件直观且清晰地表达出来，容易在生产过程中产生不必要的失误。利用 BIM 进行深化设计，可以避免因二维图纸表述不清晰导致的问题，也可将已有数据直接导入加工机械，提高工作效率。

7.2.2 装配式设计阶段的 BIM 成本管控

1. 装配式项目设计阶段的 BIM 成本管控概述

装配式项目不同于传统的现浇项目，在设计、构件制作、运输、施工安装及项目管理等各个环节，成本都发生了变化。有的环节例如设计、构件制作等成本发生了增加，而有的环节例如人工和项目管理的成本则可能会降低。与传统现浇项目相比，装配式项目会增加装配式设计内容，一般市场价在 10～20 元/m^2（不含模具设计）；预制构件的成本则远大于现浇构件，通常预制构件市场价在 3000～4000 元/m^3，随市场行情波动；预制构件的安装费一般约 100 元/m^2；现浇部分也会由于预制构件带来荷载及规范规定的放大系数等原因，含钢量和混凝土用量比纯现浇结构更大，一般采用装配式的项目结构的含钢量会增加6～10kg/m^2，混凝土用量会增加0.03～0.1m^3/m^2；施工措施费也会比传统现浇项目增加30～50元/m^2。当然，采用装配式项目减少了大量现场工人，节省了外墙抹灰等，会带来一部分的成本节约。但总的说来，目前装配式项目的成本普遍是比传统现浇项目更高，一般预制率每提高10%，成本会增加100～150元/m^2。相对目前的土建成本，装配式项目带来的增量成本还是非常可观的。所以，对于装配式项目的成本控制尤为重要。

从装配式建筑设计本身而言，构件深化设计不但需要集成设计阶段各个专业的信息，还要集成构件制作和施工阶段的信息。例如设计一片预制外墙，除了要表达混凝土和钢筋等结构信息以及预制构件本身所需的粗糙面、企口和凹槽等构造之外，还要考虑建筑保温、门窗预埋，机电管线和孔洞的预留预埋，构件在生产阶段的工艺、脱模和吊装埋件，以及构件的施工安装工艺、支模方式、临时支撑位置、构件之间的连接甚至外脚手架或者塔吊的布置等。一张图纸上要反映的信息非常丰富，而且不能出半点差错，因为构件一旦生产出来就很难再作调整和变更，而预制构件的安装容错率非常低，设计出现一点问题往往就会导致构件在后面的环节发生问题，严重时甚至造成构件报废，不但引起建造成本增加，甚至还会影响工期，造成时间成本大大增加。所以，装配式建筑设计既要保证准确又要保证精确。

对于装配式建筑，设计是所有环节的龙头，其重要性不言而喻。同时，与传统建造方式相比，对设计也提出了更高的要求。在设计阶段，首先设计师必须准确收集各个专业和各个环节的信息并将其体现在设计图纸里，保证设计不出差错。其次，设计师必须熟悉装配式建筑的成本构成，了解采用装配式建筑在各个环节相较现浇项目的成本变化，并且通过精细的研究，从降低综合成本的角度考虑问题，才能针对各个环节选择最优的设计方案。

设计是决定装配式建筑综合成本的最重要环节，要实现最优设计并不容易，这需要大量的项目经验和数据支撑，要集成各个环节海量的信息。传统的设计采用CAD之类的二维设计工具，图纸作为平面信息载体承载的信息量小，沟通不便，信息在各个环节的传递过程中会发生偏差和损耗，成本控制往往依赖设计师的经验，因此这种设计方法已经很难适应新形势下装配式建筑的设计了。

BIM的核心是信息的平台，装配式建筑的BIM模型作为三维信息载体，可以集成设计阶段各个专业以及装配式建筑从设计、生产到施工各个环节的信息。这些信息反映到构件模型上，一方面可以在装配式设计阶段提早发现碰撞问题，由模型生成的图纸保证图纸与模型完全一致，可以用模型进行施工模拟，提早发现问题，避免设计出错；另一方面，有大量的信息支撑，可以快速地进行成本分析和比较，选择成本最优的方案；此外，设计阶段设计的模型可以将信息向工厂和施工企业进行无损传递，避免下游企业重复建模带来的成本损耗以及信息缺失的风险。

一般装配式设计分为方案设计阶段、初步设计与施工图设计阶段、构件深化详图设计阶段，在不同的设计阶段，BIM成本管控的侧重点也有所不同。

2. 装配式项目方案设计阶段的BIM成本管控特性分析

装配式建筑往往受到产品定位、规模大小、地理环境、社会资源、产业化目标、成本限额等种种外部因素的制约。在方案设计阶段，设计单位需要跟建设单位共同确定合理的技术路线，为今后的工作提供设计依据。

标准化和模数化可以最大限度地减少预制构件的种类，提高模具的周转次数，从而降低设计、构件生产、施工安装和项目管理的成本。在方案设计阶段，无论是建筑师还是结构设计师都应该秉承这个理念。住宅类的项目，特别是高层或超高层的住宅，一般都有很高的重复性，从控制成本角度来看比较适合采用装配式建筑。

标准化设计包括标准化户型模块和标准化交通核模块。标准化户型模块中尽可能对厨房和卫生间进行标准化设计。在标准化设计中同时要遵循模数化的设计原则，为今后的内装设计预留标准化的接口。标准化交通核模块包括楼梯的标准化、电梯井的标准化及机电管井和走道的标准化。

传统的建筑方案设计过程中，建筑师更关注建筑的风格、造型，建筑方案在一遍遍的推敲过程中逐步完善，但现阶段 BIM 设计很难适应过于频繁的变化，往往带来设计效率的下降。而装配式项目则不同，如果采用标准化的设计，可以在方案设计阶段之前就预先准备好各类标准化户型模块和标准化交通核模块的 BIM 模型，在方案设计时将这些模块模型进行拼装，通过参数驱动各模块模型的尺寸变化。BIM 模型可以快速统计房间面积、疏散距离等指标，三维直观地展现建筑效果，方便建筑师进行决策。在装配式建筑项目里，标准化使得 BIM 成为提高生产力的工具（图 7.2-1）。

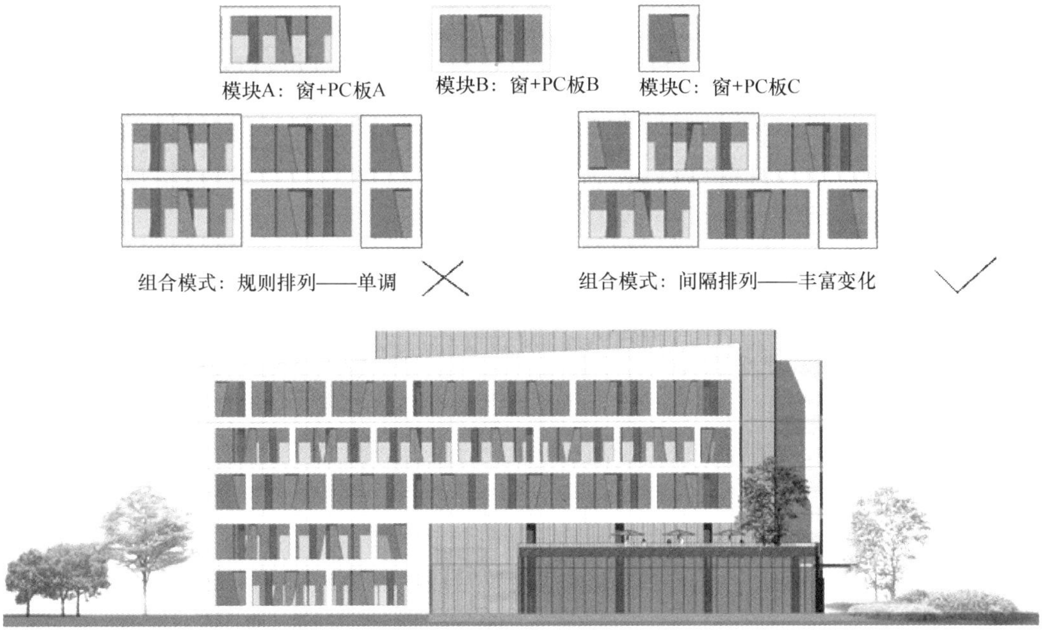

图 7.2-1　模块化设计

减少构件种类的另一个举措就是模数化。不同户型之间如果采用模数设计，预制构件就有可能尽量拆分成相同的类型和尺寸。在住宅中常用的预制构件有预制楼梯、预制桁架钢筋叠合板底板、预制剪力墙、预制填充墙（带窗洞和不带窗洞）、预制凸窗、预制阳台、预制花池、预制女儿墙等类别。这些类型的构件在每个项目里虽然详细设计并不一定相同，但从外形上有很多相似点。因此，采用 BIM 设计的话，设计单位可以事先建立 BIM

构件族库，每种类型的构件都可以通过改变参数设定来快速调整构件的三维尺寸，为了提高设计效率，构件的钢筋信息、埋件信息和预留预埋的信息可以不建在这些族里。建筑方案设计时，装配式设计师就可以快速地调用这些族，修改尺寸参数后拼装到建筑 BIM 模型上，一来可以进行初步的拆分，检查拆分的合理性及对建筑立面的影响；二来，可以快速统计每个预制构件的混凝土体积、外墙投影面积等参数，这样就可以直接算出该建筑物的预制率、装配率或预制外墙投影面积比例，初步判断是否能满足该项目的产业化目标。在传统设计中，预制率计算和外墙投影面积等计算往往都需要通过列表手动逐个计算，每次方案调整都需要重新计算，效率非常低。BIM 设计则可以适应建筑方案的调整，进行快速地装配式指标计算（图 7.2-2）。

三维示意图					
族类型	外挂墙板	凸窗墙1	阳台	框架柱	带栏板阳台
三维示意图	 三维图				
族类型	楼梯	填充墙1	女儿墙	框架梁	双T板
三维示意图	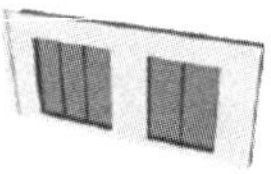	 飘窗2			
族类型	外墙	凸窗墙2	填充墙2	预制板	夹心保温外墙

图 7.2-2　族类型及三维示意图

3. 装配式项目初步设计与施工图阶段的 BIM 成本管控特性分析

装配式项目在初步设计阶段要进行各专业的协同设计，确定预制的范围、预制构件的拆分方案、安装方向和连接方式，分析影响成本的因素，制定合理的技术措施。

采用传统的设计方法，各专业通过二维图纸传递信息，各专业相对孤立，信息不直观且具有滞后性，这种设计方式很难适应不断的设计变化，常常会导致专业间的不对应。在这个阶段，设计单位一般需提供预制说明、包括预制构件的建筑平面图、立面图、剖面图、构件拆分图、节点详图和预制率计算书，在图纸里需要表达预制构件的尺寸、重量、体积等信息。由于需要专业间协同作业，就需要不同专业之间进行来回提资返资，某专业的任何修改都可能引起其他专业的相应调整，这个过程效率低而且容易出错。

BIM 可以提供一个信息共享的协同设计平台，建筑、结构、机电、室内等各专业的设计师都在这个平台上建立模型，共享信息，而且这些信息可以实时显示在模型上，任何修改都可以被其他专业的设计师在第一时间了解到，这样就大大提高了设计的精度和沟通的效率。同时，采用可视化的三维模型进行设计，成果直观，软件还可以帮助实现不同专业之间的碰撞检查，避免传统设计中人工检查不可避免发生遗漏的状况（图 7.2-3、图 7.2-4）。

通过 BIM 协同作业，各专业的成果可以集成在一个 BIM 模型上，除了预制说明和节

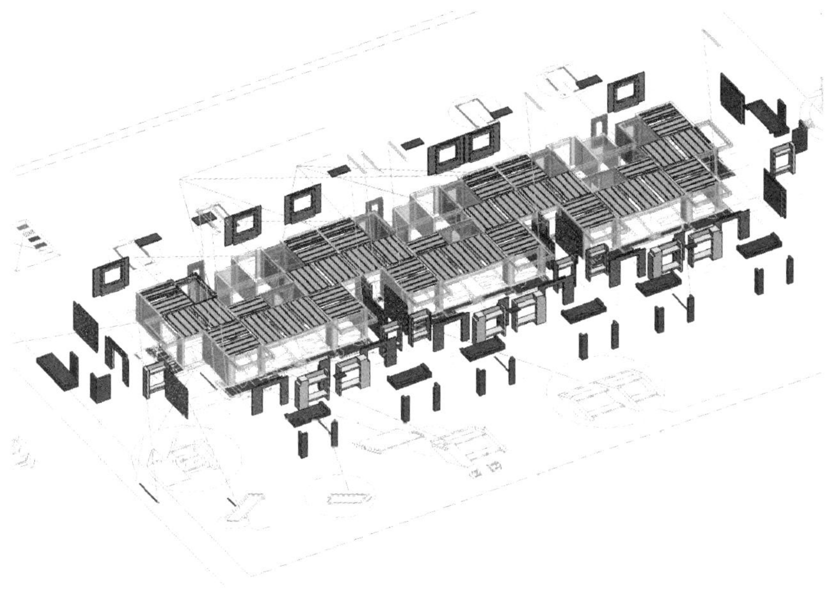

图 7.2-3 用 BIM 进行预制构件拆分设计

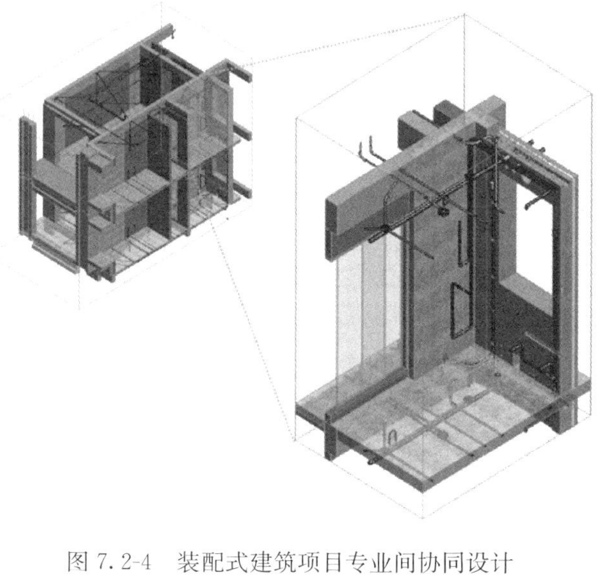

图 7.2-4 装配式建筑项目专业间协同设计

点详图外，该设计阶段所需的其他图纸都可以从模型中直接获取，而且图纸和模型是一一对应的。只要模型建的准确，得到的图纸也是准确的。另外，图纸中所需表达的预制构件的重量和体积以及尺寸都是与构件模型相关联的，模型发生调整，所有这些信息也会联动修改，不需要设计师再去逐个核对。

BIM 模型可以存储各专业设计的部品与构件大量的信息，例如材质、类别、三维尺寸、空间位置、体积、价格等信息。根据这些数据，设计师可以在设计过程中实时了解装配式项目的各种指标，包括预制率、装配率等工业化指标及整个项目的经济性指标。相关的预制率计算表格和材料清单、价格清单等都可以由 BIM 模型直接生成，方便设计师对装配式项目的成本进行控制。

此外，采用BIM模型也使得设计和构件制作工厂以及施工单位之间的沟通交流更加直观便捷，三维可视化的BIM模型可以通过效果图、动画、实时漫游甚至虚拟现实等手段，将项目的设计成果向各个环节进行展示，这样，在初步设计阶段就可以和下游企业一起来确定合理的技术路线，将传统后期才可能发现的问题尽量前置，减少了沟通和修改的时间成本。

4. 装配式项目构件深化详图设计阶段的BIM成本管控特性分析

在预制构件的深化详图设计阶段，需要将每个预制构件的生产加工信息和安装信息进行完整的表达，包括预制构件的三维尺寸、混凝土强度等级与体积重量、钢筋的布置、各类预埋件（套筒、管线、线盒、螺栓、吊钉或吊钩等）的种类和定位、预留孔洞的尺寸与定位、钢筋的下料表、埋件统计表、项目中的安装位置与方向等，工作量巨大。

由于传统的二维图纸只能反映平面信息，要完整表达一个三维构件的信息，必须给出该构件的各个面的视图，如正立面、背立面、左右侧面、顶面和底面。同时，为了反映内部的钢筋或埋件布置，还需要给出布筋图和各个必要的剖面或断面图。各个视图的信息应该是关联的，例如改变一根钢筋的尺寸或位置，那么在所有反映到这根钢筋的视图和材料表中都应该体现这个变化。此外，预制构件深化详图中反映的信息还必须与该构件在整体建筑中相应位置所有相关专业的信息对应，例如预制墙上的预埋线盒的定位，就必须结合精装设计对于该线盒在空间的位置设计来确定。二维图纸由于其本身的局限性，无法让预制构件不同视图之间的信息进行关联，也无法让该预制构件和其他相关专业进行关联，绘制、修改和检查的工作量大且容易出错。而深化详图如果设计出错，预制构件一旦生产出来就很难再去修改，轻则要进行开凿修补，费工费时，重则可能造成构件无法安装导致报废，重新生成又会耽误工期，给建设单位在经济上和进度上都带来损失。

采用BIM进行预制构件的深化设计，可以对初步设计中布置的预制构件进行原位编辑，往该构件模型内添加深化阶段所需的信息，如钢筋、埋件、预留孔洞等。这些埋件可采用实体建模，如果设计单位事先已经准备好钢筋库和埋件库，设计就会比较简单，只需要从钢筋库和埋件库里调用相应的钢筋族或埋件族，修改其参数，在三维空间里定位到它在构件里所在的位置就行。构件深化设计的过程从传统的绘图方式变为搭建模型的过程。由于是实体建模，构件模型中的钢筋是否与埋件、管线或预留孔洞发生碰撞，都可以直观地表现出来。同时，由于对构件的深化是采用对其原位编辑的模式，整体建筑模型中其他专业的信息也都可以反映到该构件的深化模型里去，并且如果其他专业发生了调整，构件模型里也会相应发生变化。

现有的BIM软件大多支持对三维模型自动生成各个方向的视图，剖切后形成的断面信息也是真实准确的，这样就方便了绘制图纸。而且关键是所有的视图和三维模型本身是信息联动的，对模型的任何修改都会自动体现在相关的视图平面里，这样就保证了图纸内部信息的对应性。采用BIM建模再由模型生成图纸可以真正意义上保证图模一致。在预制构件的BIM深化模型中，所有材料、零部件的信息都是真实的，利用软件可以方便地提取出钢筋下料表、埋件统计表、构件的重量与混凝土体积等信息，所有这些信息非常准确，并且会随着构件模型的修改自动更新，避免了人为差错（图7.2-5）。

预制构件BIM模型中添加的所有钢筋、埋件等信息会同步到整体建筑模型中的相应

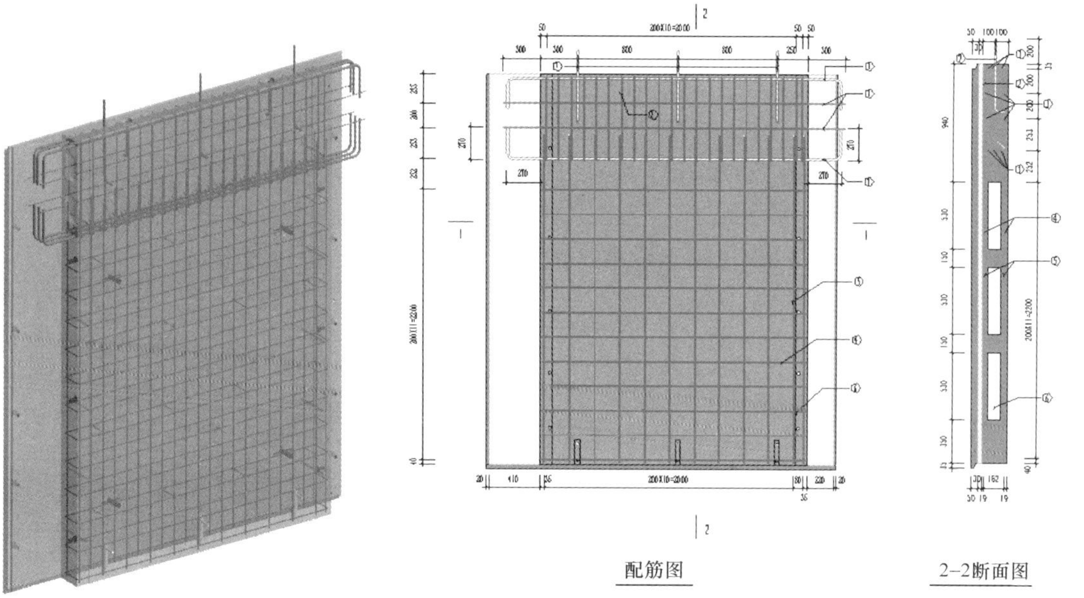

图 7.2-5 装配式构件钢筋示意图

构件中去，这样就可以在整体模型中检查不同构件钢筋级别的碰撞，还可以通过施工虚拟仿真来定义构件安装的先后顺序与运动路径，提前发现安装施工中可能会出现的问题，减少由于施工问题带来的成本增加（图 7.2-6）。

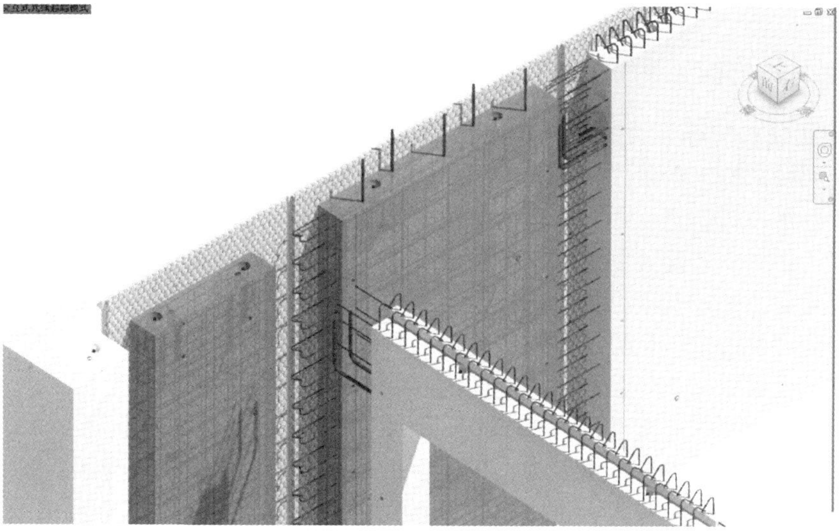

图 7.2-6 装配式 BIM 布置示意图

由于图纸和模型是完全一致的，设计单位提供的装配式建筑项目的 BIM 模型就可以直接提供给下游单位使用，避免他们进行重复建模。构件生产厂家可以根据设计单位提供的包含完整设计信息的预制构件 BIM 模型，添加生产与运输所需的信息，完成模具设计与制作、材料采购准备、模具安装、钢筋下料、埋件定位、构件生产、编码及装车运输等工作。如有条件，可利用预制构件 BIM 模型导出的数据对接生产设备完成自动化生产。采用 BIM 技术辅助生产管理，将有利于构件生产厂商提高生产效率，提升产品质量。

施工单位可以利用设计单位提供的全专业的 BIM 模型包括预制构件的 BIM 模型，添加建造过程、进度安排、施工顺序、堆场位置、安装位置、施工工艺等信息，对预制构件的安装进行动态虚拟仿真模拟，优化施工工序，实现可视化交底。通过构件编码将虚拟的 BIM 模型与现实的构件联系起来，将施工现场的质量检查信息、进度状况等数据反映到 BIM 模型中，实现三维可视化施工管理（图 7.2-7）。

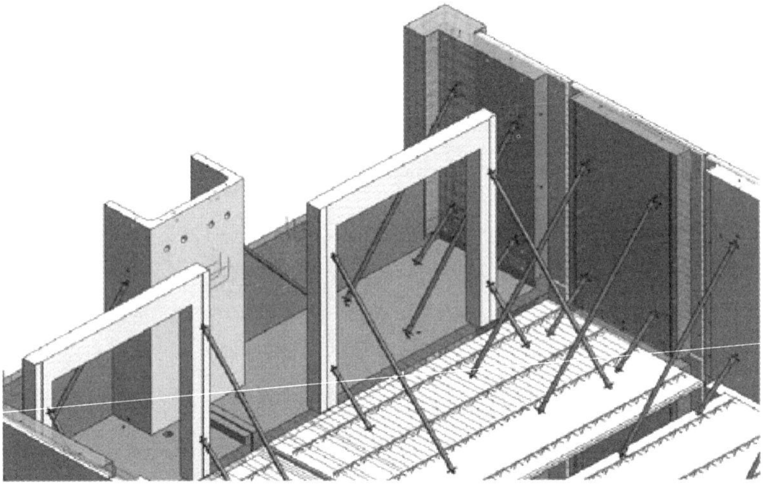

图 7.2-7　装配式建筑项目的施工模拟

7.2.3　装配式招标采购阶段的 BIM 成本管控

1. 装配式项目招标采购阶段的 BIM 成本管控概述

装配式项目招标采购阶段招标采购的目的是通过编制招标文件进行比选，选择技术、商务上能够满足项目的进度最为合适的单位。装配式招标采购阶段主要工作为：装配式深化设计单位的选择、装配式制造加工单位的选择、装配式安装单位的选择及其他配套单位的选择。因此对于上述几项，如果选择恰当将会为项目带来极大的价值，一个技术佳、管理优、报价合理且有竞争优势的参与方是项目顺利开展的前提保障。

在招标过程中招标文件是必须编制的内容，招标文件一般分为：通用要求、技术要求和商务要求。通用要求主要为：项目概况、招标范围、招投标文件提交要求、时间、地点、保证金等要求。技术要求主要为：根据项目的技术管理要求，包含了对参与投标方的资质、组织架构、人员、技术、进度、质量、安全及保障措施等要求。商务要求主要为：招标文件中的招标清单，需要反映本次招标的具体内容及招标数量，对于投标单位的报价形式、报价要求作出限定。招标数量的准确与否会直接影响到投标人对于投标价格把控，也会影响招标人对于中标人的选择。因此，招标清单中的招标数量计取是采购阶段的重中之重，数量越准确、计算效率越高对于项目推进越有利。所以，BIM 技术为装配式项目的数量统计带来了极大的优势，这一点将在本章节的 7.3 节中展开阐述。

2. 装配式项目招标采购阶段的 BIM 成本管控特性分析

装配式项目招标采购阶段的 BIM 成本管控特性对于不同的参与方需要关注的点不尽相同，下面将按照常规项目主要涉及的装配式深化设计单位、装配式制造加工单位、装配式安装单位来分析。

（1）装配式深化设计单位的 BIM 成本管控特性分析

装配式深化设计工作主要存在于设计单位装配式施工图完成到制造加工单位加工之间。它起到了承上启下的衔接作用，不仅在设计单位的施工图上进行了优化设计，减少了装配式规格尺寸，还结合制造、加工、运输、堆放、吊装等因素进行综合考虑汇总，使得制作加工、现场施工更为顺畅、合理化、优化进度、提高效率、节约成本、提高管控。

装配式深化设计一般在招标采购阶段会有所涉及，一般以以下三种形式存在：

1）设计单位涵盖装配式深化设计

这种形式可以理解为：设计单位除了完成装配式施工图设计，还会继续深入参与到装配式图纸的深化设计阶段。这种形式的优点是：从设计最初的方案到深化图纸由一家单位完成，对于图纸、BIM 模型的系统性、完整性、及时性而言是一个很大的优势，设计协调工作量相对较少。缺点在于对装配式制作加工、安装单位的贴合度不是很高，后期协调量较大。因此在设计单位招标的时候需要结合实际工作内容，合理制定招标清单内容。

2）制作加工单位涵盖装配式深化设计

这种形式可以理解为：设计单位完成装配式施工图设计之后，由制作加工单位进行深化设计和装配式构件的制作加工，这种形式的优点是：制作加工单位对于本企业的生产情况、加工工艺、运输机械等最为熟悉，深化后的图纸对于制作加工的贴合度很高，这一阶段的协调工作较少。缺点在于对于深化加工图的把控无法做到绝对客观。因此在制作加工单位招标的时候需要考虑管理因素进行招标内容编制，包含装配式深化设计的制作加工单位报价会高于仅进行装配式制作加工的单位，但报价的时候需要要求制作加工单位将报价明细罗列清楚，以便价格比对。

3）独立招标的装配式深化设计单位

这种形式可以理解为：直接通过装配式深化设计的招标比选，选择合适的单位。这种形式的优点是：对于深化加工图的把控能够做到绝对客观，常规而言这类公司更为专业，更能够提前发现设计、制作加工、安装中的问题，解决实施过程中碰到的问题。缺点在于在设计、制作加工、安装的基础上还增加了一个参与方，各方之间的协调工作量有所增加，图纸、BIM 模型不容易连续，需要有统一的 BIM 数据传递标准，以便各方进行协同。对于此类形式的装配式深化设计单位的选择，在招标成本管控中需要注意的是招标形式。招标形式一般性分为总价包干和综合单价包干，对于招标图绘制完善的情况下可采用总价包干的报价形式，可降低招标方的风险。如招标图绘制不够完善，后续存有变化的情况，可采用综合单价包干的形式。同时在招标的同时，需要结合整体项目的技术、管理需求，对深化设计单位提出相应要求，如二维码编码、物流管控、质量验收都需要在招标采购的时候进行考虑，避免出现错乱漏缺的情况。

（2）装配式制造加工单位的 BIM 成本管控特性分析

装配式制作加工主要负责提供用于装配式构件生产加工的人员、材料、机械设备、场地措施等。在装配式制造加工单位的选择上宜进行实地考察评定，主要关注的点为：装配式制作加工所在地、产能、备案情况、模具及加工工期、质量管理体系、管理人员停驻点、装配式预制构架质量稳定性、工艺情况、制作加工流水线情况、预制养护方式、冬期施工情况、进度质量保证体系、管理人员和工人情况、二维码物流管控及BIM能力运用情况等。上述关注点不仅会直接影响装配式构件制造加工的质量，还会对成本造成直接影响。

基于上述考察内容，在招标过程中需要关注影响成本增加的因素大致包括：制作人工、结构增量、购置税、包装装运卸除、接缝、耗材、埋件、工厂折旧、模具、费利、支撑、蒸养等，如图7.2-8所示。在编制招标清单的时候，需要把相关清单项开列，如存有漏缺，也应在询标过程中进行答疑澄清。招标图纸、招标清单中的编制也应谨慎、仔细，防止错漏。在招标阶段将费用明细拆分的越细致、界面划分梳理的越清楚，在实施过程中各方“扯皮”的现象就越少，越有利于项目的推进。在BIM模型中可以通过族类型、名称编码、颜色分类清晰区分装配构件和非装配式构件、预制构件和现浇构件，通过BIM模型的查看可以有效帮助招标采购人员快速辨识装配式构件，而不需要通过繁琐的图纸、编制说明花大量时间去理解图纸。帮助迅速理解图纸，对构建物有着直观认识，有效降低人为失误造成的数据错误，大幅提高工作效率。

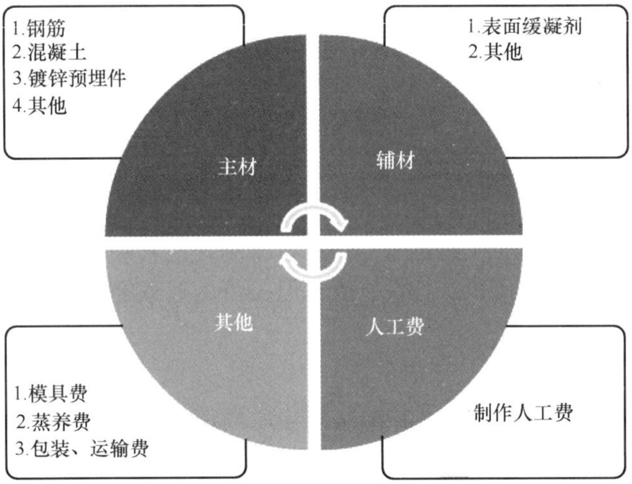

图7.2-8 主要成本组成

（3）装配式安装单位的BIM成本管控特性分析

装配式安装单位主要从装配式构件进场堆放、施工现场运输、吊装、安装到竣工验收完成。有无装配式安装对于人工、材料、机械、场布措施的要求会有差别。因此在存在装配式安装单位的情况下，主要关注的点为：装配式安装单位管理人员、安装工人情况、吊装机械及二次运输机械情况、措施增量、堆场、支撑件等情况，如图7.2-9所示。这些关注点涉及了各方的工作界面划分，也最直观地影响费用报价，在采购比选的阶段可通过BIM模型4D场布及措施类模拟，帮助技术、商务评标、议标，发现漏缺及投标文件的不合理之处，在技术有保障的情况下，进行商务比选，技术是商务的前提保障，商务又是技术落地的有效措施，BIM技术又能有效为两者增效，提升项目管控。

3. 快速工程量统计

项目的核心任务是工程成本管控，招标采购阶段的核心工作在于准确、快速地统计工程量。工程量统计是编制工程预算的基础工作，具有工作量大、费时、繁琐、要求严谨等特点，约占全部工程预算编制工作量的 50%～70%，且其精确度和快慢程度将直接影响工程预算的质量与速度。工程量统计方法的改进不仅有利于加快概预算速度、减轻概预算人员的工作量、提高概预算质量，而且对于增强审核及审定透明度都具有非常重要的意义。

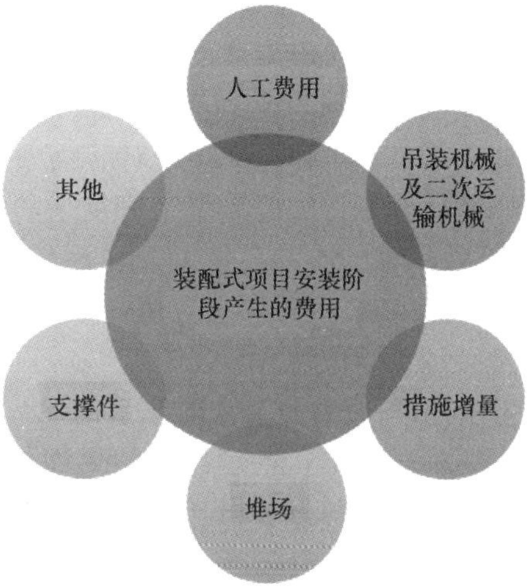

图 7.2-9 安装单位主要成本组成

BIM 技术在快速工程量统计上有着绝对的优势，在设计单位设计阶段通过 BIM 建模不仅可以通过平立剖切、标注生成施工图纸，还可以通过建模软件的工程量统计功能直接出工程量明细表，如图 7.2-10 所示。传统工程量统计，专业预算人员需从图纸中逐一计数来统计装配式构件，如预制柱、预制梁、预制板、预制剪力墙、设备、部件、管道配件等，然后分类统计于表格中。目前 BIM 软件可以通过智能识别，可对装配式构件一键转化，计算后分规格、分型号、分单体、分楼层、分系统形成统计报表。除了生成工程量之外，还可以通过和清单计价软件的相结合，导入工程量明细表进行清单计价，形成专业招投标清单，可直接用于采购招标。

叠合板统计表

编号	板长(mm)	板宽(mm)	板厚(mm)	体积(m^3)	重量(t)	数量	总体积(m^3)
(A1)YBS1	3320	1620	60	0.32	0.81	32	10.33
(A1)YBS2	3320	1520	60	0.30	0.76	34	10.29
(A1)YBS3	1120	1520	60	0.10	0.26	34	3.47
(A1)YBS4	4820	1220	60	0.35	0.88	34	11.99
(A1)YBS5La	4920	1310	60	0.37	0.93	17	6.32
(A1)YBS5Lb	4920	1310	60	0.37	0.93	17	6.32
(A1)YBS5Ld	4920	1310	60	0.38	0.94	17	6.40
(A1)YBS5Rc	4920	1310	60	0.38	0.94	17	6.40
(A1)YBS6	3420	2020	60	0.41	1.04	34	14.09
(A1)YBS7	2570	1510	60	0.23	0.58	2	0.47
(A1)YBS8	3720	1510	60	0.34	0.84	32	10.79
(A1)YBS9L	3210	1620	60	0.31	0.78	1	0.31
(A1)YBS9R	3210	1620	60	0.31	0.78	1	0.31
(A1)YDB1	4210	1620	60	0.41	1.02	32	13.09
(A1)YDB2	4420	1250	60	0.33	0.83	102	33.81
(A1)YDB3	3320	1250	60	0.25	0.62	68	16.93
(A1)YDB3La	3320	1250	60	0.25	0.61	17	4.17
(A1)YDB3Rb	3320	1250	60	0.25	0.61	17	4.17
(A1)YDB4	3120	1170	60	0.22	0.55	102	22.34
(A1)YDB5	2720	1170	60	0.19	0.48	102	19.48
(A1)YDB6	1620	610	60	0.06	0.15	32	1.90
(A1)YDB7	4920	1600	70	0.55	1.38	6	3.31
(A1)YDB8	3920	1780	70	0.49	1.22	6	2.93
(A1)YDB9L	4920	1825	70	0.63	1.57	32	20.11
(A1)YDB9R	4920	1825	70	0.63	1.57	32	20.11
(A1)YDB10	4120	1100	70	0.32	0.79	32	10.15
(A1)YDB11	3920	1700	70	0.47	1.17	64	29.85
(A1)YDB12L	3370	1825	60	0.37	0.92	32	11.81
(A1)YDB12R	3370	1830	60	0.37	0.93	32	11.84
(A1)YDB13Ld	3420	1620	60	0.32	0.81	5	1.62
(A1)YDB13Rc	3420	1620	60	0.32	0.81	5	1.62
(A1)YDB14	3920	1600	70	0.44	1.10	32	14.05
(A1)YDB15	4310	1620	60	0.42	1.05	34	14.24
(A1)YDB16	4920	1620	60	0.48	1.20	2	0.96
总计：1058						1058	345.99

女儿墙统计表

编号	墙宽(mm)	墙长(mm)	墙高(mm)	体积	数量	体积
(A)YNEQ1	200	3700	1530	1.13 m^3	2	2.26
(A)YNEQ2	200	900	1530	0.28 m^3	2	0.55
(A)YNEQ3	200	3000	1530	0.92 m^3	2	1.84
(A)YNEQ4	200	2150	1530	0.66 m^3	4	2.63
(A)YNEQ5	200	3400	1530	1.04 m^3	4	4.16
(A)YNEQ6	200	2700	1530	0.83 m^3	2	1.65
(A)YNEQ7	200	3100	1530	0.95 m^3	2	1.90
(A)YNEQ8	200	2700	1530	0.83 m^3	2	1.65
(A)YNEQ9	200	1600	1530	0.49 m^3	2	0.98
(A)YNEQ10	200	500	1530	0.15 m^3	2	0.31
(A)YNEQ11	200	3200	1530	0.98 m^3	2	1.96
(A)YNEQ12	200	1950	1530	0.60 m^3	4	2.39
(A)YNEQ13	200	3800	1530	1.16 m^3	2	2.33
(A)YNEQ14	200	1800	1530	0.55 m^3	2	1.10
总计：34					34	25.70

图 7.2-10 某地块项目预制构件 BIM 统计出量

目前，利用 BIM 技术进行三维建模、工程量统计的工程实例应用越来越多。其中，对于土建专业和机电专业的应用较为成熟。土建专业算量的准确度较高，安装专业算量正确率目前也可达到 80%以上。算量正确率主要受到 BIM 建模软件精细度及操作的限制，会出现局部细化工作量无法统计，需要人工手动定义计量规则或人工手动修正确保算量的准确。但相较于传功的算量工序复杂的作业模式，出错率大幅度降低。在目前条件下通过多个 BIM 软件的协同还是可以实现较传统算量更加准确高效的招投标计量和计价工作，相信随着 BIM 技术的深入应用，BIM 软件的配套提升，基于 BIM 模型的工程量统计应用技术势必越来越成熟。

4. 施工界面划分及合同体系构建

在招标过程中，各参与方的界面划分是招标采购需要重点关注的内容。界面划分合理，能够使得参与方各司其职，避免不必要的纠纷，影响工程进度。合同体系构建的前提是基于施工界面划分清晰，风险合理分配，合同给予施工落地提供有效保障。

装配式招标采购阶段，施工界面划分是招标人首要确定的，它不仅决定了合同体系的构建选择，也决定了招标界面内容的划分。施工界面划分保证整体项目完整性无遗漏、每个标段清晰无重复，这将为技术方案、商务报价、现场项目管理奠定坚实基础。在 BIM 技术的应用下界面划分时可以通过三维方式直观地浏览查看模型，通过颜色划分施工界面，更加容易发现界面漏缺、重复区域，尤其在于各专业、各标段交接面中的划分，对于重点关注区域可通过记号标识作为重点关注。

界面的划分考虑要细致，尤其是对于专业技术性强、管理要求高的装配式项目，一些看起来微不足道的小问题，在现场项目实施过程中都会带来影响。举个例子：某装配式项目中约定由制作加工单位负责将加工制作完成的装配式构件运输至项目施工现场，施工总承包单位即装配式安装单位负责进行现场验收，如验收不合格，由制作加工单位负责构件运回及修复。在实施过程中，制作加工单位将构件按批次如期运输至施工现场，但由于施工现场场地受限，构件运至堆场需进行二次运输，此时制作加工单位和施工总承包单位发生争议，双方都认为应该由对方承担二次运输的费用，双方争执不下、各执一词。从这个例子不难发现，问题出在界面划分不够清晰、不够细致上，在划分约定的时候将卸货的具体要求细化，技术标准要求明确，落实到责任方就不会发生这样的争议和纠纷。

在装配式项目采购比选工作中，装配式制作加工单位和安装单位由一家承担，界面划分的问题相对比较小，只要划分清楚和现场施工总承包的界面即可。如果制作加工和安装由两家单位负责、涉及多方协调配合的，对于界面划分需要格外小心。纠纷问题往往会出现在措施类工作责任归属和费用上，如：哪方人员负责卸货？现场二次运输哪方负责？卸货吊具及配套辅助设置由哪方负责？采用购买还是租赁的形式？验收的标准如何约定？卸货过程中发生的构件损坏、断裂问题的责任如何判别？堆场中的支撑件由哪方提供？一次性购买还是租赁使用等，这些都是需要在施工界面划分的时候注意考虑的。

界面划分和项目合同结构体系划分确立息息相关，合理的项目合同结构体系对控制项目风险影响很大。由于项目建成实体是一个较为持久的过程，具有规模大、周期长、复杂性的特点，而且时间越长、投资越大，风险也就越大。因此在装配式项目招标采购阶段，项目合同体系的划分和确立是合同管理的第一重点。合同模式种类较多，如 EPC 合同模式、设备及材料采购合同等合同形式。通过合同结构体系的划分和确认，可以将工程风险在项目参与者之间进行合理分配，使每个参与者都有一定的风险责任，以便调动各方对项目管控的积极性和创造性，保证项目的高效益。目前国家积极推行设计、生产、施工为一体的工程总承包承发包方式。率先开展合理最低价中标试点。把装配式项目纳入邀标范围，对投标人的设计经验、施工经验，构件制造加工单位能力，施工图设计进度，施工组织设计、投标价格、质量、工期等因素进行综合考虑，营造“优质优价”的市场环境。

7.2.4 装配式项目施工阶段的 BIM 成本管控

1. 装配式项目施工阶段的 BIM 成本管控概述

施工阶段是项目成本控制中的重要阶段。目前，对于一般项目而言，施工阶段的成本控制存在着事前和事中控制少，主要强调后期成本结算；施工过程中间成本管控失控；成本数据更新不及时等问题。装配式项目的出现及快速发展，使得现有施工阶段成本管控的弊端更为突出，亟待需要一种新的管理手段加以解决。BIM 技术在装配式施工阶段成本管控中发挥了巨大作用，针对装配式项目与常规项目在组织模式、生产方式、建造方式等方面的不同，BIM 在装配式施工过程中的成本管控的方法、资金使用计划分析、装配式项目合约管理、进度工程量与进度款控制、装配式项目的变更及签证管理、装配式项目动态成本控制、装配式项目的分阶段结算等方面也不尽相同，本节将具体进行阐述。其中，装配式项目合约管理、进度工程量与进度款控制、装配式项目的变更及签证管理、装配式项目动态成本控制、装配式项目的分阶段结算内容包含了装配式预制构件加工阶段及施工安装阶段两阶段内容。

2. 施工过程中 BIM 成本管控的方法

（1）施工阶段前期，采用 BIM 技术可以对装配式项目进行预制、现浇部分的净量及消耗量计算，形成项目准确造价，方便对商务标报价、合同签订、成本计划编制起到数据支撑作用；通过 BIM 提供的建造工序与时间及成本的挂接（图 7.2-11），提前制定项目乃至各方资金使用计划，发挥资金的最大时间价值。

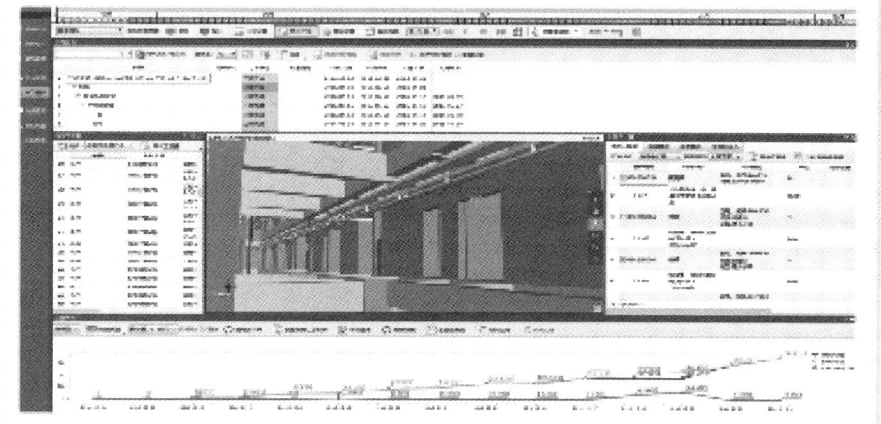

图 7.2-11　BIM 时间、成本挂接

（2）施工过程中，采用 BIM 技术可以实现时间和工序的对照，确定不同时间段内工

程的成本控制情况，并对土建、钢筋主材等用量进行投标清单量与模型量对比、现场施工量与模型量对比等三算对比（图 7.2-12），及时发现清单中存在错项、漏项，并找出现场材料用量较模型用量的差别，及时进行调整。

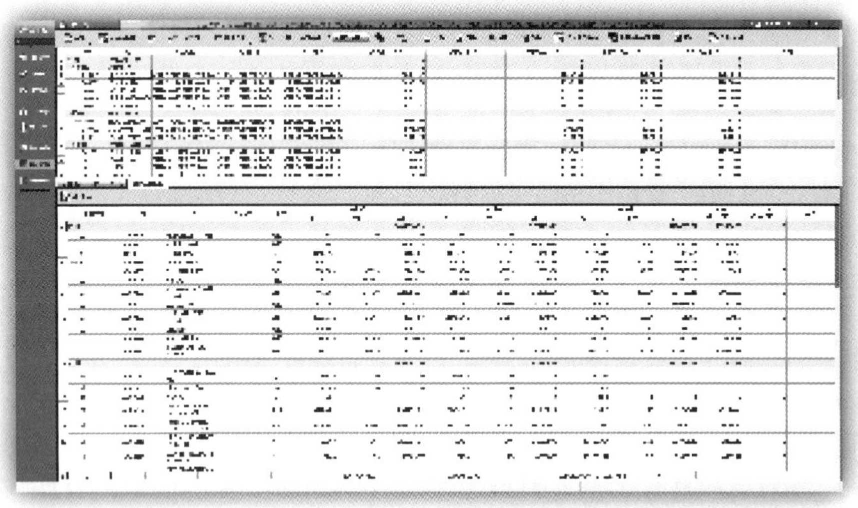

图 7.2-12　BIM 多算对比

此外，基于 BIM 给出的精确工程量，合理地进行项目人、机、料的合理化资源配置，及时调整 WBS 任务的划分和进度，优化工序，避免窝工和抢工的现象。

施工阶段施工方案优化方面，利用 BIM 进行 4D 模拟施工，减少施工结构与机电的相互碰撞，减少返工，节省成本；对于现场安全方案制作及现场实施，通过 BIM 技术可以预先进行危险区域的标定和围护，减少安全事故的发生，降本增效；装配式预制构件安装方面的产业工人较少，培养速度较慢，应用 BIM 进行三维可视化技术交底，可以更加直观深刻地将需要表述的信息传递给现场作业人员，提高工作效率，防止了由于操作不当而造成的损失。

图 7.2-13　预制构件二维码跟踪

施工过程阶段应用 BIM 管理平台，进行二维码预制构件跟踪（图 7.2-13），按需供料，减少现场预制构件堆放时间，提高场地周转效率，降低成本。同时，应用 BIM 管理平台，实时监控成本随时变化曲线，并对超额成本进行警示，防止成本失控。

3. 装配式项目资金使用计划的确定

装配式项目资金使用计划确定方面，除按照常规建造阶段进行收入及成本测算外，还有以下需要注意：由于预制构件生产环节的引入，使得施工阶段资金分配比例发生变化，施工阶段大部分资金预付给加工厂，由于现有各加工厂产能饱和，总包现金支付压力较大。此外，装配式整体工期较传统建筑模式工期提前，资金时间价值较传统建造方式体现偏少。装配式总包的装配式加工、安装分包模式的确定也会对整个资金使用计划产生偏差，与加工制作厂及安装产业化队伍建立战略合作关系，可较大程度上减少资金的投入及占有。

装配式项目税务方面，适用一般计税方法，增值税税率 11%。销项税额总数，可以与业主协商开发票和交税时间，在收取预收账款时，先不交增值税，以缓解项目资金压力。进项税额在总成本最小前提下选择分供商，与分供商签订合同时，在合同中明确开具增值税专用发票及增值税税率；执行合同过程中，付款时，要求分供商必须先开具增值税专用发票，尽早抵扣进项税；对于税率较低以及难以取得增值税专用发票的项目，直接分包，以取得增值税专用发票。

4. 装配式项目合约管理

装配式项目合约主要有与预制构件厂签署的采购合约、与总包签订的预制构件安装合约两大类，下面分别进行阐述：

（1）与构件厂签署的采购合约

PC 预制构件作为产品被采购，其合同与其他产品采购合同基本一致，包括：1）合同价款；2）交货时间、供货周期、地点、方式、运费；3）质量要求及技术标准；4）验收标准、方法；5）双方权责；6）结算与付款；7）争议与解决等内容。

合同与价款方面，要对采购的预制构件类型进行明确表达。一般按建筑面积平方米单价（或构件立方米单价）进行包干，有些时候按构件类型单价进行计量，各类型构件立方米单价一般会在合同中以附件进行阐述，PC 构件单价包含的内容有直接材料费、人工费、机械费、管理费、利润、税金。此外，还要约定调差内容，比如在供货周期内若原材料单价涨幅大于合同签订期当地当期价格信息价的 5%，按原材料在构件的占比予以调整等。

交货时间、供货周期、地点、方式、运费方面，一般供货方按约定将 PC 构件运输至工地现场，且由于其代办 PC 构件的运输，运输费包含在总价中。

质量要求及技术标准方面，会详细约定参照的国家、地方或企业制定的质量验收标准；PC 构件的预留孔洞尺寸、预埋管线及底盒等也要符合设计图纸的要求。

验收标准、方法方面，有严格的验收程序，对 PC 构件表面缺损及结构性损伤进行严格把关，并做好签收管理、门卫管理。

双方权责方面，对 PC 构件吊装顺序及装车顺序有严格界定，若有调整时，需要承担因变更导致的运输车次增加及二次转板等相关费用。

结算与付款方面，由于加工厂预制构件生产周期相对较短，一般预付支付时间及中间结算时间也相对较短。

双方约定的违约责任方面，由于 PC 构件供货进度直接影响了 PC 构件安装进度，所以对未按时间（一般按天计算）到位的构件将支付违约金（延误供货额度的 1‰），并承担相应的损失。

（2）签订的预制构件安装合约

此部分可以分为安装专业分包及安装劳务分包，对于安装专业分包来说，PC 安装费一般包干，工作内容包含：1）构件卸车、堆放、吊装、定位、安装、人工配合；2）预埋铁件埋设；3）脚手架、顶撑、斜撑安装、拆除；4）接缝处理、打胶及外墙清洗等安装预制构件所需的一切工序。

对于安装劳务分包来说，分包内容是除甲方提供塔吊、PC构件、PC托架、水平支撑及搭设外，PC安装所包含（从PC构件进场卸车、预埋件安装、吊装、测量、找平、安装、校正、焊接、灌浆、现场安全及文明施工维护，直至验收合格）所有工序的人工。并且，对于不含税综合单价计算，将包含：1）该项目PC预制构件卸货、吊装、吊装相关的预埋件埋设、斜撑杆件的安装；2）完成本工程所需所有用工（包括生产性用工、辅助用工、零星用工）及赶工抢工期等工作；3）包含PC楼梯下的脚手架的搭设；4）完成合同分包范围及分包内容所需的人工费、所有材料的装卸费、一次搬运费等。

5. 装配式项目进度工程量与进度款控制

传统项目中，工程基础数据掌握在分散的预算员手上，工程造价快速拆分难以实现，工程进度款的申请和支付结算工作也较为繁琐。通过BIM技术可以对工程量进行快速审核，进而实现进度款快速支付管理。

应用BIM技术，可以对装配式项目中的预制构件进行编码及跟踪，借助二维码或RFID精准地把控跟踪状态、跟踪人、跟踪时间及跟踪位置的各类信息（图7.2-14）。由此，通过条件筛选，可以实时查看跟踪详情，获得不同状态下的进度工程量，并通过报表形式导出。

图7.2-14 预制构件状态跟踪

在进度款结算方面，BIM软件实现了框图出价、框图出量、更加快速地完成工程量拆分和重新汇总，形成造价文件，为工程进度款结算工作提供技术支持。对于装配式项目，BIM软件在预制构件加工、运输、安装过程阶段可以实时动态监控构件状态，获得过程任何状态下的工程实物量，便于过程进度结算的控制，在工程竣工时即可生成竣工图并随时出量进行结算。

6. 装配式项目的变更、签证管理

虽然BIM三维可视化模型能够准确地再现各专业系统的空间布局、管线走向，在设计阶段即可实现三维校审，大大减少了“错、碰、漏、缺”现象的发生，设计变更减少。

但是，装配式项目因为目前设计规范、标准的不断完善出台，还未完全，加之装配式项目的综合性与复杂性决定了在发承包阶段对项目的认识可能不够充分，所以在施工过程中可能对工程的技术要求等进行修改，有时出现比传统现浇项目更多的工程变更情况，由此引起工程量的增加，导致相应的单价或总价发生变化。

装配式项目施工阶段的变更，大多因为预制构件深化设计考虑不足，在运输过程中、安装过程中出现的局部部位标高位置和尺寸调整、墙板接缝处理不当、预埋件预埋位置不当、剪力墙连接不恰当、预制与现浇部位钢筋打架等变更内容。特别是对于工程的施工工艺、顺序、时间等施工条件的改变引起的变更应高度重视。

装配式项目变更范围一般会约定±0.00 以上部分（含 PC 构件）按建筑面积每平方米综合单价实行包干方式结算，原则上不予变更；但当 PC 构件在设计时出现设计缺陷、产品缺陷以及施工时施工工艺等原因引起的变更，建设单位有权让设计及施工单位承担相关费用和工期损失。

对装配式建筑而言，应该结合构件部品安装高度、安装方法、安装使用的机械等引起造价变化的因素综合考虑，避开变更估价原则的缺陷，并要及时办理变更审批、签证审核手续。装配式项目的变更类型及具体内容同样可以在 BIM 管理平台中将模型与时间、成本挂接起来，为后期最终结算提供数据支撑。

7. 装配式项目动态成本控制

施工开始时，首先要对项目所在地主要材料市场价格、主要分包市场价格、主要机械租赁市场价格、主要专业分包市场价格进行调研、收集、分析，实时动态确定相关价格。

装配式项目预制加工和施工两个阶段的成本占到了整个建筑安装成本的大部分。

在预制加工阶段，因为全国构件标准化还未统一，各项目不同构件的尺寸、规格、形状不尽相同，模具的标准化和周转率都很低，一套模具的制作费用较高，因此，预制加工阶段，提高模具的标准化和周转使用率是降低项目建造成本的重要因素，应根据以上两项内容的变化动态调整构件采购价格。预制构件一般采取甲指乙采、甲采、委托生产等多种方式，所以预制构件的采购成本也应根据采购模式的不同及其变化动态调整，综合预制率、技术体系、规模化、标准化、资金成本等多方面内容平衡价格，以实现综合成本最优。此外，还要根据预制构件厂的钢材、水泥、骨料、人工、能源等支付是否现款结算，动态调整预制构件的采购单价。

装配式项目施工中，由于周围环境发生变化，导致施工现场情况随之发生变化，需要关注进度滞后点对装配式项目成本的变化。在运输和安装阶段，运输路线的调整、装载方案的设计变化、构件的存储以及二次搬运等内容，都会引起成本的变化。此外，当砌筑工程、构造柱、过梁、墙面线条、找平层、垂直运输等费用在定额计价中人工费低于成本市场价格，也需要动态调整。

以上数据的变化，都可以在 BIM 5D 系统中进行存储和调用，并根据实际成本与预算成本、合同收入进行三算对比分析，随时获得项目超支和盈亏情况，对于超支的成本找出原因，采取有效的成本控制措施将成本控制在计划成本内。

8. 装配式项目的分阶段结算

对于大型工程总承包合同，项目的结算通常要经过预付款、中间结算和最终结算三个不同过程的阶段。

（1）与项目构件加工厂签订相关合同，一般按构件产品采购方式分为预付款及最终结算支付两个阶段。

（2）作为总包管理方，在装配式项目施工阶段，预付款、中间结算和最终结算三个不同的阶段体现的较为明显：

1）预付款。发包方按合同规定的比例向工程公司提供一定金额的预付款，以便施工方开展项目实施准备工作。

2）中间结算。常常在合同中，分建安、设备、服务等，通过约定完成一些形象进度节点条件，进行中间结算。通常需通过总包合同中约定时间和节点，由发包方按合同规定的支付条件分若干次向施工方支付合同价款。一般按月报量确认产值，按节点付款，可以按主体验收完成、脚手架落清、实物工程量完成三个节点分别付款至已审核工程量的70%～80%，竣工验收合格付至80%～85%，入住许可完成付至85%～90%；对于PC构件安装分包，一般每月以实际完成并验收合格后的产值支付80%，PC构件安装全部完工并经验收合格后，支付到合同总价的100%。

3）最终结算。一般为按合同规定所有已完成的合同内工作明细清单和合同约定计价方式相应的价款。装配式项目与传统项目大致类似，一般在最终审价完成付至审计后结算金额的95%，质保期满两年付至98%，满五年无争议付至100%。

在结算中要特别注意对当地装配式定额子目的应用，避免在装配式项目的造价过程中将其他项目的定额子目代替该项目的定额子目，杜绝错套、高套现象的发生，给工程项目的造价结算管理工作带来了不好的影响，增加了整个工程项目造价结算的难度。

7.2.5　装配式项目竣工结算的BIM成本管控

1. 装配式项目竣工结算

竣工结算是装配式施工阶段最后一个环节，是对应造价的最终体现，是工程造价成本管控的最后环节，并且直接关系到各方的利益，各参与方也非常关注于竣工结算工作。按照竣工结算的要求，结算依据一般包含以下几个方面：国家规定的建设工程工程量清单计价规范、工程合同、竣工图纸及资料、双方确认的工程量、双方确认追加（减）的工程价格、双方确认的索赔、现场签证及价款、投标文件、招标文件及其他相关依据。

在传统的操作过程中，合约人员在竣工结算阶段需要面对包含大量工程变更单、技术核定单的结算工程量，当需要查询追溯工程索赔、工程变更单、现场签证、技术核定单的时候，寻找原始资料的工程量非常浩大。所以在项目初始阶段就需要对每一份工程索赔、工程变更单、现场签证、技术核定单依据时间顺序进行编号成表，按专业划分做好相关记录。传统办法的缺点是：无法快速、形象地知道每一张变更单究竟修了工程项目对应的哪些部位；结算工程量是否包含设计变更单只能依据表格记录，复核相当费时间；结算审计过程中往往需要携带翻阅大量书面资料，操作起来非常不方便。

BIM技术和平台数据库的出现解决了传统办法下的弊端，通过BIM模型可以将电子化的图纸、图纸会审纪要、设计修改通知单、工程索赔、现场签证、技术核定单、重要会议纪要和模型关联。各类变更位置对应的原始技术资料可以随时通过平台浏览查阅模型，对照模型三维尺寸、属性，查看对应图纸及原始技术资料，记录的时间、版本、操作人员无论竣工结算地点在哪里都可以轻松的查询到，加上现在移动终端的开发不仅仅通过电脑、通过移动端就可以轻松查询访问，需要什么资料直接通过BIM模型查询、检索便可调阅。

在装配式项目全过程实施中合理善用BIM技术，可以为结算工作带来极大便利，由于BIM模型及平台数据的完整性，图纸依据模型而生，模型根据项目进度不断进行数据更新、维护，确保项目各阶段的信息可传递及有完整记录。竣工结算工程量复核中，通过BIM的快速出量应用，可以快速得到竣工模型对应竣工图的结算工程量，大幅提高人工算量效率。同时，现在BIM技术和平台对施工质量、进度、安全、文明施工问题发现、整改的应用也越来越深入，在结算阶段如果涉及罚款的内容、处理整改记录，也将被清晰地保留在BIM平台上，通过查询可以解决结算中的争议，做到结算有理可依，有据可寻。在BIM技术的推波助澜下，线下书面资料将大量转为数据化，避免随着时间、人员更替项目资料丢失，随着项目积累形成公司的知识管理，作为后续新项目策划、评估、比对的数据依据。

2. 项目后评估

项目后评估是指在项目建成投产或投入使用后的一定时刻，对项目的运行进行系统的、客观的评价，并以此确定目标是否达到，检验项目是否合理和有效率。通过项目后评估检验项目前评估所呈现出来的结果，为未来的项目决策提供经验和教训，有利于实现投资项目的最优控制。

项目后评估一般包括目标评估、过程评估、效益评估、影响评估、持续性评估。

（1）项目目标评估就是通过项目实际产生的一些经济、技术指标与项目决策时确定的目标进行比较，检查项目是否达到预期目标或达到目标的程度，分析产生的偏差，从而判断项目是否成功。

（2）项目过程评估是根据项目的结果和作用，对项目的各个环节进行回顾和检查，对项目的实施效率作出评价。过程评价的内容包括立项决策评价、勘察设计评价、施工评价、生产运营评价等。

（3）项目效益评估从项目投资者的角度，根据后评估时各年实际发生的投入产出数据，以及这些数据重新预测得出的项目计算期内未来各年将要发生的数据，综合考察项目实际或更接近于实际的财务盈利能力状况，据此判断项目在财务意义上成功与否，并与项目前评估相比较，找出产生重大变化的原因，总结经验教训。

（4）影响评估是对项目建成投产后对国家、项目所在地区的经济、社会和环境所产生的实际影响进行的评估，据此判断项目决策宗旨是否实现，包括经济影响评估、社会影响评估、环境影响评估。

（5）持续性评估是对项目在未来运营中实现既定目标以及持续发挥效益的可能性进行预测分析。

项目后评估的主要分析评价方法是对比法，即根据后评价调查得到的项目实际情况，对照项目立项时所确定的直接目标和宏观目标，以及其他指标，找出偏差和变化，分析原因，得出结论和经验教训。项目后评价的对比法包括前后对比、有无对比和横向对比。

（1）前后对比法是项目实施前后相关指标的对比，用以直接估量项目实施的相对成效。

（2）有无对比法是指在项目周期内实施项目相关指标的实际值与无实施项目项目后评

价相关指标的预测值对比，用以度量项目真实的效益、作用及影响。

（3）横向对比法是同一行业内类似项目相关指标的对比，用以评价项目的绩效或竞争力。

基于上述项目后评估方法，装配式项目全过程基于BIM技术实施，BIM模型及平台中的项目信息作为基础数据，为项目后评估提供了有效保障。同时，利用了BIM技术进行评估。相对传统的评估方式需要花费大量的时间、人力，在很大程度上影响了项目后评估的正常进行，而且因为人工计算的原因，难免出现错误。而BIM技术在装配式项目后评估的每个节点相关人员可以通过BIM提供完整的工程量数据，减少工作强度，提高造价精度，满足不同阶段、不同比对方式下的需求。

3. 装配式项目合约管理

装配式项目的参与方涉及建设单位、设计单位、监理单位、施工单位、深化设计单位、制作加工单位等。这些单位从各自的角度和各自的利益出发，通过分工协作，共同努力完成项目建设任务。在市场经济条件下，合同就成为维系这些参建单位，调节各方权利义务关系的纽带。建设单位的目的在于合理控制工程造价，尽可能防止和避免工程索赔发生，而承包商在工程履约过程中主要需要考虑如何降低风险，赢得应有利润。对于合同具有经济法律关系的多元性、内容庞杂条款多、合同生命期长的特点，而项目建设管理水平的提高主要体现在工程质量、进度和投资的三大控制目标上，这三大控制目标的水平主要体现在合同中。在合同中规定三大目标后，需要在合同中细化这些内容，在实施建设过程中严格执行，从而确保工程质量能够有效地得到保障，进度和投资的控制目标也能够实现。因此，工程合同管理能够有效地提高工程建设的管理水平，是规范合同双方经济活动、协调双方工作关系、解决合同纠纷的法律依据。目前合同管理中主要存有如下的问题：

（1）没有配套的合同管理相关的法律法规；

（2）不重视合同管理体系和制度建设；

（3）合同文本存在缺陷；

（4）缺少合同管理专业人才培训；

（5）合同管理手段落后，管理信息化程度不高；

（6）合同履约情况差，纠纷和索赔难度大。

在装配式项目中涉及的参与方较多，工作内容琐碎，合同界面的划分、合同框架体系的建立、各方权责的分配需要更加谨慎。具体做法：

（1）完善合同管理相关的法律法规，完善健全的法律法规制度是合同管理的基础。完善的法律法规对合同管理更具有可操作性，保持健康可持续的发展，为合同管理提供良好的宏观环境。

（2）建立健全合同管理制度并善加利用。合同管理环节繁多，包括合同的洽谈、草拟、评审、签订、下达、交底、学习、责任分解、履行跟踪、变更、中止、解除、终止等。需要建立定期报送制度、合同交底制度，使得管理人员及时掌握履约的动态，以便对发生的情况及时作出决策。

（3）规范合同文本。在合同文本的形式上，除非遇到特殊情况，应该尽量采用合同示范文本。在拟定合同的时候应对工程现状进行深入调研，使得拟定合同对不利情况具有预见性，并对合同进行细致分析，尽量避免出现歧义。

（4）注重合同管理专业人才培训，提高人员素质。

（5）提高合同管理信息化程度，建立合同管理信息系统。现在工程项目的规模不断扩大，工程信息量不断扩大，信息数据及时交互的需求在增加，对于信息数据管理的要求、难度也越来越高。BIM 技术和数据化平台给合同管理提供了一种先进的管理手段。合同在签订、履行、终止过程中会产生大量信息资源，这些信息资源既是现有合同的总结，又为今后的合同管理提供经验资料。

（6）加强合同索赔管理，在合同履约过程中要结合实际情况进行研究分析。BIM 技术和数据化平台中及时收集了项目过程中的大量数据，这些数据既可以作为索赔、纠纷的支撑依据，又为今后避免同类索赔出现积累了宝贵的经验资料。

（7）合同的动态管理。在项目中要着重对变更、签证、工程资料及时记录、收集和整理，对合同变更部分进行审核和分析。在 BIM 技术和数据化平台的运用下，对工程量、价格的变更可以高效的计量、查询、追溯。

（8）实行合同监督及评价。在合同签订前进行严格的评审，将合同风险降至最低。在履约过程中保持合同跟进，及时纠偏。合同结束后，应该做好评价、归档工作，总结和归纳在建设过程中的经验和教训。对于技术、管理、商务要求较高的装配式项目合同，更需要做好监督、评价工作。

7.2.6　运维阶段的 BIM 成本管控

1. 装配式项目运维阶段的 BIM 成本管控概述

装配式建筑项目的全生命周期通常分为四个阶段，规划设计阶段、建设阶段、运营维护阶段和拆除阶段。从成本的角度来看，第一阶段占项目全生命周期总成本的 0.7%，第二阶段占总成本的 16.3%，第四阶段的拆除阶段占 0.5%，而运维阶段的成本占到了总体的 82.5%。由此可见，运维阶段是装配式建筑整个生命历程中较为漫长的阶段之一，是满足其消费者用途的阶段，此阶段往往持续几十年甚至上百年，物质、信息和能量的输出虽然强度不大，但由于时间漫长，其物质、信息输入输出仍然占据整个全生命周期中很大的比重，所以装配式建筑项目在运维阶段的成本是整个项目全生命周期成本管控的重中之重。然而目前的运维阶段信息的集成和传递缺少管理，是导致运维阶段管理难度和成本增加的主要原因。BIM 作为一种对建筑进行数字描述的信息库，可以充分整合项目全生命周期包含的信息，在运维管理过程中采用 BIM 技术，可以实现信息共享和充分利用，还可以精确地掌握设施的实时运行状态，对于提高运维管理信息化水平、降低运维成本、提高效率，具有深远影响。

2. 装配式项目运维阶段的 BIM 成本管控特性分析

BIM 技术的核心是信息集成和共享，装配式建筑的核心是“集成”，BIM 则是“集成”主线，串联设计生产、施工、装修和管理全过程，服务于设计、建设、运维、拆除全生命周期，可数字化仿真模拟，信息化描述系统要素，实现信息协同设计、可视化装配、工程量信息交换和节点连接模拟以及检验等全新运用，整合建筑全产业链，实现全过程，全方位信息化集成。

运维阶段是项目全生命周期持续时间最长、费用最高的一个阶段，需要大量项目设计阶段和施工阶段的信息，运维本身也会产生很多信息，因此在项目运维管理过程中信息量巨大、信息格式多样，而传统的运维管理模式只能通过一些复杂的程序来处理这些信息，工作效率低下，管理效果差，所以在运维阶段采用BIM技术能够很好地提高管理效率。基于BIM技术的运维管理成本主要考虑以下五点问题。

（1）BIM模型的信息管理成本

对于运维阶段模型信息的收集主要体现在以下几个方面：

1）项目设计阶段，把装配式建筑的不同构件、设备的具体信息添加到模型上，完成设计阶段的BIM模型。

2）项目施工阶段，依据设计阶段的模型逐步完善和优化施工过程中新增的信息，将两个阶段的信息进行整合，才能做到竣工模型在运维阶段的应用。

3）BIM模型信息集成不仅要整合项目设计和施工阶段的项目信息，对于项目运维阶段的实时数据也要整合，保持BIM模型数据库的实时更新。

（2）数据集成共享成本

在项目运维阶段，不同的功能子系统软件产生的信息格式不同，想要实现BIM相关数据以及其他形式数据的集成和共享，保证设计阶段和施工阶段的信息能够在运维管理中持续应用，需要建立一个数据库，该数据库能够保证建设项目全生命周期信息的保存、集成、共享和提取，数据库的运营和维护成本是项目运维管理系统成本的基础。除此之外，虽然装配式项目竣工之前的信息数据都是由BIM模型提供，但是运维阶段仍有大量信息是由不同专业软件提供的，因此实现不同专业软件数据间的集成和共享是数据库在项目运维阶段成本管控的要点。

（3）BIM平台的成本管控

如何将数据与实际应用相联系，并进行数据实时更新，需要一个平台进行管理，将数据库中的信息应用于项目管理中，并把综合应用产生的更新数据反馈到系统平台中，从而更新原有的数据库。项目管理平台可以整合BIM模型、BIM数据、项目管理流程，开发基于BIM技术的项目信息协同管理平台，在平台开发过程中规划并实践基于BIM的项目信息化管理及相关技术标准和流程。平台服务主要是数据综合应用的中间站，各种数据在平台进行分门别类，应用于不同的管理服务，而对服务过程中产生的数据信息也将传入平台，再次进行信息整合、集成汇总，形成一个强大的数据平台。在项目运维阶段有效地把信息应用到运维管理的各个系统中，保证数据的正产传输、存储和提取是项目运维阶段平台成本管控的重点。

（4）设备终端的成本管控

BIM运维管理系统需要提供相应的终端设备为运维人员进行服务，运维人员可通过计算机、iPad、手机等终端设备进行实时管理，因此控制终端设备的成本和使用寿命是设备终端成本管控的要点。

（5）装配式建筑运维阶段的物业管理

在物业管理过程中，无线射频识别技术RFID是一种非接触的自动识别技术，一般由电子标签、阅读器、中间件、软件系统四部分组成，它的基本特点是电子标签与阅读器不需要直接接触，只需通过空间磁场或电磁场耦合来进行信息交换，BIM和RFID的配合可以很好地解决物业管理中信息不准确的现象。例如RFID在装配式建筑构件、设备设施方面的应用很多，如在各种管线的阀门上张贴电子标签，标签中存有该阀门的相关信息如维修次数、最后维护时间等，工作人员可以使用阅读器很方便地找到相关设施的位置，每次对设施进行相关操作后，将相应的记录写入 RFID 标签中，同时将这些信息存储到集成 BIM 的物业管理系统中，这样就可以对建筑物中各个设施的运行状况有直观的了解。因此物业管理也是运维阶段成本管控的重点。

7.3 装配式项目 BIM 成本管控效益分析

7.3.1 BIM 成本管理与传统模式对比分析

1. 传统成本管理技术方法

传统成本管理是指在成本方面指挥和控制组织的协调活动。通常包括：成本方针、成本目标、成本策划、成本控制（降低成本和保持成本水平等）。传统成本管理在项目管理中对降低成本、增强核心竞争力有很大的现实意义。目前传统成本管理点主要在于成本计划、成本控制、成本计算、成本分析的应用中。传统管理技术下通过编制成本计划，针对项目采取了各种控制方法。例如，材料控制实行限额发料制度，并通过分批核算法或定额核算法对原材料在生产使用中的数量差异进行控制；工资控制采用劳动定额、出勤率和非生产工时损失的控制等方法来进行；费用控制实行费用指标分解到责任单位，上述方法的应用，对于控制损失的发生、降低成本、提高经济效益发挥了积极的作用。传统成本管理在成本计算方面主要采用定额比例法，初步解决了成本的日常控制问题和定期分析。做到了成本核算同成本控制、成本分析的有机结合。成本分析方面主要通过本期实际与计划、本期与上期相比，发展到同行业成本指标的对比分析。

但随着经济体制改革的不断深入，传统成本管理在诸多方面仍存在一些弊端，面临更大的挑战。目前存在的主要问题在于：

（1）只限于对生产过程的成本进行计划、核算和分析，没有拓展到技术领域和流通领域。

（2）在管理体系上，偏重于事后管理，忽视了事前的预测和决策，难以充分发挥成本管理的预防性作用。

（3）重局部成本降低，轻全局价值管理，其管理的重心永远都是“降低成本”，不惜牺牲项目价值。

（4）重成本核算，轻成本管理。

（5）重短期成本，轻长期成本。

因此，传统成本管理技术方法需要结合新技术进行转提升发展，弥补传统方法下的不足，加强管控手段力度和深度，提升项目成本管理效益。

2. BIM 成本管理的方式和优势

目前 BIM 技术已大面积展开，装配式项目在国内大面积落地开花，建筑市场竞争日趋激烈，工程质量、文明施工要求不断提高，施工周期长，材料价格波动起伏，以及其他不确定因素的影响，使得装配式项目运作处于严峻的环境之中，必须紧紧围绕影响成本变化的各个环节，从单一人工费、材料费、机械费控制模式向成本的事先预测、事中控制调

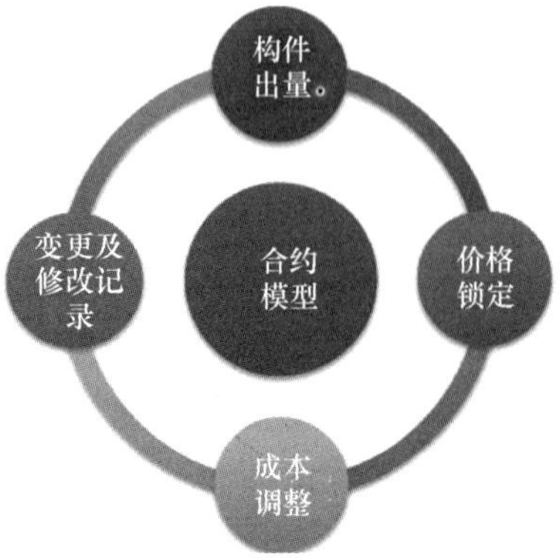

图 7.3-1　BIM 技术下成本管控

整、事后总结改进转变。成本管理对象除制造加工安装成本外，逐渐扩展到预测成本、施工方案成本和质量成本、安全成本等，将装配式项目成本管理延伸到项目事前、事中及事后的每个环节和过程，如图 7.3-1 所示。BIM 技术为成本管理的方式带来了极大优势，解决弥补了传统成本管控下的弊端。

（1）装配式项目成本的事前管理

装配式项目成本的事前管理通常涉及对招标、投标编制的考量，用以得到理想的经济效益，BIM 技术在招投标阶段帮助界面划分、快速出量，调用项目历史数据查阅比对价格。对于合同签订的管控，装配式项目合同中的多数条款都涉及工程造价，因此合同条款的签订是工程成本的重要环节，BIM 模型及平台数据库中的数据为合同造价提供大量参考比对分析依据；装配式项目成本的合理预测，成本预测是项目追求经济效益最大化的一项重要手段，它克服了传统意义上成本管理依靠财务部门决算报表所带来的时效性滞后的弊端。工程开工前，以定额标准为依据，分阶段分项通过划小核算单位，做好施工图预算，测算出按工种、按部位的人工费、材料费、机械费耗用指标。对各种技术方案、措施可能产生的经济效果进行评价，探索降低成本的各种途径，从而确定目标成本。BIM 技术通过模型预演策划，提前发现项目推进中的问题并加以优化，论证方案、措施的可行性，按照需要的划分方式进行价格核算和预估，避免人工计算错误的同时也提升了工作效率。

（2）装配式项目成本的事中管理

装配式项目成本的事中管理通常涉及图纸会审工作，对于装配式项目，目前主要从方便施工、有利于加快工程进度、确保质量，又能降低资源消耗的角度来考量，BIM 技术对于图纸会审交底有极大的作用，3D、4D、5D 的展现方式能够更加直观形象地做会审工作。优化施工组织设计，施工方案中技术方案最终将直接反映在投入人力、原材料、半成品、机械设备及周转材料变成的费用中，而且施工方案不同，工期就会不同，所需机具也不同，因而发生费用也会不同。因此，施工方案的优化是工程成本有效控制的主要途径，BIM 技术通过构建模型和模拟可以对方案、进度、工序进行论证，不仅可以发现方案存在的缺漏，还能够在此基础上进行优化，不断通过模拟、论证、优化的循环操作，使得方案在实施前、实施中规避大量问题，确保质量、加快进度、提升管理、节约成本。同时，事中管理需要及时收集项目过程资料，办理变更、签证手续等，不仅在项目实施过程中有利于推进项目，减少争议，还可以在项目后期作为竣工结算的基础资料。现在项目中 BIM 技术及平台的使用越来越普遍，通过 PC 电脑端、手机、平板电脑等移动端都可以快速将图纸、变更、签证等资料以电子版的形式录入上载到平台数据库中，不仅可以确保数据留存及时，还可以随时随地轻松查阅。

（3）装配式项目成本的事后管理

装配式项目成本的事后管理通常涉及竣工验收资料准备，进行工程验收资料的收集、整理、汇总，确保资料的完整性、可靠性。加强竣工结算管理，在竣工结算阶段，将中标预算、材料实耗清单、人工费发生额进行分析、比较，查寻决算的漏项，以确保决算的正确性、完整性。BIM技术及平台就提供了这样一个平台，可以将图纸、变更、签证等资料与模型关联，形成图模文档数据库，便于收集、追溯、查询，随着项目的增多，供应商数据库及构件库数据将越来越庞大，可供参考分析的数据也越来越多、越来越有可参考性。

随着装配式项目技术的发展和推进，成本管控的方式及应用点会越来越多样化，应用深度会越来越深，对项目管控效益也会越来越大，而其中BIM技术势必对之有着推波助澜的作用，两者相得益彰。

7.3.2 BIM成本管理的评价

成本控制关乎低碳、环保、绿色建筑、自然生态、社会责任、福利等宏大叙事。众所周知，有些自然资源是不可再生的，所以成本控制不仅仅是财务意义上实现利润最大化，终极目标是单位建筑面积自然资源消耗最少。施工消耗大量的钢材、木材和水泥，最终必然会造成对大自然的过度索取。其次，只有成本控制得较好的企业才有可能有相对的比较优势，成本控制不力的企业必将会被市场所淘汰。"成本控制"也不是片面地压缩成本，有些成本是不可缩减的，有些标准是不能降低的，特别强调的是，任何缩减的成本不能影响到建筑结构安全，也不能减弱社会责任。我们所谓的"成本控制"就是通过技术经济和信息化手段，优化设计、优化组合、优化管理，把无谓的浪费降至最低。

装配式建筑的发展离不开建筑信息化，BIM技术为装配式建筑的建设与运营维护提供了良好的技术平台，具体表现在通过BIM技术解决质量、安全和图纸变更三个方面。

1. 质量问题的评价

利用BIM技术可以有力地支持设计与施工一体化，减少建筑工程出错、管线碰撞、缺件、漏水等现象的发生；其次，BIM在预制构件或部品生产管理中的应用包括根据施工单位安装预制构件顺序安排生产加工计划，根据深化设计图纸进行钢筋自动下料成型、钢模具订货加工、预制构件或部品生产存放，根据设计模型进行出厂前检验、预制构件或部品运输和验收等问题；再次，在施工阶段运用BIM技术来模拟、分析设计和施工过程的数字化、可视化，采用虚拟现实和结构仿真技术，对施工活动中的人、财、物、信息进行数字模拟，优化装配式建筑设计和施工安装，提前发现设计或施工安装过程中存在的质量问题，及时找到解决的方法，如装配式建筑中预制构件存放点的选择、现场安装使用的塔式起重机或汽车起重机的选择、预制构件安装就位模拟、装饰装修部分的模拟应用、结构及装饰装修质量验收、各个专业的管线碰撞等内容，甚至施工部分进度计划的控制与调整等。从而可以减少建筑工程全生命周期的浪费，带来巨大的经济和社会效益。

2. 安全问题的评价

装配式建筑的施工安全管理是一个系统性、综合性的管理，其管理的内容既涉及预制构件及其部品生产企业内部及运输过程中的安全生产管理，也涉及施工现场安全管理的各个环节，利用BIM技术，采用4D模拟的方式，可以仿真模拟预制构件加工、运输、施工安装以及脚手架搭设等过程，及时发现这些过程中可能出现的安全问题，提早预防，以保证施工安全，从而减少人员的损伤和资源的浪费，以达到控制成本的目的。

3. 图纸变更问题的评价

BIM技术把装配式建筑产业链紧密地联系了起来，装配式建筑工程的产业链包括业主、勘察、设计、施工、项目管理、监理、预制构件厂、材料、设备等，一般项目都有数十个参与方，大型项目的参与方可以达到几百个甚至更多，过去二维图纸作为产业链成员之间传递沟通信息的载体，随着项目复杂性和市场竞争性的日益加大，二维图纸已无法满足建造业的需求，通过 BIM 技术的信息共享，将建筑工程中业主、设计、总包、供货商，从设计和施工与运营等过程中串联起来，以减少项目设计、施工过程中的图纸变更，这不仅促进了工作效率和质量，更重要的是减少了项目建造过程中成本的浪费，有效地促进装配式建筑的发展。

总之“BIM 成本控制”核心内容是利用 BIM 软件技术、造价软件、项目管理软件等，创造出一种适合于中国现状的成本管理解决方案，将 BIM 携带的建筑信息全部留给运营阶段，实现 BIM 价值的最大化。项目成本控制是一个复杂的大系统，要整合各方面资源，形成合力，把各子系统纳入到大系统中，系统永远大于子系统之和。

7.4　装配式项目 BIM 成本管控总结

7.4.1　现阶段 BIM 成本管理模式不足与改进

BIM 成本管控在建筑工程项目成本管理中的作用及优势是不言而喻的，如同利用 BIM 模型进行设计图纸上的碰撞检测来减少施工过程中的技术问题，通过 BIM 建模、4D 施工模拟及进度模型，可以很直观地进行项目的施工组织设计及优化，做好施工现场时间、空间的合理安排，确保人员、机械和材料的有序进场，进而减少传统施工过程中诸如二次搬运、等工、停工等造成的资源浪费，有效节约成本（图 7.4-1）。

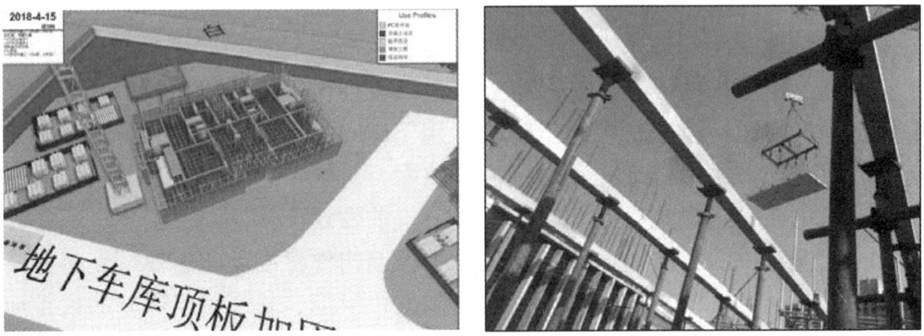

图 7.4-1　某地块项目预制构件吊装 4D 施工模拟指导现场施工

近年来，政府大力推广装配式建筑，而很多装配式建筑项目的参建方都是刚刚接触预制结构，并且大多预制构件的生产企业也是应国家政策才开始起步，如此造成现阶段装配式项目的现场施工成本难以把握，材料成本相当高昂，如果可以直观地进行项目前期的 4D 施工模拟和进度模拟，将十分有助于做好装配式项目的成本管控。所以，BIM 成本管控在装配式项目中的作用及优势显得尤为重要。

另外，BIM 信息平台管理中对预制构件的物流管控也可以很好地完成成本管控的使命。施工单位根据业主的样板房展示、售楼和交付要求编制总进度计划并录入平台系统，预制构件厂家再根据总进度计划编制加工排产计划并录入平台系统，通过 BIM 信息平台跟踪每一个预制构件的工厂加工、五方资料验收、构件进场、构件安装和安装资料上传状态，确保预制构件生产、运输、进场和安装的井然有序，并有效掌控每一个预制构件的质量。而且，通过对预制构件的物流信息管控，也可以很好地推进设计单位、深化设计单位对图纸的完善工作，有效控制设计变更（图 7.4-2）。

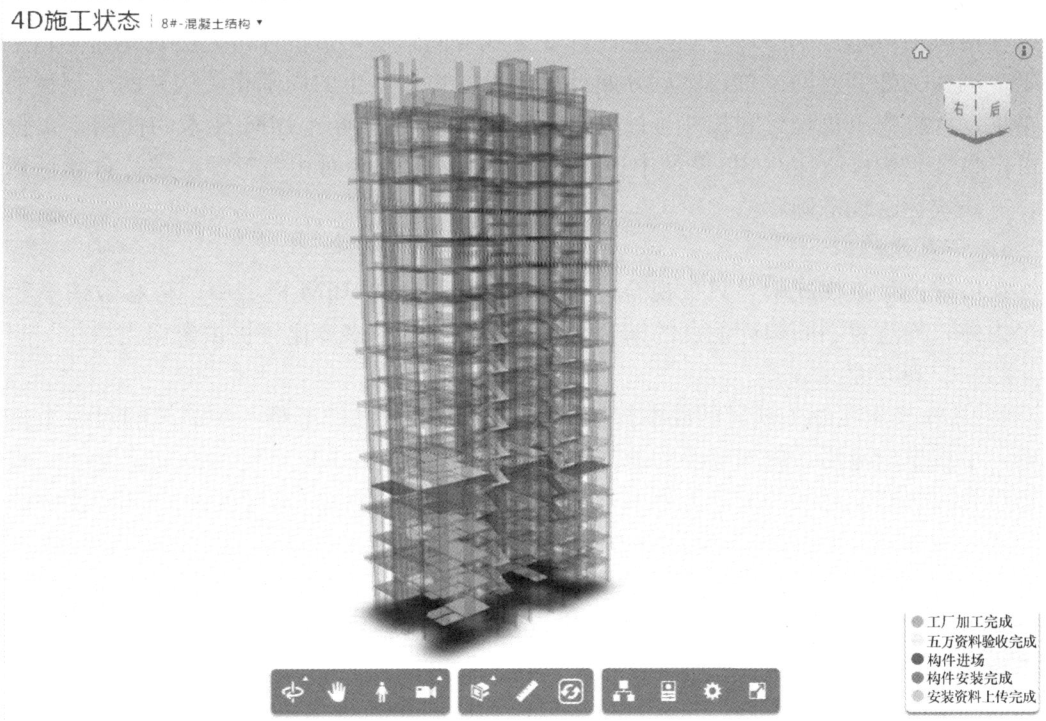

图 7.4-2 某地块项目预制构件 BIM 信息管理平台

1. 现阶段取得的成果

BIM 在装配式建筑项目成本管控方面现阶段取得的成果主要表现在微观方面和宏观方面。

（1）微观方面

BIM 在施工项目成本控制数字化方面的优越性体现在能迅速精确地处理工程数据，转变传统思维方式和传统工作方式，主要表现在以下几个方面：

1）工程数据精确处理

目前我国国内在工程量的计算规则上并没有一个统一的标准，例如，对墙梁板柱的交叉接触部分的扣减计算方式，各地都有着自己的标准。在传统人工计算工程量时，计算并汇总工程量对造价人员是一个极其困难的工作，通过 BIM 技术，以参数化模型为基础，按照空间拓扑关系和 3D 计算规则，造价人员只需要在 BIM 软件中更换相应的扣减计算规则，软件将自主完成扣减运算，并精确地统计工程量信息。

2）计划资源

在传统的成本管控中，往往依靠工程师的工程经验对资源进行分配，指导安排施工进度。随着行业的发展，施工项目的建设周期增加，工程项目信息的增多，成本控制越来越复杂，仅仅依靠工程师的经验已经无法满足现代施工项目的成本控制要求，长此以往，不但极易发生施工工期延误、施工人员调度不及时时产生的延误情况，而且容易引发质量事故或安全事故。通过 BIM 技术的使用，与时间和成本组成 5D 建筑信息模型，完成实时动态监控，合理地对资金、人员、材料和机械等计划进行安排。

3）变更和索赔

在传统的成本控制中，一旦发生设计变更或合同索赔，造价计量人员首先需要在平面图纸上确认构件变更的位置，然后开始计算构件变更所产生的周围相关构件的工程量的增减结果，计算变更过程时间长并且计算结果的可靠度低。通过 BIM 技术的使用，工作人员可以将变更构件直接在 3D 模型中进行调整，BIM 软件会对相关工程量进行自动计算汇总，方便快捷合理准确。

4）多算比较

在传统的计量模式中，只重视合同价和结算价，而在 BIM 模型中，将参数信息赋予每个构件，通过对不同构件信息的结合，将为施工项目的多算比较提供数据支持。

（2）宏观方面

将 BIM 技术在施工项目的成本控制中进行应用，这已经不是一个简单的对一个概念或者一个技术的应用，更加重要的地方在于基于 BIM 的施工项目成本控制将整个工程的信息进行综合和汇总，让成本控制真真正正地实现实时监控，实时处理。BIM 技术的应用，进一步加强装配式施工项目各方参与者对成本控制的能力，这起到了节约成本的作用。

随着 BIM 技术的不断发展，装配式建筑使用 BIM 之后，将发生行业技术革新。BIM 技术为工程项目不同参与方和不同参与人员在工程项目各个阶段提供一个工程数据信息交流沟通共享协同的数据平台，并以自身参数化和协同化的特点，将工程项目 BIM 模型中各构件以建筑实体实现全方位种类数据共享协同并联，通过对工程项目 BIM 模型的检查核对，能方便高效快捷地进行整个工程项目的控制管理。装配式建筑成本控制与 BIM 技术的紧密结合，将彻底改变以往建筑行业中成本控制有心无力的状态。

2. 现阶段需要解决的问题

装配式项目应用 BIM 技术后，虽然改变了原有的管理模式，但应用过程中也遇到一些问题，具体表现在以下几个方面：

1）软件间的数据格式差异

在实际运用中，BIM 软件间的数据传送问题一直都存在。信息数据的丢失与数据格式之间的转换导致了设计人员的成本与返工率上升，降低了工作效率，例如 Revit 与 PK-PM 间的数据转换必须由中间格式间接进行。

2）设计人员对 BIM 技术掌握不够

由于对 BIM 技术的理解不够深刻，对软件使用不熟练，或是仍旧没有脱离传统设计流程的刻板思维，导致工作中容易出现一些操作不熟练的、某一环节流程缺失等失误，这在装配式项目中影响很大，族类别、命名混乱、信息传递输入有误等都会影响整个流程的进行，导致返工降低工作效率。

3）对于 BIM 的运用不够全面

目前在国内，项目技术人员对于 BIM 软件的应用大多还停留在建模阶段，在装配式项目中这种缺陷体现得更为明显。BIM 软件的信息化管理、施工模拟与后期运维应起到更为关键的作用，但在实际运用中，由于种种原因，技术人员对于 BIM 的建筑信息管理软件使用并不多，导致效率提升不够明显，自动化程度也没有得到更好的体现。

针对实际问题，在今后的 BIM 项目中，应该配备专职的 BIM 技术人员，才利于 BIM 技术的学习和应用，确保项目负责人为第一责任人，才能保证 BIM 技术在各部门之间正常运转，在项目实施过程中还需要制定一系列制度：

1）方案策划。在项目一开始便开展调研工作，确定项目 BIM 应用的实施方案，制定出正确的配套制度和实施流程。

2）团队建设。在项目实施初期成立 BIM 团队，制定 BIM 技术应用职责分工表，明确各方工作任务，项目部各个部门有唯一的负责人和 BIM 协调部进行工作上的对接，协助 BIM 工作开展所需的各种资源调配；项目部还应制定 BIM 例会制度，包括启动会、协调会、例会和交底会等，提高参与方写作效率。

3）培训先行，聘请 BIM 咨询单位，为每个阶段制定相应的培训计划，为项目相关人员开展系统软件培训和 BIM 技术应用培训。

7.4.2 BIM 成本管理未来趋势与展望

装配式属于建筑工业化的发展方向，通过正向 BIM 设计传递数据，在精度、安全环保和专业整合各方面都有美好前景。现阶段装配式建筑主要还是政府推广阶段，相关配套软件、设备和技术的发展还有很长的路要走。例如现行的工程计量计价规则应该根据实际预制构件成本管控特征作出相应变化，必须以精细化作为目标实现精确成本控制。可以预计，随着我国建筑工业化能力的提升，装配式建筑的综合成本将会逐步下降，相对于传统现浇模式的优势将会更为明显。

第 8 章　BIM 成本管控特性案例精选

8.1 案例一 某商业地产项目 BIM 成本管控应用

8.1.1 项目背景描述及基本理念

本项目业主为全国知名地产开发商，以住宅及商业项目开发为主，其以精品项目打造及精益化项目管理著名。项目位于 C 市，本次采用 BIM 技术的区域为项目地下室和裙房，合计面积约 20 万 m^2。在高周转模式下，项目从基坑开挖至消防验收，工期约 13 个月（含塔楼及附属建筑，建筑面积共计 50 万 m^2），工期非常紧张。在此背景下，边设计一边深化一边施工已成定局，采用传统管理模式，风险不可控因素过多，成本及工期非常容易失控。基于集团公司采用 BIM 的总策略，项目所在地城市公司决定在本项目中采用 BIM 技术，辅助开发管理。

本项目 BIM 应用目标包含以下三个方面：（1）完成主要专业 BIM 正向设计，并形成正向设计方法；（2）以 BIM 施工深化指导现场施工；（3）以 BIM 技术进行成本管控。因此项目在进行设计、施工、成本控制供应商选择过程中，均进行了 BIM 工作谈判，明确各自职责和要求。业主方面以研发为牵头，设计、造采及工程等主要职能部门均有专人对接和管理 BIM 工作。该项目 BIM 工作成果一方面用于指导项目建设，另一方面形成数据源，用于研发集团层面标准范式，为全面推广 BIM 应用作支撑。

8.1.2 BIM 成本管控理念与成果

本项目属于 BIM 试点项目，业主期望基于此项目 BIM 应用探索全面在区域范围内推广 BIM 应用。其 BIM 成本管理理念是逐步强化设计职能，以 BIM 模型为唯一数据源，指导设计、施工的成本管理。其前期方案如下：

从 BIM 设计入手，设计总包单位负责完成 BIM 模型搭建与设计优化（设计分包，如景观、标志等专业模型也由设计总包具体负责统一输出）；造价单位负责 BIM 模型造价信息添加。施工单位负责施工阶段具体的 BIM 应用实施。

根据前期方案，BIM 工作划分成三部分，即：（1）设计 BIM，其对应责任主体为设计总包；（2）造价 BIM，其对应责任主体为造价咨询单位；（3）施工 BIM，其对应责任主体为施工单位。各部分相对割裂，未能形成有效的连接。根据初期设想，各单位各阶段紧密配合，共同推进 BIM 工作开展。但由于缺乏统一的模型标准和验收传递标准，并且各参与单位水平参差不齐，导致在实际过程中，各单位之间的 BIM 工作开展脱节严重，模型传递混乱，模型唯一性得不到保证，更不能满足实际使用要求，BIM 工作一度陷入僵局。

针对于上述情况，经过多次沟通协调，大家一致确定，为保证 BIM 有序开展，项目需求一个 BIM 总控单位和统一的规范标准。业主决定在现有单位中挑选 BIM 总控单位，综合考虑相对于其他单位，造价咨询单位有全过程介入的特殊性，因此选择造价咨询单位为 BIM 总牵头单位。

在新的模式下，造价 BIM 团队变成 BIM 总牵头单位，除了完成与造价相关的 BIM 工作外，还负责牵头完成 BIM 标准制作、BIM 总进度计划制定、主持每周 BIM 例会的开展以及 BIM 绩效考核。通过每周 BIM 例会，设计、施工总包、分包 BIM 团队向业主及 BIM 总牵头单位进行 BIM 工作汇报，并进行阶段性 BIM 成果验收，输出阶段性唯一模型。经过一段时间工作磨合，BIM 工作逐步进入稳定阶段。

基于此 BIM 模式和理念，本项目主要成果包含：

（1）建立基于 BIM 的精益项目管理模式，完成对传统项目管理流程再造；在项目高峰建设阶段，各级管理人员已经认为 BIM 是协调问题有效手段，并且主动基于 BIM 解决实际问题。

（2）完成 BIM 模式下工程计价规则梳理，形成新版的标准清单编号、建模与信息标准表；此部分成果将进一步整理，为类似项目开展提供数据支撑。

（3）为项目带来管理效率提升和经济节省。现场协调会议时长明显减少，问题周期明显缩短，有效地减轻了管理人员压力。

8.1.3　项目简介

项目为大型商业综合项目，占地面积约 200 亩，总建筑面积约 50 万 m^2。项目极致化打造建筑、景观、动线和商铺，以多元空间的动态互联，实现多个互动式、个性化、开放灵动的体验场景。其中 BIM 实施区域为地下室和商业裙房，建筑面积共计约 20 万 m^2，其中地下室共计三层，面积合计约 9 万 m^2，裙房面积合计约 11 万 m^2。

项目从开始基础施工至完成消防验收，工期不到 15 个月。此外项目业态非常复杂，可以细分为新兴娱乐、潮流风尚、亲子空间、创意生活、游逛意趣 5 大主要板块。齐全的业态导致项目内部功能复杂，包含大型地下停车场、餐饮娱乐、大型主力店、面积超 5000m^2 的室内花园、近 2 万 m^2 的亲子互动空间等。工期紧、功能复杂等因素使项目存在较大的建设风险，对项目设计管理、施工管理及成本管理均提出了非常高的要求。

项目作为大型地产商开发的大型商业项目，在商业项目领域具有非常大的代表性。此外本项目属于早批业主驱动型 BIM 项目，与主流精益化管理开发思路相吻合，可以为类似项目 BIM 应用提供比较好的借鉴作用。

8.1.4　项目背景

建设周期短，体量大及功能复杂均是导致项目建设困难的主要因素。计划建设周期仅有 15 个月，并且由于项目所处地区 2018 年春夏交替之季发生连续 40 余天强降水天气，这使得项目建设工期进一步紧张。

在这种建设情况下，设计与施工的压力非常大，成本管理的工作重心也由传统的相对狭隘的工程量管理变成跨界协同的全员成本管理。首先是设计团队无法与传统项目一样，在施工单位进场前提资较为成熟的施工图，这样只能保证图纸的相对前置，导致施工单位收到稳定图纸至实施施工之间的周期非常短，往往无法组织有效施工深化与交底。最终反映到施工现场会产生诸多的施工返工与质量问题，导致成本的增加。在图纸不成熟的情况下，项目的工程造价工作开展偏离值也相对较大。尽管本项目的设计单位与施工单位包括造价咨询单位均为开发商的战略合作伙伴，已完成多个项目配合，具有非常高的默契度，但在目前的技术水平下，也无法进行非常有效的提升。

因此该项目引入 BIM 管理理念，以 BIM 可视化、可模拟性等特性辅助项目建设管理，通过提前解决设计错、漏、碰、缺等设计问题，提前优化及预演施工方案，精确工程量统计等工作，保障项目按照预期的建设目标完成。

8.1.5 项目成本管控实践

1. 项目组织

本项目为房地产开发项目，业主组织架构与传统开发项目组织模式相似，与项目建设管理相关的包含研发部、成控部及工程部。业主方的 BIM 由研发牵头实施，成控及工程部配合执行。

在项目层面，BIM 总牵头单位充当联系和协调业主与各参建方的纽带，专职辅助开展本项目整体 BIM 工作的策划、标准制定、模型搭建与优化、实施管理、协调、成果审查施工过程中各单位 BIM 成果和最终交付竣工模型。其组织架构如图 8.1-1 所示。

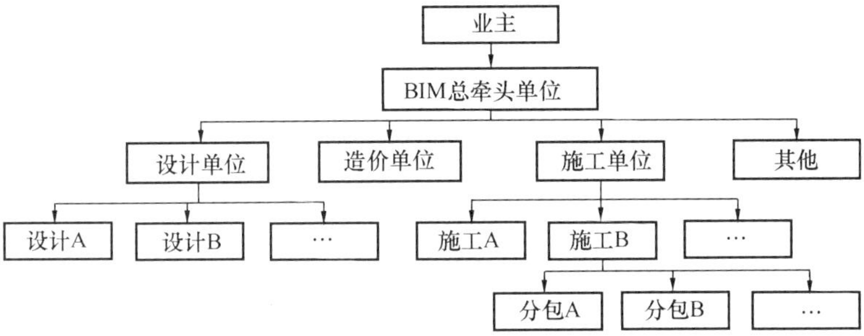

图 8.1-1 项目组织架构

BIM 成本管控服务团队即 BIM 总牵头单位。因为 BIM 总牵头单位由造价单位演化而来，因此其组织参考了原造价单位组织模式，并根据 BIM 特殊性进行了相应的调整，其共计划分为 4 个层级，5 个职能。具体见表 8.1-1 和图 8.1-2。

各层级人员职责　　表 8.1-1

项目负责人	按时优质地领导项目小组完成全部项目工作内容，参与项目实施策划、现场组织与协调，使客户满意，并对整个项目 BIM 实施成果负全责
项目经理	协助项目负责人开展项目管理工作，参与项目实施策划、现场组织与协调，对计划工作进行安排、贯彻、跟踪、落实；协调联合体各单位间的工作开展
管理团队	负责项目 BIM 策划、标准制定，并进行项目运行的协调管理，负责信息和文档管理，现场组织与协调，以及工程量及材料统计审查及提交优化建议。管理团队包含方案、标准编制人员、现场工程师以及造价工程师等
模型团队	按照 BIM 标准建立各专业模型，碰撞检查与综合优化；检查与整理施工过程各分包单位的模型；进行施工模型维护，形成竣工模型。模型团队内包含模型负责人、建筑 BIM 工程师、结构 BIM 工程师、机电 BIM 工程师、装饰 BIM 工程师以及幕墙 BIM 工程师等
协同团队	负责协同管理平台的部署、开发工作。BIM 协同团队包含硬件维护工程师、软件维护工程师及数据分析工程师等

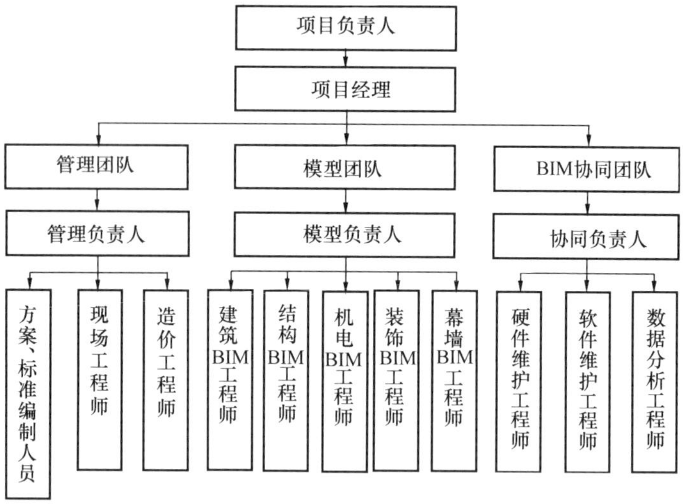

图 8.1-2　BIM 成本管控服务团队的组织模式

2. BIM 成本管控过程及核心工作

本项目 BIM 成本管控工作主要由造价咨询单位完成，其工作内容包含配合甲方按预定建设周期、质量标准和建造预算，全部完成本项目建设，并完成所有施工合同的工程结算，包括方案设计阶段、初步设计阶段、施工图设计阶段、招标和签约阶段、施工阶段、竣工结算阶段等方面全过程工程造价咨询服务，其具体工作见表 8.1-2。

咨询服务的具体工作内容　　**表 8.1-2**

编号	项目阶段	工作目标	咨询服务的具体工作内容	完成时间
1	设计阶段	BIM 策划及标准制定	完成 BIM 应用策划，形成《BIM 应用实施方案》，牵头设计、造价及施工单位共同编制本项目 BIM 实施标准，形成《BIM 模型标准及规则》	BIM 工作启动两周内
		协助业主编制整体项目的目标成本	根据甲方提供的方案设计编制整个项目的工程成本投资估算（成本规划）。从成本控制角度对不同阶段设计方案的建造成本进行量化评估和分析，提出降低成本优化建议。审查设计概算并调整投资估算，动态分析和调整整体项目的投资估算，使项目投资总额控制在计划预算内	收图后两周内
		方案评估	根据业主提供的图纸、文件等资料进行针对不同设计方案、设计节点做法、不同材料设备选型的成本分析比较；对比业主的成本控制目标，提出设计优化及综合性成本建议，以使日后完成的施工图设计符合业主的造价控制指标。 根据不同阶段的图纸，更详细地评估项目成本，对整个项目的工程成本预算作出跟进和修改，并向业主提出合理化建议且对各项主要指标限额设计提出专业意见	根据设计进度随时跟进
		支付计划	协助业主制定分期支付计划，并根据业主的要求定期修订施工期间的分期支付计划、资金计划	

续表

编号	项目阶段	工作目标	咨询服务的具体工作内容	完成时间
1	设计阶段	计量规则	综合考虑BIM实施应用，提供各工程合同的工程量计算规则和计价原则专业建议，并按业主要求或施工需要作出必要说明	
		BIM培训	向各参建单位宣贯、培训BIM方案与规则，统一执行模式	
		BIM模型审核与信息添加	根据BIM实施标准，审核设计团队BIM模型，包含模型合规性检查、模型完整性检查以及图纸一致性检查，并根据计量规则，进行BIM模型信息添加	
2	招标和签约阶段	图纸会审	基于BIM三维可视化协助审查施工图纸的完整性/图纸之间一致性/与成本估算建造标准符合性；以BIM碰撞报告的形式提出施工图内存在的影响工程量清单编制的待完善内容，供业主协调设计单位作出澄清回复	
		招标清单	随施工图的逐步深化，分部、分阶段编制完成相关工程的工程量清单；编制完整的清单说明、报价要求；在招标文件条款内协助业主编制完成经济条款文辞修订	
		工程招投标	审查及分析收到的全部投标，并提供造价事项的评标分析报告。必要时，协助业主与投标单位进行议标，以商订合同总价	
		合同签订	整理资料编制所有项目合同的合同文件（包括合同图纸）；协助业主完成各工程合同的谈判、签约	
		招标采购计划	根据项目进度配合业主调整招标采购计划	
		界面划分	进行各参建单位BIM界面划分	
3	施工阶段	合同管理	按业主的要求对合同条款的条文规定进行解释。建立和维护合约及成本管理动态资料库和台账。提供反映各工程合同已完部分实际支出及未完部分估算支出的中期财务报告。及时向业主汇报超出预算的情况，并提供相关的分析及建议。及时发现和判断各施工单位的违约情况，合理预见各施工单位可能出现的潜在违约风险，验收时根据收到的质量评定资料计算质量缺陷扣款	根据业主要求
		制定BIM施工深化计划	根据现场总进度、界面划分要求，制定施工阶段BIM深化及出图计划。并根据计划考核各参建单位实施情况	根据业主要求
		参加例会与BIM例会主持	参加业主召开的工程例会，并于会前及会后提供相关的书面回复意见。主持每周BIM工作例会，审查各单位BIM参与情况，制定下一阶段BIM工作计划	根据业主要求
		采购对接	分包招标和采购招标的对接工作	根据业主要求

续表

编号	项目阶段	工作目标	咨询服务的具体工作内容	完成时间
3	施工阶段	动态成本管理	协助业主编制动态成本报表及动态成本报告；汇总各工程合同已签合同金额、已审定洽商变更金额，并预估待签合同金额、待发生洽商金额；提出动态成本控制建议；并出具咨询日志、周报、月报	每天或每月
		变更洽商管理	统筹 BIM 优化与深化，避免因技术原因导致变更的发生；按原因分类归档所有设计变更、工程洽商等；评估设计变更的经济性和合理性，以提供业主执行变更决策的参考；现场计量并附完整的计量资料，审核施工方报送的变更或洽商，并给出审核意见；跟踪变更洽商的执行情况，并跟踪工程变更之工程指示的发出	根据甲方《工程变更管理办法》
		支付管理	根据各工程合同的支付办法计算相关各期的中期付款建议估值；审核各施工单位报送的进度付款申请；每月汇总月度付款	每月或按合同规定
		索赔与反索赔	在合同安排和招标阶段作出统筹考虑，基于 BIM 进行索赔仲裁，以尽量减少对业主不利的任何索赔机会，从合同上保护业主利益。协助业主审查、评估施工单位提出的索赔，并形成分析建议报告。协助业主对施工单位提出反索赔	
		工程质量管理	根据现行设计规范及施工合同、图纸，对工程做法、隐蔽资料进行独立取证，并分析对成本变动的影响	
		其他服务	根据甲方管理办法完成需询价材料价格的确定、新增工程项目综合单价的确定及新技术、新工艺项目综合单价的确定；对重大变更、新技术、新工艺、新材料提供造价分析报告	
4	竣工结算阶段	结算组织与竣工模型制作	根据业主的要求对按合同需进行的所有结算文件工程量及单价核对；根据业主的结算程序及相关规定审核总包、各分包工程及材料设备合同的竣工结算书；提供结算审核报告，审核报告的结果必须以业主书面确认为准。以合同为依据，对各施工单位的保修金实施扣留与支付管理。提资竣工模型标准，搜集总包、各分包对应竣工模型，进行整合与调整，形成终版竣工模型	总包工程的结算时间自总包上报结算资料起四个月内，出具结算审核报告及合格的过程资料
		后评价报告	收集项目整体造价资料，编制建安总成本分析，对比前期规划阶段成本控制目标，分析成本控制工作的成败及原因。 对比本项目与同类其他项目的各类造价指标，为业主提供类似经验积累的资料，以便为业主的未来开发项目起到指导作用	
		造价数据库的整理	按照业主要求总结分析造价指标、建筑形体及品控标准等数据	
		其他服务	甲方要求在其服务范围内的其他工作	

根据上述 BIM 成本管控工作内容，形成如图 8.1-3 所示的 BIM 技术应用流程。

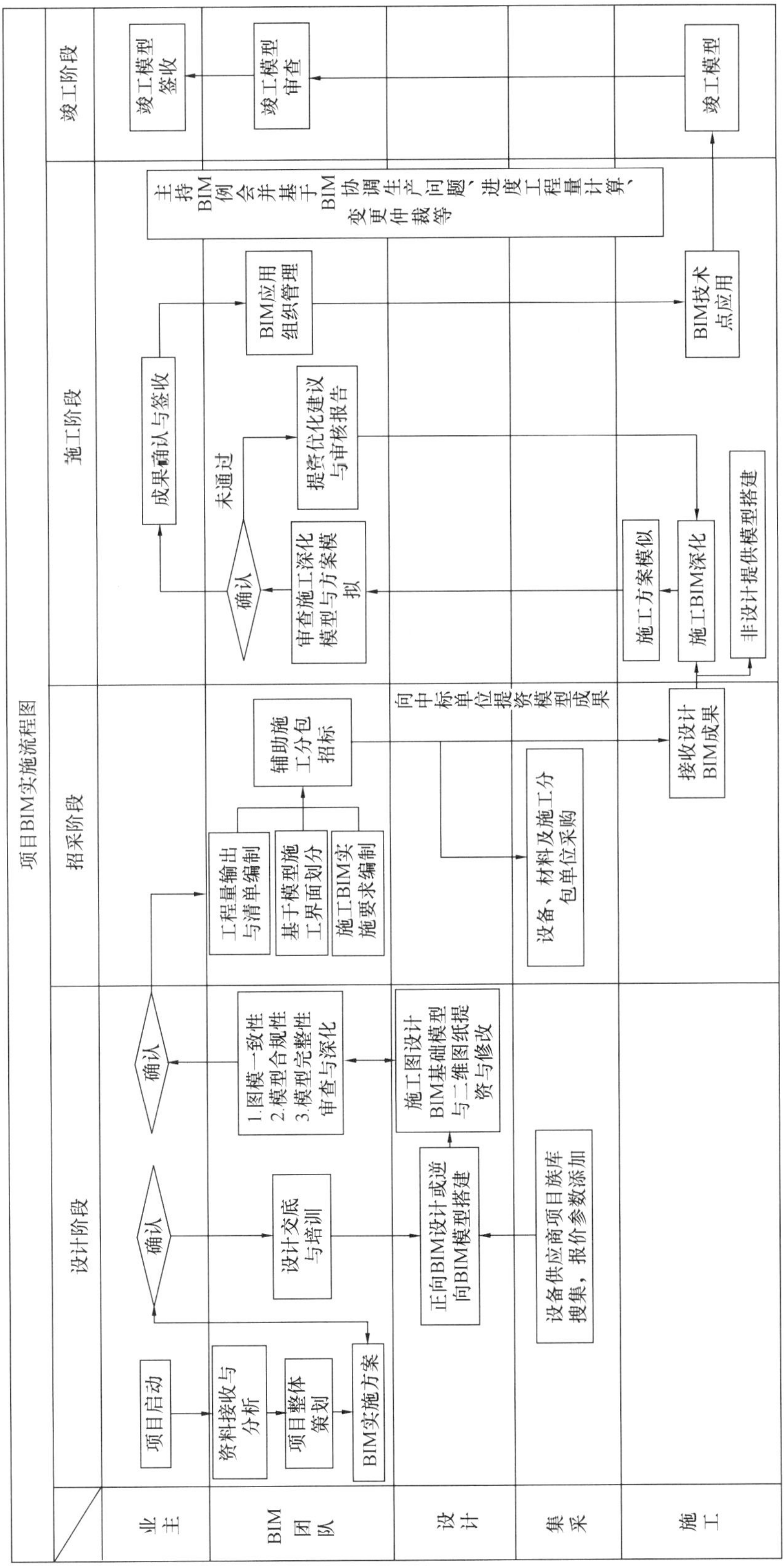

图 8.1-3 项目 BIM 实施流程图

（1）设计阶段 BIM 成本管控

1）BIM 策划及标准制定

为保证 BIM 技术的应用和实施，模型可以在项目建设各阶段传递，达到一模多用的目的，在项目启动时需进行 BIM 策划及标准制定，此部分工作主要形成两个成果：《BIM 应用实施方案》及《BIM 模型标准及规则》。

《BIM 应用实施方案》包含以下内容：

① 项目 BIM 实施流程及组织架构（上文已经表述）。

② 各参建单位 BIM 责任矩阵见表 8.1-3。

各参建单位 BIM 责任矩阵　　**表 8.1-3**

序号	项目阶段	具体工作内容	业主	BIM	设计	业主集采	施工	其他
1	设计阶段	项目 BIM 实施框架建立及策划	审定	策划	执行	—	—	—
2		设计 BIM 模型交付标准建立	审定	编制	配合	—	—	—
3		设备设施族库搜集与提供	组织/审定	配合	配合	执行	—	—
4		设计 BIM 模型制作	组织/审定	配合	执行	—	—	—
5		设计 BIM 模型过程管理及优化建议	审定	执行	配合	—	—	—
6		设计 BIM 模型审核及验收整合	提资/审定	审核	提交	—	—	—
7		基于 BIM 模型进行设计概算	提资/审定	编制	配合	—	—	—
8	招采阶段	根据合约规划分别编制施工图预算及招标清单	提资/审定	编制	配合	—	—	—
9		基于 BIM 模型招标合同界面划分	审定	执行	配合	—	—	—
10		施工单位 BIM 招标条款编制	参加	编制	配合	—	—	—
11		BIM 模型与招标过程文件合同集成管理	提资	管理	配合	—	—	—
12	施工阶段	编制项目施工阶段 BIM 应用框架体系	审定	编制	—	执行	执行	执行
13		协助各参建单位 BIM 技术应用方案建立	参与	执行	—	执行	执行	执行
14		协助施工前各方图纸会审工作开展	参与	执行	参与	参与	参与	参与
15		项目 BIM 管理平台建设	提资	搭建	使用	使用	使用	使用
16		BIM 模型传递与技术体系培训	确认	培训	参与	接受	接受	接受
17		审查各参与单位 BIM 模型深化及应用情况	确认	审查	—	执行	执行	执行
18		BIM 模型 4D 进度管理	参与	管理	参与	执行	执行	执行
19		基于 BIM 模型和平台的质量安全管理	确认	管理	参与	执行	执行	执行
20		专业模型 3D 交底及现场组织与协调	确认	组织/协调	—	执行	执行	执行
21		辅助变更工程量统计	提资/审定	执行	配合	配合	配合	配合
22		辅助结算工程量统计	提资/审定	执行	配合	配合	配合	配合
23		BIM 施工模型更新维护	确认	维护	执行	执行	执行	执行
24	竣工阶段	竣工模型交付标准编制	审定	编制	—	执行	执行	执行
25		竣工 BIM 资料收集与管理	提资/审定	执行	配合	配合	配合	配合
26		竣工模型创建及信息录入，辅助竣工验收	提资/审定	协助/审查	—	执行	执行	执行
27		竣工模型审查与整合，归档交付	确认	执行	—	配合	配合	配合

③ BIM 工作计划及成果提交时间节点

在本项目 BIM 实施之前，业主并没有开展 BIM 工作，相关参与单位对 BIM 的实施能力也较弱。因此在项目初期需根据总工期和里程碑计划制定具备实施性且详细的 BIM 工作计划。基于工作计划督促各参建单位及时完成相关工作。

出于对于商业项目保密性考虑，本文截取部分工作计划供予参考，见表 8.1-4。

工作计划 **表 8.1-4**

序号	楼层	平面管线实施时间	设计 BIM 模型移交时间	施工 BIM 模型深化时间	备注
1	B3F	××××年××月××日	××××年××月××日	××××年××月××日	含签字出图完成
2	B2F	××××年××月××日	××××年××月××日	××××年××月××日	2018.7.24 开始做样板
3	B1F	××××年××月××日	××××年××月××日	××××年××月××日	2018.8.8 开始做样板
4	1F	××××年××月××日	××××年××月××日	××××年××月××日	
5	2F	××××年××月××日	××××年××月××日	××××年××月××日	2018.9.4 开始做样板
6	3F	××××年××月××日	××××年××月××日	××××年××月××日	
7	4F	××××年××月××日	××××年××月××日	××××年××月××日	
8	5F	××××年××月××日	××××年××月××日	××××年××月××日	
9	6F	××××年××月××日	××××年××月××日	××××年××月××日	
10	RF	××××年××月××日	××××年××月××日	××××年××月××日	

④ 针对项目就各阶段 BIM 应用点内容及成果描述（上文已经表述）。

⑤ 预期 BIM 应用目标及保障措施

目标：A. 完成主要专业 BIM 正向设计，并形成正向设计方法；B. 以 BIM 施工深化指导现场施工；C. 以 BIM 技术进行成本管控。

保障措施：BIM 技术应用作为业主对各参建方主要考核指标，实施优异单位优先考虑入围下一年度战略供应商。

实施方案充分考虑项目类型与特点及目前 BIM 开展现状，旨在通过方案为项目的高效实施和项目目标的实现提供规范性保障。

《BIM 模型标准及规则》包含以下内容：

① 建模构件、精度及信息粒度要求

出于对于商业项目保密性考虑，本文截取部分建模构件要求与参考：

示例：管道：除 *DN*65 以下的喷淋管外的所有管道建模（含管井内，机房：伸入机房内 1m 处截止），包含材质、管径、坡度、保温标示；管道按不同系统建立族库，并按 BIM 建模标准区分颜色（管道直径按外径建模，管道及配件连接形式与设计图纸一致）。

② 构件命名规则

命名作为造价软件对 BIM 模型识别的重要信息参数，需要造价单位与设计单位密切配合完成。出于对于商业项目保密性考虑，本文截取部分构件命名规则供予参考，见表 8.1-5。

构件命名规则 表 8.1-5

构件	编码	构件名称
矩形梁	A040302	LH-S-现浇混凝土矩形梁-矩形梁
		LH-S-现浇混凝土矩形梁-矩形压顶梁
异型梁	A040303	LH-S-现浇混凝土异型梁-矩形顶切角梁
		LH-S-现浇混凝土异型梁-T 形梁
		LH-S-现浇混凝土异型梁-竖向加腋梁
		LH-S-现浇混凝土异型梁-水平加腋梁

③ 模型交付及验收规则

出于对于商业项目保密性考虑，本文截取部分模型交付及验收规则供予参考，见表 8.1-6。

模型交付及验收规则 表 8.1-6

验收控制项	主要验收内容
设备房	(1) 管线除按管线综合要求验收外，还应注意吸水母管安装高度、出水管与主管连接是否按要求采用了 R 角，水泵吸水大小头是否采用偏心大小头及大小头安装方向等细部做法； (2) 管道附件（如阀门、软接）外形尺寸是否与实物吻合，是否能安装和便于检修、维护； (3) 设备基础、减振布置是否符合要求； (4) 仪表安装位置是否符合规范要求； (5) 所有设备排水是否接至排水沟，是否按要求与排水接入点断开等； (6) 支、吊架设置是否合理、美观、简单，承重力是否达到要求
设备运输模拟	(1) 是否所有大型设备均作了运输路线模拟； (2) 运输线路是否合理，吊装、转运是否能按模拟实施； (3) 设备体积、重量是否与实际相吻合； (4) 吊装、运输设备型号和设备选用是否准确； (5) 设备运输模拟是否将设备运至了设备房内
竣工模型修正	(1) 是否所有的设计变更均修正在模型上； (2) 由现场实际施工与模型有出入的地方，是否进行了模型修改； (3) 设备参数是否与现场设备实际参数一致； (4) 自控系统是否标示在模型上

无论是设计院、BIM 咨询单位（造价单位）还是施工单位在进行模型创建、修改和验收时，均需要参考本标准执行。

2）计量规则及清单优化

因为本项目涉及 BIM 工程量计算，因此需要对计量规则及清单进行相应的合理优化。出于对于商业项目保密性考虑，本文截取部分优化内容供予参考，见表 8.1-7。

清　单　　　　表 8.1-7

设计分类				成本算量分类						建模方式			
一级分类	二级分类	三级分类	四级分类	一级分类	二级分类	算量元件名称	算量元件编码	是否遵循扣减优先级	扣减优先级	建模命令	族类型	使用元件	插入方式
建筑	砌块墙	烧结多孔砖	200	结构	现浇混凝土基础	独立基础	A040103	√	13	墙：建筑	系统族：墙	LH-A-砌块墙-烧结多孔砖-200；LH-A混凝土小型空心砌块-200；LH-A蒸压加气混凝土砌块-200	标高
		混凝土小型空心砌块	200										
		蒸压加气混凝土砌块	200										
	内隔墙	轻质条板内隔墙	增强水泥隔墙条板；增强石膏隔墙条板；增强混凝土隔墙条板									LH-A-内隔墙-轻质条板内隔墙-增强水泥隔墙条板；LH-A-增强石膏隔墙条板；LH-A-增强混凝土隔墙条板	
		轻钢龙骨石膏板隔墙	100										
		玻镁板隔墙	100										
	玻璃隔断	玻璃隔断墙	明框										
		玻璃隔断墙	隐框										
	建筑装饰柱	方柱										LH-A-建筑装饰柱-方柱	
		圆柱										LH-A-建筑装饰柱-圆柱	
		壁柱										LH-A-建筑装饰柱-壁柱	
		塔斯干柱										LH-A-建筑装饰柱-塔斯干柱	
		多立克柱										LH-A-建筑装饰柱-多立克柱	
		爱奥尼柱										LH-A-建筑装饰柱-爱奥尼柱	

续表

各阶段模型要求						各阶段属性要求			
3D是否建模	3D 阶段模型要求	4D 是否建模	4D 阶段模型要求	5D 是否建模	5D 阶段模型要求	参数分组	参数名称	3D 阶段信息-研发勾选	4D 阶段信息-成本勾选
✓	（1）砌体墙底部应在结构板上，顶部应在结构板底或梁底，局部接触梁底的情况无需再向上延伸至板底； （2）不应将墙体附着在楼板或屋顶底部； （3）不应使用叠层墙； （4）不同材质的墙体不应连接	✓		✓		材质和装饰	材质		
						分析结果	耐火极限		
						材质和装饰	玻璃材质		
							五金材质		
						分析结果	耐火极限		
✓						材质和装饰	材质		

3）BIM 模型审核与信息添加

BIM 总牵头单位根据《BIM 应用实施方案》和《BIM 模型标准及规则》审查模型是否达到要求，优化模型质量（图 8.1-4、图 8.1-5）。模型审查主要从三个方面进行：

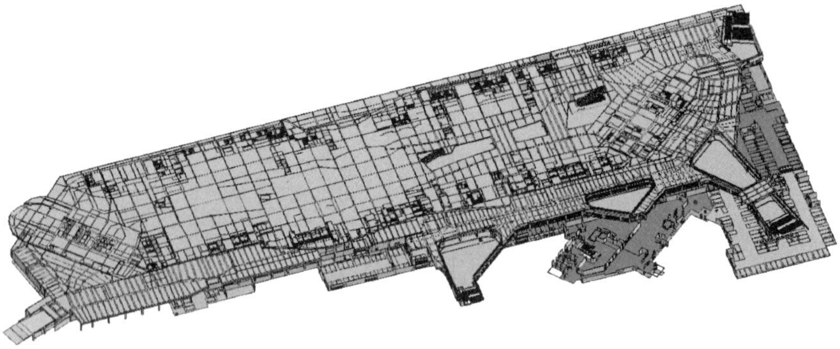

图 8.1-4　土建模型

① 模型合规性检查：模型命名规则性检查、系统代码应用规范性检查、专业代码应用和规范性检查、楼层代码应用规范性检查、模型配色规范性检查、常规建模操作规范性检查、技术措施建模规范性检查、构件参数信息检查、构件编码信息检查。

② 模型完整性检查：专业涵盖是否全面；专业内模型装配后各系统是否完整；各层之间空间位置关系是否正确，有无错位、错层、缺失的现象发生；全部专业模型装配后，

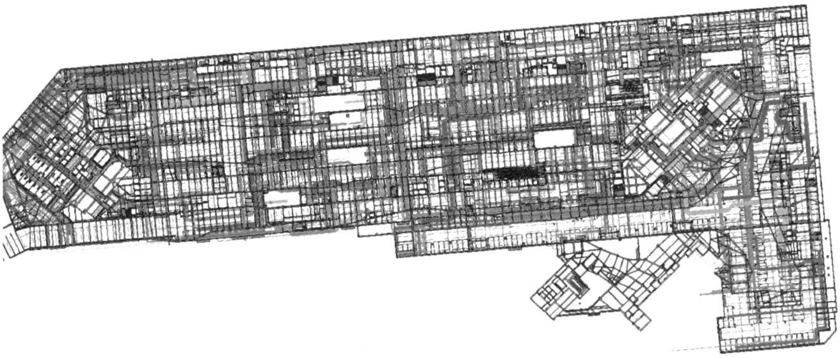

图 8.1-5 机电模型

各专业之间空间定位关系是否正确，有无错位、错层、缺失的情况发生。

③ 图模一致性检查：在模型中建立平面视口进行切图，与 CAD 设计图进行比较，核查图纸与模型的一致性；核查构件信息是否符合设计、成本算量的需求；核查是否符合模型管控要点。

在完成模型审查后形成《BIM 模型错误报告》（表 8.1-8）发予设计 BIM 团队用于校正错误与修改，并填写《BIM 模型审查要点表》（表 8.1-9）发予业主与设计 BIM 团队，用于绩效考核。

BIM 模型错误报告 **表 8.1-8**

<table>
<tr><td>专业</td><td>建筑、结构</td><td rowspan="2">模型名称</td><td rowspan="2">×××项目_CD_MEP_B2
×××项目_CD_STRU_B2</td></tr>
<tr><td>图纸名称</td><td>AC-DXS-P02（负二层平面图）-BD、P05～P08 地下室负一层结构平面布置图（一）～（四）0503</td></tr>
<tr><td>问题位置</td><td>㊺～㊻、Ⓖ～Ⓗ</td><td>涉及专业</td><td>建筑、结构</td></tr>
<tr><td>问题描述</td><td colspan="3">B2 层高 3900mm，建筑图纸中此处为 FJM 特 5525，卷帘盒高度考虑 600mm 高，考虑建筑面层 70mm，建筑此处降板 200mm，卷帘盒顶标高为 2900mm，此处梁尺寸为 400mm×800mm，此处结构降板 200mm，梁底标高为 2830mm。梁与卷帘盒发生碰撞</td></tr>
<tr><td>优化建议</td><td colspan="3">建议将卷帘高度控制到 2400mm 或将梁高控制到 730mm 以下</td></tr>
<tr><td colspan="4">问题截图</td></tr>
<tr><td>平面图</td><td colspan="3">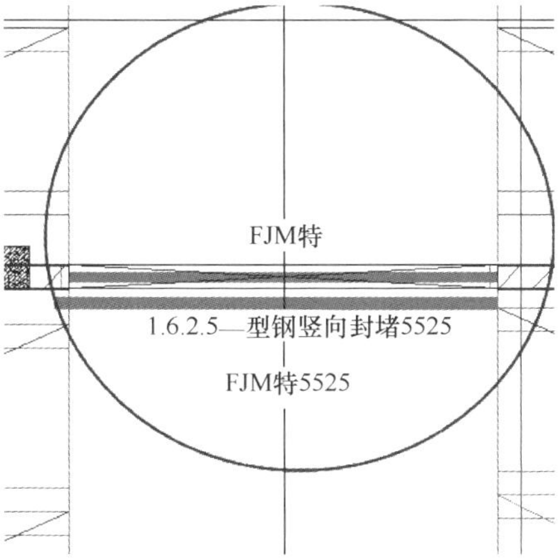 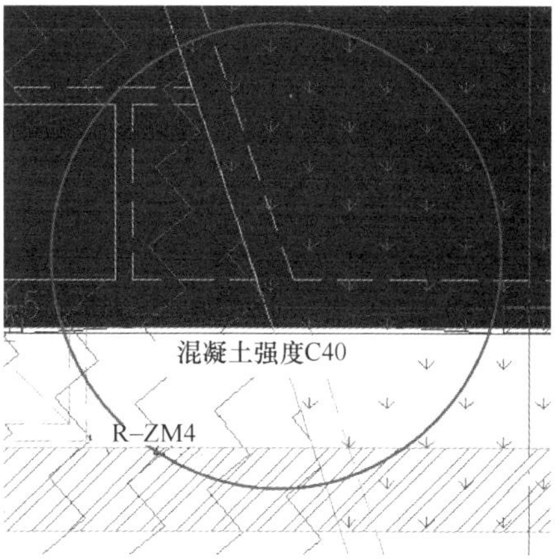</td></tr>
</table>

续表

三维图	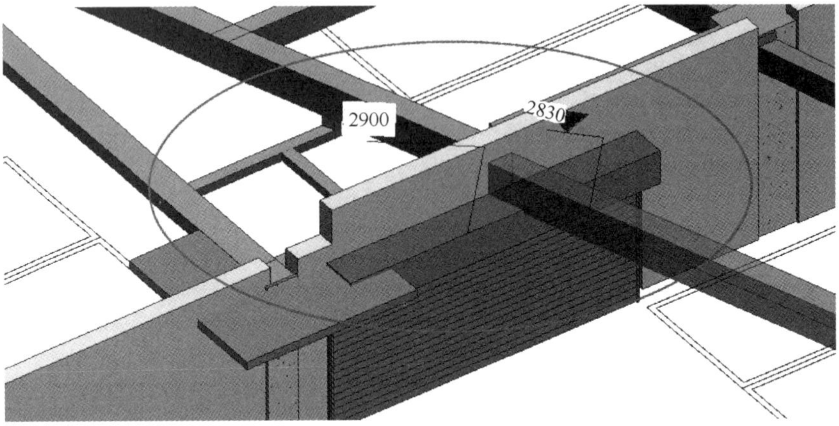
设计院意见	卷帘侧装

BIM 模型审查要点表　　**表 8.1-9**

序号	审查内容	问题类别	施工图完成情况评定
2.9	排水沟		
2.9.1	排水沟应与集水坑相通	E	□是□否□优化
2.9.2	排水沟长度、位置应能完全满足排水区域位置的分区排水需求	E	□是□否□优化
2.9.3	构造做法结构降板、宽度深度应与 2D 施工图工程做法一致，且不应和结构专业模型构件重叠交叉	E	□是□否□优化
2.10	集水坑		
2.10.1	集水坑构造、深度、大小应与设计图纸表达一致，且不应与结构模型构件重叠交叉	C	□是□否□优化
2.10.2	降板区域集水坑连接应正确	D	□是□否□优化
2.10.3	集水坑位置、数量应与设计图纸表达一致	E	□是□否□优化
2.10.4	配套盖板大小及盖板材质应与设计图纸表达一致	E	□是□否□优化

在完成模型审查及优化后，需根据清单计价规范进行相应的造价信息添加及模型调整。此部分工作通过 BIM 插件与人工辅助并行完成。

出于对商业项目保密性考虑，本文截取部分造价倒模信息供予参考，见表 8.1-10。

造价倒模信息　　**表 8.1-10**

清单编码	清单名称	计量单位	项目特征	工程量计算规则	计算公式	清单父编码	算量类型
A2202	管道附件					A22	
A220201	阀门					A2202	AZ _ JPS _ GDFJ

续表

清单编码	清单名称	计量单位	项目特征	工程量计算规则	计算公式	清单父编码	算量类型
A220201001	阀门	个	族名称；材质；规格；压力等级；连接形式	按设计图示数量计算	GS	A220201	
A220202	管件					A2202	AZ _ JPS _ GDFJ
A220202001	管件	个	类型；材质；规格；压力等级；连接形式	按设计图示数量计算	GS	A220202	
A220204	雨水斗					A2202	AZ _ JPS _ GDFJ
A220204001	雨水斗	个	类型；材质；规格；安装位置	按设计图示数量计算	GS	A220204	
A220205	透气帽					A2202	AZ _ JPS _ GDFJ
A220205001	透气帽	个	类型；材质；规格；安装位置	按设计图示数量计算	GS	A220205	
A220206	止水节					A2202	AZ _ JPS _ GDFJ
A220206001	止水节	个	类型；材质；规格；安装位置	按设计图示数量计算	GS	A220206	

（2）招标和签约阶段 BIM 成本管控

1）基于 BIM 模型的三维图纸会审

基于 BIM 模型，辅助各方参与图纸会审工作（图 8.1-6），根据设计阶段 BIM 的应用管理，施工图纸的大部分问题已经得到提前解决，图纸会审工作主要集中于施工措施、安全、质量等问题的讨论，通过三维 BIM 模型，更加直接快速地进行问题的讨论，增加图纸会审的效率。通过三维图纸会审，及时消除各类图纸缺失问题、界面划分问题、图纸表述不清晰问题、多分包沟通问题，防患于未然。

图 8.1-6 基于 BIM 模型的三维图纸会审

2）招标清单及工程量计算

基于模型映射的原理，将 BIM 模型导入至算量软件中，进行工程量计算。本项目的工程量计算算量采用传统电算与 BIM 算量相结合的形式进行。工程量可以划分为构件算量（基于 BIM 模型实体算量）和非构件算量（基于传统模式计算）两部分。非构件算量主要包含钢筋工程量、电缆电线、措施工程量等。根据审核通过并优化后的模型进行计量计价，并抽取造价高的项目通过传统计量方式进行校核，以保证工程量的准确性。

在工程量的统计上，严格按照业主要求格式填写，工程量均分层、分构件、分规格、分型号统计，防止多算或漏算。

在本项目中，根据多次测算在保证模型精度的情况下，BIM 土建工程量、机电点位工程量与传统电算工程差异可以保证在 1%以内（表 8.1-11）。机电电线电缆工程量尚无较好的解决方案。目前算量大多是基于图形算量的形式进行，BIM 模型的介入，较大减少了土建建模的工作量，造价人员可以将更多的精力投入到与成本管理有关的其他工作中去。

BIM 工程量与传统电算工程量对比表　　表 8.1-11

清单编码	名称	计量单位	属性（清单描述）	使用部位	2D 工程量（广联达）	4D 工程量（BIM 算量）	差量	差量幅度	差异原因
010403003	混凝土梁 C30	立方米（m^3）			143.80	143.80	0.00	0.00%	
010405001	混凝土板 C30	立方米（m^3）			264.88	265.16	0.28	0.11%	Revit 模型中扣减了小于 0.3m^2 烟道楼板工程量，而广联达计算规则不扣除小于 0.3m^2 的楼板工程量。Revit 模型中未建设备管道洞口，所以未扣除该部分工程量
010402001	混凝土柱 C30	立方米（m^3）			1.55	1.55	0.00	0.00%	
010404001	混凝土墙 C30	立方米（m^3）			238.66	238.66	0.00	0.00%	
010406001	混凝土楼梯 C30	立方米（m^3）			10.17	10.17	0.00	0.00%	
010407002	零星混凝土	立方米（m^3）	1. 构件类型：零星； 2. 混凝土类别：商品混凝土； 3. 混凝土强度等级：C20； 4. 地上/地下：如实描述	节点大样，挑拨等混凝土	25.90	25.92	0.02	0.07%	广联达模型与 Revit 模型在门厅处节点有微小差异；广联达模型节点处理方式不如 Revit 精确

续表

清单编码	名称	计量单位	属性（清单描述）	使用部位	2D 工程量（广联达）	4D 工程量（BIM 算量）	差量	差量幅度	差异原因
010411001	预制平板	立方米（m^3）	1. 图代号； 2. 单件体积； 3. 安装高度； 4. 混凝土强度等级； 5. 砂浆强度等级、配合比		0.26	0.26	0.00	0.00%	
010411003	飘窗预制板	立方米（m^3）	强度等级、厚度		15.44	15.44	0.00	0.00%	

3）参建单位 BIM 界面划分

随着各参建单位的陆续介入，为保证施工阶段 BIM 工作开展的有序性，需制定出施工阶段各参建单位的 BIM 界面，使大家有明确的责任界面（表 8.1-12）。

参建单位 BIM 界面划分 **表 8.1-12**

实施方	工作内容	工作要点	模型精度要求	移交条件	备注
设计 BIM 团队	初始模型建立	（1）初始模型建立，并达到规定模型精度； （2）截止模型移交时，所有设计变更均更新完成	给水排水： （1）管道：除 *DN*65 以下的喷淋管外的所有管道建模（含管井内，机房：伸入机房内 1m 处截止），包含材质、管径、坡度、保温标示；管道按不同系统建立族库，并按 BIM 建模标准区分颜色（管道直径按外径建模，管道及配件连接形式与设计图纸一致）； （2）阀门、附件及仪表：按设计图分类建模完成； （3）卫生器具：此阶段不建模； （4）设备：用与实际设备一致尺寸体量的模型表示，不同设备应进行区分（设备参数、接口位置、系统分类明确）。 通风与空调： （1）风管：所有风管建模，含外形尺寸、保温（厚度及材质）、风口（风口类型）、风阀（名称及参数与图纸一致）标示；风管按不同系统建立族库，并按 BIM 建模标准区分颜色（风管连接形式与设计一致）； （2）末端：按设计图分类建模完成； （3）设备：用与实际设备一致尺寸体量的模型表示，不同设备应进行区分（设备参数、接口位置、系统分类明确）。 电气： （1）母线、桥架：所有桥架、母线建模（含电井内，配电房：伸入配电房内 1m 处截止），含型号规格、外形尺寸标示，桥架、母线按不同系统建立族库，并按 BIM 建模标准区分颜色； （2）配电箱：按设计图分类建模完成； （3）设备：用与实际设备一致尺寸体量的模型表示，不同设备应进行区分（设备参数、接口位置、系统分类明确）	（1）分楼层移交，（机电总承包 BIM 团队）应提前安排人插入和配合模型审核，以保证模型呈交的及时性； （2）机电总承包 BIM 团队在收到图纸后，应安排足够人员及时将模型问题反馈给设计 BIM 团队； （3）设计 BIM 团队对模型进行修改后，基本达到要求后，机电总承包 BIM 团队应及时复审，并进行图纸深化设计的工作开展	模型精度只要达到模型精度要求的 90% 左右，机电总承包 BIM 团队就应接手进行下一阶段的工作开展

续表

实施方	工作内容	工作要点	模型精度要求	移交条件	备注
设计BIM团队	一次管线综合完成	（1）在考虑管线布置合理、检修方便、预留支吊架、设备、阀部件等安装空间的基础上，满足业主的净高要求； （2）当原设计无法满足以上要求时，需与业主、设计协商确定。局部仍无法满足业主标高要求时，单独出具该处的书面说明； （3）使用软件碰撞检查功能，显示机电与建筑结构、机电各专业之间的碰撞，并解决相应的碰撞	（1）管线排布位置（含平面、分层）应符合规范和行业通常做法； （2）管线水平间距、分层间距应合理，能满足管线安装及附件安装需求（有保温的管道应考虑保温层厚度）； （3）管线综合完成后，对重点部位净高进行分析，保证净高满足常规要求，当不能满足时提出合理化建议； （4）防火卷帘应按设计绘制完成，管线合理避开防火卷帘； （5）排水管道应考虑管道坡向、坡度；其他管线应考虑尽量少交叉翻弯，以节约工程成本； （6）管线异型转弯，应考虑标准管配件的转向角度，尽量不要使用非标件； （7）所有碰撞解决完成，翻弯尽量合理	（1）分楼层移交； （2）只要达到模型和设计图纸一致，机电总承包BIM团队就应接手图纸，对图纸进行深化设计	由于机电总包单位要对图纸全部进行深化设计，故设计BIM团队的管线综合意义不大，只要保证路由、管径等正确，无错、漏即可
机电总承包BIM团队	预留预埋出图	（1）分专业出各机电单位预留预埋图； （2）机电总承包需提供预留洞尺寸要求参数，BIM咨询单位按机电总承包提供的参数出图	（1）预留预埋图纸按各专业绘制，预留预埋图纸必须与交付的深化设计图纸一致； （2）预留预埋洞口、套管的名称、型号规格、安装位置标示清晰	（1）在预留预埋工作开始前7天内提供给机电总承包单位； （2）机电总承包与BIM咨询单位相互移交的资料均为书面签字资料，电子文档只作为参考； （3）预留预埋洞口、套管图与交付机电安装的管线综合图纸吻合度为100%	机电总包单位过程配合，完成图纸审核，完成部分图纸的修改
设计BIM团队	初步净高分析完成	出具重点部位的管线净高分析书	（1）重点部位，如商业公区、中庭、卫生间，车库出入口、车行道、车位有相应的净高分析报告书，此报告书应图文并茂； （2）净高能满足××要求的，只提供净高分析报告，净高不能满足××要求的，要提出相应的解决方案（如更改结构梁形式），并反馈设计进行变更，以达到满足××要求； （3）如无法解决的，应进行标示	（1）在移交管线综合图时，一并提交机电安装总包单位； （2）净高分析应准确	

续表

实施方	工作内容	工作要点	模型精度要求	移交条件	备注
机电总承包BIM团队	管线综合深化完成	（1）根据 BIM 咨询单位提供的管综模型、机电总承包单位的经验，对管综进行更细致的深化，在确保满足功能的同时，最大限度地争取净高、兼顾观感效果；（2）完善 BIM 咨询单位未完善的所有明装管线及明装设备；（3）对所有的附件（如：风阀、水阀等），按实际外形尺寸进行修正，并修正附件的信息参数；（4）检测和解决碰撞	（1）所有的明装水管、车库电气明装线管建模完成，开关、插座、灯具、探头、手报、喇叭等建模完成；（2）所有管线的路由、型号规格准确，管线间距美观、排布合理并满足安装要求。族定义和颜色准确，并符合 BIM 制图标准要求。不同系统、不同用途的管线应能准确筛选；（3）所有附件无缺漏，并按实际尺寸和参数标示，并保证附件便于安装和满足维护要求；（4）吊顶内的管线排布时，应考虑检修口的设置和维修进出通道的留设；（5）管线结合深化图经多方认可后，将 BIM 模型导为 CAD 二维平面图，并出图、签字完善	（1）在管综施工前 10 天分楼层完成管线综合深化图纸的出图；（2）移交成果必须为各方签字完善的纸质图纸	机电总包单位安排专业工程师配合
机电总承包BIM团队	管道支吊架深化	（1）所有风管、桥架、成排管道、大口径管道应进行支吊架布置；（2）所有的机电设备进行支吊架布置	（1）机电管线、设备的支吊架表示应清晰，不限于利用 BIM 软件，可采用 CAD 进行支吊架布置；（2）除 DN100 以下的单根水管不布置支吊架外，其余所有管线均应完成支吊架的布置；（3）支吊架尽量采用综合支吊架，支吊架的设备间距应满足规范要求，支吊架形式美观，承载力应满足要求，重点部位、大口径管线、成排和线支吊架承载力应经过验算。采用非固定支架时，应按规范要求布置固定支吊架；（4）不同支吊架在平面图上应分类表示，并将所有不同规格的支吊架绘制大样图，大样图对支吊架的材质、外形尺寸、开孔尺寸及抱箍规格均应表示清楚	（1）在管综施工前 7 天完成管线综合深化图纸的出图；（2）移交成果必须为各方签字完善的纸质图纸	机电总包单位安排专业工程师配合，并提供支吊架采用形式和材质等
机电总承包BIM团队	二次净高分析完成	（1）完成管综深化及支架布置后，再次对管线净高进行复核；（2）出具净高分析报告及图纸	（1）此净高分析部位主要为所有精装区域，净高分析报告书应图文并茂；（2）净高应能满足××要求，如不能满足的提出合理方案，并与业主协商解决，最后进行管综调整，以达到满足××要求；（3）绘制精装区域净高分析图纸	（1）在管综实施前 7 天内提交完整的管综净高分析报告；（2）净高分析报告、净高分析成果均应为签字的纸质文档	

续表

实施方	工作内容	工作要点	模型精度要求	移交条件	备注
机电总承包BIM团队	管井电井深化	（1）水井固定支架、管线完成； （2）电井设备（配电箱）、支架、管线完成； （3）水电井建筑尺寸、管线、附件安装位置、附件、设备参数标示清楚	（1）水电井管线的支架建模完成，保证安装位置标示完整、比例正确，并绘制大样图； （2）所有管线、附件、设备等位置建模完成，位置准确。管线布置时应考虑便于安装和维护。间距应满足操作要求的同时做到美观； （3）附件、设备参数标示完善、清晰； （4）提取全方位剖面图，指导现场施工	（1）在水电井实施前 7 天内完成出图及签字手续； （2）所有成果均应为签字的纸质图纸	机电总包单位安装专业工程师配合
机电总承包BIM团队	机房深化	（1）机房设备、管线、附件、支架等模型建立； （2）进行管线排布和附件安装深化； （3）截取全方位剖面图纸	（1）所有设备按实际形状、接口位置建模，设备安装位置的布置应便于操作、检修和维护； （2）所有的管线排布应合理、紧凑，路由正确，间距合理、均匀，安装高度尽量最大化； （3）阀门等附件的外形尺寸与实际附件一致，并留有安装操作空间，安装位置符合规范要求和便于检修、维护； （4）支吊架形式简单、安装位置合理，型材选用节约、美观。承载力满足要求，并出具承载力验算书； （5）法兰片等配件标示清楚。设备参数、附件参数按实标示清楚； （6）机房除出具平面图外，还应出具全方位剖面图，保证能指导现场施工； （7）制作大型设备的运输、转运路线模拟及设备房内的漫游； （8）制冷机房为成品组装机房，BIM咨询单位应配合进行机房管线、设备、支吊架的拆分图纸的绘制	（1）在机房实施前 90 天内完成出图及签字手续； （2）除运输模拟、漫游为电子文档成果外，其余成果均应为签字的纸质图纸	机电总包单位安装专业工程师配合；机电总包单位应找厂家提供设备模型族（如厂家有）
机电总承包BIM团队	出图	（1）分机电专业（同设计院专业划分）出单专业施工平面图； （2）出机电综合施工平面图； （3）大样及剖面图	（1）分机电专业（同设计院专业划分）出单专业施工平面图，并对管道、桥架、风管及设备、附件参数、间距、翻弯、平面位置等信息标注清晰； （2）机电综合施工平面图应标示清楚支吊架位置及大样图； （3）管线密集区、设备房、水电井出剖面图并标注清晰	（1）分楼层出图，并签字完善； （2）图纸甲方、监理、分包单位（如需）各一份，施工单位两份； （3）所有图纸出图完成后，分专业装订，并移交甲方、监理及分包单位	出图费用由机电总包单位承担

续表

实施方	工作内容	工作要点	模型精度要求	移交条件	备注
机电总承包 BIM 团队	模型一致性调整	（1）根据施工过程的设计变更，调整模型； （2）当现场与模型不一致，且无法整改时，按现场调整模型	（1）模型的管线路由、型号规格、安装位置、标高等应与现场一致； （2）模型的设备、附件数量、安装位置、标高等应与现场一致； （3）设备、附件实物参数图纸与现场实物一致	（1）工程竣工前移交物业、甲方； （2）移交电子文档； （3）含消防分包单位的设计变更	消防分包单位的设计变更调整

（3）施工阶段 BIM 成本管控

进入施工阶段，由于本项目体量大，参建单位数量多，各总分包单位 BIM 实施水平参差不齐，为保证施工阶段 BIM 的顺利实施，BIM 总牵头单位需要制定出相关的 BIM 实施计划和检查措施，配合业主推进 BIM 工作的开展。

1）制定施工阶段 BIM 深化计划（表 8.1-13）

施工阶段 BIM 深化计划 **表 8.1-13**

序号	工作内容	开始时间	过评审时间次数	过程审核时间	成果交付时间	计划节点时间	需要解决问题	总包解决问题	解决时间	备注
1	BIM 进场									××××年××月××日
2	B3 层接收模型	××××年××月××日								
3	B3 层墙体、顶板预留洞固化图	××××年××月××日	评审 4 次		××××年××月××日					
4	B2 层接收模型	××××年××月××日								
5	B2 层墙体、顶板预留洞固化图	××××年××月××日	评审 1 次	2018 年 8 月 6 日	已经滞后	××××年××月××日				砖墙体风洞、顶板未完成
6	B3 层综合管综调整完成		初步形成未评审			××××年××月××日				确保预留预埋准确
7	B2 层综合管综调整完成					××××年××月××日				确保预留预埋准确

续表

序号	工作内容	开始时间	过评审时间次数	过程审核时间	成果交付时间	计划节点时间	需要解决问题	总包解决问题	解决时间	备注
8	B2、B3 层支吊架建模调整布置完成					××××年××月××日				满足三方（业主、设计、施工）会审
9	B2 层样板段综合管综调整完成（支吊架）					××××年××月××日				满足三方（业主、设计、施工）会审
10	B2、B3 层电井水井机房建模调整完成					××××年××月××日				
11	B1 层接收模型	××××年××月××日								
12	B1 层墙体、顶板预留洞固化图					××××年××月××日				
13	B1 层样板段综合管综调整完成（支吊架）					××××年××月××日				
14	1～3F 接收模型									
15	1～3F 墙体、顶板预留洞固化图					接收后 5 天				
16	1～3F 综合管综调整完成（支吊架）					接收后 20 天				
17	4F-RF 接收模型									

续表

序号	工作内容	开始时间	过评审时间次数	过程审核时间	成果交付时间	计划节点时间	需要解决问题	总包解决问题	解决时间	备注
18	4F-RF 墙体、顶板预留洞固化图					接收后5天				
19	4F-RF 综合管综调整完成（支吊架）					接收后20天				
20	整体 BIM 工作评审（地上）					××××年××月××日				满足三方（业主、设计、施工）会审

根据计划，参建单位可以清楚地了解工作节点安排，保证工作井然有序的开展。

2）施工 BIM 例会

每周五下午召开项目施工 BIM 例会（表 8.1-14），会上各参建方就现阶段 BIM 相关工作的进展情况及所遇到的问题进行汇报与交流，以便于业主对项目 BIM 实施现状的了解及解决各参建方 BIM 实施过程中所遇到的难题；同时 BIM 总控单位通过会议组织和督促各参建单位相关模型的创建与相关 BIM 成果的提交，以达到提高各参建单位 BIM 工作效率与质量的管理目标。

施工 BIM 例会　　表 8.1-14

与会人员	会议议题
各参建方相应 BIM 团队	BIM 工作汇报
	上周会议纪要工作落实情况跟踪
	本周新增问题讨论
	BIM 模型问题讨论
	下周工作计划

3）施工 BIM 深化成果审查与协调

施工阶段是本项目 BIM 工作的重要阶段，各项 BIM 落地化应用均发生在施工阶段，因此在施工阶段基于 BIM 技术的专业协调，减少变更与返工是本项目成本管理的关注重点，主要工作内容包括：事前分析与预警、基于模型和平台的专业协调会、现场探勘及技术指导、专项问题协调会。

① 事前分析与预警

在项目施工阶段，BIM总控单位将组织施工单位根据项目实际情况及项目BIM实施方案确定施工过程中的各项BIM工作内容及相应的BIM专项应用点实施细则，在经过审查批准后，将开展BIM模型的二次深化工作，通过BIM技术进行专项模拟和各类分析，提前暴露可能的深化设计、施工方案、施工进度、工程质量和安全等各类潜在问题与风险，根据分析结果指导和管理现场施工。

② 现场技术指导与模型协调

施工单位将根据各类BIM工作成果开展现场工作，BIM总控单位将提供现场技术指导与模型协调工作，辅助施工单位解决现场实际问题，辅助业主进行各项管理决策，主要协调管理内容包括：协调管理各参建方施工模型的创建与应用，协调各参建方的现场BIM技术应用，解答和指导BIM现场实施的相关问题等，以提高各参建方BIM相关工作效率与质量。对于施工现场发现的各类冲突和现场问题，由施工单位或监理单位进行记录，通过会议的形式进行讨论和协调。

③ 深化模型审核

BIM模型是BIM项目实施的基础，由于本项目体量大、难度高、异型复杂区域多等特点，导致本项目模型深化工作繁琐。BIM总控单位将从现场可实施性、美观性以及经济合理性三个角度进行审核（见表8.1-15及图8.1-7）。对于不符合要求的深化模型，将反馈给业主并要求相应单位在规定时间内完成修改，二次报审。

检查原则　　**表8.1-15**

部位	检查原则
主力商区	管线可穿越防火卷帘顶部安装，在空间不足时，桥架需穿梁敷设（桥架不穿商铺）
	若无法满足管线安装原则和层高，管线需避让防火卷帘安装
	虹吸雨水支架，一般布置在最上层，其他管线与虹吸雨水管交叉时，需避让虹吸雨水管，在梁窝内进行翻弯
	送风主管排布在中间，方便两侧开口接支管，利于风量平衡，对于顶送风口较多的区域，风管尽量布置在最下层，对于有较多送风口的空调系统，其送风口宜采用均匀成排布置，防排烟管道较大，在进入超市后尽量靠墙安装，不进入中心位置，减小与其他管道交叉，提升室内净高
	管线与梁平行安装时，管线与梁之间需为其他管线预留≥350mm的翻越空间，消火栓、喷淋主管尽量靠边墙安装，以减少交叉，从而提升净高
	对于无吊顶的后勤通道，防排烟风口宜安装在侧墙上，减少排烟风口安装所需空间，提高通道净空

3. 主要管理方法的应用及其成效

截至目前，项目仍处于建设阶段，诸多BIM管控应用点正属于应用或准备应用环节，仍有待实践的检测与验证。项目整体BIM开展遵循PDCA（计划－执行－检查－修正）的管理方法，以保证BIM管控的顺利实施。BIM工作开展至今已经半年，除了早期磨合时间，参建单位出现协调困难外，整体BIM工作开展顺利，按照既定目标进行。目前项目已经进展至B1层施工二次深化工作。

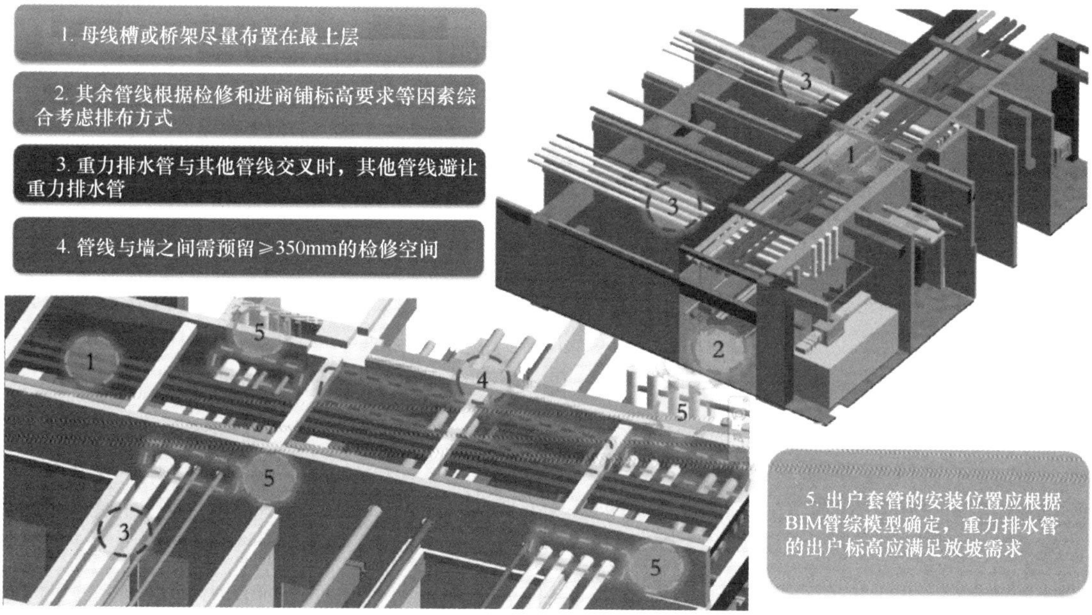

图 8.1-7 主力商区后勤通道示例

8.1.6 体会与心得

本项目从 BIM 启动至进入高峰施工已经大半年，正在进行施工阶段 BIM 实施，工作节奏较为紧张，但落地化效果较为理想。目前受制于 BIM 软件工具的一些限制及缺少前人的经验，很多 BIM 工作仍需要组织大量的人力进行完成，仍存在劳动密集型现状，这也使得部分分包对 BIM 的效益比存在质疑。但目前无论是业主还是总包，对本项目 BIM 工作开展均给予较高的评价，整体 BIM 工作开展也较为秩序井然。

现把本项目的 BIM 成本管控思想大致总结为以下几点供大家参考：

（1）制定 BIM 作业指导、实施精细化管理：通过详细的前期策划，明确组织架构、明确各阶段工作重心和内容，避免工作开展混乱。在前期为保证参建单位的思路一致，通过统一的培训交底，尤其针对施工总、分包开展有针对性的专业培训，使大家融入整体工作中来。

（2）以主动控制取代被动核算：通过强调 BIM 设计优化与审查、BIM 施工深化与审查，在每一阶段的工作，优化模拟在前，实施在后。将原来大量投入至算量、变更处理等精力，用于前期控制，将人为因素、技术因素造成的无效成本降至最低。

（3）以目标管理、动态控制为重点：通过制定总目标计划、里程碑计划及各分项工作计划形成各级目标。BIM 总控单位基于计划对各参建单位进行目标管理，力保工作的落地。此外造价管控单位与 BIM 总控合为一体，通过每周 BIM 工作例会、模型及应用审查，进行过程风险控制，及时分析实际值与目标偏差值，采取措施调整偏差，保证目标实现。项目实施至今未造成因技术过失导致的成本上升或工期延误。

商业地产项目 BIM 成本管理路线仍存在诸多需要优化的地方，仍需要各位同行不断地进取创新。

8.2　案例二　基于 BIM 对施工项目进行成本管控的案例

8.2.1　项目背景描述及基本理念

本项目是当地的一家民营施工企业在其承接的施工项目中进行 BIM 应用探索的一个案例。

该公司多年来一直对施工企业的信息化管理保持关注并亲自实践，因此对建筑行业信息化相关资信较为敏感，对新技术的接受度也较高。2016 年接触到 BIM 之后，公司直接投资采购企业级 BIM 5D 平台软件并自己组建了 BIM 应用研究院在本企业内进行应用研究。该企业引进 BIM 的主要目的是希望能通过 BIM 的应用对公司的“直营”化工程项目管理进行辅助。通过后端 BIM 应用，给前端的项目管理带来帮助，也希望形成一套与公司自有管理模式相匹配的 BIM 化管理体系，对原有管理模式进行升级。

随着该公司近年在全国各地“直营”项目的增多，公司面临着全国各地多项目同步实施情况进行远程监管、对资金实时调配的压力，因此希望借助本项目 BIM 5D 平台的网络化、平台化功能实现远程监管，借助 BIM 模型的精确计量特性帮助公司提高对远程项目的成本进行管控，实现风险的降低和利润的提升。因此，本项目的 BIM 应用重点是成本管理、远程监管和信息调用。

注：“直营”模式是相对于行业内常见的“挂靠”模式而言，其主要特点有：一是项目资金全部由公司统一收支，盈亏也全部归公司；二是项目经理为雇佣制，薪酬为工资＋绩效模式。

8.2.2　本项目成本管控的理念与成果

成本管控理念之一：二八原则。本项目的成本管理的理念借鉴了鲁贵卿的《工程项目成本管理实论》、赵丰的《成本管理作业指导书》《数据的智慧》等书籍中关于工程项目成本管理的相关理论。其中鲁贵卿的《工程项目成本管理实论》中提出的工作方式即对工程项目成本管理应抓大放小，重点关注占成本最高的“五类费用”（材料、人工、机械、现场经费、专业分包费），该管理思维为本项目的成本管控指明了管控的切入点。因此，本项目的成本控制对象也选定为以上五项内容。此外，抓大放小即二八原则的工作理念是本项目在进一步选定材料的管控对象时的理念，本项目选择了材料成本中占比最大的混凝土、钢筋、砖砌体为主要控制目标；对人工、机械等其他几个管控内容的具体着眼点也是依此原则。

成本管控理念之二：计量核算型与数据驱动型结合。根据赵丰、马可的《数据的智慧》对成本划分的理念，成本管理分为 1.0 版本的计量核算型、2.0 版本的目标管控型、3.0 版本的供应链管理、4.0 版本的数据驱动型。该公司的现行制度中已经分别设立了商务中心负责计量核算，工管中心负责与项目经理事先核算目标成本，集采中心具体负责集中采购及上下游的资源调配等，已经初步形成 3.0 雏形。本项目的 BIM 应用本应直接升级为 4.0 驱动型的管理。但是，公司现行制度下的商务核算、目标成本考核、集采资源的精准快速计量仍然靠人工计算，在多项目并行情况下效率不高，仍然面临着寻找解决方案的问题。此外，在本项目中的基于BIM进行成本管控属于试点，之前没有其他项目的同类型数据积累，因此也无法达到基于原有数据积累进行数据挖掘、数据驱动的4.0模式。因此，本项目仍然从实际出发、以解决问题为主，本次成本管理仍然属于计量核算类型，实现为其他部门提供高效准确数据、进行成本管理与核算的目的。

成本管控理念之三：成本定义的边界扩大。本项目对“成本”的界定并不局限于单纯资金数额的增减，而是将时间、效率等因素也列入成本影响的内涵。在本项目中，将通过BIM应用实现的设计错误核查，减少返工、窝工；对现场施工人员进行三维可视化交底，降低操作失误质量造成的安全事故；辅助技术人员快速完成技术方案编制、出工程量等工作效率的提升，都视为对成本管理具有价值的工作内容。质量、安全、环保等工作虽然与成本不直接相关，但事实上这些工作的失误，都会造成成本的骤增，因此，在本项目的成本管控体系中，对这类工作也给予了关注。

成本管控理念之四：全员参与。本项目的成本记录、数据来源于材料员、收料员、施工员、财务人员等，任何岗位的缺失都使得成本管理数据有残缺。因此，本项目基于BIM的成本管理是现场多岗位协作的产物。如现场相关动态信息均由施工现场管理人员根据事先制定的各自BIM岗位职责在工作过程中采集、记录、上传。

截至本稿完成，BIM入驻项目现场仅4个月，项目刚完成桩基工作，但是在4个月的摸索中已经初步形成了成本管控工作模式，也产生了一定的经济效益。如在BIM辅助下完成的图纸审查、工程量清单复核这两项工作，就大大减轻了项目部工作。本项目在图纸审查时问题之细让设计院、项目部大为感叹；工程量之准让项目部对整个工程的造价更有“底”。

8.2.3 项目简介

本项目位于浙江某地，为一公共建设项目，总建筑面积为3.5万m^2，总工期为500日历天。项目地下室2层、地上建筑12层，为钢筋混凝土结构（因项目尚在实施过程中，具体数据不便公开，本案例中将项目具体信息予以处理）。

本工程的自然环境、现有条件、技术要求、建设方案、建设规模等均不属于复杂性较高的项目，但本项目设定了争取当地最高奖项的目标。在外部技术条件无亮点的情况下，如何能够有所突破、作出特色是本项目部需要深入研究的。此外，目前行业内基于BIM的成本管控尚无可参照的成熟体系。本项目对基于BIM进行成本管控的实施方案，也是一大难题。最后，本项目所选用的国内外软件众多，而软件的成熟度也是对本项目的一个考验。

8.2.4 BIM成本管控实践

1. 项目组织架构

本项目由BIM实施部门与施工现场管理人员共同组成的BIM工作组，具体组织架构如图8.2-1所示。

2. 工作职责划分

本项目的BIM实施为全员参加，各司其职，为确保BIM所需信息的采集质量，对每个岗位涉及BIM的主要工作进行了界定，见表8.2-1、表8.2-2。

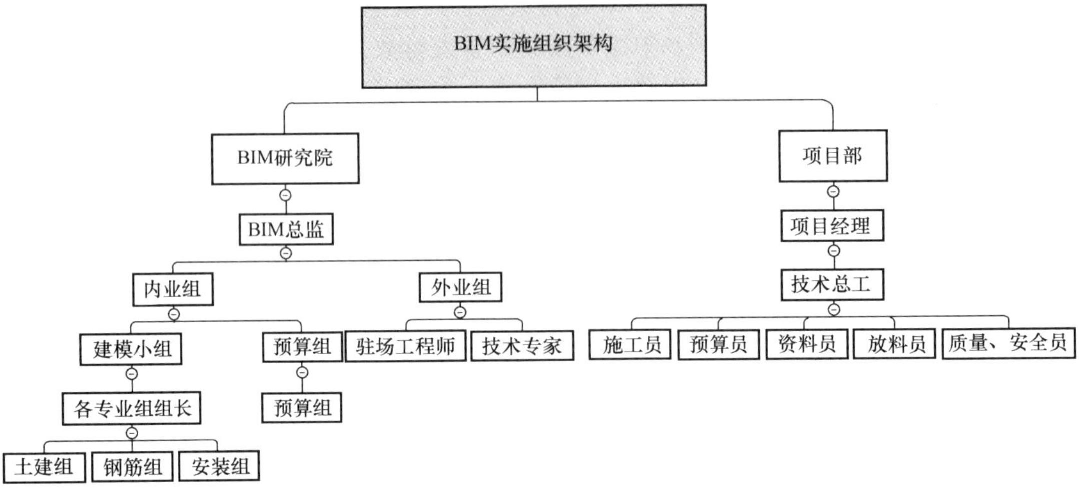

图 8.2-1 BIM 实施组织架构

BIM 方相关人员工作职责 **表 8.2-1**

序号	岗位	职责
1	项目总监	制定 BIM 实施方案；监督、检查项目 BIM 技术执行进展；负责项目的管理、协调、统筹、审批、资源调配
2	土建专业 BIM 工程师	负责土建预算 BIM 模型、施工 BIM 模型建立、维护； 负责土建专业各相关工作协调、配合
3	钢筋专业 BIM 工程师	负责提供并确认钢筋 BIM 模型； 负责钢筋专业各相关工作协调、配合； 负责审核、确认鲁班 BIM 模型及数据； 负责现场钢筋专业 BIM 应用
4	安装专业 BIM 工程师	负责提供并确认安装 BIM 模型建立、维护； 负责安装专业各相关工作协调、配合； 负责审核、确认鲁班 BIM 模型及数据
5	BIM 驻场工程师	负责现场项目部人员进行工作对接； 负责收集现场资料，协助 BIM 院内业工作人员进行 BIM 模型维护； 根据培训方案对现场人员应用培训和指导； 协助收集现场应用情况以及反馈问题等； 负责监督、指导施工员、预算员等在 BE、Govern 软件内提取工程量； 负责指导施工员根据进度计划提取材料采购清单； 负责指导相关人员在模型内提取工程量用于审核分包申报量
6	预算 BIM 工程师	复核土建、钢筋、机电组建模工程算量、套定额正确性； 对 BIM 5D 系统进度款、计划成本等数据的准确性进行复核、提出修改意见； 比对常规预算员上报月进度款与系统自动汇总数据差异； 在实施过程中现有软件对商务、成本管控不足之处提出解决方案，寻找其他软件的解决技术路线等

项目部人员岗位职责 表 8.2-2

序号	岗位	职责
1	项目经理	监督项目 BIM 实施情况； 根据工作需要对 BIM 提出工作要求； 协助 BIM 技术在项目的管理、协调、统筹、审批、资源调配
2	技术总工	施工进度计划提交 BIM 院； 对 BIM 技术实施成果（审图、技术辅助措施等）进行审核； 根据项目情况对 BIM 院提出技术应用辅助需求
3	预算员	运用 BIM 平台进行项目变更签证上传等工作； 对 BIM 技术在成本方面的应用提出需求
4	施工员	负责运用 BIM 系统进行现场施工管理，编写施工日志； 负责从 BIM 系统提取材料采购量，填报采购记录报采购人员； 负责 LUBAN view 端填报施工实际进度，填报现场零星用工数量； 记录租赁设备型号、进出场时间，相关数据报 BIM 驻场工程师
5	资料员	负责现场资料上传并与模型挂接； 负责配合 BIM 实施工程师运用 BIM 技术进行资料管理； 负责会议记录上传
6	质量、安全员	制定检查方案、巡检计划、设定巡检点； 根据检查方案上传巡检过程记录，并发起质量、安全整改工作，检查整改工作闭环情况
7	放料员	负责登记材料出入库数据，按照班组填报领料人，向 BIM 驻场工程师提供出入库记录

3. 软、硬件构成

本项目采用的主要软件分为建模、现场 BIM 5D 平台、技术软件、渲染、计价等十余种软件。

4. BIM 成本管控过程及核心工作

以项目时间推进过程，设定了施工前、施工中、竣工验收三个工作阶段，初步制定的三阶段主要工作任务如图 8.2-2 所示。

（1）根据阶段划分工作目标

（2）根据应用点类型划分设定三级管控目标

随着项目的推进，整个工程项目的实施应用点增多，为便于现场各岗位的工作，对具体应用点进行进一步细分，并依据二八原则设定了不同管控级别（图 8.2-3）。

5. 主要管理方法及其成效

根据前面的主要工作计划和工作重点，BIM 入驻以来的主要工作和取得的成效如下：

（1）临建设施布置、计量

实施方法：项目实施前根据项目部提交的场地布置平面图，结合公司原有临建设施 CI 标识，对整个场地的办公用房、宿舍、旗杆等进行了模型搭建。所有模型均按实际尺寸、实际坐标点位搭建。在模型细度上，除现拌混凝土无法体现外，现场所有临时电缆、给水排水管均在临建设施模型中予以体现。

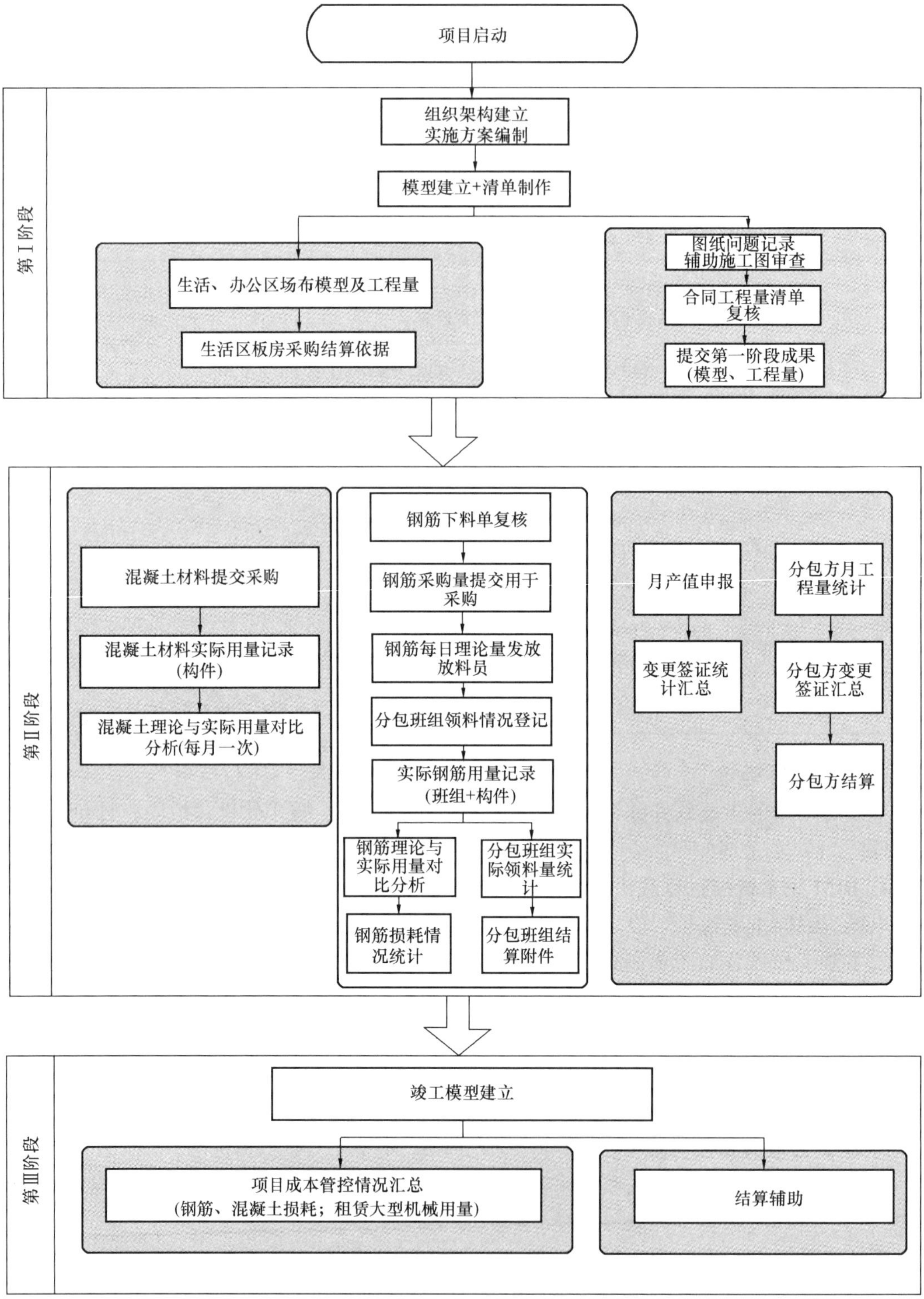
项目启动
第Ⅰ阶段
组织架构建立
实施方案编制
模型建立+清单制作
生活、办公区场布模型及工程量
生活区板房采购结算依据
图纸问题记录
辅助施工图审查
合同工程量清单复核
提交第一阶段成果
(模型、工程量)
第Ⅱ阶段
混凝土材料提交采购
混凝土材料实际用量记录
(构件)
混凝土理论与实际用量对比分析(每月一次)
钢筋下料单复核
钢筋采购量提交用于采购
钢筋每日理论量发放放料员
分包班组领料情况登记
实际钢筋用量记录
(班组+构件)
钢筋理论与实际用量对比分析
分包班组实际领料量统计
钢筋损耗情况统计
分包班组结算附件
月产值申报
分包方月工程量统计
变更签证统计汇总
分包方变更签证汇总
分包方结算
第Ⅲ阶段
竣工模型建立
项目成本管控情况汇总
(钢筋、混凝土损耗；租赁大型机械用量)
结算辅助

图 8.2-2　工作内容

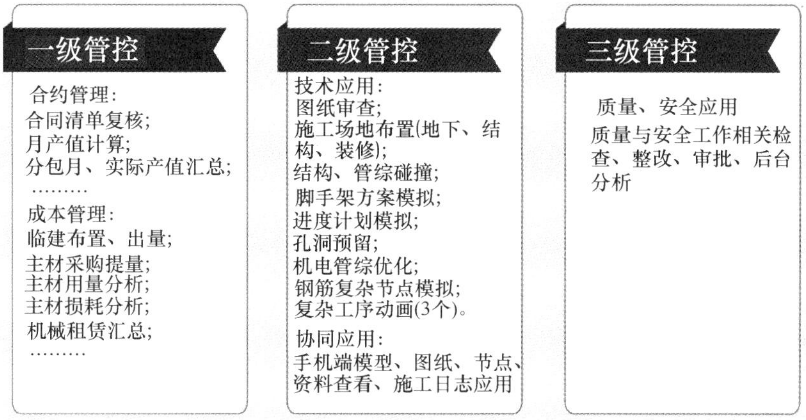

图 8.2-3 分集管控目标

成效：用于定位、结算。因模型量取方便，可直接定位等特性，项目现场搭建板房定位、量取工程量等都在模型中直接操作。

根据模型提取工程量清单用于分包结算、财务成本记录，包括彩钢板房建筑面积、地板面积、电缆尺寸、给水排水管尺寸等都直接用于与分包单位结算。

（2）图纸审查

实施方法：建模小组在土建、钢筋、机电三专业建模过程中，通过 BIM 的虚拟搭建，完成了对设计院提交的图纸的复核工作。建模过程中查找出因设计图纸详图不全、标注矛盾、结构碰撞等问题共一百多条。图纸审查记录全部按照标准格式进行记录、登记；图纸审查记录经 BIM 院各专业小组长复核完成后提交项目部技术总工；技术总工复核后补充其他审图意见，直接提交设计院进行沟通。

成效：BIM 提交的图纸审查记录获得了项目部、设计院、业主、专业分包方的一致好评，通过建模查找问题之详细、信息之精确、问题之准确大大减轻了各方图纸审查工作的强度。BIM 查找的问题定位精准，在图纸审查会议过程中，结合 CAD、BIM 切换查看、确定问题，不仅让业主也了解问题所在，更兼顾了设计院、项目部从 CAD 查阅信息的使用习惯，2 个小时完成所有专业图纸会审，大大提高了图纸会审的效率。

（3）合同清单复核

实施方法：本项目使用的是鲁班建模端建模软件，在建模的同时完成了套清单的工作，完成模型即可同步完成对合同工程量清单的复核。

成效：本项目对合同清单复核这一工作对经济效益贡献较大。仅土建一项核对出甲方清单工程量少计金额近 200 万元，工程量漏算近百万元，钢筋少计 60 多万元。本清单核对表已经直接提交项目部，后续将由项目部复核后再与业主方进行沟通（图 8.2-4）。

（4）主材混凝土用量复核

实施方法：本项目目前完工的仅有混凝土灌注桩部分，因此，目前主要实施的是对主材混凝土消耗量的损耗监控工作。

每月月初由项目部提交月度工作计划。BIM 工程师挂接进度后，月度材料消耗需求可从 BIM 模型中提取。施工员提取出周混凝土消耗量表，材料采购人员照单采购。混凝

二、　核增(BIM 量比合同清单多)

本次清单工程量核增总计 78 项，累计金额 1299720.61 元，其中量差较大共 13 项，累计金额 1246132.75 元，量差较大合同清单误差具体的分析原因，在 Excel 表格的“备注”中，附图需见电子版 Excel 表

具体数据详见各项《核对说明，Excel 对比表》

三、　漏项

本次清单工程量核增总计 7 项，累计金额 664960.34 元，其中涉及金额加大的项为 2 项，金额 628858.68，主要在宿舍实训楼中。**（如实际发生，项目部需考虑清单中未列项，需签证，金额仅供参考）**

图 8.2-4　合同清单复核报告（截图）

土进场后由放料员登记进场混凝土数量，施工员记录每根桩混凝土消耗量。BIM 工程师每天根据施工记录混凝土消耗量、BIM 理论消耗量，制作形成桩基混凝土损耗对比表。对比表直接提交项目部，由项目部确定是否采取相应措施。

成效：目前所有桩基的消耗量都已经完成比对工作。依据该对比表，项目部将确定采取何种整改措施；此外，所有数据都将留存，多项目统计后，形成公司桩基混凝土损耗记录表，数据积累到一定程度后，形成企业定额（图 8.2-5）。

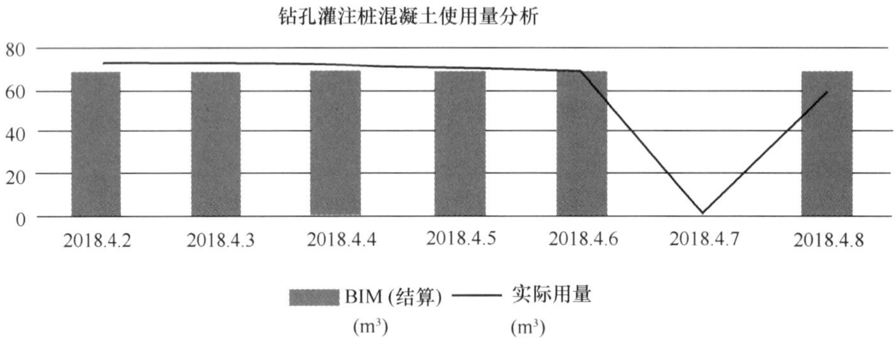

图 8.2-5　咬合桩混凝土用量比对

（5）施工日志记录常态化上传

方法：施工日志往往被忽视，沦为“摆设”。但事实上每天相关数据的记录不仅能够帮助项目部清点当天做了什么工作，更能够为事后的查找提供便利。为了将项目现场实际发生的情况都能够进行记录，公司可以远程通过查看施工日志了解项目实施情况，本项目对施工日志的格式、上传专门提出了要求，要求施工日志中包括现场人工、机械、进度、照片等内容。

成效：目前该施工日志格式、上传方式已经成为其他公司的样板，施工日志中每天记录的人机消耗数量也成为项目部与分包方进行人工、机械台班结算的参考。现场照片成为后期翻查过往记录的来源。此外，施工日志上传到系统平台后，项目所有相关人员在任意地点、任意时间均可查看。施工日志已经成为了解项目现场的途径，而不再是“摆设”。

（6）质量、安全全程记录上传

方法：根据公司规定，质量员、安全员应每天对现场进行巡检，质量员、安全员每天巡查，将检查记录上传系统，形成检查记录。

成效：原本质量员现场手机拍照，一段时间后清理手机、整理照片，在电脑中建文件夹进行存储。本项目，质量员、安全员现场拍照直接在平台内挂接到相应位置，文字检查情况同步记录，所有相关人都可查看现场质量、安全巡查情况（图 8.2-6）。

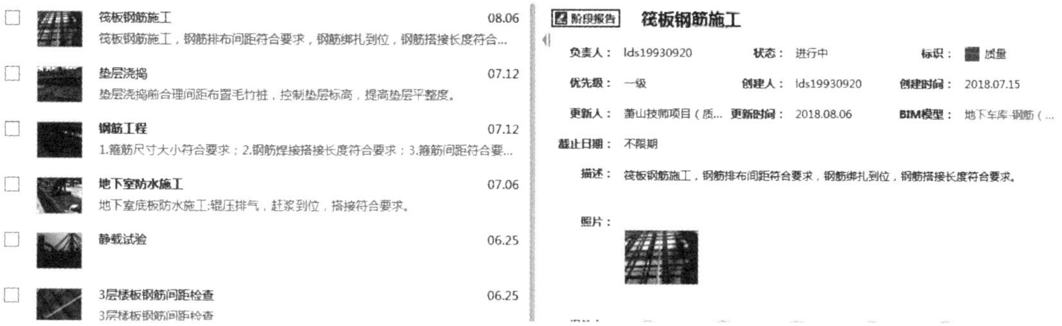

图 8.2-6 质量检查记录

（7）模板、脚手架方案编制

方法：本项目用模板、脚手架软件对项目的脚手架搭设进行布置。本项目的脚手架方案包含脚手架搭设方案、受力分析计算书、三维方案展示、所需材料工程量计算、剖面和节点图出图等内容（图 8.2-7～图 8.2-9）。

图 8.2-7 高大模支撑三维图

材料统计表

序号	构件信息	单位	工程量	备注
1	立杆			
1.1	钢管[Φ48×3.5]	m	13782.505	
2	横杆			
2.1	A-SG-600[A-SG-600]	根	4526	
2.2	A-SG-900[A-SG-900]	根	11816	
2.3	钢管[Φ48×3.5]	m	2238.973	
2.4	A-SG-300[A-SG-300]	根	2576	
2.5	A-SG-1200[A-SG-1200]	根	335	
3	剪刀撑钢管	m	2346.108	
3.1	水平剪刀撑	m	1091.662	
3.2	竖向剪刀撑	m	1254.446	
4	主梁底钢管			
4.1	钢管[Φ48×3.5]	m	5134.346	

图 8.2-8 工程量

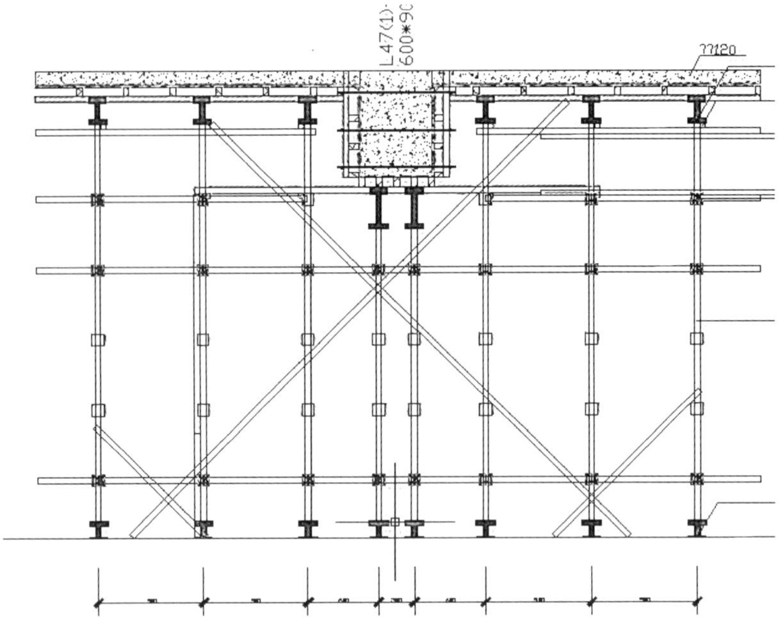

1-1剖面图
-1层

图 8.2-9　剖面图

成效：项目部技术方案图纸绘制、工程量计算的工作大大减轻，三维现场交底的模式也更加直观。

（8）进度实际完成情况记录

方法：因施工员工作量较大，本项目的实际进度挂接是由 BIM 工程师根据施工员的施工日志内容直接在后台挂接每天实际工作内容。

成效：项目的 BIM 模型进度能够与现场同步，与此同时通过后台进度与资金的关联关系，在鲁班 Govern 软件中可以直接查看项目的资金完成情况（图 8.2-10）。

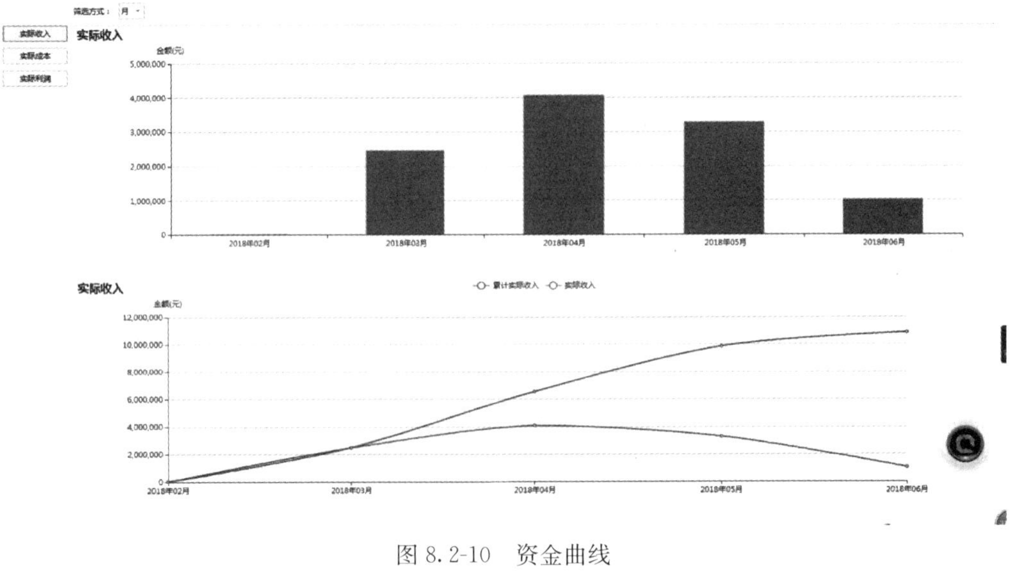

图 8.2-10　资金曲线

（9）进度款情况同步

方法：施工员现场输入当天施工的构件相关工序开始、结束时间，系统内可以将工程量、价格直接汇总后形成计划产值（图 8.2-11）、实际产值。

计划收入　计划成本　计划利润

计划收入

序号	项目编码	项目名称	项目特征描述	合计收入(元)	计量单位	综合单价(元)	2018年02月		2018年03月		2018年04月		2018年05月		2018年06月	
							工程量	金额(元)	工程量	金额(元)	工程量	金额(元)	工程量	金额(元)	工程量	金额(元)
1		分部分项														
1.1	010301004001	截（凿）桩头	桩径800mm以内	24,218.32	根	102.62									236.00	24,218.
1.2	010302001001	泥浆护壁成孔灌	钻孔灌注桩ZKZ-	44,741.37	根	14,913.79	1.00	14,913.79	1.00	14,913.79	1.00	14,913.79				
1.3	010302001002	泥浆护壁成孔灌	钻孔灌注桩ZKZ-	1,312,680.60	根	13,394.70	10.00	133,947.00	31.00	415,235.70	53.00	709,919.10	4.00	53,578.80		
1.4	010302001003	泥浆护壁成孔灌	钻孔灌注桩ZKZ-	122,903.46	根	13,655.94	3.00	40,967.82	4.00	54,623.76	2.00	27,311.88				
1.5	010302001004	泥浆护壁成孔灌	钻孔灌注桩ZKZ-	27,409.06	根	13,704.53			2.00	27,409.06						
1.6	010302001005	泥浆护壁成孔灌	钻孔灌注桩ZKZ-	54,782.34	根	18,260.78	1.00	18,260.78	1.00	18,260.78	1.00	18,260.78				
1.7	010302001006	泥浆护壁成孔灌	钻孔灌注桩ZKZ-	1,322,871.59	根	16,745.21	25.00	418,630.25	30.00	502,356.30	16.00	267,923.36	8.00	133,961.68		
1.8	010302001007	泥浆护壁成孔灌	钻孔灌注桩ZKZ-	204,600.96	根	17,050.08	6.00	102,300.48			6.00	102,300.48				
1.9	010302001008	泥浆护壁成孔灌	钻孔灌注桩ZKZ-	409,527.12	根	17,063.63					24.00	409,527.12				
1.10	010302001009	泥浆护壁成孔灌	钻孔灌注桩ZKZ-	68,688.12	根	17,172.03			4.00	68,688.12						
1.11	010302001010	泥浆护壁成孔灌	钻孔灌注桩ZKZ-	34,222.10	根	17,111.05			2.00	34,222.10						
1.12	010302007001	桩底注浆	桩端后注浆工艺 1、后注浆导管应 2、桩端后注浆导 3、单桩注浆量暂 4、P42.5普通硅	245,371.84	孔	2,190.82									112.00	245,371.
1.13	010302007002	桩底注浆	桩端后注浆工艺 1、后注浆导管应 2、桩端后注浆导 3、单桩注浆量暂 4、P42.5普通硅	292,761.52	孔	2,360.98									124.00	[illegible]761.
1.14	010401001001	砖基础	混凝土实心砖砌	13,402.02	m3	623.93										

图 8.2-11 计划产值

成效：因本项目尚处于试点阶段，产值资金情况仍然需要与传统预算员的工作模式下的资金额进行比对复核后方可进行下一步，目前该数据仍在测试阶段。

（10）变更签证登记

方法：根据实际情况出具纸质变更签证单，将发生的变更签证直接挂接到发生变更的部位。

成效：通常索赔会存在资料记录不及时，导致过了索赔期或者索赔时因证据不够、业主不认，影响索赔。本项目索赔事项发生后就直接将相关资料挂接在相应位置，平台的其他人员可查看签证是否完成，这一监督机制确保了签证的及时办理。

（11）实际消耗汇总记录

方法：本项目的实际消耗量来源于材料进出库登记、施工员对现场施工人员数量的记录、机械进出场和台班的记录、财务人员的管理支出和其他支出的记录，通过 BIM 驻场工程师从不同岗位收集汇总现场实际消耗数据，归集出项目现场实际支出的资金曲线（图 8.2-12～图 8.2-14）。

成效：多项目的项目支出、盈亏可合并报表，集团整体资金情况一目了然。

6. 下一步实施的工作

（1）标化工地模型搭建

因本项目设定了创杯目标，所以对项目现场的安全、文明、标准化要求较高，基于传统 CAD 模式下的施工场地布置图只能查看平面布局，而本项目的 BIM 应用将根据公司现有的安全文明、标化工地管理规定，结合项目现场的机械设备等排布位置搭建施工场地布置、安全文明标化模型，项目部将可以根据模型的效果直接选定方案，实施时也可以直接照模施工。

其他技术应用方案将根据项目现场的推进情况逐步实施。

图 8.2-12　实际消耗量记录

		单位	合计数量	合计成本(元)	2017年12月 数量	2017年12月 材料单价(元)	2017年12月 总成本(元)	2018年01月 数量	2018年01月 材料单价(元)	2018年01月 总成本(元)	2018年02月 数量	2018年02月 材料单价(元)	2018年02月 总成本(元)	2018年03月 数量	2018年03月 材料单价(元)	2018年03月 总成本(元)
		m3	79.00	39,512.64												
2	C30	m3	8.00	4,154.88												
3	01C25	m3	30.00	15,350.40	30.00	511.68	15,350.40									
4	02C30	m3	49.00	26,248.32	49.00	535.68	26,248.32									
5	03瓜子片	t	15.00	1,575.00	15.00	105.00	1,575.00									
6	04中砂	t	15.50	1,317.50	15.50	85.00	1,317.50									
7	05粗砂	t	16.00	1,920.00	16.00	120.00	1,920.00									
8	06粗砂	t	16.50	1,980.00	16.50	120.00	1,980.00									
9	07石子	t	15.50	1,627.50	15.50	105.00	1,627.50									
10	08粗砂	t	16.00	1,920.00	16.00	120.00	1,920.00									
11	09粗砂	t	16.20	1,944.00	16.20	120.00	1,944.00									
12	10粗砂	t	16.50	1,980.00	16.50	120.00	1,980.00									
13	11瓜子片	t	15.20	1,596.00	15.20	105.00	1,596.00									
14	12粗砂	t	32.00	3,840.00	16.00	120.00	1,920.00	16.00	120.00	1,920.00						
15	13瓜子片	t	15.50	1,627.50	15.50	105.00	1,627.50									
16	14粗砂	t	16.50	1,980.00	16.50	120.00	1,980.00									
17	15中砂	t	15.50	1,317.50	15.50	85.00	1,317.50									
18	16粗砂	t	16.00	1,920.00	16.00	120.00	1,920.00									

图 8.2-13　材料消耗量表

（2）存在不足

本项目虽然事先进行了策划并制定了实施方案，但是在实际实施过程中，因为人员对软件的熟悉程度、软件本身的成熟度、BIM 建模工程师和 BIM 现场工程师的现场施工经验不足、BIM 日常信息加载带来的工作量增加等原因，造成 BIM 在现场的实施遇到一些阻力，一些技术应用点没法实施或者比预期效果低。

现有软件技术并不成熟，这类现有 BIM 类软件仍需要不断地迭代、改进，在现场使

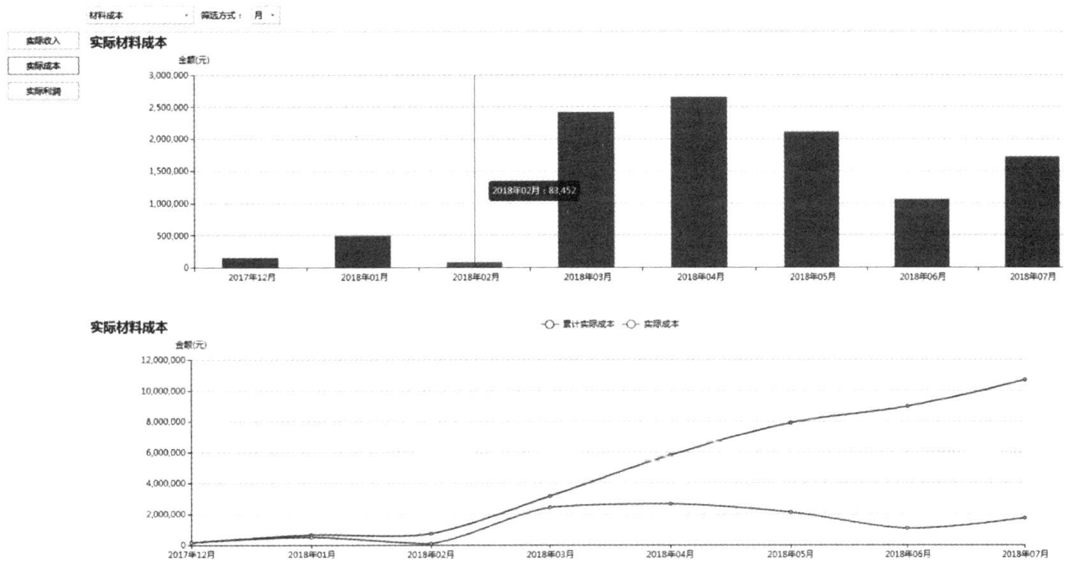

图8.2-14 实际成本资金曲线

用过程中不同软件都遇到各类BUG，这些软件的问题需要BIM团队寻找很多其他路径进行补救，耗费了大量精力。当只能依托已有软件的现有功能进行管理时，一旦遇到BIM的实施与现场实际情况不符，马上会招致质疑。针对这个通病，需要BIM行业所有软件开发方共同努力，只有从实际出发、持续改进才有可能将问题逐步解决。

7. 经验与体会

BIM是以B为主体，而应用分为M和I两个维度，而目前用BIM所解决的问题大都是利用“M”的形的特性，如碰撞、场地布置、工序安排以及很多可视化的技术应用。目前，I的应用也大多局限在最直接信息的应用，比如体积、重量、面积等直接可读取的程度。本项目对造价、成本方面的应用属于对I信息的略深一层应用，也就是对I已经有了简单加工。因为I在后台将时间Time和构件造价Money有了简单联动和归集。

但是，BIM中I的真正威力还没有被激发出来。当将I进行深度挖掘分析后，可产生的价值将大大提升，也就是成本管理的4.0阶段。可以预见的是，数据挖掘、大数据、AI的应用会在不远的将来在施工企业中全面应用。当项目大量BIM化深入应用后，随着项目过程中各类数据的积累，在数据池中引入数据挖掘技术，将可以帮助工程成本人挖掘出很多数据背后的“故事”，比如对分包方能力的定量评价、对项目部现场管理的定量评价等。

8. 结语

根据多年BIM实施经验，企业如何通过BIM达到目的，提高盈利、对核心竞争力打造，需要每个企业认真考虑自己的管理模式、战略方向，弯下腰从深层次考虑，结合自己的情况去实施。此外，两个关键因素对BIM的推行成败与否也至关重要。

思维方式转变。首先，当面对BIM这一建筑行业的技术变革，它的应用往往被现有的管理方式、方法、思维方式所局限，而这一惯性思维框架让人们很难找到它真正的价值，甚至弃之如敝屣。互联网化、数据化、系统化的思维方式，脚踏实地的实践才能真正从 BIM 应用中获益，得到想要的结果。其次成本的定义应该更广泛。企业里所有的都是成本，耗时间结算的资金时间成本、外包服务的成本、部门间的沟通成本……这并不是一个技术，而需要对组织、财务这些系统的思维。对这些的效率提升其实也是间接的成本节约。

综合性人才很重要。BIM 是否能够接地气、针对性地解决问题，一个优秀的 BIM 引领者很重要，这需要是一个不仅懂得与各种专业技术人员对话，还能理解技术背后的管理思想，能深入地去分析企业的需要，除了扎实的建筑行业技术知识还必须要懂得经济学、管理学、心理学、组织行为学等基础知识，而且要有计算机思维方式的综合性人才。

信息技术以 BIM 这种形式已经向传统建筑行业全面袭来，大家已经逐渐察觉到了 BIM 对建筑行业方方面面的渗透。在巨浪扑来的短暂缓冲期内，现在的我们已经不是选择要不要在信息大潮中游泳，而是该考虑怎样的泳姿可以在大潮里游得更舒服、更快，只有这样才可以在其他企业尚站在原地踌躇不前时借潮水之势立于潮头。事实上，不要说 BIM，就是 IOT、BIG DATA、AR、AI 这些技术也离我们不远。

8.3　案例三　某能源站项目 BIM 成本管控应用

8.3.1　项目背景描述及基本理念

近几年，国家在不断地倡导、推广使用 BIM 技术，国家已经于 2017 年发布了《建筑信息模型施工应用标准》。上海、河南、山西、山东等省、市政府均已发布关于推进建筑信息模型应用的实施或指导意见。上海市明确投资额超过 1 亿元或单体建筑面积 2 万 m^2 及以上的政府建设财力投资的工程项目、装配式建筑实施工程项目等应当使用 BIM 技术。

BIM 技术在建筑的深化设计、施工、运维、拆除等全寿命周期应用的研究逐渐深入，BIM 技术在建筑业上的应用技术逐渐成熟。可以提供 3D（可视化）、4D（模拟演示）、5D（成本实时动态管理）等。

基于 BIM 理论的诸多用途，在工期紧、图纸问题（管道之间的碰撞、建筑与结构的冲突、结构与管道的冲突等）频繁发生的情况下，事先解决该类问题，以求降低成本损耗。

目的：目前我公司分布式能源站建设项目非常多，有直供冷、直供热或者由冷热电三联供等系统。包含了大量的冷水、热水、电网、设备等复杂的系统。涉及了电损耗、热能损耗、冷能损耗、设备的减振、消声、降低排放污染等节能及环保要求。另包括后期的运行、维护的监控。类似项目投资额大，施工期要求严格，后期运维成本高，希望通过 BIM 技术的应用，发现前期问题，减少设备、管线的碰撞、冲突，减少设计变更，能够将损耗、污染等降到最低程度，降低运维，达到项目全寿命周期的利润最大化。

公司长输管线建设项目在全国乃至美国、越南等国家，均有建设，基本是结合 GIS 进行施工、运营检测等，希望 BIM+GIS 能够解决全寿命周期的监测管理。

本项目为国内某燃气生产研发中心项目生产楼项目，附属工程有整体的大门通道及门卫、研发交流中心楼。建造环境狭小，单体生产楼非复杂性项目，而整体的配套建筑、结构设计图关联性较大，只看单一的生产楼的设计图纸很难进行总体的绿化、节能等效果分析。由于业主对 BIM 技术处于观望态度，因此，业主提出只利用 BIM 技术对生产楼进行深化设计。

本项目为框架结构，车库为独立基础，主楼部分为满堂筏板基础。占地面积 1000m^2；总建筑面积 17800m^2，地下一层 4600m^2，层高 5.45m，人防车库；地上 13 层 13200m^2，首层层高 5.4m，标准层层高 3.6m。

期望与要求：尝试运用 BIM 技术，进行设计深化、价值分析，以决定更多项目采用 BIM 的经济性、适用性、实用性，如果能够发挥到极大的利用价值，则可以在集团内部推广使用，以创造更大的价值空间。

8.3.2 BIM 成本管控理念与成果

业主对 BIM 技术的使用，主要是基于国家的推广及行业的成功案例，且多年的施工经验告诉我们，图纸错误导致的设计变更或者返工引起的进度延误和成本增加早已司空见惯（预留洞口、管线与管线、管线与结构、建筑与结构）。

基于上述种种原因及 BIM 技术的使用成本，业主才决定利用规模不大的项目，采用 BIM 技术，获取初步的使用经验并进行总结。依据该项目的成功或失误的经验案例总结，判断其他项目的适用性及项目各个阶段的适用性。按该项目的特点（图纸已经经过审核），与采用 BIM 技术的成本对比，决定只进行深化设计阶段采用 BIM 技术，建模细度 LOD350。

本工程整体模型如图 8.3-1 所示。

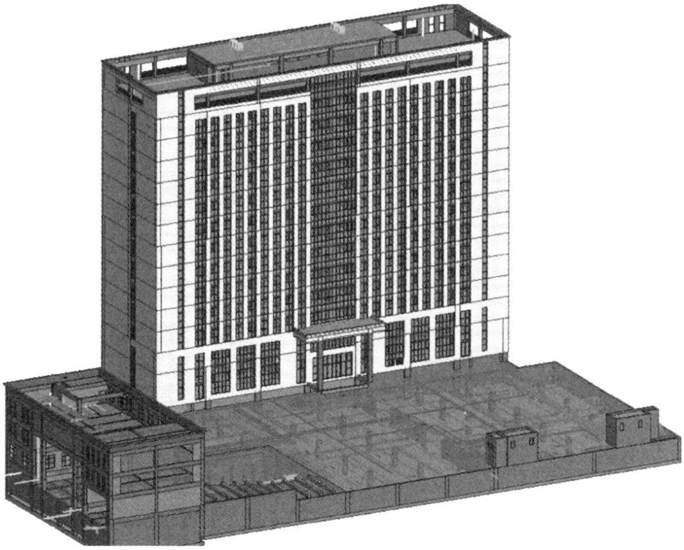

图 8.3-1 工程整体模型

1. 成功的经验与分析

（1）成功的经验一

通过 BIM 建模，由 BIM 模型成果发现图纸存在较多的设计问题。例如：设计说明与图纸内容不符、柱顶标高高于顶板顶标高将造成的成本浪费、设计标高不明确、设计构件的规格尺寸不明确、建筑与结构构件尺寸不符、管道层空间浪费等问题。该类问题，均在建模过程中发现，能够在施工前解决此类问题，节约施工过程可能造成的拆改、返工的成本。

（2）成功的经验二

通过 BIM 建模，管线综合检查，发现碰撞点 703 处，其中简单碰撞点 601 处，不影响整体设计；中等碰撞点 97 处，需要调整机电设计；严重碰撞点 5 处，需要建筑、结构及机电设计共同调整。

1）图纸标注错误

通过建模，发现图纸标注错误举例如下：

① B1 层车库消火栓系统图标高标注有误，且－2.75m 标高，管道在水泵房与桥架碰撞，如图 8.3-2 所示。

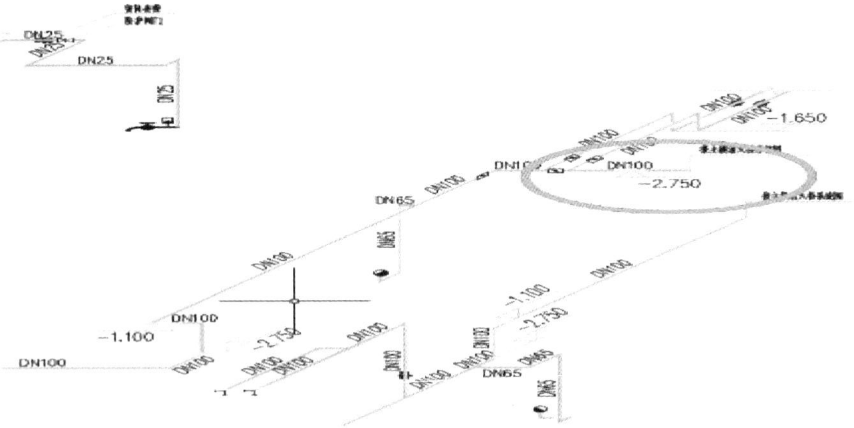

图 8.3-2　消火栓系统图

② 3 层和 6 层给水管干管平面图与系统图不符，如图 8.3-3 所示。

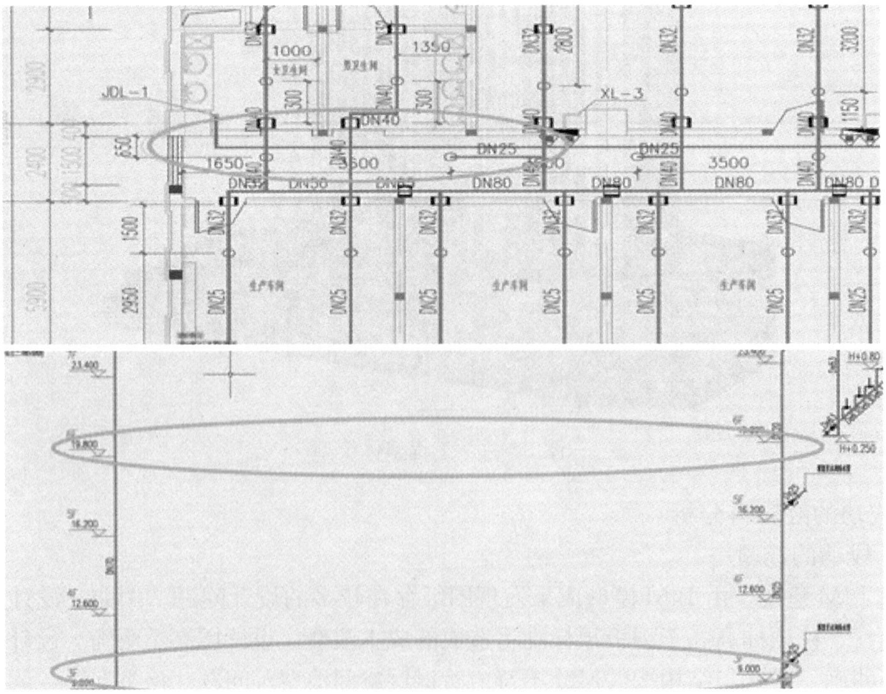

图 8.3-3　给水管干管平面图

③ 地下 1 层 3 号楼梯处墙厚尺寸结构图与建筑图标注不一致，如图 8.3-4 所示。

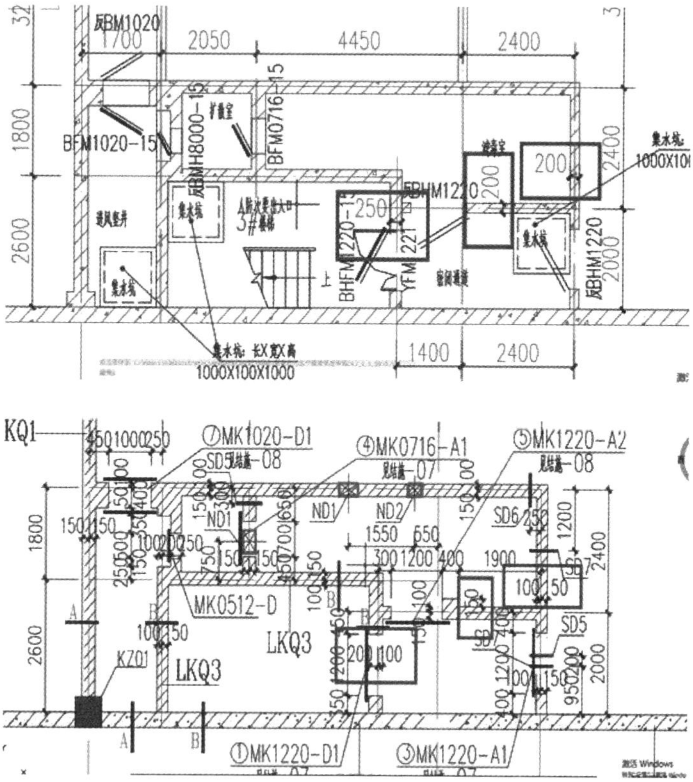

图 8.3-4 墙厚尺寸结构图

④ 地下车库①～③/Ⓐ～Ⓔ轴区域框架梁无尺寸标注，如图 8.3-5 所示。

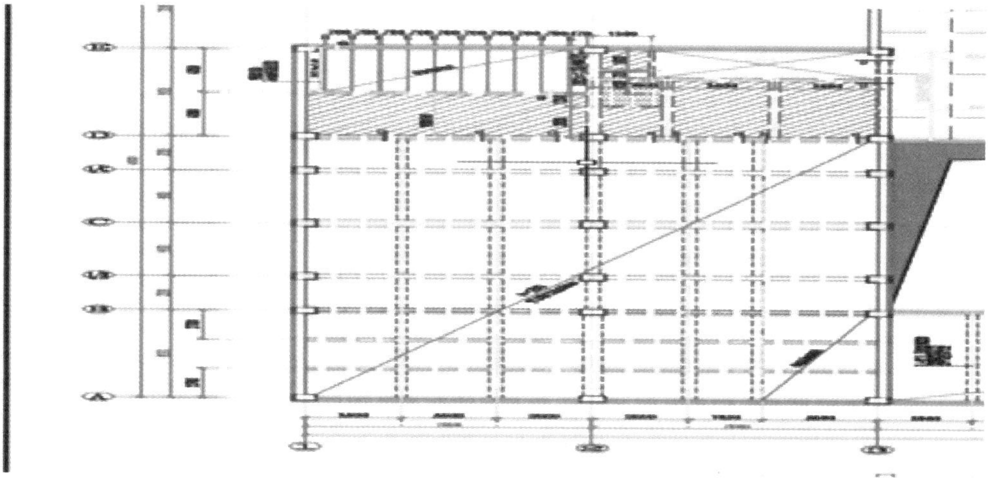

图 8.3-5 框架梁

⑤ B1 层暖通战时通风平面图Ⓐ～Ⓑ/⑪～⑬轴排风风管标高未注明，如图 8.3-6 所示。

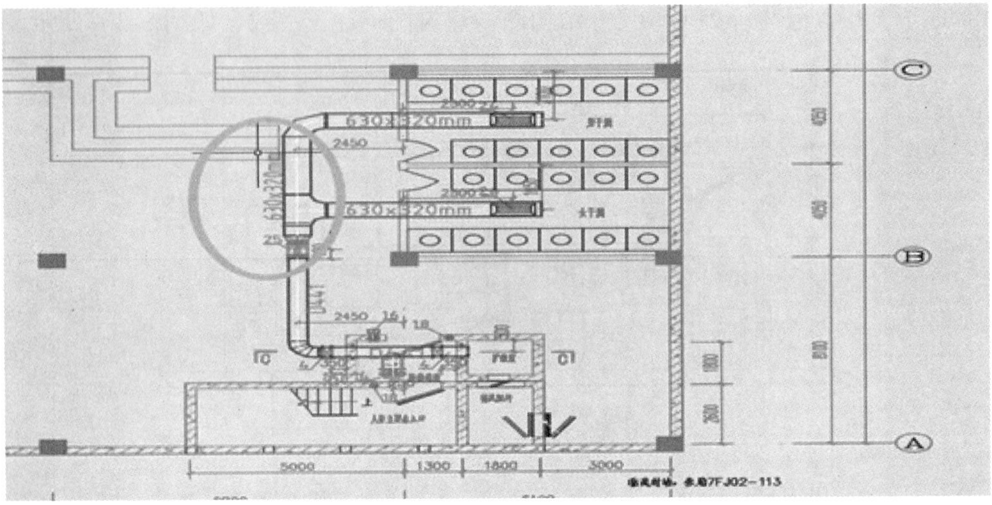

图 8.3-6　排风风管

2）极易造成施工偏差的问题点

地下车库顶板顶标高为－1.95m，柱顶标高为－0.15m，高出顶板顶部标高 1.8m，共计 50 个。与设计沟通时，设计表明在柱结构图中，部分同名称的柱顶标高不一致的并未标明，应同顶板标高，如图 8.3-7 所示。

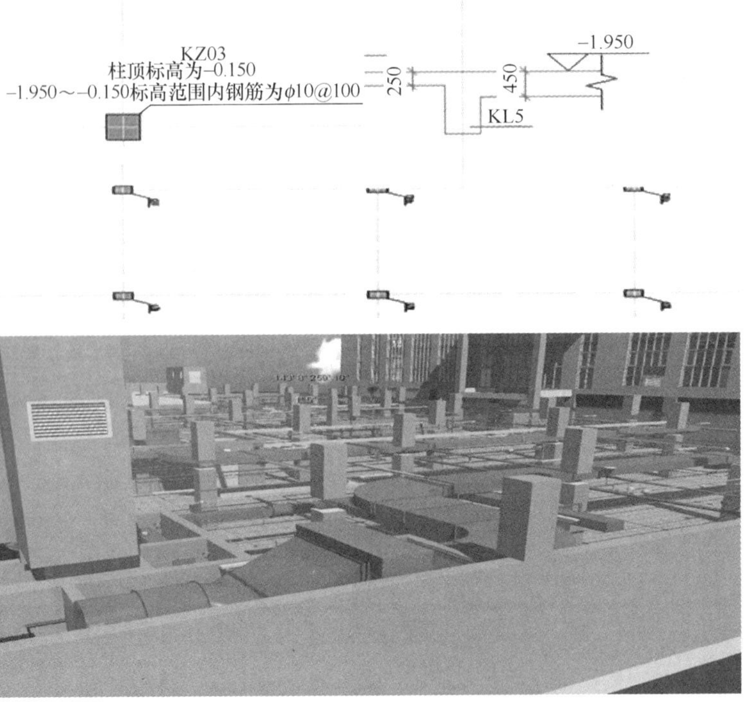

图 8.3-7　设计柱顶标高标注不明

因此，设计柱顶标高标注不明，若不结合板图或施工经验不丰富，容易造成施工错误或者发现后还要与设计再次沟通。

如果施工错误，则造成费用浪费 11.43 万元。

计算明细如下（未计算拆除、垃圾外运等费用）：

① 混凝土制作安装费：0.36（m^3/m）×1.8m×50 个×460 元/m^3=1.5 万元；

② 钢筋制作安装费：0.17t/m×1.8m×50 个×6000 元/t=9.18 万元；

③ 模板制作安装费：0.6m×4×1.8m×50 个×35 元/m^2=0.75 万元；

合计：11.43 万元。

3）通过 BIM 建模发现的碰撞点见表 8.3-1。

通过 BIM 建模发现的碰撞点　　表 8.3-1

序号	难易程度	碰撞数量	描述
1	简单	601	不影响整体系统设计，可自行调整（DN≤50mm）
2	中等	97	与设计有关的碰撞，需机电设计方调整（DN≤100mm）
3	严重	5	需要建筑、结构和机电共同调整设计（DN>100mm）
4	合计	703	

4）碰撞可能对施工产生的影响

① 施工中遇到上述碰撞问题，大部分需要管线位置变更，带来二次拆改和洞口调整，造成材料浪费和施工成本增加，严重的碰撞还可能对结构产生影响。

② 上述问题如不提前解决，相关管理人员会花费大量时间协调建设单位、监理单位、设计单位对问题进行论证和解决，增加管理成本，并可能拖延工期。

③ 如果部分施工已经完成才发现碰撞问题，就会造成不同程度的返工修改，增加工程成本。

5）碰撞问题的改善建议

①“严重”碰撞问题，已经与设计沟通并调整，施工前需要再次确认。

②“中等”碰撞问题，需要在施工图中明确，并做好施工交底。

③“简单”碰撞问题，需要施工过程中结合本次管道综合的成果组织施工，减少返工风险。

6）碰撞问题列举

① 严重问题 2 处

需要建筑、结构和机电共同调整设计的严重问题主要为以下两处，如图 8.3-8、图 8.3-9 所示。

图 8.3-8 地下车库入口处给水管在车库入口上方

对于此碰撞，在实际施工过程中才发现问题，给水排水专业需要与建筑专业人员协调进行，合理处置，才能避免错误。

图 8.3-9　水泵房消防喷淋主管道与电缆桥架碰撞，且与梁间隙较小

该碰撞点位于水泵房内，此处包含的管道众多，空间狭小，各个专业没有办法同时展开作业。单个专业在满足本专业需求的前提下，如果不考虑其他专业的施工环境，会造成其他专业施工难度增加。

该碰撞点需要设计作出变更，优化管道高度，保证管件安装的空间充足，防止后期施工的签证变更问题。

② 中等问题 97 处

需要调整机电设计方案的中等问题 97 处，举例如图 8.3-10～图 8.3-12 所示。

图 8.3-10　空调冷冻水供回水管用同一设计标高

在设计图中，走廊部位空调冷冻水供回水管在同一高度布置，这样不利于管道向两侧房间的延伸。建议可以在保证与风管、给水管、冷凝水管不碰撞的前提下，将空调冷冻水供回水管、冷凝水管分层上下布置。

此位置位于一层水暖井，给水管与消防喷淋主供水管道碰撞，同时水暖井空间有限，给水管上面的阀门等布置存在问题，一旦施工完成，可能造成后期运行维护、检修作业的难度增加。建议对此处重新进行合理设计，以方便后期运营维护。

图 8.3-12 为走廊管道层，消防喷淋管道穿梁预留孔洞，空调冷冻水供回水管道、冷

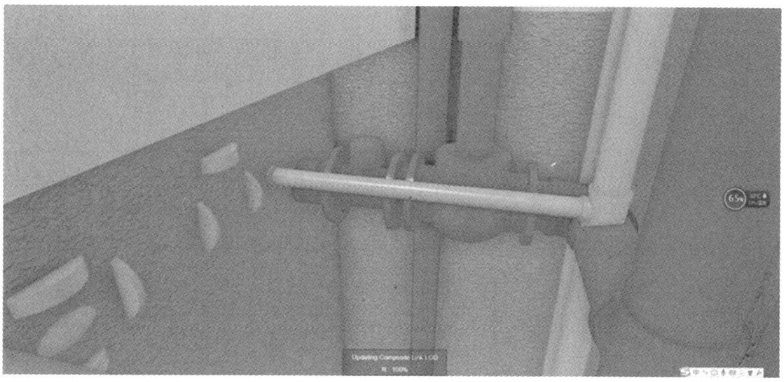

图 8.3-11 水暖井内管道布置不合理，出现碰撞

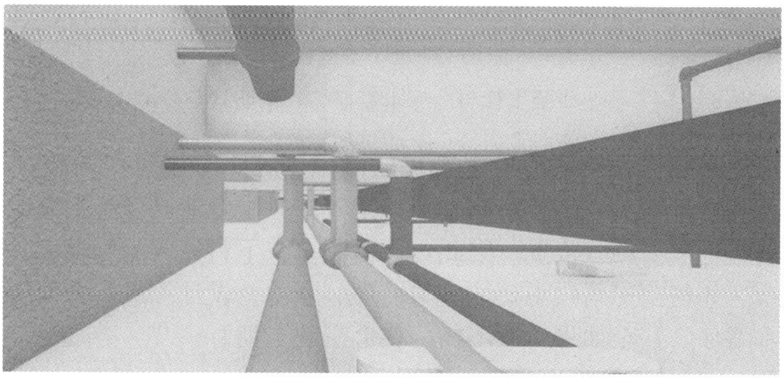

图 8.3-12 走廊吊顶内管道布置效果图

凝水管道应分层布置，减少碰撞。

通过图 8.3-12 可以清晰地看到各个管道的位置，可以精确分析管道的布置是否合理。

结合一般碰撞图示，可以将冷冻水供回水管道作竖向调整，有利于管道的排布，避免平行布置的碰撞。

对于穿梁的喷淋管道，根据 BIM 模型的深化，可以精确定位喷淋管在梁上的位置，在预制梁时做好孔洞预留，不需要在施工现场进行调整。

③简单问题 601 处

简单问题举例如图 8.3-13、图 8.3-14 所示。

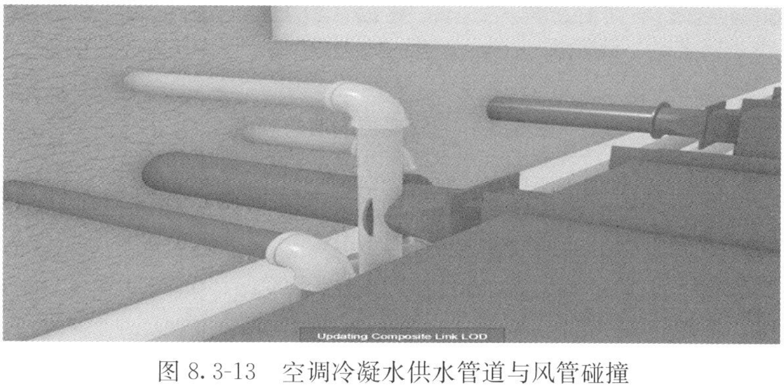

图 8.3-13 空调冷凝水供水管道与风管碰撞

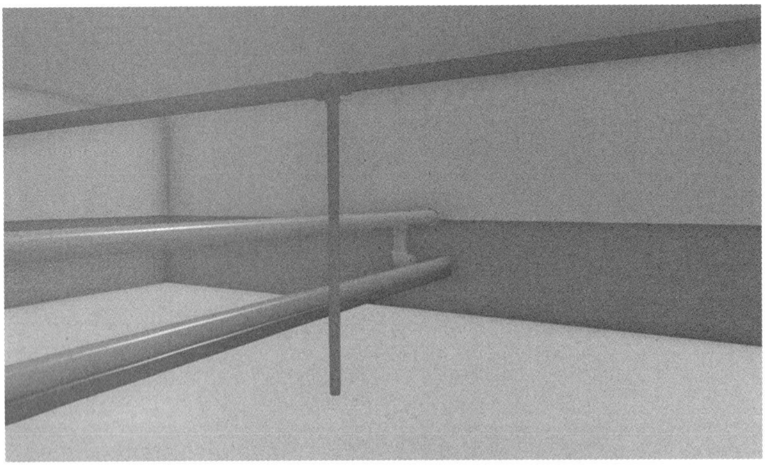

图 8.3-14 空调冷凝水管与冷冻水管碰撞，消防管与冷冻水管碰撞

上述两个简单问题均为空调冷冻水管道的碰撞，施工时需要作调整。若按照图纸下料，安装时会发现余量不足，需重新调整。如果其中一个专业已经施工完成，则发生碰撞的其他专业的管道均需要调整位置。因此，预留洞口、下料完成的管材、其他专业管道安装等，如何排布、如何施工则均需要通过与监理、业主、设计等进行全面沟通及讨论。由此将会造成成本增加，甚至如果沟通不畅，将会影响工期。

7）碰撞问题的直接经济效益分析

① 简单碰撞 601 处，机电管线如按图纸下料，则造成增加绕管、截断管材及相应人工成本的浪费（管材管径分别为 *DN*75×3、*DN*110 镀锌钢管），如图 8.3-15 所示。

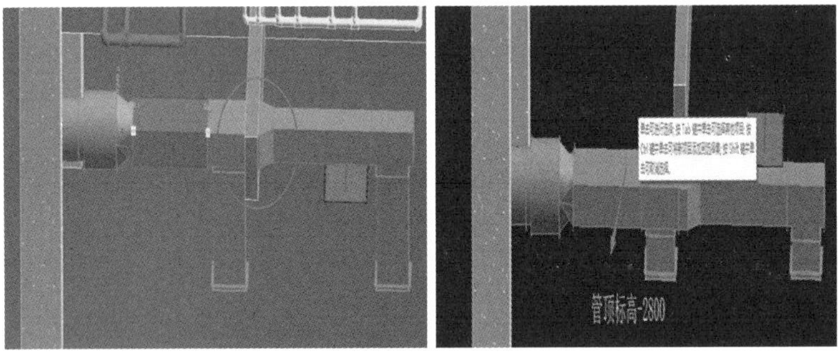

修改前　　　　修改后

图 8.3-15 管道与隔墙的碰撞

上述 600 余处的简单碰撞问题，按每处调整 20cm 计算，经济效益计算如下：

绕管 208 处，增加管材：208×0.2=40.16m；

增加材料及改管人工费：5.8 元/m×40.16+208×15=0.34 万元；

按图纸下料，需截断管材 483 处：483×0.2=96.6m；

浪费管材及人工费、安拆费：25×96.6+483×15×2=1.69 万元；

合计直接经济效益：2.03 万元。

②中等碰撞：需要机电调整设计，经测算，可能造成的成本浪费约 2 万元。碰撞检查结果如图 8.3-16 所示。

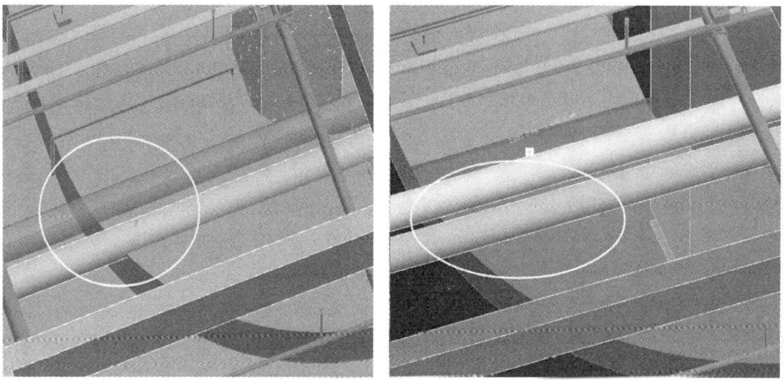

修改前　　　　修改后

图 8.3-16 管线与通风管的碰撞

③ 严重碰撞：经测算可能造成的直接成本浪费约 3 万元，如果不能提前发现此类问题，结构专业已经施工完毕，那么配套的发生碰撞的专业管线如何排布、如何施工则均需要通过与监理、业主、设计等进行全面沟通及讨论。由此将会造成成本增加，甚至如果沟通不畅，影响工期，将造成不可估量的经济效益浪费（图 8.3-17～图 8.3-19）。

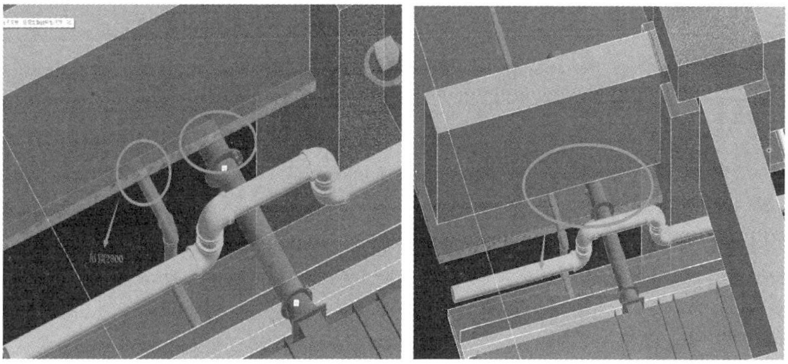

修改前　　　　修改后

图 8.3-17 建筑吊顶与管线的碰撞

图 8.3-18 空调冷凝管与风管重合

图 8.3-19　消防管与基础底板碰撞

上述几个碰撞点，如果不提前修改设计图纸，则有可能造成吊顶高度不满足设计规范或业主的净空高度的要求，如果可以拆管，则全部的管径大于 50mm 的水管、通风管都需要全部拆除，在框架梁钻孔或拆除部分管道绕行，或采用最大幅度减少改造成本的方法即降低吊顶的标高，而该方法的后果则降低了办公环境的舒适度，时刻给人压抑的感觉，后果不可估量。

上述通过 BIM 模型的建立、管线综合碰撞检查，发现的设计问题产生的直接经济效益合计约 18 万元。并未统计上述各类问题产生的间接的经济价值，如果所有管材按图纸设计施工、下料，那么在现场发生的一系列事情，需要增加沟通、协议、解决等过程所耗费的时间价值，例如沟通修改设计图纸发生的停窝工损失、拆改造成的工期延长损失，不能正常运营、使用造成的利益损失等。

2. 失败的经验教训

（1）失败的教训一

BIM 模型的建立完成后，组织建模人员、公司技术总工及审图专家，通过将模型与设计图纸的仔细对比，发现了所建 BIM 模型的错误，导致管线综合碰撞点的错误，造成第一版分析设计图纸及可能产生的经济效益的结论的错误。

通过多次专家共同的审阅、讨论，建模人员几次修改、调整模型，高度还原图纸审计。期间由于建模的错误，造成了一定的人工成本的浪费。

（2）失败的教训二

BIM 技术介入时间滞后。初步的设计方案已经确定，方案设计已经完成。再要求设计公司对其设计结构内容进行较大程度调整，而这些调整只是给业主带来成本的节约，并未违反设计规范要求，并未影响结构安全，设计人员是拒绝花大量的时间和精力再去重新计算和修改的。

（3）失败教训的总结

上述失败的教训让我们知道，BIM 技术应提早介入到项目中。其次，需要建模人员提高 BIM 建模的准确度，减少不必要的人力、物力、时间等无形的成本浪费。

如何提高建模的准确度呢？

在满足国家颁布的《建筑信息模型施工应用标准》中规定的 LOD 细度标准要求和模型规划要求的前提下，建模人员应着重关注以下建模的要点：

1）轴网与标高：轴网要保证唯一性。设计的每个项目，其标高都有结构标高和建筑标高之分。配套的机电安装工程建模的标高应参照建筑标高。多单体项目、各单体轴网应相互呼应，总体布置，以便后期项目所有单体 BIM 模型整合。

2）结构专业建模：要求柱、墙、梁、板的截面尺寸和定位尺寸须与图纸一致；管线穿梁需要设计方给出详细的配筋图，BIM 做出管线穿梁的节点。

3）建筑专业建模：要求楼梯间、电梯间、管井、机房、泵房、换热站尺寸、吊顶高度等定位须准确。

4）给水排水、电气、暖通配套的安装专业建模：各系统建模名称与图纸应保持一致；各专业管道应能明确区分；排水坡度须按图纸要求建模型；系统中的各类阀门须按图纸中的位置载入；有保温层的管线，须建保温层。避免各系统位置因为漏建坡度、阀门、保温层等而未能发现碰撞点。

5）各专业的建模人员在创建各自的专业模型时，成员之间应及时沟通，共享模型，要做到多专业模型互相协调。提前解决因为模型建立错误，而导致本不存在的碰撞点出现碰撞或可能存在的碰撞点未被发现，防止在施工阶段出现返工、错误的下料、施工增加成本和延误工期。

8.3.3 BIM 成本管控实践

1. 项目组织

我公司安排模型部的建筑、结构、暖通、机电各专业 BIM 工程师建模人员共 4 人，根据业主所提供的图纸完成相应模型绘制。建模完成后，公司安排技术总工、相关专业的技术专家对碰撞检查、净高分析、管线综合排布等工作结果进行会审。

经过 BIM 模型和图纸的高度统一分析确认后，与业主及设计公司的专业人员共同探讨、协调解决碰撞问题。

2. BIM 成本管控过程及核心工作

由于该案例项目只在深化设计阶段采用了 BIM 技术，所以，本阶段的核心工作为根据所提供的设计图纸完成相应模型绘制，进行碰撞检查、净高分析、管线综合排布，并提出优化设计理念及方案。在满足使用功能的前提下，保证一定的舒适度，满足设计规范，更大程度地节约工程成本。

3. 主要管理方法的应用及其成效

该生产楼项目的设计图纸已经审核通过。在接到业主委托后，在深化设计阶段采用 BIM 技术。我方组织相关人员开展工作。

通过完成的 BIM 模型，进行碰撞检查、净高分析、管线综合排布，提出了相应的优化设计方案，我公司安排各专业人员与设计公司的专业人员进行了深入的交流与沟通。

（1）楼层净高优化

1）将管线综合结果，与设计人员共同分析，通过优化管道排布提高房间净高，增加工作环境的舒适度或降低层高以节约投资。

2）通过“顶梁预埋套管方式”减少管道空间占用，达到调整建筑层高以节约投资。

（2）结构优化建议

经公司技术人员、成本人员共同分析提出了两条优化建议，以帮助业主实现节约投资的目的。

1）通过“提升地下车库部分基底标高、适当减少顶板覆土厚度”的方式减少挖深、回填、降低顶板荷载。

本项目车库顶板覆土设计厚度为 1.5m，建议调整为 1.2m，调整理由如下：

石家庄本项目所在地区的冰冻线为 0.54m，设计规范规定室外排水管道最浅埋深为冰冻线以上 0.15m，本项目最大排水管道管径为 0.3m，则车库顶板覆土理论计算厚度为 0.69m。考虑到排水找坡等其他因素，1m 覆土基本满足要求。保守计算覆土调整为 1.2m 即可，可节约工程费 18.92 万元。未考虑降低覆土影响的结构配筋的变化。计算过程如下：

① 土方开挖工程量减少：4600×0.3×1.3＝1794m^3

降低费用：1794m^3×69.26 元/m^3＝12.43 万元（按外运 20km 计算）

② 覆土工程量减少：3600×0.3＝1080m^3；

降低费用：购种植土费用：1080m^3×50 元/m^3＝5.4 万元

③ 机械平整、碾压降低费用：1080m^3×10.14 元/m^3＝1.09 万元

合计减少费用：12.43＋5.4＋1.09＝18.92 万元

2）满足设计规范要求的前提下，通过“降低车库净高”，以达到节约投资成本的目的。

该项目车库设计净高为 3.05m，按规范要求小型车库（不含设备及管道所占空间）最低净高为 2.2m，按本项目净高扣减管道、设备所占净空，可以降低 0.15m，可节约工程费 8.97 万元，计算过程如下：

不考虑结构钢筋配筋型号变化，经测算每降低 0.1m 可以节约成本 5.98 万元，降低 0.15m，则节约成本 8.97 万元。

① 减少土方开挖、外运工程量：4600×0.1＝460m^3

降低费用：460m^3×69.26 元/m^3＝3.19 万元

② 减少墙体混凝土量：(94＋60)×2×0.3×0.1＝9.24m^3

墙体模板量（94＋60)×2×0.1×2＝61.6m^2

墙体钢筋量：1539.8×0.888/1000＝1.37t

降低费用：9.24×660＋61.6×58.04＋1.37×6629＝1.88 万元

③ 减少框柱混凝土量：57×0.6×0.6×0.1＝2.05m^3

框柱模板量：0.6×4×0.1×57＝13.68m^2

框柱的钢筋量：0.3t

降低费用：2.05×671＋13.68×75.97＋0.3×6629＝0.44 万元

④减少抹灰工程量：61.6＋13.68＝75.28m^2

减少涂料工程量：61.6/2＋13.68＝44.48m^2

减少外墙防水工程量：61.6/2＝30.8m^2

降低费用：75.28×26.25＋44.48×25＋30.8×52＝0.47 万元

合计：3.19＋1.88＋0.44＋0.47＝5.98 万元

最终，通过充分的沟通，在满足施工规范及业主要求的前提下，可以采用优化管道排布、“顶梁预埋套管方式”提高净空 10cm，楼层办公区域净高可以达到 2.8m，满足规范及业主的要求，可以增加办公空间的舒适度。

顶板覆土经过优化，可以降低 30cm，可以节约成本约 19 万元。

在满足设计规范要求的前提下，适当“降低车库净高”可以节约成本共计约 9 万元。

(3) 管理成效

累计前面所述，通过管道碰撞、管线综合，可以解决施工期的设计变更所带来的经济效益及优化建议所产生的经济效益合计 46 万元。

(4) BIM 成果的拓展应用

1) BIM 成果，可给业主带来一定的经济效益。该模型的建模精度为 LOD350，属于深化设计阶段的建模精度，按该模型的精度，完全可以在施工中深入应用。例如：指导施工单位施工，按虚拟施工场景顺序施工。避免发生碰撞浪费，减少返工、优化施工顺序、节约时间成本等。

2) 在施工过程中，可借助模型提高沟通效率，确定最优方案，节约工程成本。

3) 项目实施方，可通过本次 BIM 应用积累技术经验、增加 BIM 工程业绩。在国家大力推行 BIM 技术的浪潮中，可以走在建筑业新管理技术的前沿，增加中标机会。

4) 该项目的设计院对 BIM 技术抱有研究、学习的意愿，业主可考虑有偿提供给设计公司使用。

8.3.4 经验与体会

通过对工程项目管理理论知识的学习，伴随多年的工程造价全过程管理、工程结算审核、近两年对 BIM 知识的学习、行业总结的实践经验可以知道，工程的成本管控重心并不只在结算阶段，管理中心前移是趋势。而利用 BIM 技术，能够最大限度地解决这部分问题。

通过本案例也可以知道，二维空间下，各个专业不能够很好地结合，会造成很多的碰撞问题，加大业主在施工期的成本支出。

在与设计沟通过程中，发现 BIM 技术介入该项目的时间滞后了。所以提出适当降低层高，亦能满足业主对净空的要求和适当降低地下室埋深、降低车库顶板覆土都能给业主带来很大的降低成本的空间。但在沟通过程中发现，该项目方案已经报批并通过审核，而我们并未在方案阶段介入，没有经过讨论，而此时再采取修改设计的方式降低成本，设计单位很难接受，他们接受的只是上述管道改线等简单的修改意见。

另外，站在业主角度来考虑，就是利用 BIM 技术的性价比问题。BIM 技术基于一个共享平台，利用各种软件进行模型绘制、管线综合、可视化、动漫等结合为一体，进行项目的全寿命周期管理。而平台的开发应用，Revit、Bentley、Navisworks、Magicad、Fuzor、Lumion 等软件的应用，需要进行人才培养；即使采用外部的专业 BIM 管理团队，结合 BIM 开发平台、软件使用等成本很高，如斯维尔、鲁班、广联达几家独大，基本有垄断行业的特征，因此使用成本很高。本项目业主方就其办公楼（建筑面积约 2.5 万 m^2）与其中一家软件公司洽谈，全过程服务下来合计费用 50 万～80 余万元。在业主单位未看到 BIM 技术的价值之前，而花此成本去采用 BIM 技术的可能性不大。

单就本生产楼项目，如果在项目的全寿命周期应用，包括动画漫游等，其性价比不高。

但是，BIM 技术是未来发展的趋势。如今大数据时代，BIM 技术将彻底解决建筑行业工程基础数据创建、采集、计算分析、管理应用能力低下的现状，为企业信息化管理系统提供工程项目基础数据，BIM与企业信息化管理系统结合，会给企业带来更大的价值。因此，BIM技术应用越早，价值越高，当该技术普及的时候，其性价比也会越来越高。

8.4　案例四　某银行总部建设基地项目BIM成本管控应用

8.4.1　项目背景描述及基本理念

当前，我国建筑行业发展迅猛，促进了经济的快速发展，建筑业信息化的发展也在加快速度，但是建筑产业粗放式发展的现状仍未得到根本改变，高能耗、低效率等严重制约着我国建筑业现代化转型。解决建筑业效率低和浪费严重的问题迫在眉睫，施工阶段是建设项目资源消耗和成本形成的主要阶段，该阶段支出的成本占用了项目成本的绝大部分，因此必须特别重视施工阶段的成本控制。对于建设单位而言，除了土地投资，施工阶段的成本投入也是影响项目投资收益的主要因素之一，因而加强施工过程中的成本管控，无论对施工单位还是对建设单位都是具有极大意义的，也是其项目管理的三大目标之一。

目前我国建设项目施工成本的管理存在效率低下，只重视事后控制，不重视事前预测、计划和事中检查、调整，忽视质量成本和工期成本等问题。而BIM技术作为建筑信息化发展的最新产物，其数据化运算优势明显，可以为管理者进行有效的成本管控提供有力支持。

建筑信息模型（Building Information Modelling，BIM）作为一种能够通过创建并利用数字化模型实现对建设工程项目进行设计、建造及运营管理的现代信息技术平台，以其集成化、智能化、数字化以及模型信息关联性等特点，为参与建设工程项目的各方创建了一个便于交流的信息平台。BIM技术应用的核心价值不仅在于建立模型和三维效果，更在于对建筑工程丰富信息的全面掌握，随时随地、快速获取最新、最准确、最完整的工程数据信息。BIM技术有较快、较好的投入产出比，并对项目全过程的进度、技术、投资和质量安全管理带来明显的效果，产生较大的经济效益。

某银行总部基地建设项目的建设单位是某银行股份有限公司。该银行是全国首家由城市商业银行和城市信用社联合重组设立的区域性股份制商业银行。该银行总部基地建设项目是建成后作为全球的总部办公基地使用。项目建设要求高，业主希望利用BIM技术帮助节约成本，降低投资额，增加投资回报率。

鉴于项目的类型和规模，项目的建设管理工作复杂繁多，项目管理目标实现难度巨大。对于项目的建设困难总结如下几点：

（1）工程建设规模庞大，土建和安装的施工质量要求极高，质量的控制难度大。

（2）工程涉及专业分包和供货单位众多，其中既有甲指分包，也有总包招标的分包，各分包单位的施工水平和技术能力参差不齐，对BIM技术的理解程度不一，加大了总承包单位的管理难度。

（3）该项目的中标价并不高，利润空间非常有限，加之项目的质量要求高，施工工期紧，随之带来的是成本管控的难度极其大。

项目建设如果想取得成效，必须克服上述困难，尤其是第三条，施工单位需要积极探索成本管控方法，提高成本管控效率。

8.4.2 BIM 成本管控理念与成果

该银行总部基地建设项目作为以国有资金为主要投资的大型建设项目，一方面应积极响应国家和地方的政策号召，以身作则，努力尝试推进 BIM 技术、绿色建筑等新技术在本企业投资项目中的应用；另一方面，因项目自身也是超高层大体量的公共建筑，项目无论是对设计还是施工都提出较高的要求，尤其对于本工程的进度、质量、安全、成本及资料管理等而言要求极高，难度极大。以此为背景，为较好地开展工程的项目管理，提高管理效率和质量，保证项目能如期投入使用，项目计划引入 BIM 技术参与施工全过程。

成本管控方面，在方案和施工图设计阶段，建设单位已经要求设计方引入 BIM 技术，从提高设计质量、提升建筑美感、控制建设投资方面综合考虑进行设计。在施工阶段，同样对施工单位和监理单位提出了 BIM 应用的更高期望，要求在施工全过程中各参建单位积极运用 BIM 技术，力求通过全面准确的成本数据和及时高效的管理手段去减少施工签证，控制施工成本，提升经济效益。

项目正处于机电安装和内装饰交叉作业阶段，中建八局四公司是本项目的施工总承包单位。截至目前，中建八局四公司在某银行总部基地建设项目中利用 BIM 技术实现施工全过程 BIM 技术应用，不仅提高了工程施工质量和安全保障，还从各方面节约了材料、设备、人工、场地等，从上述分析中可得出利用 BIM 技术直接节约施工费用约 570 万元。同时，BIM 技术的应用还节约了工期约 72 天，本项目投资约 10 亿元，按 1%贷款月息计算，若延迟一天工期仅财务成本就 30 万元左右，故工期节约为财务成本节约 2160 万元。另外，因 BIM 技术的运用为项目每层至少增加了 25cm 的净空，此项为业主增值逾 5300 万元，其他诸如质量、安全、信息化等方面的增值效益也是不可估量。

8.4.3 项目简介

某银行总部基地建设项目位于安徽省合肥市滨湖新区，是一栋大型超高层公共建筑，建筑高度为 189.3m。其建设用地面积为 36724m^2，总建筑面积为 177493m^2，其中地上建筑面积 133896m^2，地下建筑面积 43597m^2；地上部分 A 区共 42 层作为总部办公及营业用房，B 区共 3 层作为会议中心，C 区共 8 层作为后台服务中心，D 区共 8 层作为信息科技中心及档案管理中心，E 区地下 2 层为车库及设备机房。项目建设投资约 5.1 亿元。项目整体效果图如图 8.4-1 所示。

图 8.4-1 某银行总部基地效果图

本项目设计单位为深圳市建筑设计研究总院有限公司，监理单位为安徽省建设监理有限公司，施工总承包单位为中建八局第四建设有限公司。项目于 2016 年 4 月开始施工，计划于 2018 年 11 月竣工，总工期 929 天。

根据建设单位 BIM 技术的应用要求和目标，以及施工总包单位自身的应用目标，本项目在施工过程中需要完成的 BIM 方面主要工作内容总结如下：

(1) 依据施工图图纸，建立包括建筑、结构、机电、景观、幕墙、钢结构、内装、场地等各专业 BIM 施工模型，精度要求达到《上海市建筑信息模型技术应用指南（2015 版）》中 LOD400（施工图阶段）的规定，确保满足施工及后续数据添加需求。

(2) 提供纸质版全专业碰撞检测报告，以及大厅、走廊、车库等净高要求较高处的净高报告。

(3) 深化土建模型、机电管线综合模型及深化设计、预留洞口模型，随着施工进行的同时录入模型信息，形成精度达到《上海市建筑信息模型技术应用指南（2015 版）》中 LOD500（运营阶段）要求的 BIM 模型。

(4) 为工程管理数据平台的搭建提供支撑（建立内部局域网、提供各参与方应配备的软硬件及终端设备要求），方便各方参与交流以更加直观地理解设计意图，为后续工作提供基础模型。

(5) 依据 BIM 模型成果，搭建项目的互动漫游模型，供相关人员更加直观地了解各单元建筑之间的联系及建筑与环境的关系；视项目需要，提供多视角互动漫游动画。

(6) 室内装修吊顶与机电管线分析，进行吊顶空间优化。

(7) 进行施工方案模拟，以便相关人员更加直观地了解和审查施工方案（关键工序辅以动画模拟）。

(8) 要求总包单位承担分包 BIM 管理工作，建立分包 BIM 质量、进度管理制度，协助业主管理分包 BIM 工作。

(9) 根据方案建立样板间（$600m^2$）模型，利用 VR（虚拟现实）技术或 AR（增强现实）技术模拟设计方案和施工结果，以便业主更好地了解工程情况。

(10) 整合总、分包各专业 BIM 模型，形成并提交竣工模型，精度达到《上海市建筑信息模型技术应用指南（2015 版）》中 LOD500（运营阶段）要求。

(11) 竣工后根据业主提供的竣工图纸及资料，完成指定空间的物业竣工三维建筑信息模型，并提供培训，以方便物业的维护与管理。

(12) 应项目需求，对项目管理人员提供 BIM 技能培训。

(13) 项目 BIM 成果宣传，编制制作项目 BIM 成果宣传所需的资料，帮助业主策划宣传工作。

8.4.4　BIM 成本管控实践

1. 项目组织

本项目的组织架构（即项目主要参建单位）包括建设单位、设计单位、监理单位、总承包单位、审计单位，其中总承包单位在本项目又下辖工程部、商务部、物资部、安装部、安全部等子部门及 BIM 咨询单位、幕墙分包、钢结构分包、装饰分包、土建劳务、安装劳务、各设备供货商等分包及供货单位。本项目的总体组织结构如图 8.4-2 所示。

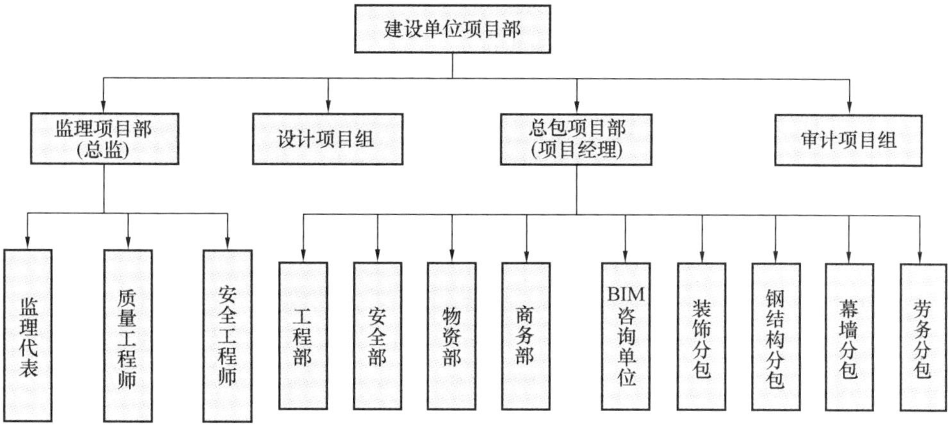

图 8.4-2 项目总体组织架构

建设单位由其基建办管理本项目的建设实施，基建办设一名主任及一名总工，另设综合科、工程科、预算科、设计科，每科设若干专业工程师。本项目的第一负责人为基建办主任。

本项目的 BIM 咨询单位受总承包单位的统一管理，下设土建负责人、机电负责人、商务负责人、可视化负责人及一名设计顾问、施工顾问，各负责人带领 3～5 名专业工程师开展工作。项目基于 BIM 的成本管控工作主要由商务负责人负责。BIM 咨询单位的组织架构如图 8.4-3 所示。

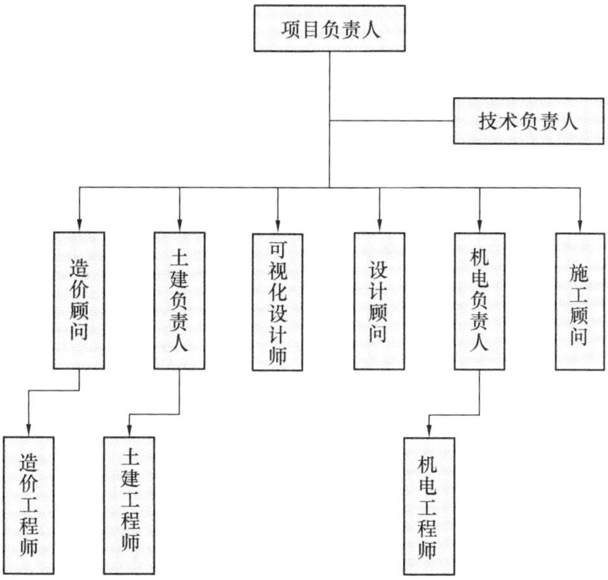

图 8.4-3 BIM 咨询单位项目组织架构

2. BIM 应用情况描述

项目从施工前期开始，总承包单位即开始建立完整的、能指导施工的 BIM 数据模型，并在项目实施过程中不断更新维护并实际运用于指导施工全阶段，达到提高工程质量、有效控制工期、辅助降低成本、方便项目管理的目的。截至目前，总包以及主要分包单位已经完成或正在进行的 BIM 主要应用总结如下。

（1）BIM 实施方案及执行标准的编制

项目施工初期，由总包单位拟写和提请，业主单位及监理单位审核并通过了《某银行总部基地建设项目 BIM 实施方案》和《某银行总部基地建设项目 BIM 执行标准》。项目施工过程中，总包单位的相关 BIM 工作依据此两份文件执行。

（2）各专业 BIM 施工模型的搭建和维护

总包单位及幕墙、钢结构、内装等主要分包单位已经建立了各自施工范围内的 BIM 模型，并在总包的统一管理和协调下，能进行模型的整合和应用。2016 年年底，总包单位完成了各区的建筑、结构和机电的基础模型，其模型精度约为 LOD300，2017 年度总包单位继续对模型进行深化、变更、丰富和维护，使模型持续对施工起到指导作用并保持和施工实际现状一致性。图 8.4-4 为项目整体结构模型，图 8.4-5 为项目整理机电管线模型，图 8.4-6 为项目各专业模型合模。

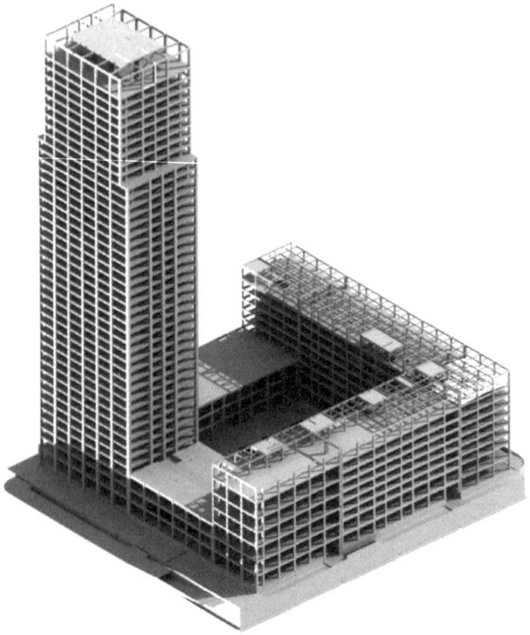

图 8.4-4 某银行总部基地建设项目结构模型

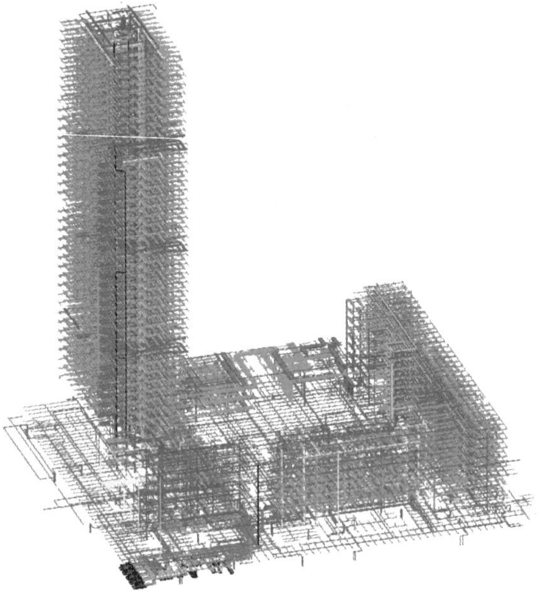

图 8.4-5 某银行总部基地建设项目机电模型

（3）碰撞检查和净高分析

总包单位对整个项目的 BIM 模型进行了碰撞检查，并出具检查报告提请建设单位、设计单位以及监理单位审核查阅。另外，根据各区域、各楼层、各专业的 BIM 模型，有针对性地对主要楼层，尤其是地下室、A 区标准层、B/C/D 各区标准层进行净高分析，找到不满足规范或业主要求的区域进行重点调整优化，优化后同样进行了净高分析（图 8.4-7、图 8.4-8）。

（4）管线综合和洞口预留

基于各专业基础模型以及碰撞检查报告，总包单位在满足设计规范要求的前提下，

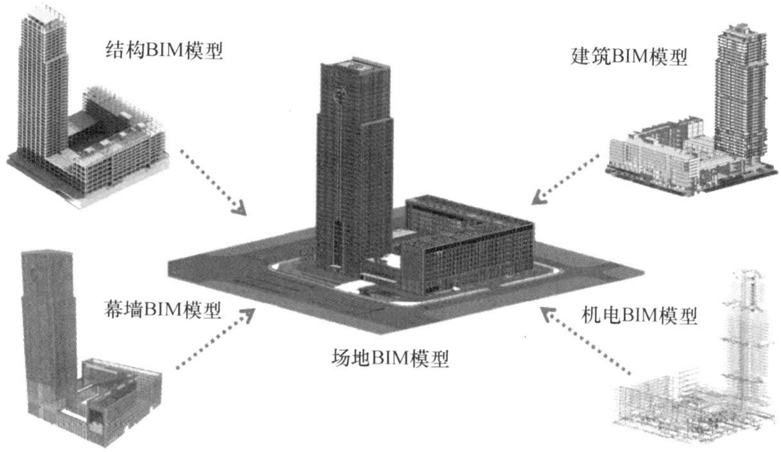

图 8.4-6 各专业 BIM 模型整合

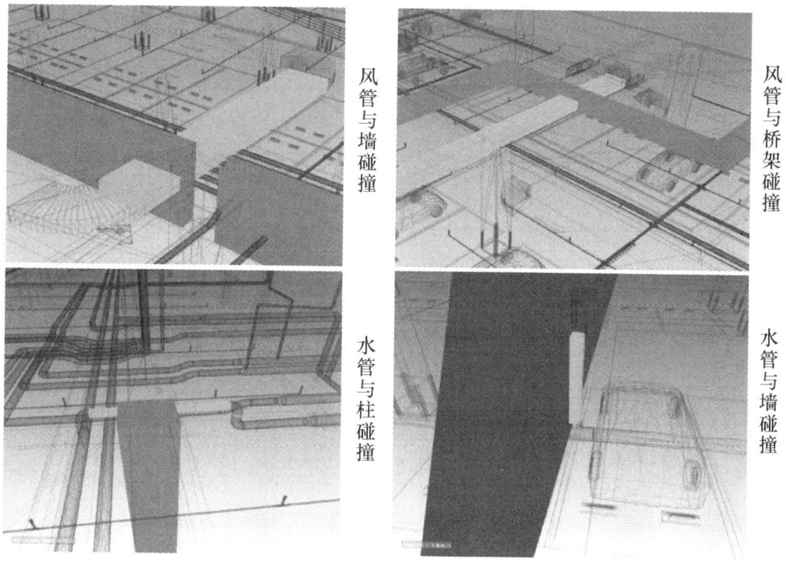

图 8.4-7 碰撞检查示意图

充分考虑项目使用功能以及施工工艺，利用 BIM 技术进行机电管线综合，包括各楼层管线优化、设备机房管线优化以及管井内管线优化等工作。管线综合优化后的模型不仅满足了施工要求，还不同程度上提高了某些区域的吊顶净高。根据机电深化和管线综合后的模型，总包单位重新出具了机电管线施工图以及砌体洞口预留图（图 8.4-9、图 8.4-10）。

（5）BIM 施工模拟

利用 BIM 技术的模拟性和可视化特性对施工过程中的重难点施工方案进行模拟，并输出模拟视频，提高了各参建方的沟通效率以及技术交底的效果。施工模拟主要包括跳仓法施工模拟、钢结构吊装模拟、铝模板安装模拟、卫生间防水施工模拟、机电管线安装模拟等。

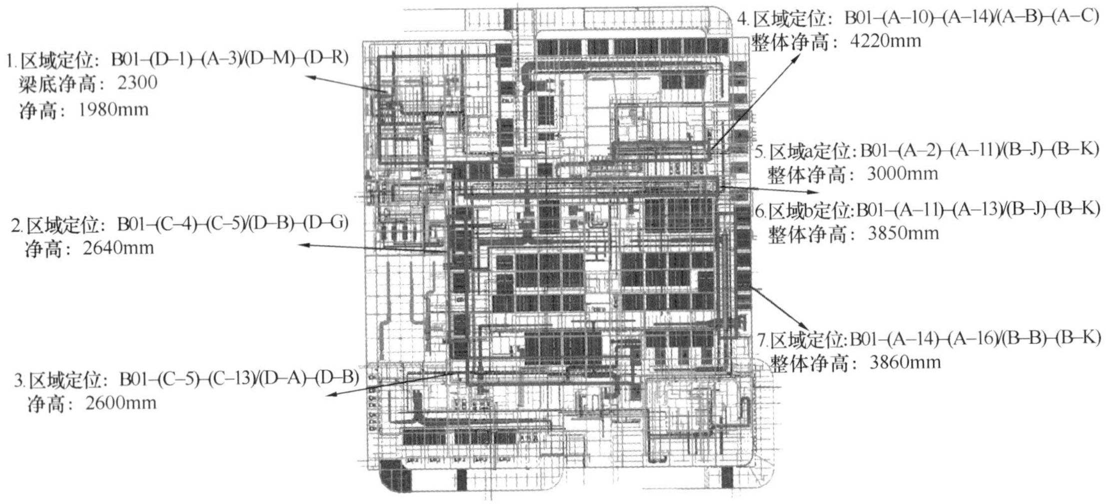

图 8.4-8　负一层优化后的净高分析

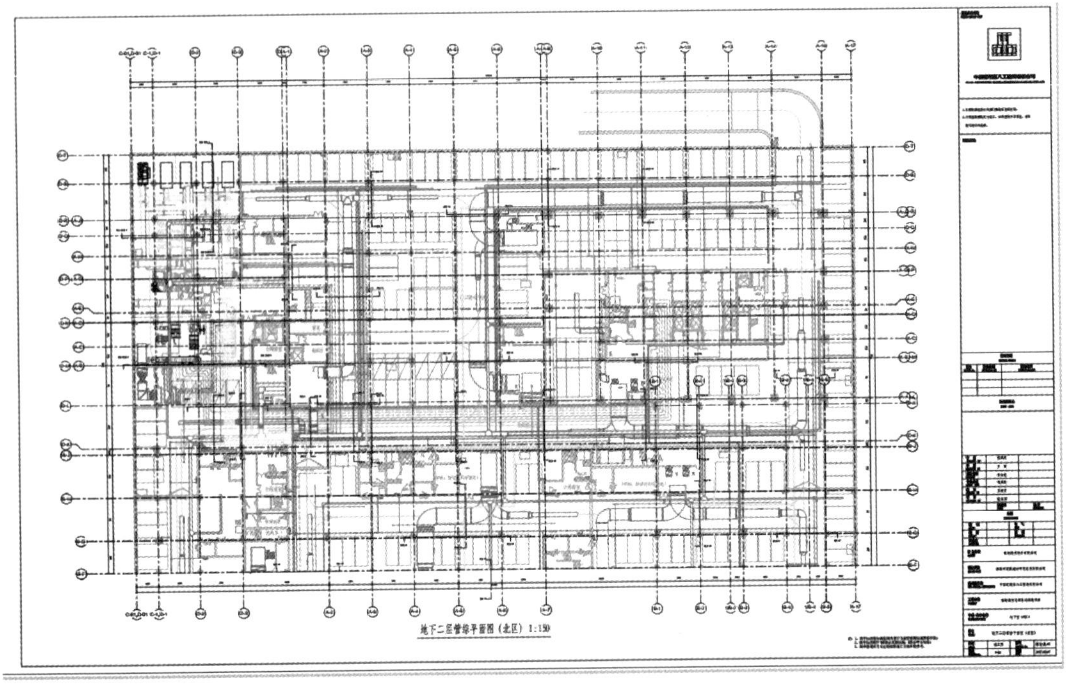

图 8.4-9　地下二层机电管线综合平面图

（6）利用 BIM 平台辅助项目管理

各主要参建单位利用 BIM 项目管理平台进行协同和管理，辅助进行整个项目的图档管理、质量管理、安全管理、进度控制和成本控制等。利用 BIM 项目管理平台，可以随时随地查看项目的模型、图纸和方案等资料，可以进行施工方案的报审和发布，可以实现工程质量安全等问题的实时查看和跟踪等（图 8.4-11、图 8.4-12）。

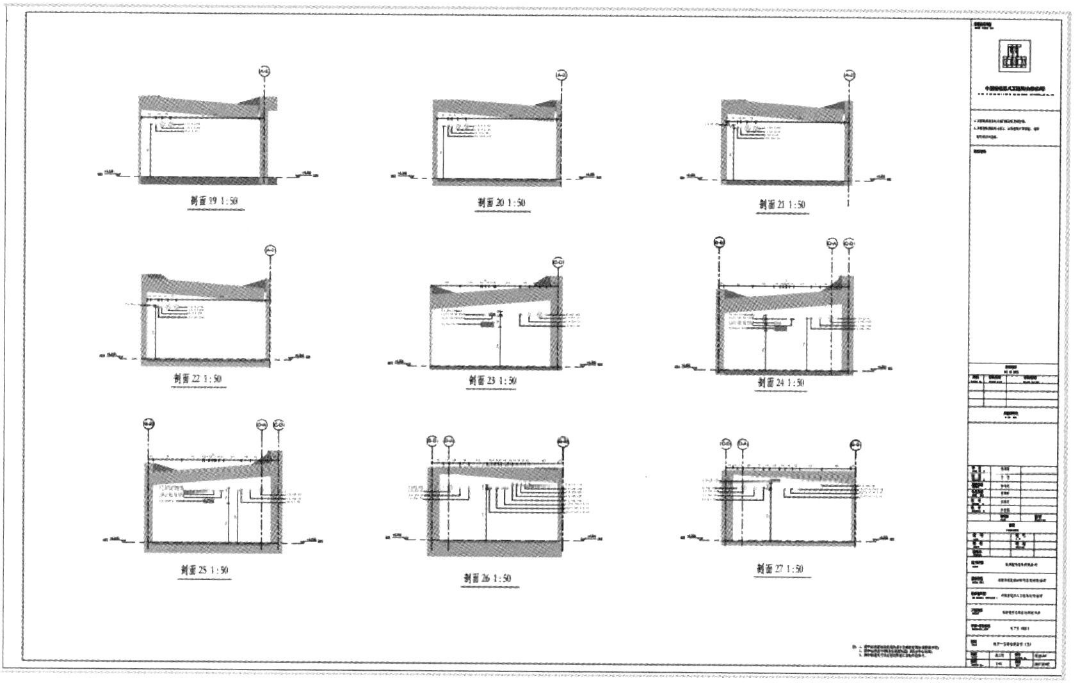

图 8.4-10 地下室管线综合剖面图

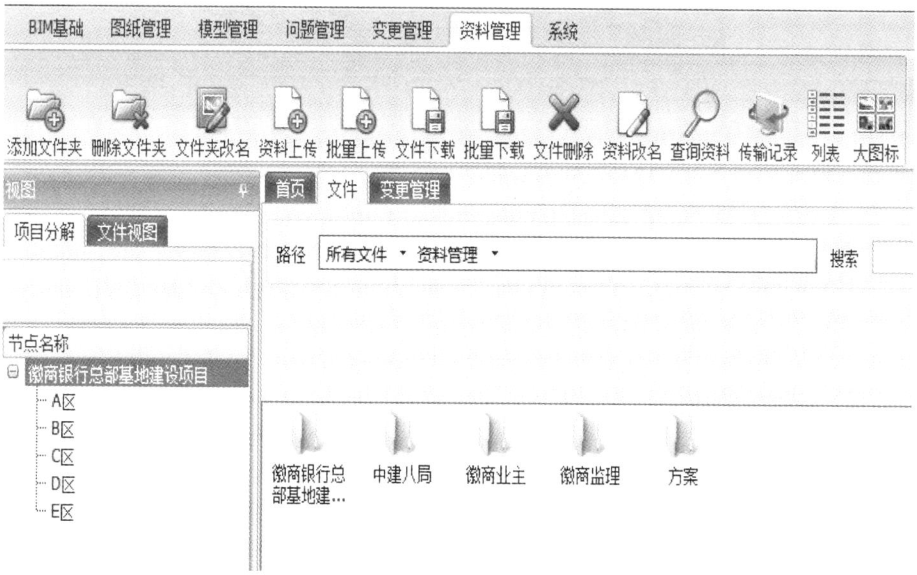

图 8.4-11 BIM 项目管理平台的资料管理界面

（7）BIM 成果宣传

徽商银行总部基地建设项目的 BIM 技术应用在安徽省乃至全国都已进入先进行列，目前已经获得第六届龙图杯 BIM 大赛全国三等奖和第三届中建协 BIM 大赛全国一等奖，本项目 BIM 应用获得安徽省建筑工程质量与安全协会的认可和鼓励，于 2017 年 12 月份协会组织成员来项目参观（图 8.4-13）。

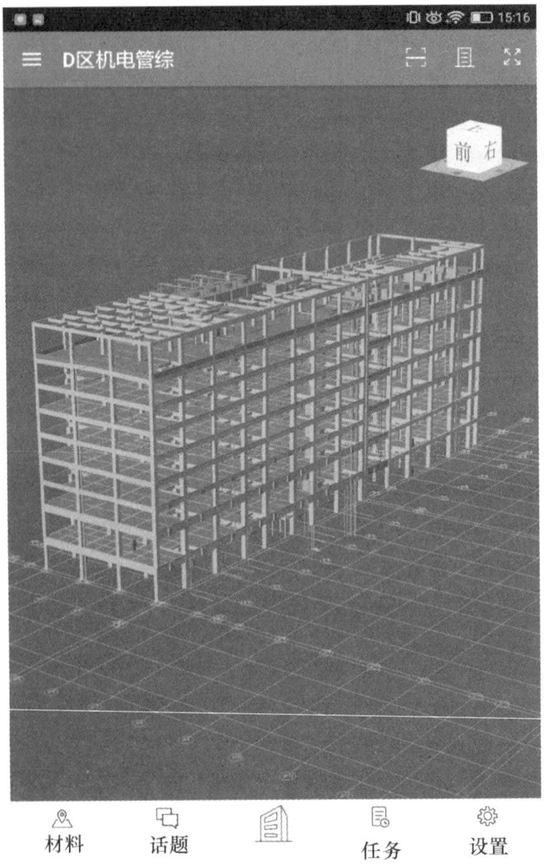

图 8.4-12　利用移动端查看项目模型

图 8.4-13　徽商银行总部基地建设项目智慧工地/BIM 施工观摩会

3. BIM 成本管控过程及核心工作

在成本管控方面，本项目主要通过如下工作利用 BIM 技术配合项目成本控制以提高管理成效。

（1）优化施工组织设计

施工组织设计是指导工程施工的纲领性文件，一般包括工程概况、施工部署及施工方案、施工进度计划、施工平面图、主要技术经济指标等五项基本内容。将施工方案和 BIM 模型进行集成，应用 BIM 技术对项目的重要环节、关键部位进行模拟，分析、优化施工方案；将施工进度计划和 BIM 模型集成后，通过进度模拟可提高其可行性；应用 BIM 模型建立反映临建、设备间立体关系的三维场地平面布置，参照施工进度计划，形象模拟各阶段现场情况，检查、修改临建布置，使现场平面布置满足动态变化需求，资源配置更合理，从而避免浪费，节约成本。

（2）辅助图纸会审

通过 BIM 模型及其碰撞检查，辅助进行图纸会审，对净空、管线布置等细节问题进行优化，减少返工，缩短工期，控制成本。

（3）指导施工成本计划的编制

将 BIM 三维模型与进度信息、成本信息通过关联整合形成 5D 模型，从而对施工过程中各个阶段的相关需求量进行计算、模拟、优化，指导劳动力、材料和机械计划的建立，提高成本计划的精确性，降低成本。

（4）多算对比

多算对比是及时发现项目问题、降低项目费用、控制项目成本的有效手段。目前，本项目的多算对比是从三个维度——时间、工序、空间位置，对项目计划成本与实际成本进行对比分析。

利用 BIM 模型可快速、精确地进行不同维度的多算对比。基于 BIM 三维模型引入时间因素，可对任意时间段的实际成本和预算成本进行对比，直观判断该阶段盈亏情况从而及时采取纠偏措施；将 BIM 模型和施工工序进行结合，按照具体工序对成本进行对比，有利于及时发现、处理问题，实现成本精细化管理。本项目基于 BIM 模型的多算对比是通过鲁班 BIM 平台实现的。

（5）动态成本管理

在 BIM 三维模型基础上增加时间维度和造价维度建成 BIM 5D 模型，使用该模型在施工过程中实时跟踪项目进展，动态展示资金使用情况，及时统计、汇总规定时间段的实际成本，与预算成本、计划成本进行三算对比，若发现成本超支情况，及时采取有效纠偏措施，避免项目投资失控，实现成本的有效动态管理。

（6）改善变更管理

在施工过程中，工程变更的发生是在所难免的。工程变更经常会引起项目工程量的变动及项目进度的变动等问题，这些问题都可能造成实际施工成本与计划成本发生较大出入（主要是实际施工成本的增加），所以，必须高度重视和重点控制变更对项目成本产生的影响。在发生工程变更时，使用 BIM 5D 技术进行变更管理，因 BIM 模型信息具有关联性，工作人员只需将变更构件在 BIM 模型中进行修改调整，整个模型中与之关联的部位都会自动更新，而且由于 BIM 模型的共享协同能力，各参与方之间传输交换信息的时间大为减少，从而可快速计算变更工程量，准确确定变更费用，减少成本浪费，有序管理变更造价。

4. 成本管理方法的应用及成效

基于 BIM 的成本管控是一个系统工作，绝不仅仅是快速统计工程量就能够完全体现的。利用 BIM 技术带来的工程质量的提高、施工进度的节省、材料和人工的节约以及社会效益的提升等都是 BIM 为项目带来的成本或者投资方面的效益，而这些效益有的是直接的，有的是隐形的，想要完全定量地统计出来并不现实，就本项目而言，只能就 BIM 的主要应用点逐个进行定性或定量的分析，以期了解 BIM 技术为项目的成本管控带来的成效。BIM 的主要应用点及对应的价值体现总结详见表 8.4-1。

BIM 的主要应用点及对应的价值体现总结　　表 8.4-1

应用事例	应用小项	说明	价值项（节约）	价值项（增值）	单位	数量	单位价值（元）	合计价值（元）
土建深化设计	汽车坡道深化设计	搭建汽车坡道及基坑支护模型，基于模型优化开挖方案，并统计开挖土方量及混凝土浇筑量	土方量		m^3	150	20	3000
			混凝土		m^3	30	320	9600
	混凝土结构深化设计	搭建结构专业模型并进行梁、柱、剪力墙、楼梯、楼板等节点深化，为施工提供依据，避免了后期返工造成的材料浪费	混凝土		m^3	180	350	63000
	钢结构深化设计	搭建钢结构模型，对钢结构进行节点深化设计	型钢		t	15	3350	50250
	钢筋绑扎深化	建立部分节点钢筋模型，尤其对梁柱节点、梁板节点等进行深化，优化绑扎方案	钢筋		t	78	2600	202800
	砌体排砖深化	对样板间的砌体排砖进行模型搭建，基于模型优化排砖方案，并利用可视化交底，减少砌块浪费	砌块墙		m^3	105	230	24150
			砂浆（20mm）		$100m^2$	60	2250	135000
	外幕墙深化	搭建幕墙模型，并基于模型对幕墙进行深化设计，同时将幕墙和土建、机电模型进行合模和校核，优化百叶风口及开启窗扇等的位置	玻璃幕墙		m^2	230	800	184000
	利用 BIM 技术辅助土建专业的深化设计，提高了效率和质量，节约了工期		工期		天	10		

续表

应用事例	应用小项	说明	价值项（节约）	价值项（增值）	单位	数量	单位价值（元）	合计价值（元）
机电深化及管线综合	碰撞检查	搭建各专业模型，利用软件进行碰撞检查，提前发现各专业尤其是机电设备管线之间的碰撞，提前做好准备，比传统的叠图效率大大提高，节约了技术准备时间	工期		天	3		
			碰撞点		个	2000	300	600000
	管线综合	碰撞检查后，利用 BIM 软件进行三维管线综合排布优化，并最终输出机电管线深化的平面、剖面和透视图以指导施工，既减少了材料浪费，又避免了现场返工对工期的影响	各类桥架		10m	45	1200	54000
			各类线缆		100m	68	5500	374000
			各类钢管		10m	180	300	54000
			各类 PVC 管		10m	270	180	48600
			各类风管		10m^2	150	550	82500
			工期		天	17		
	净空优化	利用三维综合管线，优化走廊及办公区净空，平均每层提高净空约 25cm，为业主带来了极大的隐形效益		空间	m^2	177000	300	53100000
	管线预留预埋	基于管线综合结果，重新复核机电管线洞口预留预埋，出具砌体洞口预留平面图作为留洞依据，减少材料浪费及工期影响	洞口		个	2500	500	1250000
			工期		天	5		
	设备机房深化	利用 BIM 技术对设备机房进行深化设计，对其中设备基础、设备摆放、管线排布等进行优化，并提供大样图等作为施工依据	工期		天	7		
室内装饰深化	碰撞与复核	搭建室内精装模型，将精装模型与建筑、机电模型进行合模，并进行碰撞和复核，提前发现问题并解决，节约了工期	工期		天	3		
	装饰优化设计	利用精装模型对装饰图纸进行深化，并统计吊顶、墙砖、地砖、墙漆等主材的用量，节约材料	吊顶		m^2	2800	120	336000
			地砖		m^2	2200	160	352000
			墙砖		m^2	800	160	128000
			墙漆		m^2	3500	20	70000
	此项应用价值还在继续扩大							

续表

应用事例	应用小项	说明	价值项（节约）	价值项（增值）	单位	数量	单位价值（元）	合计价值（元）
项目管理	三维技术交底	利用 BIM 的可视化优点制作更为形象直观的图片、视频等进行三维可视化交底，提高了交底的质量和效率，无形中节约了工期	工期		天	5		
	进度管理	利用 BIM 软件进行进度模拟，并利用 BIM 平台及时录入实际进度，加强进度管理，节约工期	工期		天	12		
	安全管理	搭建安全施工模型，并利用 BIM 平台标记安全问题，加强安全管理，减少安全隐患		安全				
	文明施工	搭建三维场布模型，优化场地布置，并模拟塔吊运行及材料运输和堆放，节省场地，节约工期	场地		m^2	1200	1400	1680000
			工期		天	7		
	资料管理	利用 BIM 管理平台进行资料存储和电子办公，提高资料管理的效率和质量	工期		天	3		
其他应用	施工方案模拟	对重点施工工序进行方案模拟，优化施工工序并进行可视化交底，提高施工质量		质量				
	二维码应用	将 BIM 模型、技术标准、图纸等集成至二维码中张贴于施工现场，落实技术交底成效，提高施工质量		质量				
	VR 技术应用	利用 VR 技术辅助施工安全教育，提高工人安全意识，提高安全交底效果		安全				
	竣工模型搭建	搭建工程竣工模型，完善工程施工模型，为业主的运维管理提供数据支持		信息化				
	BIM 奖项申报、观摩会	项目 BIM 应用已经获得国家级龙图杯三等奖，中建协一等奖，并成功举办 BIM 观摩会		口碑				

（1）费用分析

对表8.4-1进行进一步分析，各应用事例对工程节约的费用（主要是材料费和人工费）总结见表8.4-2，其对应的饼状图如图8.4-14所示。

各应用事例节约的费用统计表　　表8.4-2

应用事例	节约费用（元）	比例
土建深化设计	671800	11.8%
机电深化及管线综合	2463100	43.2%
室内装饰深化	886000	15.5%
BIM项目管理	1680000	29.5%

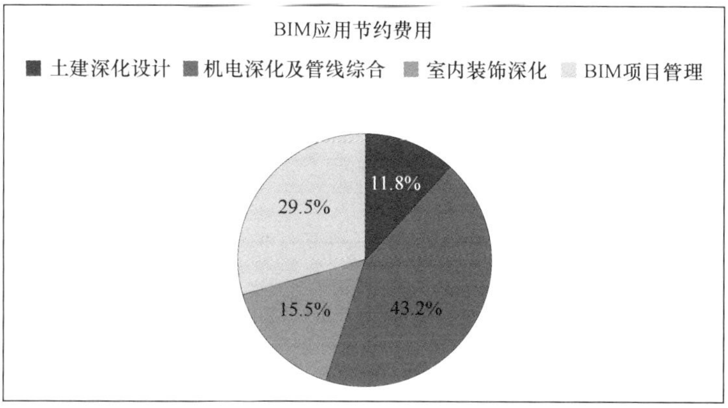

图8.4-14　BIM主要应用事例节约费用饼状图

在土建深化设计中，利用BIM技术节省的主要土建材料费用详见表8.4-3，其对应的饼状图如图8.4-15所示。

土建深化设计中材料节约的费用统计表　　表8.4-3

材料	节约费用（元）	比例
土方	3000	0.4%
混凝土	72600	10.8%
钢材	253050	37.7%
砌体	24150	3.6%
砂浆	135000	20.1%
幕墙	184000	27.4%

在机电深化与管线综合应用中，不考虑增值部分，仅从节约费用角度分析，几个主要应用对应的费用节约见表8.4-4，其对应的饼状图如图8.4-16所示。

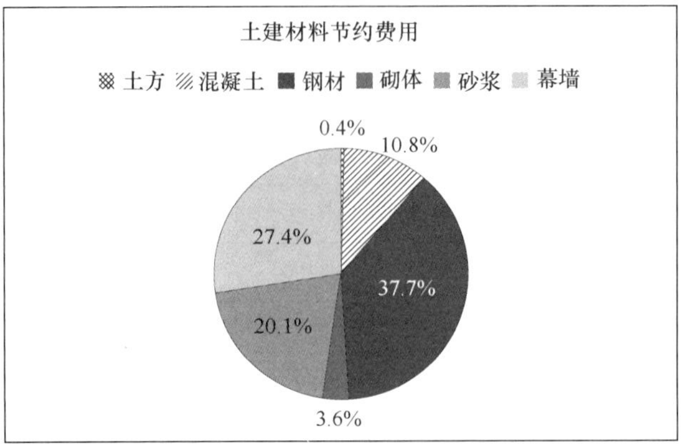

图 8.4-15 土建深化设计中材料节约费用饼状图

机电深化及管线综合应用节约的费用统计表 表 8.4-4

应用项	节约费用（元）	比例
碰撞检查	600000	24.4%
管线综合	613100	24.9%
预留预埋	1250000	50.7%

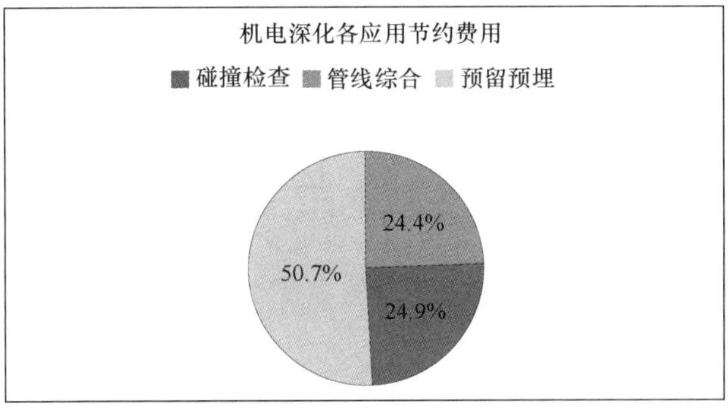

图 8.4-16 机电深化及管线综合各应用节约费用饼状图

在管线综合应用中，对于电气、给水排水和暖通专业节约的材料费用统计见表 8.4-5，对应的饼状图如图 8.4-17 所示。

管线综合应用中各专业节约的费用统计表 表 8.4-5

专业	节约费用（元）	比例
电气（桥架+线缆）	428000	69.8%
给水排水（各类水管）	102600	16.7%
暖通空调（各类风管）	82500	13.5%

综合上述各项节约费用的统计分析，对于本项目而言，可以大致得出如下结论：

1）本项目中利用 BIM 进行机电深化节约的费用最高，其次是基于 BIM 的项目管理，

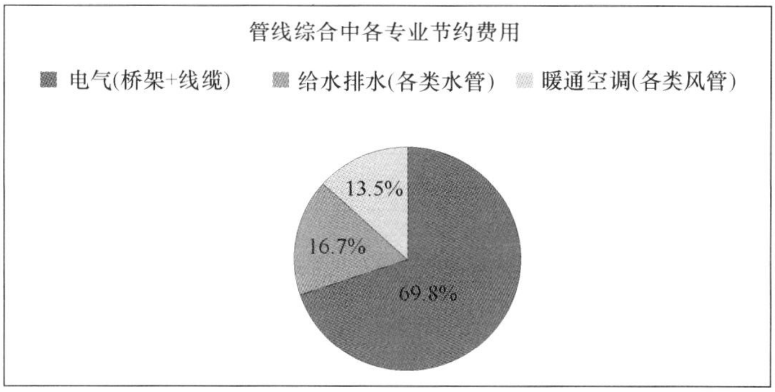

图 8.4-17 室内装饰深化中材料节约费用饼状图

可见从节约费用角度考虑，BIM 技术对机电专业施工意义最大。

2）在土建深化设计中，BIM 技术对于钢材和幕墙的费用节约排名前两位，合计超六成，一方面说明这两者价格高，用量多，一方面说明成本节省潜力大。

3）在机电深化应用中，洞口的预留和管线的预埋节约费用超 50%，碰撞检查及管线综合节约的费用较为相近，说明利用 BIM 技术做好设备洞口的预留预埋问题尤为重要，其对成本的节约效果很显著。

4）管线综合中电气管线的节约费用比例近七成，其中主要是因为电缆的费用较高，因此在做管线综合时应充分考虑电气专业管线的节省问题。

5）在室内装饰深化中，吊顶和地砖节约的费用合计超 80%，同样说明 BIM 对这两者的成本节省潜力大。

（2）工期分析

从表 8.4-6 中可得出 BIM 技术在本项目的几个主要应用事例对应的工期节约天数，按照工期节约一天相当于节省 30 万元财务成本，费用也可计算得出，详见表 8.4-6，其对应的柱状图如图 8.4-18 所示。

各应用事例节约的工期及对应的费用统计表 **表 8.4-6**

应用事例	节约工期（天）	对应财务成本（万元）
土建深化设计	10	300
机电深化及管线综合	32	960
室内装饰深化	3	90
BIM 项目管理	27	810

分析可得出，BIM 技术在机电深化和项目管理中应用而节约的工期较为显著，这和前述费用分析的第一条结论也非常吻合。说明无论是从材料节省还是从工期节省角度考虑，BIM 在机电深化及项目管理中产生的效益都较高，应加大在这两个方面的应用投入。另外从工期节约带来的财务成本节约可发现，对于一个大型项目而言，在保证质量和安全的前提下，利用新技术（如 BIM 技术）去节省项目总工期这点尤为重要，这是施工单位以及建设单位应该算的“大账”，应加以重视。

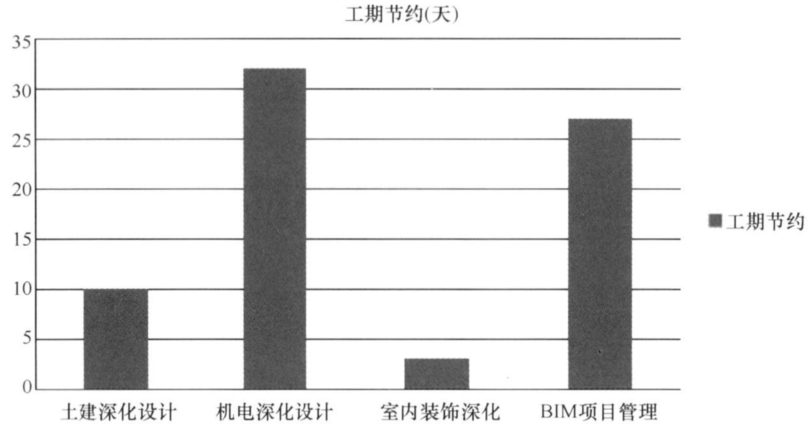

图8.4-18　各应用事例对应的工期节约柱状图

8.4.5　经验与体会

1. BIM应用价值总结

业主方是建设项目的使用者，是BIM应用的最大受益方，业主方应该积极应用BIM技术。BIM技术应用对降低业主方的项目总成本的作用影响巨大。

目前很多业主方认为BIM技术对项目成本的影响仅仅停留在建安成本上，而一、二线城市工程项目建安成本在项目总成本中占比不到20%，对项目总成本影响不大，让设计、施工方应用BIM即可，自己最关注的还是土地和财务融资成本，这是由于对BIM技术不够了解所致。业主方应用BIM，通过工期影响的是整个项目的总投资，有效地减少财务成本，提前竣工进入回报期。事实上业主方从BIM技术获益是施工获益的10倍以上。

BIM技术在徽商银行总部基地建设项目上的应用价值将从以下几个方面进行分析和总结。

（1）加快工期，大幅降低融资财务成本

项目开发周转速度，是项目成败和效益好坏的关键，BIM技术在加快建设工期方面可以发挥大作用。

通过减少施工前的各专业冲突，让设计方案错误更少、更优化，减少大量的工期损失；通过设计阶段更高效方案选择和方案优化，减少方案变更，缩短工期；通过提升建设过程中协同效率来节约工期；通过BIM强大的数据能力、技术能力和协同能力，在资源计划、技术工作和协同管理等方面节约较多工期。

仅此一项，BIM技术应用的投资回报率就非常高。徽商银行总部基地建设项目，投资约10亿元，按1%贷款月息计算，若延迟一天工期仅财务成本就30万元左右。目前为止利用BIM技术仅施工工期便节约至少72天，即财务成本节约了至少2160万元。

（2）提升建筑产品品质，提高隐形效益

提升建筑产品品质可以提高产品售价，对于本项目而言，即使项目建成后为业主方自用，建筑产品品质的提升也某种程度上提高了业主的隐形效益。而BIM技术的应用在提升产品质量方面作用明显。

优化设计方案，提升整体项目质量；减少返工开洞等，提升工程质量；通过机电排布方案优化提升层高净高，大幅提升产品质量；通过高质量的施工前技术方案模拟，完善施工图，可视化交底，方案预演，可以大幅提升质量。

本项目机电深化和管线综合优化后，地上部分的大部分走廊及地下车库的车道按原设计图最低点标高约为 2.45m 和 2.4m，利用 BIM 优化后标高分别提高为 2.75m 和 2.64m，分别提高了 30cm 和 24cm 的净高。净高的提高对于业主单位隐形效益的增加显而易见。另外，科学合理的机电管线排布还有助于提高设备运转效率，一方面提高人居舒适度，一方面节约了设备能耗，这些效益无法估算。

（3）BIM 运维模型提升运维效率、大幅降低运维成本

好的建筑其生命周期可达上百年，运维总成本十分高昂，据统计运维成本是建造成本的 10 倍以上。仅利用好竣工 BIM 模型的数据库，可大幅提升运维效率，降低物业运维成本。本项目施工阶段使用 BIM 的最终目的是形成能为运维所用的 BIM 竣工模型，并将 BIM 竣工模型和运维平台相结合，随着基于 BIM 的运维平台应用的成熟，这方面会为业主带来巨大的经济效益。

（4）有效控制造价和投资

基于 BIM 的造价管理，可精确计算工程量，快速准确提供投资数据，减少造价管理方面的漏洞。

通过 BIM 技术支撑（如深化设计、碰撞检查、施工方案模拟等），减少返工和废弃工程，减少变更和签证，可减少更多的成本。这几个方面都将大幅提升业主方的预算控制能力，大部分项目节约造价 5%以上并不难。

该项目基于 BIM 管线综合的成果，辅助了抗震支架的深化设计和清单计算，有效降低了抗震支架的招标控制价，在原计划基础上降低了 500 万元成本。另外，目前 BIM 优化图纸逾 800 余张，解决各专业碰撞超 2000 余处，优化砌体洞口约 2200 个，优化幕墙洞口约 300 个，上述各项仅减少返工和签证费至少 300 万元。

（5）提升项目协同能力

因本项目的复杂性，其项目管理难度非常大，为确保项目管理不失控，协同能力的提升非常重要。由于 BIM 提供了最新、最准确、最完整的工程数据库，所以众多的协作单位，可基于统一的 BIM 平台进行协同工作，将大大减少协同问题，提升协同效率，降低协同错误率。尤其是基于互联网的 BIM 平台更将 BIM 的协同价值提升了一个层级。

本项目为包括建设单位、设计单位、监理单位、总包单位、分包单位在内的主要参建单位提供了一个基于互联网的 BIM 项目管理平台，各方利用此平台有效地辅助了项目的质量、安全、进度和资料管理，提高了管理质量和协同效率。

（6）积累项目数据

当前业主方项目数据积累还很少，更非基于 BIM，结构化、数据粒度方面都存在问题，很难实现数据的再利用。一个项目完工后，数据较难为后续的项目提供价值。

基于 BIM 的业主方项目管理，可积累起企业级的项目数据库，为后续开发项目提供大量高价值数据，以加快成本预测、方案比选等新项目决策的效率。建立基于 BIM 的工

程项目数字化档案馆，减少图纸数量，降低项目数据管理成本。本项目 BIM 实施后的所有数据都将保存于项目服务器中，为业主方后期形成企业项目建设数据库提供基础和支持。

2. BIM 成本控制体会

目前，我国已经步入信息化时代，建筑业信息化是大势所趋。BIM 技术作为一种信息化技术，正在推进建筑业的信息化发展。在建设项目施工阶段引入 BIM 技术进行成本控制可以节约成本，提高工作效率，增强施工企业的管理水平和盈利能力。本项目 BIM 技术只在成本控制应用了一部分，还有进度款支付、限额领料、物料跟踪等方面未使用 BIM 技术配合管理。随着 BIM 的推广普及和技术创新，BIM 技术在施工阶段成本控制中的应用会逐渐增多，另外在项目的投资决策阶段、方案与施工图阶段及运维阶段也都会逐步展开应用，发挥信息化技术的价值，为建设工程项目实现增值。

8.5　案例五　某房地产项目 BIM 成本管控应用

8.5.1　项目背景描述及基本理念

本项目由一家国有特大型混合所有制房地产开发企业开发，业主对于 BIM 技术的基本理念是通过 BIM 技术解决图纸问题，解决工地现场实际问题，进一步控制工程造价、快速准确抓取工程量信息、实现采购清单精准化并和采购计划打通、减少现场签证和变更，提高施工质量、控制施工进度，并为业主提供基于 BIM 的项目施工文件管理。

基于 BIM 协同工作要求进行 BIM 共享平台的建设，实现企业项目管理各个环节之间的信息共享和协同作业，支持扩展与企业信息化提供资源的整合、信息的共享以及业务的协同。建立支撑工程信息共享的 BIM 信息交换接口，实现 BIM 模型的导入、系统内模型数据的整合、模型及信息的导出、模型与信息的交互浏览等。

8.5.2　BIM 成本管控理念与成果

我国建设工程项目的成本管理经历了三大阶段：成本核算阶段、过程管控阶段（成本管理）、成本策划阶段。由于工程项目的成本造价将近 80%是在设计阶段决定的，因此将成本管理工作前置变得尤为重要。目前国内项目全过程成本管理应用见表 8.5-1。

项目全过程成本管理应用　　表 8.5-1

	项目前期	规划阶段	设计阶段			发承包阶段	施工阶段	竣工验收阶段
图纸深度	产品定位	概念设计	方案设计	扩初设计	施工图设计	专业深化设计		竣工图
工程造价	匡算	估算		概算	预算			结算
成本管理	V0	V1	V2	V3	确定目标成本		动态成本	结算

BIM 与成本管理的关联如图 8.5-1 所示。

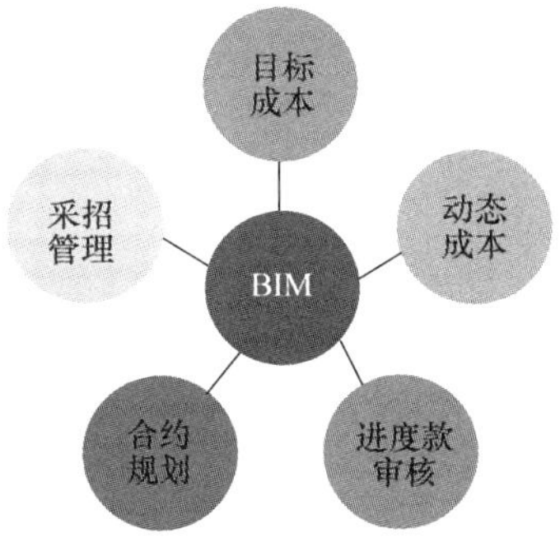

图 8.5-1　BIM 与成本管理的关联

BIM 工程数据是成本管理的基础数据，通过各阶段 BIM 模型快速提取其工程数据，为成本管理提供可靠数据支撑。按照数据来源、数据获取分析，具有以下特点，如图 8.5-2 所示。

从数据来源分析，具有以下特点：	从数据获取分析，具有以下特点：
(1) 唯一性，完全来源于设计表达，比传统效果提高 10%； (2) 完整性，充分表达设计意图，比传统完整率提高 32%； (3) 正确性，数据的一体化传承，比传统正确率提高 16%。	(1) 及时性，充分利用设计数据，比传统工作效率提高 50%； (2) 准确性，无缝获取设计数据，比传统精度提高 15%； (3) 可追朔性，数据问题追踪，比传统效果提高 30%。

图 8.5-2　BIM 数据来源、数据获取特点

BIM 造价咨询将 BIM、设计、成本、施工进行耦合，贯穿项目的全生命周期。尤其是在目标成本的形成阶段，将 BIM 作为协同工作的载体，耦合设计与成本的管理工作。同时利用 BIM 完整、唯一、正确的特性，表达设计的意图和设计信息，最终及时、准确、可追溯地获取成本管理需要的相关数据进行存储、计算、分析。

BIM 辅助目标成本确定如图 8.5-3 所示，整体流程如图 8.5-4 所示。

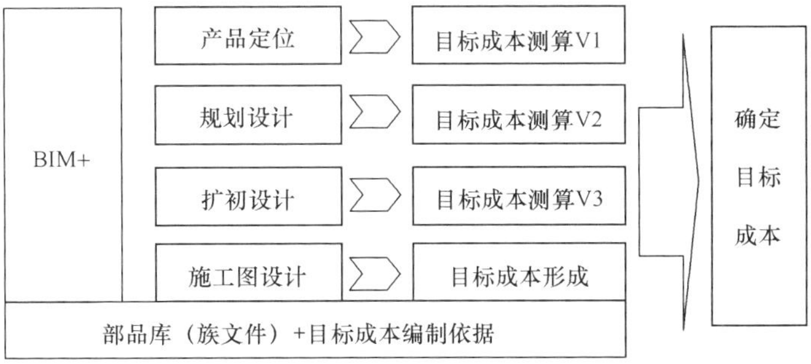

图 8.5-3　目标成本确定示意图

本案例的成果内容见表 8.5-2。

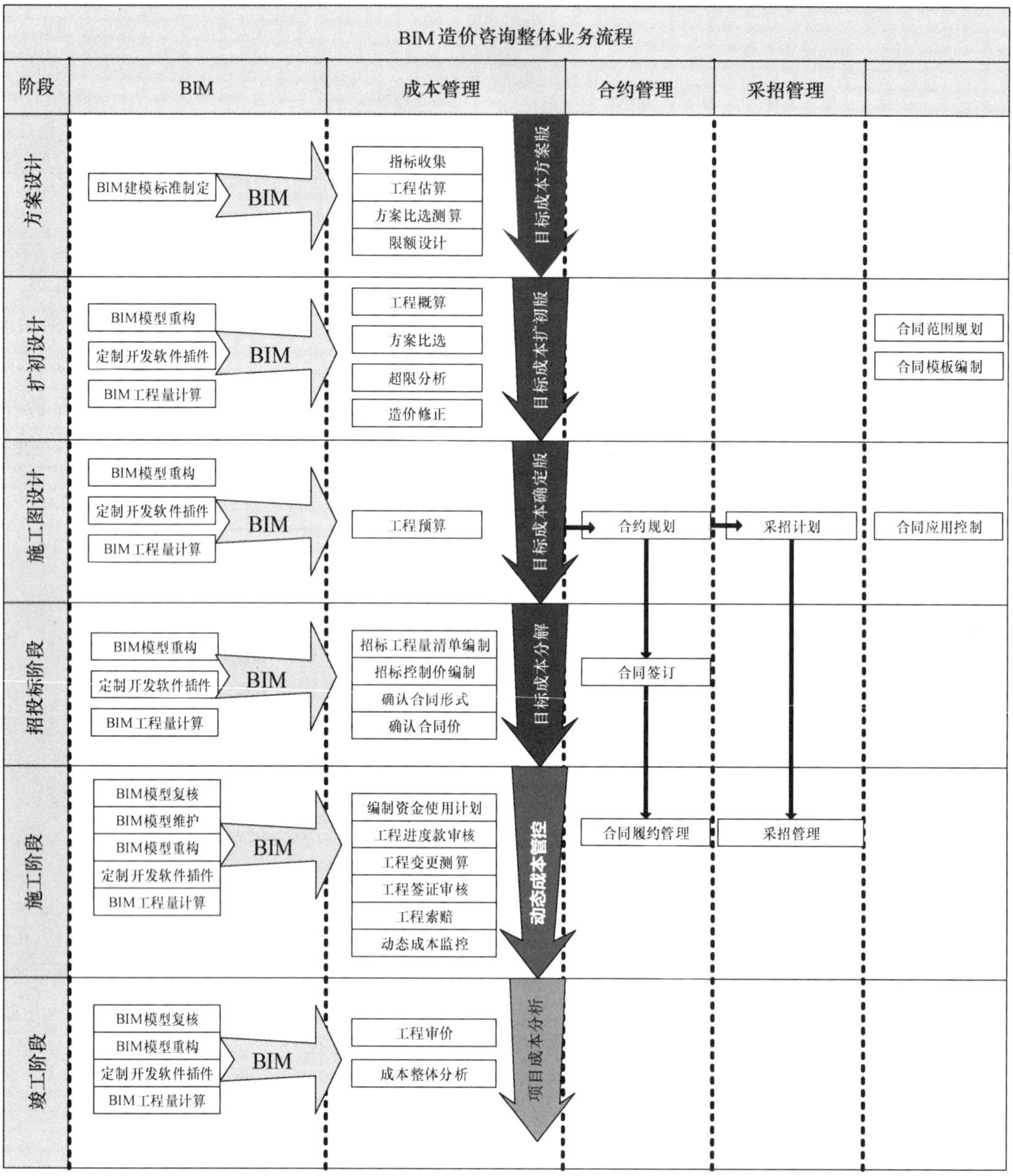

图8.5-4　整体流程示意

本案例的成果内容　　表8.5-2

方案设计阶段				
序号	服务内容	服务说明	成果文件	格式
1	项目指标库收集	根据项目概况，收集同类项目指标	同类项目指标表	.xls .pdf .doc
2	方案比选	不同设计方案，测算其成本，并对比分析	方案比选测算报告	
3	限额设计	根据同类项目设计指标，辅助业主对项目设计提供限额设计要求	限额设计指标	

续表

序号	服务内容	服务说明	成果文件	格式
4	成本 BIM 建模标准编制	为实现从设计 BIM 到成本 BIM 的数据传递，制定符合业主方要求的 BIM 建模标准手册	成本 BIM 建模标准手册	.pdf .doc
5	工程估算	根据设计方案测算建安成本	目标成本（建安）	.xls .pdf .doc
扩初设计阶段				
序号	服务内容	服务说明	成果文件	格式
1	成本 BIM 模型重构	（1）根据项目计量计价要求，定制开发 Binfo Report 功能，满足工程量计算要求。 （2）完善设计 BIM 模型的构件信息	成本 BIM 模型	.rvt .nvt 其他
2	BIM 工程量计算	使用 Binfo Report 计算工程量，并导出 Excel 表格	工程量清单	.xls .pdf .doc
3	工程概算	基于优化后的扩初图版的 BIM 模型，编制工程概算，辅助编制本阶段目标成本	工程概算书	.xls .GBQ 其他
4	目标成本编制	基于工程概算进行目标成本编制	目标成本（建安）	.xls .pdf .doc
施工图设计阶段				
序号	服务内容	服务说明	成果文件	格式
1	成本 BIM 模型重构	（1）根据项目计量计价要求，定制开发 Binfo Report 功能，满足工程量计算要求。 （2）完善设计 BIM 模型的构件信息	成本 BIM 模型	.rvt .nvt 其他
2	BIM 工程量计算	使用 Binfo Report 计算工程量，并导出 Excel 表格	工程量清单	.xls .pdf .doc
3	工程预算	基于优化后的施工图版的 BIM 模型，编制工程预算，辅助编制本阶段目标成本	工程预算书	.xls .GBQ 其他
4	目标成本修正	基于工程预算进行目标成本编制，并根据设计不断完善修正本阶段目标成本	目标成本（建安）	.xls .pdf .doc
5	合约规划	进行目标成本分解，编制初步合约合同。合约规划将成本与合同连接起来	合约规划方案	.xls .pdf .doc
招投标阶段				
序号	服务内容	服务说明	成果文件	格式
1	成本 BIM 模型重构	（1）根据项目计量计价要求，定制开发 Binfo Report 功能，满足工程量计算要求。 （2）完善设计 BIM 模型的构件信息	成本 BIM 模型	.rvt .nvt 其他

续表

<table>
<tr><th>序号</th><th>服务内容</th><th>服务说明</th><th>成果文件</th><th>格式</th></tr>
<tr><td>2</td><td>BIM 工程量
计算</td><td>使用 Binfo Report 计算工程量，并导出 Excel 表格</td><td>工程量清单</td><td>.xls
.pdf
.doc</td></tr>
<tr><td>3</td><td>招标清单编制</td><td rowspan="2">基于招标的施工图，依据招标文件编制招标工程量清单及控制价</td><td>招标清单</td><td rowspan="2">.xls
.GBQ
其他</td></tr>
<tr><td>4</td><td>招标控制价编制</td><td>招标控制价相关文件</td></tr>
<tr><td>5</td><td>合同形式确认</td><td>配合业主结合建设项目的实际情况采用合适的合同形式，并结合施工合同管理策略及招标组织形式进一步细化</td><td></td><td></td></tr>
<tr><td>6</td><td>合同价确定</td><td>中标单位确认后，配合业主完成合同价款确认</td><td>工程预算书</td><td>.xls
.GBQ
其他</td></tr>
<tr><td colspan="5">施工建造阶段</td></tr>
<tr><th>序号</th><th>服务内容</th><th>服务说明</th><th>成果文件</th><th>格式</th></tr>
<tr><td>1</td><td>成本 BIM 模型
更新维护</td><td>根据过程中的变更等技术资料更新维护成本 BIM 模型</td><td>成本 BIM 模型</td><td>.rvt
.nvt
其他</td></tr>
<tr><td>2</td><td>编制资金
使用计划</td><td>根据合约规划及合同编制资金使用计划</td><td>资金计划表</td><td>.xls
.pdf
.doc</td></tr>
<tr><td>3</td><td>制定招采计划</td><td>配合业主制定招采计划</td><td>招采计划表</td><td rowspan="2">.xls
.pdf
.doc</td></tr>
<tr><td>4</td><td>工程进度款审核</td><td>制定月进度用款申请的管理办法，并根据现场实际施工进度及施工合同进行工程进度款审核</td><td>进度款审核报告</td></tr>
<tr><td>5</td><td>工程变更测算</td><td>制定工程设计变更的管理措施；施工过程中，检查工程变更的审查包括工程变更费用的有效性、完整性、合理性和准确性，并测算工程变更的费用，实时监控成本动态</td><td rowspan="4">月报总结、
附工程变更台账、
附工程签证台账、
附动态成本表</td><td rowspan="4">.xls
.pdf
.doc</td></tr>
<tr><td>6</td><td>工程签证审核</td><td>制定现场签证的管理措施；施工过程中，及时审核工程签证，并由业主与施工单位确认</td></tr>
<tr><td>7</td><td>工程索赔</td><td>在收到索赔申请报告后，应在规定的时间内根据承发包合同约定予以审核，或要求申请人进一步补充索赔理由和证据。与各方积极配合，采用合理的索赔计算方法，对于工程索赔加强主动控制，避免索赔费用的扩大</td></tr>
<tr><td>8</td><td>动态成本监控</td><td>按照施工进度计划，编制工程进度款资金使用计划，并与工程实际完成进度款进行对比分析，分析偏差及产生的原因，提供偏差调整和资金筹措建议</td></tr>
</table>

续表

竣工验收阶段				
序号	服务内容	服务说明	成果文件	格式
1	竣工成本 BIM 模型交付	完善、复核并交付竣工成本 BIM 模型	竣工 BIM 模型	.rvt .nvt 其他
2	竣工结算审价	竣工结算审价	结算审价报告	.xls .GBQ 其他
3	项目成本管控总结	项目成本管理总结	成本分析报告、 项目总结报告	.xls .pdf .doc

8.5.3 项目简介

项目名称：某地产二期项目。本项目属于新建项目。

项目地点：某市东南部，交通便利，环境优越。

用地面积：135034.8m^2，北侧 A-02 地块为 102821m^2，南侧 A-05 地块为32213.8m^2。

建筑面积：195845.94m^2，其中地上总建筑面积 126198.38m^2，地下总建筑面积 69647.56m^2。

住宅产品：6 层住宅、4 层住宅、3 层住宅。

项目总户数：677 户，其中 6 层住宅 406 户，4 层住宅 241 户，3 层住宅 30 户。

项目特点：项目位于山坡上，地下室标高分级多；室外景观标高难确认；本项目均为多层建筑，地块面积大，栋号多，且建筑标高不完全一致。

成本 BIM 模型成果展示如图 8.5-5～图 8.5-7 所示。

图 8.5-5 业态：4 层住宅

技术指标、体量指标偏离对比如图 8.5-8 所示。

经过 Binfo Report 算量插件的计算、汇总、分析，其中钢筋、混凝土体量指标在限额指标范围内，结构设计符合成本控制要求（图 8.5-9）。

经过计算、汇总、分析，其中外墙面体量指标在限额指标范围内，室内防水体量指标超过限额指标范围。与做法标准库中的室内防水做法对比发现，本项目室内防水翻边的高度均为 1.8m，而标准库中翻边高度为 0.3m，局部迎水面为 1.8m，由此发现建筑设计做

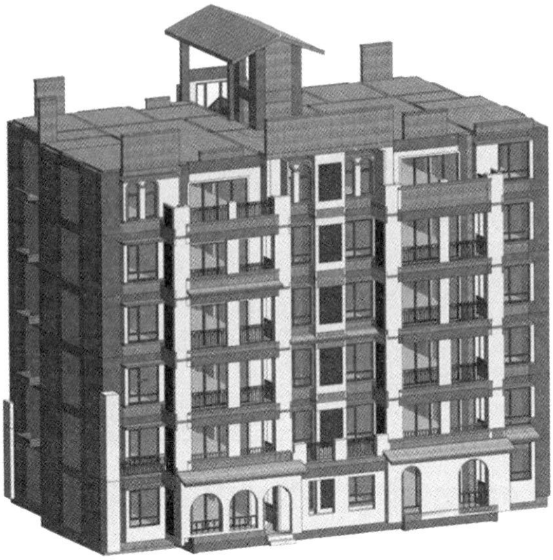

图 8.5-6　业态：6 层住宅

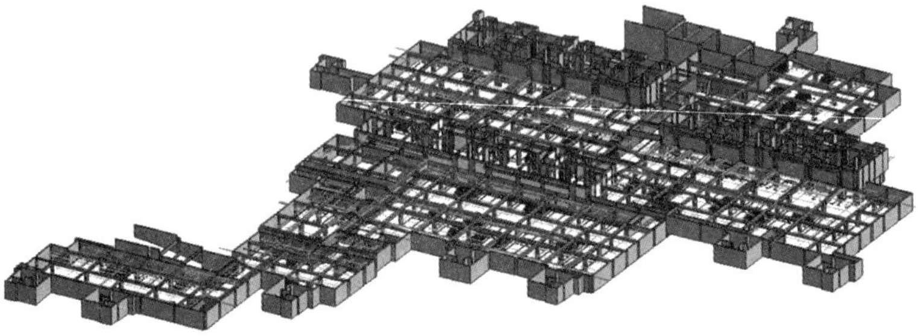

图 8.5-7　业态：地下车库

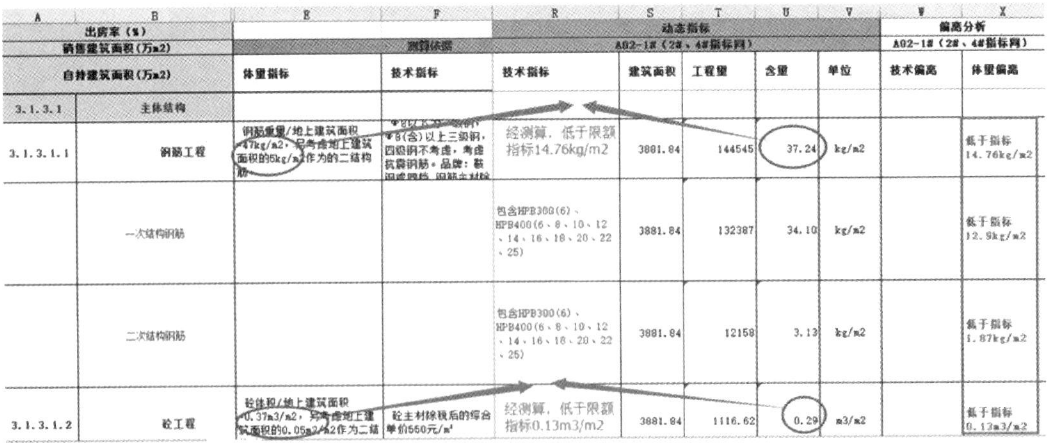

A	B	E	F	R	S	T	U	V	W	X
出房率（%）				动态指标					偏离分析	
销售建筑面积(万m2)		测算依据		A02-1#（2#、4#指标网）					A02-1#（2#、4#指标网）	
自持建筑面积(万m2)		体量指标	技术指标	技术指标	建筑面积	工程量	含量	单位	技术偏离	体量偏离
3.1.3.1	主体结构									
3.1.3.1.1	钢筋工程	钢筋重量/地上建筑面积47kg/m2，另考虑地上建筑面积的5kg/m2作为的二结构筋	Φ8(含)以上三级钢，四级钢不考虑，考虑抗震钢筋。品牌：	经测算，低于限额指标14.76kg/m2	3881.84	144545	37.24	kg/m2		低于指标14.76kg/m2
	一次结构钢筋			包含HPB300(6)、HPB400(6、8、10、12、14、16、18、20、22、25)	3881.84	132387	34.10	kg/m2		低于指标12.9kg/m2
	二次结构钢筋			包含HPB300(6)、HPB400(6、8、10、12、14、16、18、20、22、25)	3881.84	12158	3.13	kg/m2		低于指标1.87kg/m2
3.1.3.1.2	砼工程	砼体积/地上建筑面积0.37m3/m2，另考虑地上建筑面积的0.05m2/m2作为二结	砼主材除税后的综合单价550元/m³	经测算，低于限额指标0.13m3/m2	3881.84	1116.62	0.29	m3/m2		低于指标0.13m3/m2

图 8.5-8　技术指标、体量指标偏离对比表

法并未完全优化，故成本建议设计室内防水调整为与标准库中相同的做法。

建议的技术指标做法及涉及的费用如图 8.5-10 所示。

A	B	E	F	R	S	T	U	V	W	X
出房率（%）				动态指标					偏离分析	
销售建筑面积(万m2)		测算依据		A02-1#（2#、4#指标同）					A02-1#（2#、4#指标同）	
自持建筑面积(万m2)		体量指标	技术指标	技术指标	建筑面积	工程量	含量	单位	技术偏离	体量偏离
3.1.3.1.5.3	内墙面	内墙面装饰面积/地上建筑面积不超过3m2/m2	1.）15厚1：1：6水泥石灰砂浆打底并分层抹平.5厚1：0.5：3水泥石灰砂浆抹面，刷专用砼界面剂一	1.）15厚1：1：6水泥石灰砂浆打底并分层抹平.5厚1：0.5：3水泥石灰砂浆抹面，刷专用砼界面剂一遍	3881.84	8997.68	2.32	m2/m2	无偏离	低于指标 0.68m2/m2
3.1.3.1.5.4	外墙面	外墙面装饰面积/地上建筑面积不超过 1.5 m2/m2	1.）20厚1:2.5水泥砂浆抹灰（掺和5%聚合物防水剂），刷专用砼界面剂一遍	1. 刮柔性耐水腻子两遍 .5厚聚合物水泥砂浆复合耐碱玻璃纤维网格布 2. 5厚聚合物防水砂浆找平(最薄处) 3.墙面基层界面处理，刷界面砂浆一遍 4.钢筋混凝土墙(加气混凝土砌体)平整	3881.84	4390.24	1.13	m2/m2	取消20mm水泥砂浆采用5mm聚合物防水砂浆找平+网格布+耐水腻子	低于指标 0.37m2/m2
3.1.3.1.5.5	室内防水	防水面积/地上建筑面积不超过0.34m2/m2	1.5mm厚JS防水涂膜一遍，JSA-101 II 雨虹牌，翻边高按	1.5厚聚氨酯防水层，面撒黄砂，四周沿墙上翻1800高	3881.84	1405.73	0.36	m2/m2	四周沿墙上翻1800mm高	高于指标 0.02m2/m2
3.1.3.1.5.6	[illegible] 烟帽、变形缝 [illegible]	地上建筑面积	40元/m2							
3.1.3.1.6	屋面工程									

做法与原定技术指标有差异
体量指标在限额范围内

做法与原定技术指标有差异
体量指标超限

图 8.5-9　技术指标、体量指标偏离对比表

测算依据	总动态指标		偏离分析	限额技术指标	实际技术指标	限额技术指标	实际技术指标	价差	建议采用技术指标
	不包含A02-36# 41#		不包含A02-36# 41#	综合单价	综合单价	综合合价	综合合价		
技术指标	技术指标	工程量	技术偏离						
2.）混凝土墙、加气混凝土砌块墙，浆M7.5	±0.000以上砌体填充墙采用Mb5.0混合砂浆砌筑，A5.0加气混凝土砌块；砂浆全部采用预拌砂浆	4736.99	砂浆采用M5.0	439.49	436.06	2,081,858.37	2,065,610.51	-16,247.87	采用实际技术指标
1.）20厚1:2.5水泥砂浆抹灰（掺和5%聚合物防水剂），刷专用砼界面剂一道	1. 刮柔性耐水腻子两遍 .5厚聚合物水泥砂浆复合耐碱玻璃纤维网格布 2. 5厚聚合物防水砂浆找平(最薄处) 3. 墙面基层界面处理，刷界面砂浆一道 4. 钢筋混凝土墙(加气混凝土砌体)平整	26697.18	取消20mm水泥砂浆采用5mm聚合物防水砂浆找平+网格布+耐水腻子	64.23	64.62	1,714,759.94	1,725,171.84	10,411.90	采用实际技术指标
1.5mm厚JS防水涂膜一道，JSA-101 II 雨虹牌，翻边高按30cm考虑，局部迎水面按1.8m	1.5厚聚氨酯防水层，面撒黄砂，四周沿墙上翻1800高	9108.55	四周沿墙上翻1800mm高	38.00	38.00	346,124.86	346,124.86	-	因工程量的差异，建议采用实际技术指标
屋面板板内配筋10@900*900，深入持钉层20厚，20厚1:2.5水泥砂浆找平；4厚单层SBS聚合物改性沥青防水卷材，无纺布一层；80mm厚挤塑聚苯板保温层；35厚C20砼持钉层（直径4间距100*100）	屋面板板内配筋10@900*900，深入持钉层20厚，20厚1:2.5水泥砂浆找平；4厚单层SBS聚合物改性沥青防水卷材，无纺布一层；100m厚挤塑聚苯板保温层；35厚C20砼持钉层（直径4间距100*100）。	2463.86	挤塑聚苯板保温层更改为100mm厚	82.15	99.57	202,406.31	245,326.80	42,920.49	采用限额技术指标
天棚：1）现浇钢筋混凝土楼面板，表面清扫干净、湿润；2）界面处理剂一道；3）腻子批嵌平整；	天棚 1. 钢筋混凝土板底面清理干净 2. 10厚1:1:4水泥石灰砂浆 3. 2厚麻刀(或纸筋)石灰面	23938.40	取消腻子及界面剂，采用水泥砂浆抹灰；此做法不符合常规天棚实际做法	12.61	19.88	301,863.18	475,895.32	174,032.14	采用限额技术指标
							合计	211,116.66	7.51

图 8.5-10　技术指标做法及费用

对比实际做法与技术指标的差异，并从成本角度给出修改建议，折算下来每平方米节约 7.51 元，按照本项目 19.77 万平方米的建筑面积估算，总计帮助业主节约 148.47 万元的建安费用。

通过上面的部分成果展示，可以看出运用 BIM 技术进行模型取量，运用平台进行工程量的汇总，对体量、技术指标进行分析、对比，从而选出从成本角度出发最适合的技术做法，在满足规范的前提下最大限度地为业主节约成本，从前期设计阶段就提出建议，避免了大量的施工变更及浪费，达到业主对于 BIM 成本管控的预期。

此项目从项目业态、项目难度、项目管控思维对同类房地产项目都有着极高的参考价值。

8.5.4　BIM 成本管控实践

1. 项目总体组织架构

项目总体组织架构如图 8.5-11 所示。

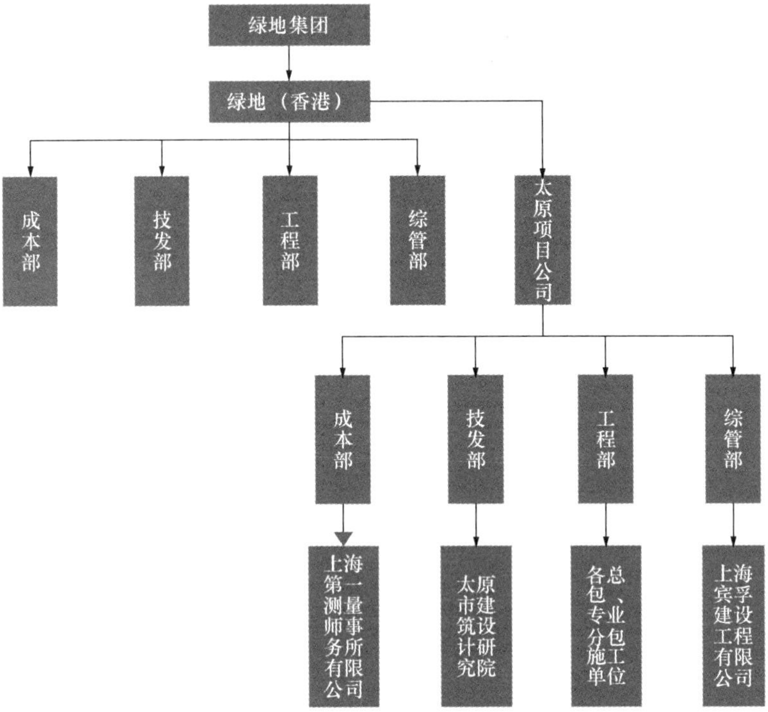

图 8.5-11　项目总体组织架构

2. BIM 成本管控过程

（1）设计阶段的费用控制

设计阶段费用控制工作的重点是：设计概算上报前，协助建设单位核对、审查设计概算，其中运用概算阶段 BIM 模型提取、复核工程量，确认概算文件是否达到质量要求使概算能完整、准确地反映设计内容；设计概算经审定批准后，找出概算费用有突破迹象或易突破的环节，作为成本管理的重点；编制成本管理一览表作为工程实施时向建设单位提供报警的极限值。

（2）招标阶段的费用控制

招投标阶段费用控制重点：招标文件的审核、工程量清单的审核、承包商的选择和承包合同的签订，要充分考虑设计文件的要求、工程实施过程中可能发生的情况及成本管理的目标，确保项目实施各阶段预期成本管理目标的实现。

（3）施工阶段全过程成本管理的费用控制

1）负责承包人、供应商的进度款的控制

承包人、供应商的进度款管理重点是：提前深入现场了解情况，检查事情是否真实可靠，事先熟悉图纸、招投标文件，了解承包人、供应商的工作内容是否符合合同的要求，并时刻注意成本是否已超过控制范围。

2）工程设计变更的控制

设计变更的控制重点是：建立设计变更控制流程，重点控制因工程规模或标准发生变化而产生的设计变更。

3）现场签证（索赔）的控制

关于签证（索赔）的控制重点：应以“实事求是，合理合法”为原则，控制签证（索赔）认定数量与实际发生的数量相一致，防止高估冒算，并到现场实际调查确定数量；运用价值工程原理，对签证可能确定的方案进行功能费用比较，采用价值最大的方案。

（4）竣工结算阶段的费用控制

竣工结算的控制重点：竣工结算文件必须齐全无缺，手续完整，结算审核必须按合同规定的计价方式，根据合同条款、竣工图纸、各类变更和签证以及有关定额费用规定的文件为依据，对施工单位提出的竣工工程结算作全面复核计算。

3. 成本管理的重点、难点分析及采取的措施

（1）成本管理内容的重点及相应措施

1）实施过程节点动态控制，注重工作实效

一般来说，业主开发项目建设项目周期较长，工程计价往往需要在不同阶段多次进行，伴随着项目展开，设计逐步深化，实施过程节点动态控制尤为重要，包括设计概算审核、投资控制目标的建立与投资切块分解、施工图预算编审和阶段性投资动态分析等环节，更有序地实施投资控制。

2）能动地影响设计，实施事前造价控制

造价工程师能较早地介入项目，协助建设单位参与设计方案经济评价，在投资可塑性较大的阶段，及时提出控制性的建议，能动地影响设计，确保使用功能前提下的投资经济性。

3）建立投资控制目标，有序地开展工作

准确地领会建设单位建设意图，充分利用造价工程师的控制经验，对设计概算进行客观的评判，分析概算项目内容是否有漏项，包括子目单价、数量的合理性等，以批准概算建立项目的总控目标，提升了后续项目投资控制实效性。

4）在招投标阶段，提供一条龙造价咨询服务

在发包阶段提供一条龙造价咨询服务，包括工程量清单审核、回标分析和合同条款审核等谈判工作，协助建设单位优选承包人，使投资控制工作前移，对清单招标显得更重要，有利于将后续过程控制与发包阶段实施良性对接，做到心中有数，以合同管理入手，从条款审核抓起，审核工作更具针对性和实用性，既明确结算方式、材料价格确定及调整范围和调整方法、工程变更等规定，又能抑制低报价、高索赔事件发生的概率，能及时提醒建设单位注意不平衡报价对工程价款的影响，选择有利于建设单位的结算方式等，达到预控项目风险之目的。

5）参与主要材料、设备商务谈判活动

在各专业分包阶段，由于建设标准定位和设计深度等因素影响，动态控制分析是一项有效手段，适时提出承包方式，或采用包干，或采用甲定乙办方式。造价工程师参与主要材料、设备商务谈判活动，侧重经济条款审核和实施造价控制，成为建设单位过程造价控制的好助手。

6）实施施工图预算与概算子目对比

进行施工图预算编审，并与概算子目对比，是实施动态控制关键环节，能更有效地及时发现问题，并能对暂定或指定项目控制目标进行重估，有利于把握过程控制难点与薄弱环节，有助于保持信息畅通，信息反馈到位，通过专题报告和月报等形式及时向建设单位

提供投资控制执行的基本情况，提出相应的建议以供建设单位参考，实施主动的跟踪过程控制，对及时采取纠偏措施是十分有益的，能提高投资控制的成效。

7）规范审核流程，积累结算资料

有针对性地设立过程审核流程，无论是进度款审核，还是工程变更价款审核，能突出控制的主动性，合同管理落到实处，为建设单位设置一个道关卡。明确了工程变更的程序，严格把握签证的有效性，通过现场踏勘查实各项依据，剔除与图纸、合同、定额重复的部分，随时关注可能发生的索赔，分析索赔事项，收集资料，编制支付审核台账，及时准确地判断和分清责任，对各种不合理的施工措施增加费用进行重点审查，按承包合同中工程量变更价格条款确定工程变更价格，强化了合同过程管理职能，为做好竣工结算打下良好的基础。

8）实施过程纠偏，确保控制措施的实效性

阶段性结算与竣工结算有效地衔接，保持与过程控制互动，对投资控制实施情况进行客观整体地评估，及时进行投资控制目标调整，对实际发生的工程量增减、设备和主要材料价差调整做到心中有数，有利于项目管理，通过与进度、质量、成本控制相结合，实施过程纠偏，确保控制措施的实效性，有序地推进投资控制进程，协助建设单位取得项目投资效益的最优化。

（2）成本管理内容的难点及相应措施

为了达到项目投资控制的总目标，在成本管理阶段将重点抓住“监理难点”，采取“针对性措施”以保证施工阶段全过程成本管理的工作质量。

1）严格控制价款支付

一般情况下，业主每月支付一次进度款。施工方由于施工期间支出较大，总想尽快得到较多的支付款，所以往往在月进度款中高报、虚报。

在施工过程中应坚持“承包合同为依据，单元工程为基础，施工质量为保证，量测核算为手段”的价款支付原则。一律杜绝未按设计要求施工完成，或开工、检验等手续不全，或施工质量不合格，或合同规定业主不另行支付的项目出现错付的情况。对于施工方申报支付的工程量，严格以施工监理验收合格、符合支付计量要求的项目测算，其具体工程量参照图纸，对图纸不能确定的项目，进行现场量测。

2）月进度用款申请的管理办法

为规范本工程月进度用款申请工作，采取以下管理办法：

① 总承包单位是月进度用款申请表汇总报审单位。凡列入总承包单位管理的施工、供应等单位含业主指定分包单位和供应单位等均由总承包单位予以汇总统一报审。

② 月进度用款申请表汇总报送审核、批复的流程为：

施工总承包单位汇总编制—提交工程监理审核工程量（审核工作范围和工作量）—提交建设单位工程部—提交投资控制审核（审核工作量和工程款）—提交建设单位负责人（确认工程付款金额）—反馈投资控制、工程监理及施工总承包单位。

③ 月进度用款申请表汇总的时间要求

施工总承包单位每月 25 日向工程监理送交月进度用款申请汇总表；工程监理应在 2 天内完成审核，并于每月 27 日将报表送达建设单位工程部；建设单位工程部收到报表后应在 1 天内完成审核，并于本月 28 日前将报表送投资控制；投资控制收到报表后应在 7

天内完成审核，并于次月 5 日前报送建设单位负责人。上述时间如遇节假日，则予以顺延。

④ 月进度用款申请表汇总时段应为上月 20 日至当月 20 日，工程监理单位对所审核部分在必要时应附上与价格审核有关的现场技术资料和已完工程质量情况。

⑤ 各总承包单位所上报的每月完成工程量必须如实反映工程的实际进展情况并对其准确性负责，每月上报的进度款经投资控制单位审核后，建设单位按合同约定的工程造价进度款支付当月工程款。

⑥ 各总承包单位所上报的已完工程量如超出设计图纸范围，必须提供经设计单位、工程监理单位、建设单位代表签署确认意见书方可予以计量，无依据或依据不全则不予以计量。

⑦ 投资控制单位在审价合同约定的范围内予以审核并提出审核意见。

⑧ 总承包单位必须指定专人负责此项工作。工程监理单位必须由工程总监负责此项工作。

4. 针对业主要求的成本管理服务内容

(1) 工程量计算

对 BIM 模型中的族构件赋予成本信息，进行造价角度的深化，利用由宾孚工程顾问公司自主研发的 Binfo Report 工具，对设计 BIM 模型进行重构，满足工程量计算规范符合业主清单计算规则，并直接提取优化后 BIM 模型工程量数据。

由成本 BIM 工程师利用 BIM 工程量计算工具（如：Binfo Report 工具等）对设计 BIM 模型进行成本角度的深化，根据本项目工程量计算规则和计价规范要求自动进行扣减，完善构件属性信息、编码信息。完善 BIM 模型内容，完善构件编码、构件其他信息，进行工程量计算。

深化后的成本 BIM 可直接导出工程量清单报表。根据招标界面要求，分割 BIM 工程量，并编制对应的招标清单及控制价。

(2) 各指标对比

梳理并与业主方确立相应的建造标准，完成相匹配的相关指标。

利用不同阶段的 BIM 模型获取相关数据，并制定相应的规则进行指标的数据对比和获取。

在 BIM 条件下，按甲方设定口径计算各阶段技术指标、体量指标并与目标设定值对比分析，按目标成本体量指标口径分析工程量并与目标成本作体量指标对比。

在 BIM 条件下对各阶段图纸技术指标、标准参数的提取：技术指标、标准参数与目标技术指标、标准对比，各业态建筑面积、单车位面积、层高、户数的统计跟踪与目标基础数据对比；针对特定项目，完成不同地区同类产品的体量、技术指标对标分析。

5. 目标成本编制

根据业主工程量清单所需的构件编码体系、构件重构规则与计量要求。在完成的设计 BIM 模型基础上，确定符合工程量计算要求的构件与分部分项工程的对应关系，并进行工程量清单编码映射，将构件与对应的工程量清单编码进行匹配，完成模型中构件与工程量计算分类的对应关系。

同时完善 BIM 模型中构件属性参数信息，如“尺寸”“材质”“规格”“部位”“工程量清单规范约定”“特殊说明”“经验要素”“项目特征”“工艺做法”等影响工程量清单计算的相关参数要求。

根据工程量清单统计的要求设定工程量清单计算规则，在不设计 BIM 条件下进行构件重构与计算参数设置，以确保构件扣减关系的准确，最终满足业主要求，并配合相应的价格数据库和政策费率表，不断细化目标成本。

6. 合约规划与招采管理

根据对项目合约的梳理，利用重构的成本 BIM 模型进行目标分解，确定合约规划，并将建安部分与 BIM 模型对应，实现数据的汇总与分析，并根据计划进行招标采购。

7. 甲供材与设备管理

根据业主方需求，梳理甲供材料与设备目录清单，完成族部品库建设，并附以相关的规格、尺寸、管控信息等。建立业主方标准部品库，实现甲供材和设备的集中管控，如图 8.5-12 所示。

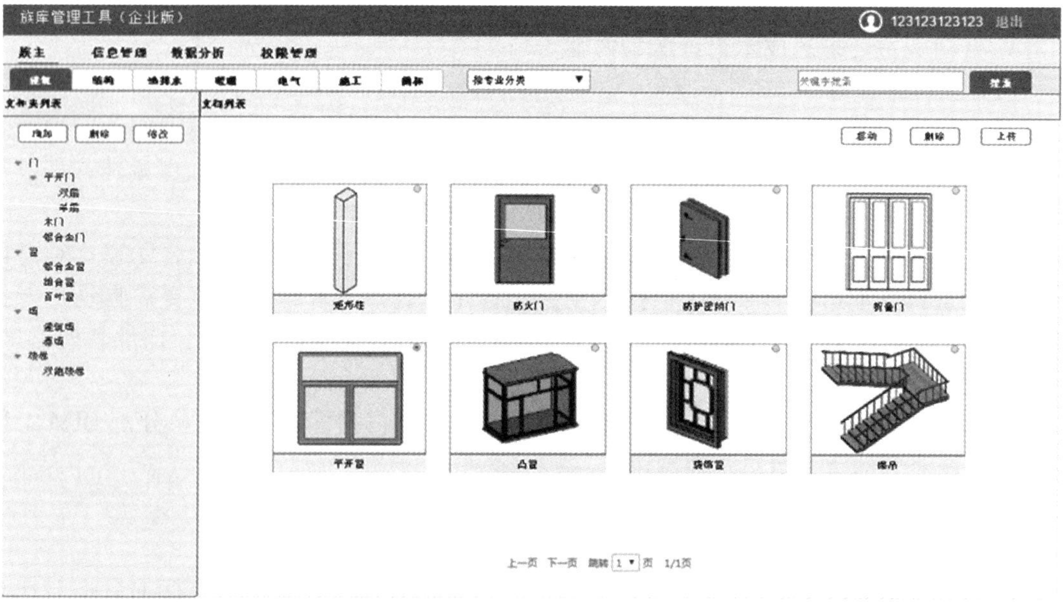

图 8.5-12　族部品库建设（1）

附加了甲供材与设备信息的族构件快速进行汇总提取，根据施工进度计划中的时间信息，快速、准确调取招标采购中即将使用的材料、设备集成的数量清单，供招标人编制招采规划与资金使用计划以及现场控制用量使用，如图 8.5-13 所示。

在进行 BIM 模型成本角度深化之前预先给予每个 BIM 构件设定扩展信息，扩展信息包括了供应商、材料供应办法等。支持招标人自定义扩展信息。

对设计交付的 BIM 模型进行成本角度的深化。

进行 BIM 模型工程量计算，计算完成的同时，自动统计出已经赋予构件部品的甲供材和设备信息的材料、设备报表。

根据招标人的需要配合招标人制定甲供材采购计划，如图 8.5-14 所示。

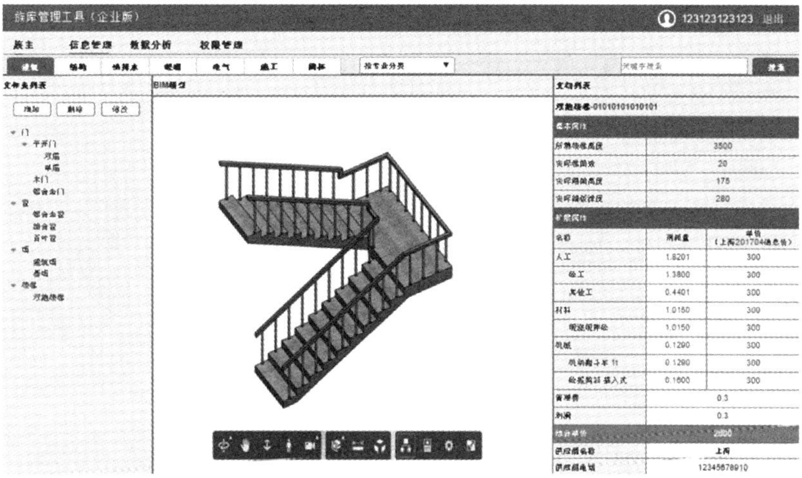

图 8.5-13　族部品库建设（2）

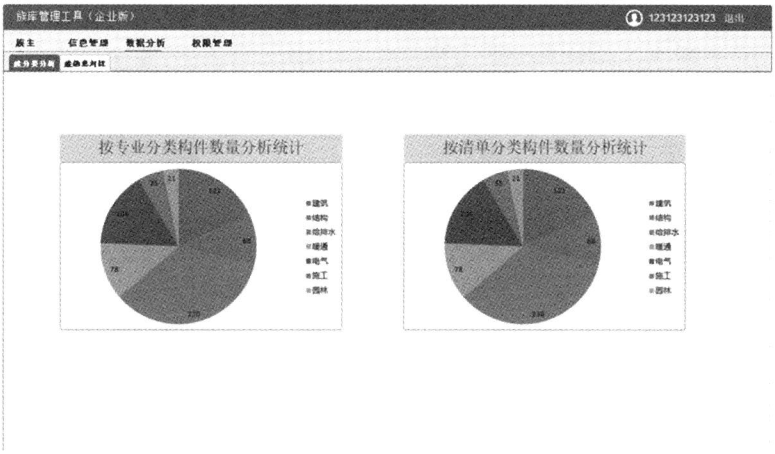

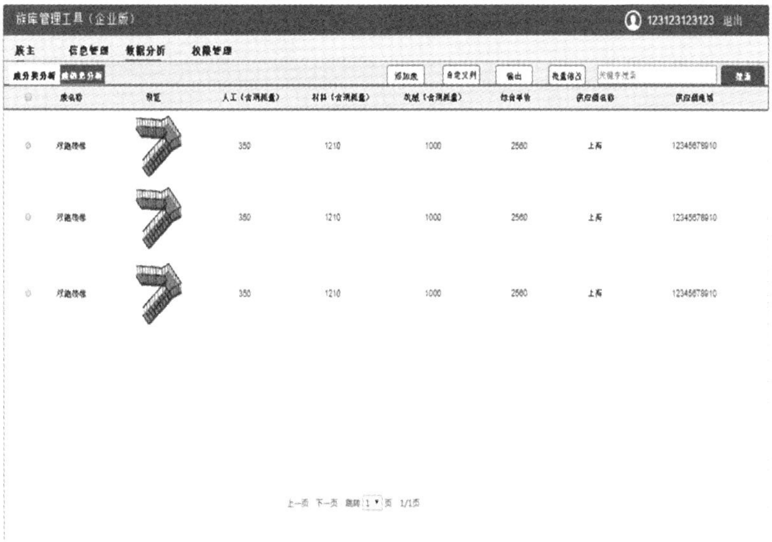

图 8.5-14　项目协同管理平台（1）（a）

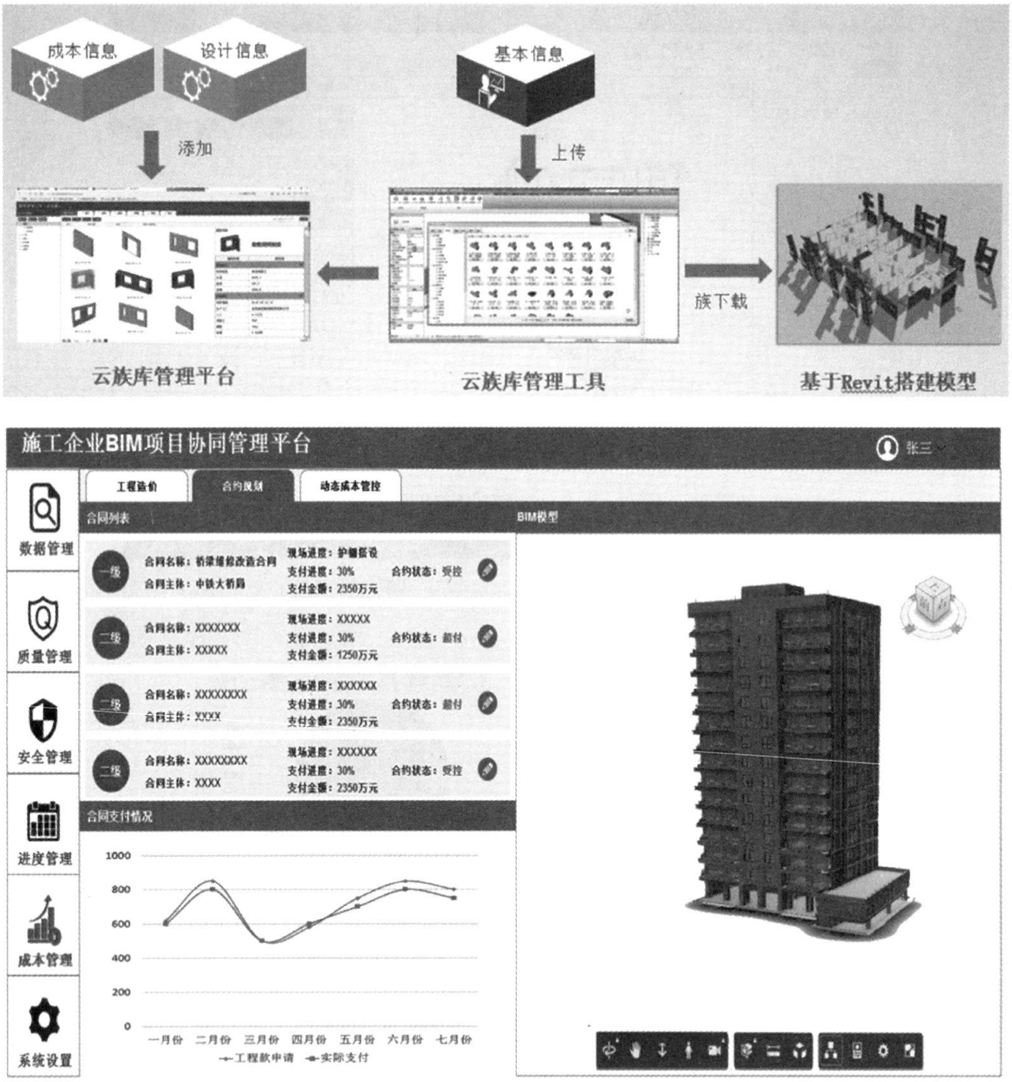

图 8.5-14　项目协同管理平台（1）(b)

8. 5D 动态成本管理

根据时间、空间、工序、区域维度对 BIM 模型的构件赋予信息，按照信息进度款工程量自动汇总统计，整理成相应报表，供招标人编制资金使用计划、审核进度款使用（图 8.5-15）。

变更签证：根据设计院的设计变更通知单，更新 BIM 模型，因变更所产生的工程量、费用按照合同价进行汇总统计，并在动态管理中实时更新、累计，以实时获取相关工程量等数据。

现场签证、索赔：根据建设方指令所产生的现场签证、索赔等签证单，可以通过照片、PDF 的方式上传至成本管控系统平台，自动识别其签证编号、日期、事由、金额，达到快速、精准、有序的整合及汇总。

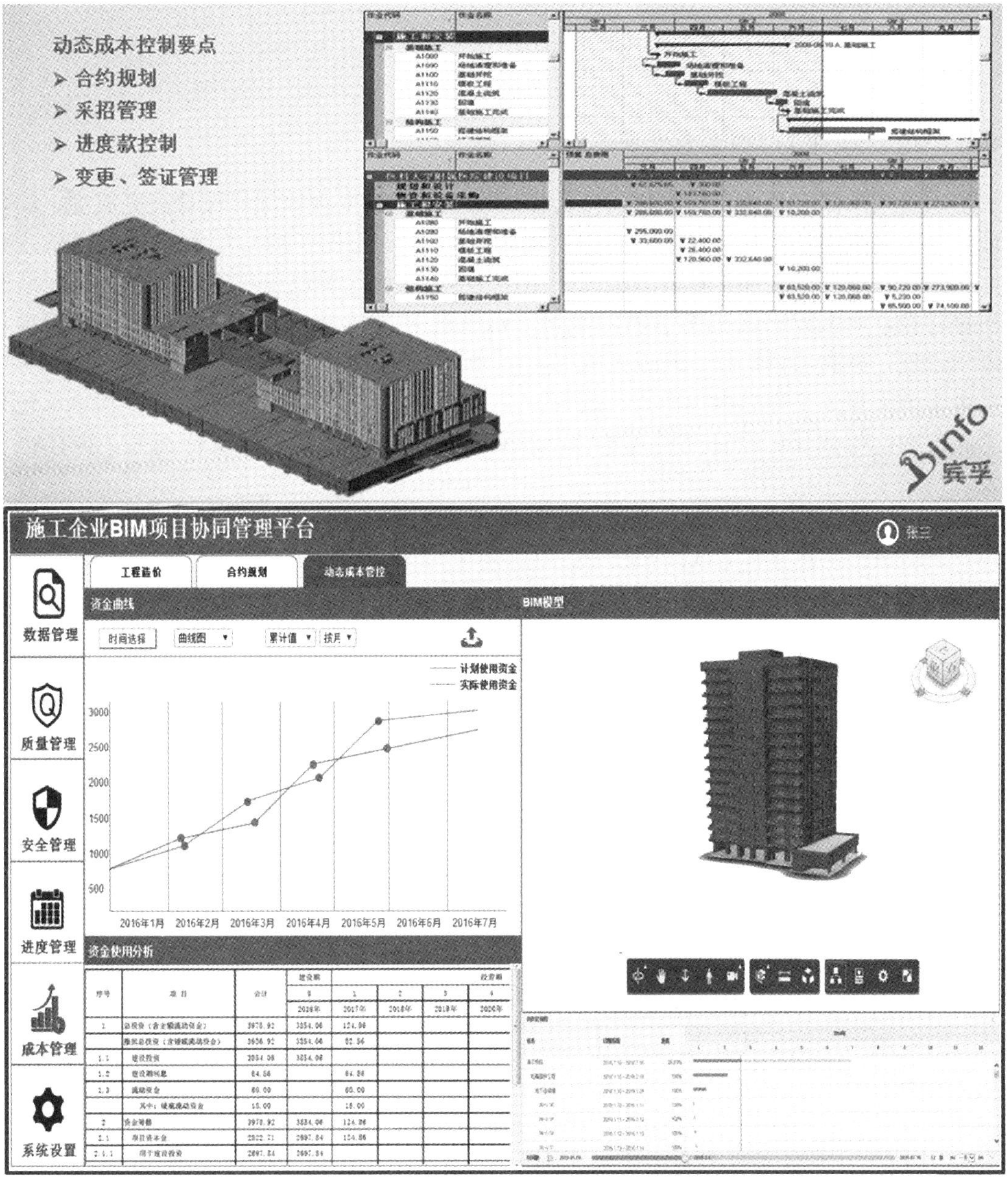

图 8.5-15 项目协同管理平台（2）

8.5.5 经验与体会

通过本项目，发现 BIM 成本管控正逐步地代替传统的造价所涉及的方方面面，并且可以比传统造价更快、更准、更高效地计算出工程量，并且根据业主自身的建造指标对比，从成本角度最大限度地节约建安成本，为业主谋取更高的利润。

8.6　案例六　某 EPC 项目的成本管控

8.6.1　项目业主背景描述及基本理念

本项目为某国有企业自用的科研办公楼建设项目。为实现该项目设计高完成度、简化管理过程、减少审计风险，业主方在项目策划中明确提出采用 EPC 工程总承包模式，将设计、采购、施工的全部工作内容委托给 EPC 工程总承包单位组织实施。为了更好地实现项目管控，业主方建议 EPC 工程总承包方积极采用 BIM 等直观、可视化技术实现项目的科学管理，提高项目汇报、沟通的效率，加强多专业协同，提升项目预控水平。

由于该工程为工程总承包模式，成本、工期、质量、进度、安全等均由工程总承包单位全面负责，与常规建设管理模式相比，总承包协调和管理的工作量特别大，责任也更加大。

鉴于上述原因，结合工程总承包单位多年的 BIM 技术应用经验，在本项目实施阶段，工程总承包单位积极采用 BIM 技术，将 BIM 技术应用贯彻于项目建设周期全过程，发挥 BIM 在项目建造中的巨大优势，支撑 EPC 项目工程总承包管理，实现多专业、多参与方、多阶段的协同工作。

工程总承包方的积极态度得到了建设方的高度重视和支持，在项目各个交流和沟通的环节，建设方都力争通过 BIM 模型和成果，来体验和分析阶段性成果，提高项目决策效率，同时希望工程总承包通过 BIM 技术，减少项目投资浪费，在总投资可控的情况下，尽可能提升项目品质。

8.6.2　BIM 成本管控理念与成果

任何项目、任何参与方都需要成本管控。建设单位需要通过成本管控来控制项目总体投资，实施单位需要通过成本管控，来实现企业的合理利润。不同的成本管控主体，因其在项目建设中承担的角色不同，其责任、权力和可以掌控的资源，均不相同，因此成本管控的范围和侧重点也各具特点。

如何采用 BIM 技术、BIM 理念更好地进行成本管控，必须首先要明确成本管控的主体，要分析和理解成本管控的范围和目标，同时还需要掌握 BIM 技术的特点和优势，然后将 BIM 技术、BIM 理念与成本管控需求紧密融合，才能最大化地发挥 BIM 技术的优势，实现更高效的成本管控，逐渐向全过程、数字化、信息化、可视化的成本管控目标迈进。

本案例重点介绍 EPC 工程总承包方基于 EPC 工程总承包合同模式的 BIM 成本管控。EPC 工程总承包方的成本管控与施工总承包或者单一的专项施工企业的成本管控不尽相同。

EPC 工程总承包方直接受业主委托，对工程建设负全部责任，合同形式为固定总价合同。因此 EPC 工程总承包方的成本管控重点是在合同签署时充分调研，明确业主方的建设标准和建设需求；在项目实施时，在兼顾业主方利益与专业分包利益的前提下，尽可能科学规划，最大化发挥设计潜力、施工特长、集中采购的优势。与 EPC 工程总承包方相比，虽然传统的施工总承包方也直接受业主方委托，但因为设计一般由业主方直接委托，与施工总承包方属于平行合同关系，施工总承包方不用对项目负总体责任，只需要基于设计图纸和合同委托进行生产过程中的成本管控即可，建设标准、设计标准变化带来的不确定因素完全由业主方承担。而专项施工企业，大多需要在施工总承包的统筹和支持下，进行本专业、本专项的生产组织管理，成本管控的范围更侧重于专业生产过程。所以，协调和统筹，是 EPC 工程总承包方成本管控的要点；精细化的人、机、物料管理，从生产细节进行成本控制，是施工总承包和专业施工分包的成本管控重点。

由此可见，EPC 工程总承包模式下的成本管控相对更加宏观，更侧重于基于设计的成本管控、基于合同的成本管控、基于合理工序组织的成本管控，兼顾项目建设过程中的成本监管。本案例中的 EPC 工程总承包成本管控并不涉及作业班组、作业人员和作业面的人、机、物料消耗，该细度的管理工作由各专业施工单位自行完成。未来，我们不建议也不打算实现作业面细度的成本管理，因为如果深入到这个层面，与各专业施工分包的成本管控存在一定的重叠。我们认为，工程总承包还是要立足于总承包的管理维度，在更细节更具体的管理层面，通过过程监控和信用评价，建立项目积极、正面的商务机制，引导专业分包利用专业技术、管理优势，激发专业的分包的管理积极性和管理活力，实现项目总体利益相关方的合作共赢。

即便是基于 EPC 工程总承包合同级的成本管控，因为 EPC 的成本管控需要设计、施工、合约、成本等多方面全专业的协作，涵盖的专业多，时间跨度长，设计和施工需要紧密的技术配合，设计和采购需要及时的技术衔接，施工和采购、设计需要紧紧围绕计划来统筹，虽然设计牵头的 EPC 在这方面有些天然的优势，但工作量仍然十分巨大。

在这样的环境下，BIM 技术在 EPC 工程总承包的成本管控中的应用就显得尤为必要，但如何实现有效的、系统性的开展和实施，形成所有涉及成本管控的部门的共识，进而迅速作为一项常用的工具和手段形成普及应用，还是下一步需要探索和推广的重点。

本项目 BIM 成本管控工作从设计阶段开始，涵盖了合约阶段、成本测算与计量阶段、施工准备阶段、施工组织实施阶段、竣工验收阶段等各阶段，利用云平台，借助手机端、电脑端、网页端，简称三端一云的技术，为各阶段的协同和优化发挥了作用，同时为各阶段之间的协同也发挥了积极的作用，取得了一定的应用成果，提升了项目成本管控的效率，实现了预定的目标，积累了一定的 BIM 应用经验、流程和制度。

8.6.3 项目简介

该项目是某建设单位自用的科研办公楼，工程建设投资约 5 亿元，其中规划可建设用地面积约 20000m^2。总建筑面积约为 92000m^2，其中地上建筑面积 57000m^2，地下建筑面积 35000m^2，建筑基底面积 7000m^2，最大单跨的跨度为 24m，最大基坑深度 10m。该项目工程由地下、裙房、主楼三部分组成，地下 2 层、裙房 3 层、主楼 19 层，建筑总高度 95 m；结构形式为钢筋混凝土框架核心筒结构，地下 1 层层高 3.9m，地下 2 层层高 3.6m，裙房层高为 4.5m，1～4 层层高为 4.5m，其余楼层层高均为 4.2m。主要功能为地下 2 层是停车场、设备用房和人防设施，地上部分是科研办公楼和为之配套的附属用房，如图 8.6-1 所示。

该项目包含桩基工程、基坑支护工程、土方工程、主体工程、人防工程、中央空调工

图 8.6-1 该项目鸟瞰效果图

程、消防工程、弱电工程、水暖工程、外檐幕墙工程、精装修工程等，属于精装修交钥匙工程。工程绝对工期为30个月，工期十分紧张。

本项目采用的是设计、采购、施工三位一体的EPC工程总承包模式，即由EPC工程总承包方与业主单位签署合同，对业主方而言，建设职责全部由EPC工程总承包方承担，责任非常清晰，管理风险小。对于EPC工程总承包方，虽然能够更好地实现设计、采购和施工的充分协调及统筹，但按照房屋建设工程行业的分工和惯例，在具体的专项工程实施层面，仍将由专业的施工企业来实现，如人防施工单位、幕墙施工单位、精装施工单位、弱电施工单位等，EPC工程总承包方的管理压力和风险较大。

项目工程总承包单位是设计单位，属于设计牵头的工程总承包管理模式，主要设计工作由工程总承包单位独立完成，人防、幕墙等部分专项深化设计及工程施工均由工程总承包单位自行委托，由工程总承包单位对业主全权负责。

结合本项目技术特点，工程总承包单位所签署的专项设计、专项施工分包合同达数十份。这种专业化分工虽然提高了专项设计、施工的水平和管理能力，但也增加了专业之间衔接的数量，如何对这些专业合作单位进行协同和管理，是本项目EPC工程总承包单位成本管理的重点。

虽然本项目建设方、EPC工程总承包等主要参与单位均为项目所在地的企业，不存在较高的远程管控的要求，但因为参与企业众多、项目管控时间跨度大，各参与方对于协同的诉求还是十分积极和强烈的。

在现阶段，业主方组织BIM技术应用的项目还不十分普遍；在传统项目建设模式下，虽然施工总承包应用BIM技术的积极性逐年上升，但受合同模式的限制，影响范围也受很大的限制。因为EPC工程总承包合同模式为EPC工程总承包方赋予了极高的综合协调可能性，BIM技术和EPC模式的结合应用极具期待。

本案例属于国内比较落地的EPC项目，是由设计牵头的EPC工程总承包单位与业主方签署合同，然后由EPC工程总承包单位委托各专业分包组织实施，而不是其他联合体模式或者类似于EPC工程总承包管理的模式。本案例的成本管控经验对于其他EPC项目来说，都极具借鉴意义。同时，本案例中BIM技术的应用由EPC工程总承包发起，贯穿全过程、全专业，对于其他EPC项目的BIM成本管控，乃至于业主方的成本管控，同样具有十分重要的借鉴意义。

遗憾的是，现阶段的整体EPC市场环境还不十分普遍，各参与方对于EPC工程总承包模式的理解并不完全一致，虽然在过程中，各参与单位也通力合作、积极磨合，但很多工作与理想的状态还有一定的差距，还希望读者多提宝贵意见，共同探讨并促进EPC工程总承包项目的BIM成本管控快速发展。

8.6.4 项目背景

目前，国内民用建筑领域的EPC工程总承包项目还不十分普遍，相反，传统的施工总承包模式已经十分普遍，在这样一种背景下，EPC工程总承包单位的角色、管理职责、成本管控要素都需要在实践中探索。

EPC工程总承包虽然在民用建筑领域相对薄弱，但在化工、水泥等领域已经相对成熟，且民用建筑领域也摸索了若干年，积累了一定的经验。与EPC工程总承包相比，BIM成本管控更是一片空白，BIM如果助力成本管控，BIM团队和设计、工程管理、成本、合约、各专业实施团队如何分工、如何协作，都需要从零开始探索。

幸运的是，在本案例实施之前，BIM技术应用团队已经有4年的设计阶段BIM技术应用经验、施工阶段BIM技术应用经验，也积极探索过BIM算量模式，对BIM技术应用相对较为熟悉和了解。

遗憾的是，本项目在前期设计阶段未采用BIM技术，未能实现BIM技术成果从方案设计向后续传递和共享。直至EPC工程总承包单位基本确定后，才明确应用BIM技术，由EPC工程总承包单位发起并组织了BIM技术应用讨论，确定了BIM技术应用策划方案，启动了设计阶段及后续各个阶段的BIM技术应用工作。

鉴于案例项目工期十分紧张，设计周期非常短暂，各参与单位众多，各参与单位和团队BIM技术应用水平参差不齐的特点，以及成功案例和经验不充分的情况下，为了确保本案例项目BIM技术应用和成本管控能顺利进行，同时确保本项目管理控制不出现偏差，在本案例BIM技术应用策划时，EPC工程总承包单位决定采用BIM技术应用团队与传统设计和管理模式并行的方式。即传统设计和管理模式、管理手段仍然进行，独立一支BIM技术团队全过程服务，同时要求所有的专业分包单位必须具备BIM技术配合和成果文件浏览的能力及软硬件配置。

采用这种伴随式BIM技术应用，有助于BIM技术的快速开展，但是如何协调BIM团队与其他参建单位的工作关系，工作价值如何体现，工作成果以BIM为主还是传统管理为主，也确实是需要解决和面临的问题。在本案例中，EPC工程总承包单位高层领导对BIM技术的重视和业主方的期望是项目推进的关键保障，通过领导的高度重视、结合BIM策划中的成果交付，形成一整套BIM技术应用推广的保证机制，实现了BIM技术应用和传统管理和谐统一，通过持续应用和价值体现，也带动了传统管理团队的积极性，进而进一步促进了BIM技术应用推广。

为了更好地实现全过程、全专业的BIM技术应用，提升各参与单位和决策层对BIM技术应用的关注，做好信息分享和协同，本案例中还选择市场占有率高、性价比较高的广联达5D云平台，作为本案例项目的管理平台和成本管控平台，提升管理效率，同时积累经验，为定制开发企业级的管理平台、成本管控平台积累经验。

8.6.5　BIM 成本管控实践

本案例项目采用 EPC 工程总承包模式，EPC 工程总承包单位同时也是本案例项目设计单位，所以，本案例项目的成本管控也是典型的由设计牵头的全过程成本管控，即带有 EPC 工程总承包特性，也带有全过程咨询的特性。

也正因为是设计牵头 EPC 工程总承包单位，所以 BIM 成本管控从设计阶段开始，涵盖了合约阶段、成本测算与计量阶段、施工准备阶段、施工组织实施阶段、竣工验收阶段等各个阶段，实现了设计模型不断迭代和完善，向项目各个阶段延伸的既定目标。

1. 项目策划

在项目策划阶段，通过讨论，结合 BIM 技术的应用特点，明确了本项目 BIM 技术应用点，本项目主要的应用阶段和应用点有：

（1）项目启动与投标阶段：为设计团队提供方案设计 BIM 模型和项目周边场地模型，配合设计团队完成投标设计 BIM 模型，并结合 BIM 模型进行项目优化分析和工程量计算，为投标报价策略的确定提供技术支撑。

（2）设计阶段：辅助设计同步校审设计成果，帮助设计人高效率完成设计检验并辅助表达复杂节点。

（3）合约成本阶段：生成 BIM 工程量单，与传统算量进行对比，确保项目和数量的准确。根据合约策划分解项目模型，分析合同界面，确保各合同界面无重叠和遗漏。

（4）深化设计阶段：配合机电深化设计，进行设计深化和优化，控制净高、优化路径，减少机电管线工程量，最终形成预留预埋图纸和机电管线、机房三维图纸，指导现场施工，减少拆改和浪费，控制成本；配合幕墙深化设计，把幕墙深化设计单位提供的 BIM 模型整合到总体 BIM 模型中来，优化土建配合工程量，控制成本。

（5）施工准备阶段：虚拟施工和施工进度模拟，演示并优化施工方案，选择最优技术措施和现场平面布置，合理节约建设成本。

（6）施工阶段：根据设计变更维护 BIM 模型，保证设计模型的正确性、及时性，以及提供基于正确模型的应用服务。同时及时提取工程量，为项目物料准备提供准确依据，提高物料周转，减少浪费。施工过程后期，参与阶段性验收和竣工验收，协助甲方验收 BIM 施工应用和施工模型的质量，配合工程量统计及成本分析。

（7）竣工交付阶段：将过程中积累的最新模型成果，整理为竣工交付物交付于业主单位，为数字运维奠定基础，同时也辅助进行工程决算。

在上述 7 个阶段中，共分析分解了 30 多项主要的 BIM 技术应用点和交付成果，为了更好地支持项目成本管控，做到 BIM 预演在先、项目实施在后，提升预控水平和质量，还将各 BIM 技术应用点与实际建设、管理工作进行了关联，确保在各项目实际建设、管理工作实施之前，完成 BIM 技术应用和预演。虽然在本案例项目中为独立的 BIM 团队负责所有的 BIM 技术应用工作，但为了为今后全员 BIM 做好铺垫和准备，具体应用和分解时，严格按照各参与单位自行提供 BIM 技术应用进行工作分解，只是在具体工作执行上统一由 BIM 团队实施（表 8.6-1）。

BIM技术应用与实际建设进度安排的逻辑关系　　表8.6-1

序号	BIM项目名称	紧后工程项目	BIM完成计划时间	实施人
1	桩基竣工模型	防水及保护层	2016年4月14日	总承包
2	施工图总体模型	施工图会审	2016年3月15日	总承包
3	主体建筑结构模型深化、错漏碰缺	基础承台、底板施工	2016年6月15日	总承包
4	钢结构建模、模型深化、错漏碰缺	钢结构制作加工	2016年4月29日	专业分包
5	协同	钢结构模型提交后一周内		总承包
6	机电管线模型深化、错漏碰缺	基础墙、柱	2016年6月14日	总承包
7	协同	机电模型完成后一周内		总承包
8	外檐幕墙埋件建模、模型深化、错漏碰缺	首层结构	2016年6月20日	专业分包
9	协同	幕墙模型提交后一周内		总承包

2. 项目组织

本项目依据项目合同架构形成了如图8.6-2所示的基本组织架构，组织架构中BIM技术的应用由独立的BIM技术应用团队与各参与单位以及各阶段团队的BIM协同人员相结合。

运用BIM技术的项目建设，现阶段各承接方基本都处于摸索阶段，为了快速推进BIM技术的应用、普及以及落地，其项目组织架构基本采用的是独立BIM团队与协同代表相互结合、相互深入、相互协同的模式。

EPC-BIM项目实施时，整个项目的人员配备也可根据不同级别的项目进行细化。BIM作为一项全新的技术方式，在不断地推动、激励着建筑业的变革，由此也应运而生了BIM团队。本案例BIM团队岗位配置如下：

BIM总监，由EPC工程总承包方经验、资历丰富的BIM技术人员担任BIM总监，代表企业制定设计任务书和BIM要求，协调各方资源，接受设计部门交付的BIM成果，协助与各专业管理部门进行技术和成果的对接。

BIM项目经理，负责BIM具体实施工作的组织和协调，直接上级为BIM总监。

BIM建模团队，土建、机电、安装等专业建模人员，负责完成项目基础数据准备和BIM模型的准备、模型审查、模型问题沟通与修改、模型相关应用支持等。

BIM成本技术团队，由具有造价咨询经验和BIM技术应用经验的成员组成，负责完成项目基础成本数据的收集、测算，基于BIM模型下进行相关算量、分析、造价，并形成相应的招标、进度、管控等依据。

BIM表现团队，负责动画、后期表现制作等，依据BIM模型制作相应的漫游、视频等，形成相应的运营维护效果平台。

以上独立BIM团队的人员数须根据项目的实际需求进行具体配备。

BIM的精髓在于协同，协同的方式包括共享和同步，在以上的组织机构内，由独立

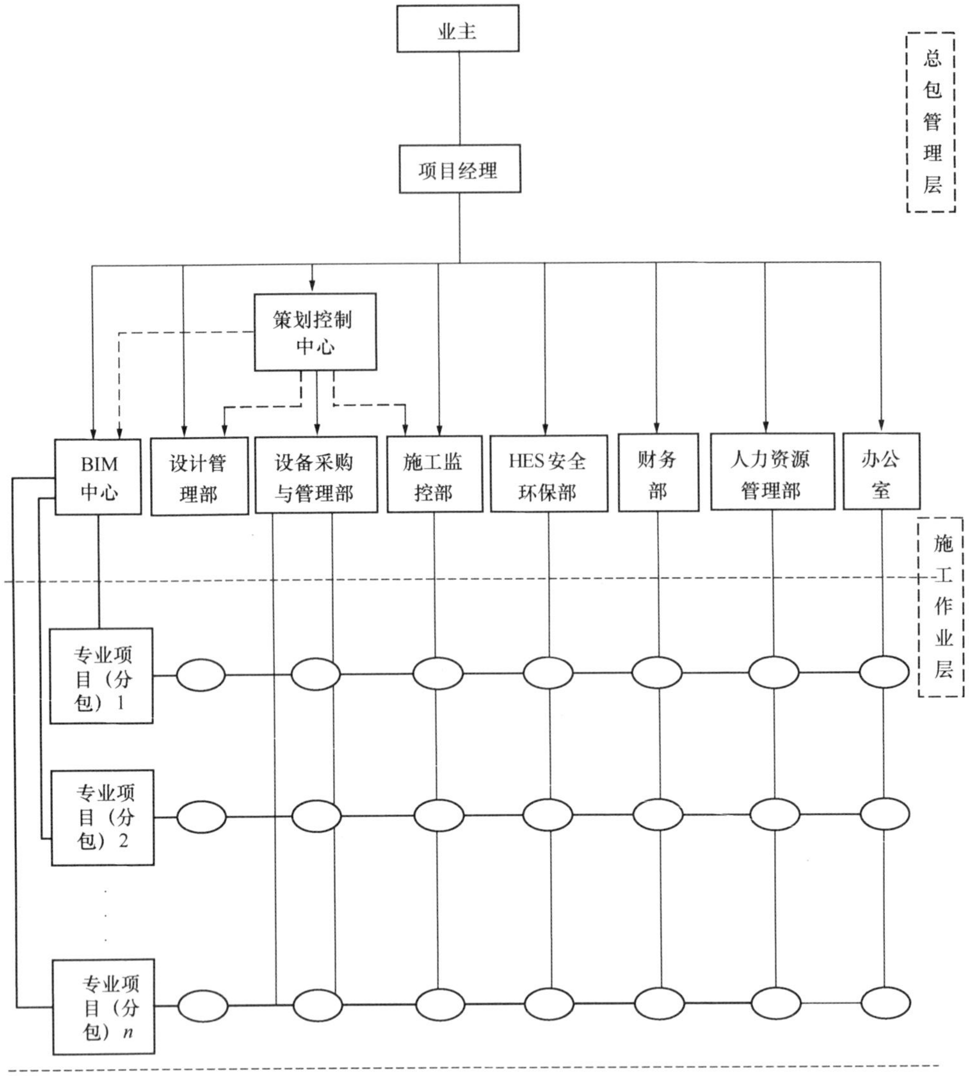

图 8.6-2　组织框架

的 BIM 团队来产生和维护 BIM 数据库，其他各利益相关单位共享数据，并随之产生新的数据，新的数据再次共享，不同利益集团各取所需，充分发挥 BIM 应用的巨大优势。

协同代表主要来自于各参建单位的 BIM 中心人员。各方根据自身机构设置特点以及项目工程的实际情况，从建模、信息交互、应用、维护等几个方面配备 BIM 技术人员。协同代表和项目 BIM 团队实时交流、实时沟通、实时反馈。

3. BIM 成本管控过程及核心工作

项目成本管控是一个动态的管理过程。BIM 技术通过将三维模型融入“时间信息”与“造价信息”，形成由 3D（模型）＋1D（进度）＋1D（造价）的五维建筑信息模型，即 BIM 5D，集成了工程量、工程进度、工程造价，不仅能统计工程量，还能将建筑构件的 3D 模型与施工进度的各种工作（WBS）相链接，动态地模拟施工变化过程，实施进度控制和成本造价的实时监控。成本管控问题一直以来都是业主、承包方、施工企业等各参建单位比较难以控制的关键节点。传统的工程成本管控一般是项目阶段性结束或者项目竣工时对成本进行计算、统计，可能会出现“不算不知道，一算吓一跳”的现象，成本核算不清、施工过程成本无法预知导致管控力度不足等原因会致使业主方不断追加投资。所以，BIM 技术的运用则可避免这一现象的发生。本项目运用的 BIM 5D 是基于 BIM 施工过程的管理工具，主要依据对项目组织设计模拟实际施工以及拟定相应的工程清单，系统能识别并自动提取建筑构件的清单类型和工程量（如体积、质量 、面积、长度等）等信息，自动计算建筑构件的资源用量及成本，从而确定合理的施工方案，实施造价控制。

BIM 成本管控过程：首先，在设计阶段采用 BIM 技术，进行科学分析、三维协同，减少各专业间的错漏碰缺，提升设计效率；加强与业主方的沟通、提升。其次，利用 BIM 技术快速统计的特点，与传统算量模式互为补充，快速、准确测算，及时对设计成果进行统计分析，确保限额设计的顺利实现。三是在合约管理阶段，通过 BIM 技术进行界面划分和验证，确保合约管理无重叠、无遗漏，减少结算阶段的增项。四是科学谋划施工组织，确保施工组织紧凑、有序，减少工序交叉产生拆改的成本管控风险。五是做好施工交底，并进行确认，提高单专业施工一次成功率，提高项目品质。六是施工过程中，动态进行物料追踪和管控。七是竣工结算阶段，提供三维可视化的竣工结算资料。

BIM 技术应用于项目的各个阶段，进行 BIM 基础数据的深化工作。在业主和项目管理团队的要求下进行项目动态管理，达到项目整体的项目数字化管理目标。根据本项目不同阶段的 BIM 技术的应用如下所述：

设计阶段：基于图纸对 BIM 建模中发现的图纸表达的重点、难点和疑问点及设计答疑过程记录，配合设计完成第一阶段管线综合（非零碰撞、主要管线路游位置的综合）。

该阶段主要利用 BIM 技术三维可视化的优势，在工作流程和数据流转等方面作出调整，以期设计效率和设计成果质量的显著提升。

（1）精细化设计。为了提高设计质量，可以利用 BIM 技术三维设计的优势，对二维设计中难以表现的部位精细化设计，达到分利用空间的目的。例如，楼梯间下部空间容易被忽视，在传统二维设计时很难明确空间尺度，结合 BIM 可视化特点，对这类空间进行了精细化设计，有效提高了空间利用率。

（2）多专业协同。三维环境使多专业的协同过程得到优化，将施工图设计的部分工作前移至设计初期，比如：走廊等管线密集部位的管线综合，计算及分配吊顶空间。采用 BIM 技术的三维设计方式，将管线综合工作前移，改变了传统设计流程，有效地实现多专业协同设计，比传统单专业单独会审发现碰撞点节省了大量时间，达到设计阶段就能及时发现碰撞问题的目的，使后期工作量明显减少。

合约成本阶段：

（1）根据合同管理框架，拆分模型，与合同范围对应，便于制定相关专业的工作界面和施工流水组织。该项目拆分后的模型类别如图 8.6-3～图 8.6-6 所示。

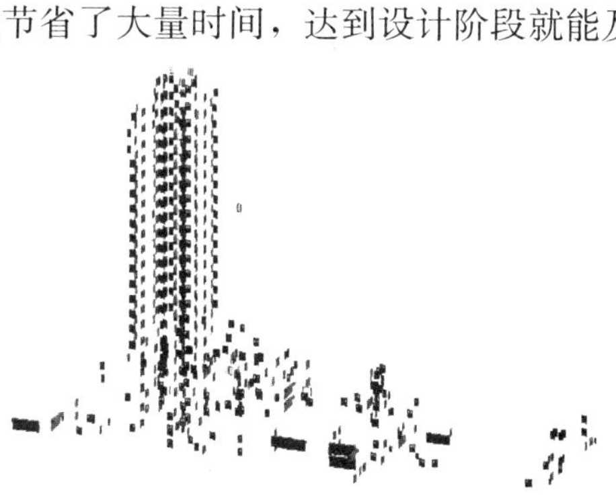

图 8.6-3 防火门、防火卷帘

（2）将拆分后的模型进行 BIM 工程量统计，配合预算部门进行工程量对比。以人防工程为

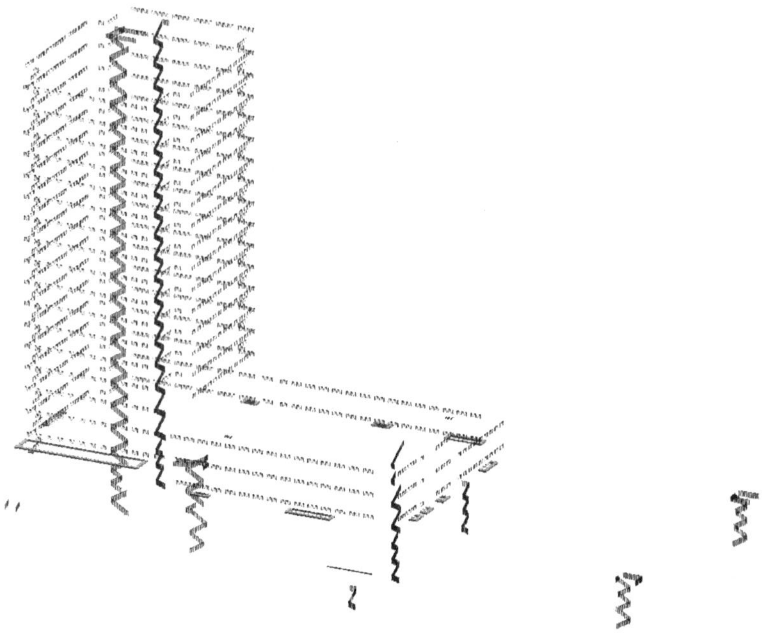

图 8.6-4　工艺围栏

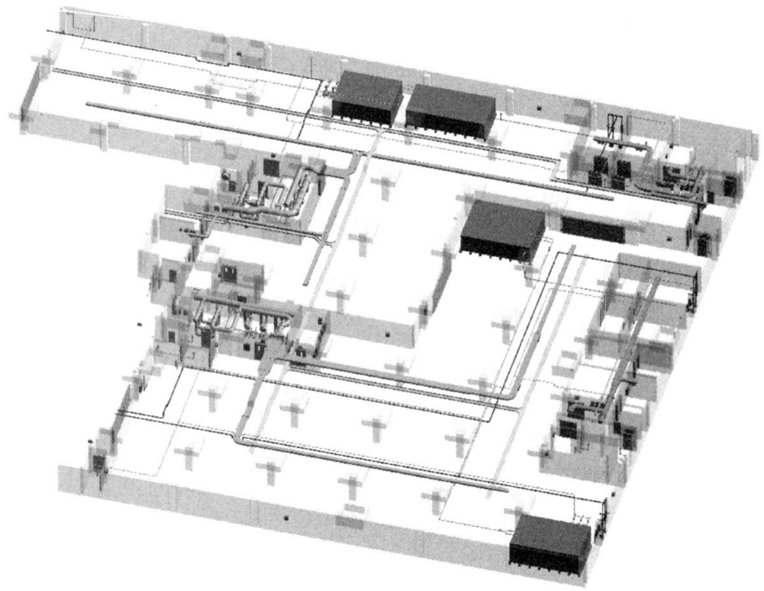

图 8.6-5　人防工程

例，具体内容如图 8.6-7 所示。

BIM 工程技术中心（模型提供方）和预算部门双方首先签订 BIM 模型确认单，进行相关模型的交接确认，同时 BIM 工程技术中心配合预算部门提供根据模型导出的人防工程各个 BIM 工程量信息清单，预算部门清单以大小空间图纸结合为主，以此由预算部门进行相关工程量的对比。

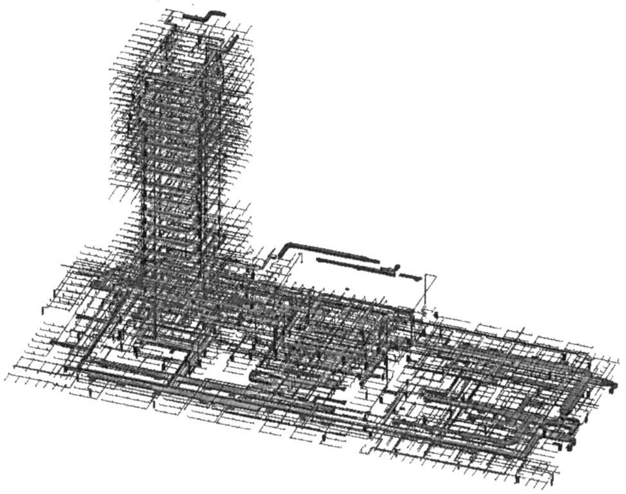

图 8.6-6 消防工程

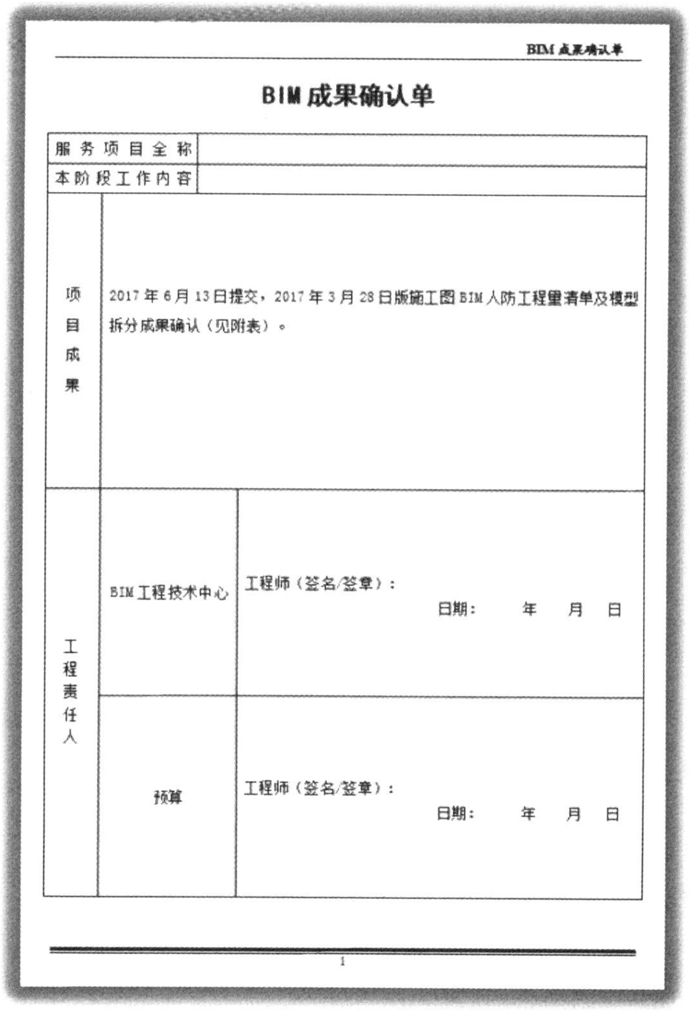

BIM成果确认单

BIM成果确认单

服务项目全称		
本阶段工作内容		
项目成果	2017年6月13日提交，2017年3月28日版施工图BIM人防工程量清单及模型拆分成果确认（见附表）。	
工程责任人	BIM工程技术中心	工程师（签名/签章）： 日期： 年 月 日
	预算	工程师（签名/签章）： 日期： 年 月 日

1

图 8.6-7 BIM成果确认单

专项深化设计阶段：

BIM 技术不仅可以快速解决碰撞问题，而且还可应用创建更加合理美观的管线排列，有效提高图纸设计质量以及施工过程中一次安装的成功率，减少返工。作为连接设计和施工的关键阶段，基于 BIM 的深化设计和数字化加工在日益大型化、复杂化的建筑项目中显露出相对于传统深化设计、加工技术无可比拟的优越性。有别于传统的二维深化设计和加工技术，基于 BIM 的深化设计更能提高施工图深度、效率及准确性。专项深化阶段基于 BIM 模型，主要涵盖土建结构、钢结构、幕墙、机电等各个专业的深化设计。通过 BIM 的精确设计后，可大大降低专业间交错碰撞，且各专业分包利用模型开展施工方案、施工顺序讨论，可以直观、清晰地发现施工中可能产生的问题，并给予提前解决，从而大量减少施工过程中的误会与纠纷，也为后阶段的数字化加工、数字建造打下坚实的基础。

本工程通过应用 BIM 技术确实实现了优化图纸、提高效率、节约成本的目的。在复杂区域利用 BIM 模型，指导班组施工。施工方项目部针对设备间复杂的区域，应用 Revit 软件所建立的 BIM 模型，直接向班组进行施工交底和作业指导，效果更加直观、方便。项目具体的专项深化设计的工作如下所述：

（1）进行幕墙深化和机电第二次管综（深度能指导施工）以及装饰深化，依照施工精度要求进行管线支吊架的布置。

1）幕墙深化设计方面

国内的建筑设计行业正步入从二维向三维转换的轨道而幕墙作为建筑的外围护结构，也是建筑的外衣，是建筑的形象表达及功能实现的重要载体。幕墙设计作为建筑设计的深化和细化，对建筑设计理念应能够充分地理解，同时更需要有与建筑设计匹配的实现工具以保证设计的延续性，从而更好地达到业主和建筑的设计目的。BIM 技术的出现，可以有效地保证建筑设计向幕墙细部设计过渡时的建筑信息完整性和有效性，正确、真实、直观地传达建筑师的设计意图。尤其是对于一些大体量或复杂的现代建筑信息的有效传递，更是保证项目可实施性的关键因素。

建筑设计的 BIM 模型延续至幕墙设计时，能直观地表达建筑效果。但其所储存的信息仅限于初步设计阶段，尤其是对于材料、细部尺寸以及幕墙和主体构件的之间的关键信息都很少。而这些信息和构件细部等，都是在幕墙深化设计、加工过程中进行完善的。

在创建工程外幕墙 BIM 模型的过程中，需充分利用软件优点结合项目自身特点进行创建：

① 模块化：由于 Revit 软件的模块化功能，可以将外幕墙不同类型单元做成不同的幕墙嵌板族，这样就可以根据单元类型创建族，同一种类型的单元应用同一个族，从而大大减少工作量。

② 参数化：对于外幕墙中同一种类型的嵌板族，其各种构件的定位可以利用参照线及参照面定位，并为参照线和参照面设置定位参数，使单元板块尺寸上的变化可以应用参数调节。

③ 类型参数与实例参数：根据参数形式的不同，将参数分为类型参数与实例参数，实例参数是族的参数，可以分别为每个族调整参数；而类型参数则是一个类型的所有族的参数，调节类型参数则所有该类型的板块自动跟着变化。

具体幕墙模型创建过程包括：

① 创建幕墙定位系统。受限于 Revit 软件平台建模功能的薄弱，形体复杂的幕墙模型首先需要创建定位体系。在目前软件开发情况下，定位系统的功能一般可由 CAD 完成。即楼层标高平台和幕墙定位线需先在 CAD 中创建，并将之引入 Revit 软件平台。

② 通过幕墙嵌板族创建幕墙单元。采用幕墙嵌板族，将单元面板、台阶构造及竖梃做在嵌板族里，且台阶宽度的变化靠嵌板族中参数调节。相当于一个单元做成一个嵌板。

③ 将幕墙单元导入项目的幕墙定位系统，并输入台阶参数，以获得模型中每区每层的幕墙板块台阶尺寸。

④ 创建幕墙支撑体系。同样经过定位创建构件族、创建构件单元、构件单元导入等环节，创建符合施工精度要求的工厂级 BIM 模型。

2）机电深化设计方面

制定施工图纸阶段，若相关各专业没有经过充分的协调，可能直接导致施工图出图进度的延后，甚至进一步影响整个项目的施工进度。利用 BIM 技术建立三维可视化的模型，在碰撞发生处可以实时变换角度进行全方位、多角度的观察，便于讨论修改，这是提高工作效率的一大突破。BIM 使各专业在统一的建筑模型平台上进行修改，各专业的调整实时显现实时反馈。

在传统深化设计工作中，重复的工作量导致大量时间耗费，这就是不具备参数能力的线条所组成的图形所暴露出的局限性。BIM 技术应用下的任何修改体现在：其一，能最大限度地发挥 BIM 所具备的参数化联动特点，从参数信息到形状信息各方面同步修改；其二，无改图或重新绘图的工作步骤，更改完成后的模型可以根据需要来生成平面图、剖面图以及立面图。与传统利用二维方式绘制施工图相比，为避免各专业管线碰撞问题，提高碰撞检测工作效率，在项目中采用如下流程进行机电深化，其效率更高：

① 将综合模型按不同专业分别导出，导出格式为 DWF 或 NWC 的文件。

② 在 Navisworks 软件里面将各专业模型叠加成综合管线模型进行碰撞检测。根据碰撞结果回到 Revit 软件里对模型进行调整。

③ 将调整后的结果反馈给深化设计员：深化设计员周整深化设计图，然后将图纸返回给 BIM 设计员，最后 BIM 设计员将三维模型按深化设计图进行调整，碰撞检测。如此反复，直至碰撞检测结果为“零”碰撞为止。

在以往的 BIM 机电深化设计碰撞检测工作开展的过程中发现，当对碰撞处进行调整后，如果缺乏各专业间的协调沟通、同步调整，则会产生新的碰撞位置，导致一而再、再而三产生碰撞并再次讨论再次修改。针对该现象，结合国内外的 BIM 机电深化行业的经验，认为全方位碰撞检测时首先进行的应该是机电各专业与建筑结构之间的碰撞检测，在确保机电与建筑结构之间无碰撞之后再对模型进行综合机电管线间的碰撞检测。同时，根据碰撞检测结果对原设计进行综合管线调整，对碰撞检测过程中可能出现的误判，人为对报告进行审核调整，进而得出修改意见。可以说，各专业间的碰撞交叉是深化设计阶段中无法避免的一个问题，但运用 BIM 技术则可以通过将各专业模型汇总到一起之后利用碰撞检测的功能，快速检测到并提示空间某一点的碰撞，便于设计师快速定位和调整管路从而极大地提高工作效率。

3）装饰深化方面

建筑装饰的施工环境不同于土建施工，土建施工是一切从“零”开始，所以设计师的图纸可以作为基准文件执行，施工过程的容许误差可以在装饰施工阶段弥补。而装饰工程的施工是处于土建结构的界面上实现的，而且大量的机电、设备末端都要与装饰面和建筑隐蔽空间并存，如果按照原装饰设计图直接施工，必然会产生装饰效果打折、工程返工、材料浪费、工期延长等大量不可预见的因素。所以，装饰施工深化设计是装饰施工的必然步骤，传统的方法是采用 CAD 二维图来调整建筑结构、机电安装与装饰面的关系，因受二维图的局限和深化设计师的空间把握能力限制，出现差错在所难免。随着 BIM 技术的推广其三维空间表达能力得到提升，建筑设计，机电设计，土建梁、柱、板构造，设备安装，装饰设计，加工各专业的配合将在深化设计的同一平台表达，工程项目中所存在的设计问题便一目了然。

基于 BIM 方式的设计，从开始到最终完成模型的审核通过，其实就是施工模拟的过程。其中可以包含大量的即时信息：施工先后工序，构造尺寸标高，构造连接方式，工艺交界处理，环境效果表达，装饰构件加工分类，构件材料数量和采购清单，构件、组件加工物流，施工配套设施设备，施工交接时间，现场劳动力配备，这将为装饰施工管理带来革命性的改变。

装饰工程的深化设计需要处理的是：根据装饰与设计意图对装饰块面构件的规划设计，以标准模数设计分配构件类型，达到工厂化标准化加工目的。

利用 BIM 技术中的数字化工艺设计模式，绘制出与现场高度匹配的模型并形成准确的工厂加工材料明细表。在三维模型中可以进一步深化各个节点，形成装配化深化设计图纸和产品加工图纸。例如，吊顶金属板、干挂木饰面、架空地板等饰面，精度控制主要体现在非标准板块的加工上，利用 Revit 软件可以形成材料明细表，并进行三维排版，将非标准板排列、编号，绘制加工图纸，如此能够最大限度地保证工厂加工构件与现场的匹配程度（图 8.6-8、图 8.6-9）。

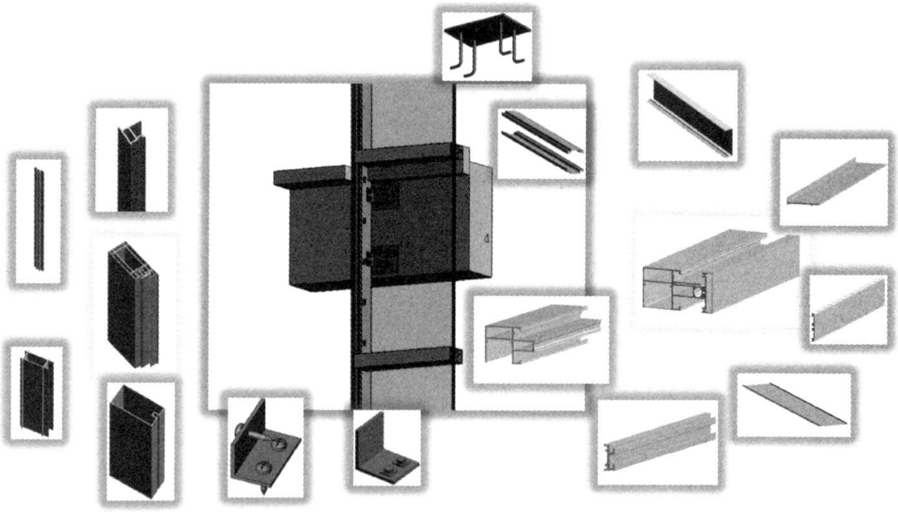

图 8.6-8　幕墙深化

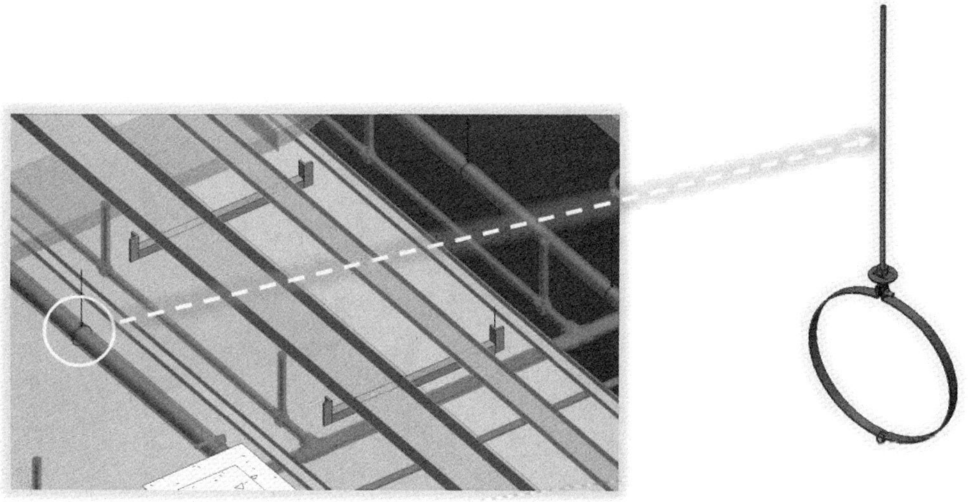

图 8.6-9 机电第二次管综

(2) 根据完成后的管综成果逐层提供净空分析，与现场人员进行三维可视化交底（图 8.6-10、图 8.6-11）。

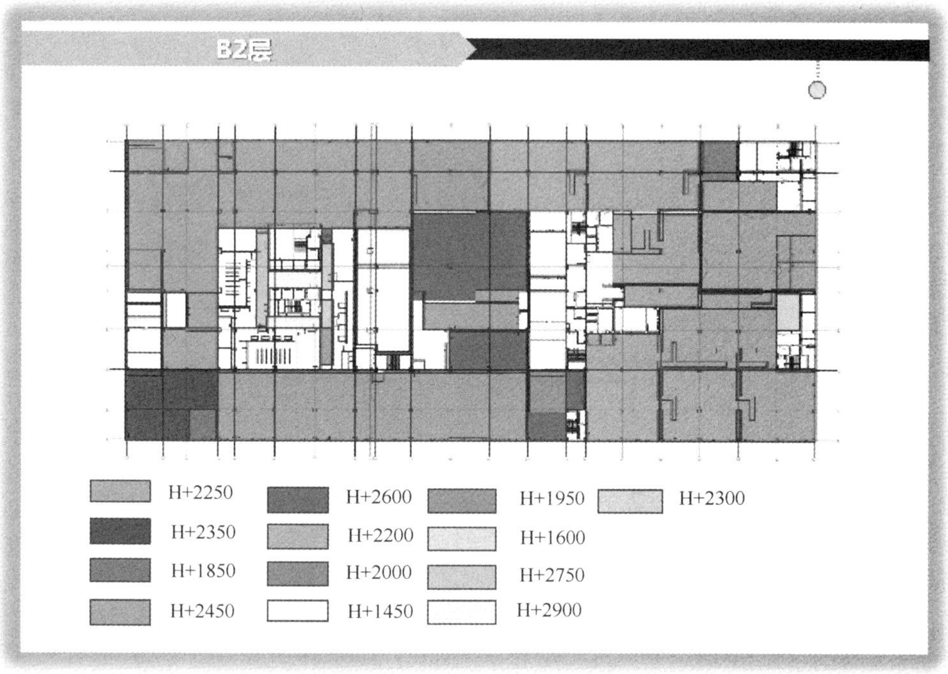

图 8.6-10 净空分析

(3) 基于管线综合后，将复杂区域管线布置区域进行出图表示（图 8.6-12、图 8.6-13。

(4) 基于管线综合并结合三联供修改出户后的成果，完成对地下室四面外墙预留孔洞的出图，并打图交于现场用于配合施工。

图 8.6-11　与现场人员进行三维可视化交底

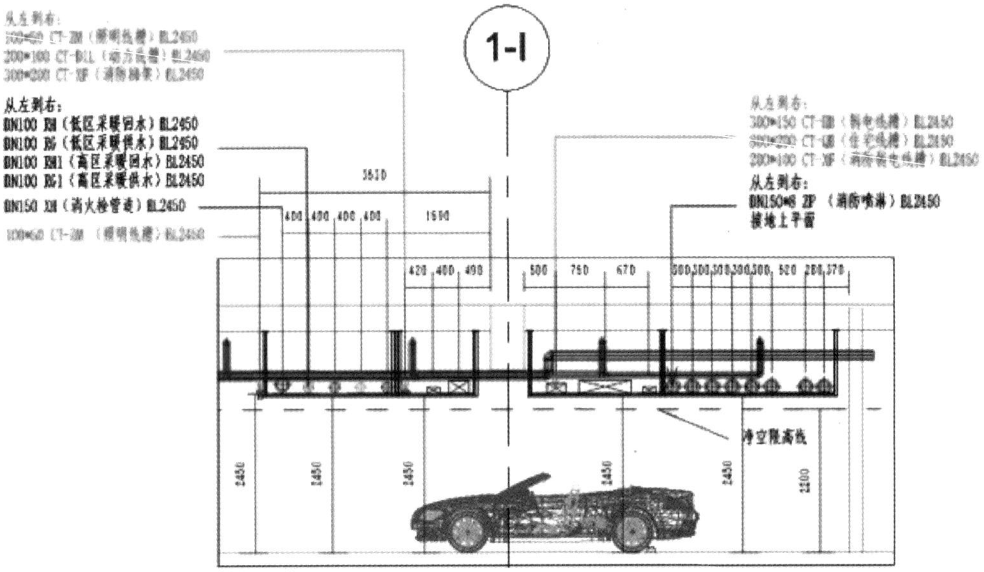

图 8.6-12　复杂区域管线布置区域

在深化设计阶段，BIM 技术的应用很大程度上减少甚至避免工程返工现象的出现，极大程度上降低工程成本，缩短工期（图 8.6-14～图 8.6-18）。

BIM 项目总承包对深化设计的整体管理从以上应用中可以看出，主要体现在组织、计划、技术等方面的统筹协调上，通过对分包单位 BIM 模型的控制和管理，实现对下属施工单位和分包商的集中管理，确保深化设计在整个项目中的协调性与统一性，由 BIM 项目总承包单位管理的 BIM 各专业承包单位和 BIM 分包单位根据各自所承包的专业负责

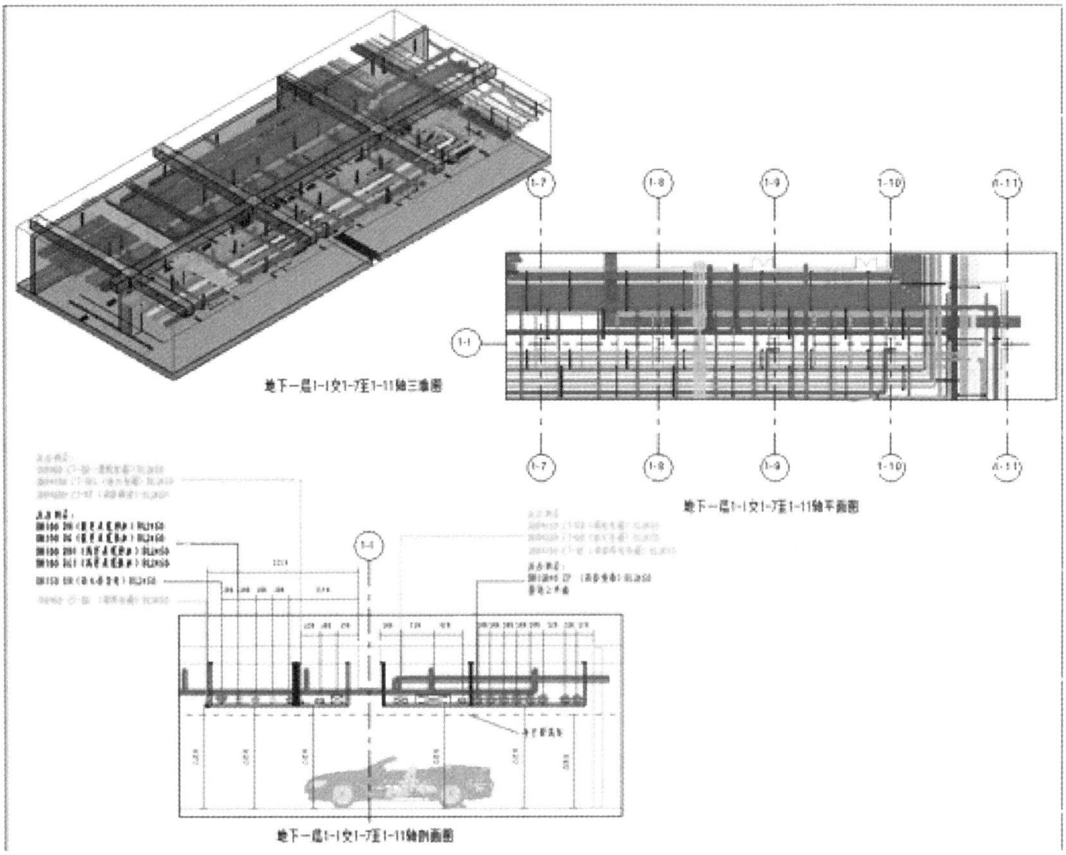

图 8.6-13 复杂区域管线布置区域的出图

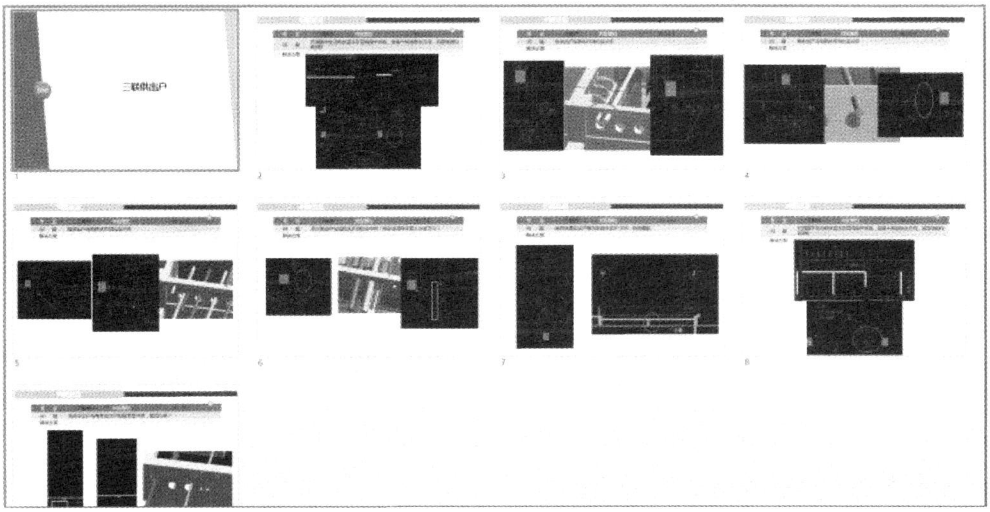

图 8.6-14 三联供管道出户问题汇总汇报

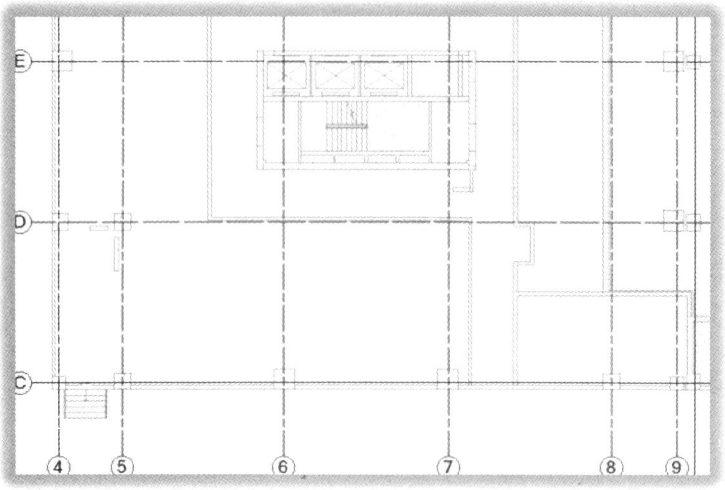

图 8.6-15　三联供管道出户问题截图

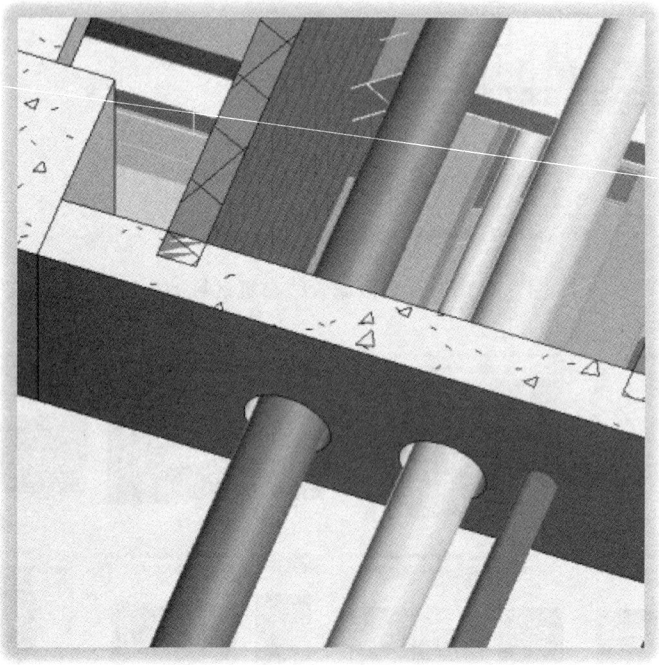

图 8.6-16　三联供管道出户问题截图

进行深化设计工作，并承担起全部技术责任。各专业 BIM 承包单位均需要为 BIM 项目总承包及其他相关单位提交最新版的 BIM 模型，特别是涉及不同专业互相交叉设计的时候，深化设计分工应服从总承包单位的协调安排。各专业主承包单位也应负责对专业内的深化设计进行技术统筹，应当注重采用 BIM 技术分析本工程与其他专业工程是否存在碰撞和冲突。各专业分包单位应服从机电主承包单位的技术统筹管理。

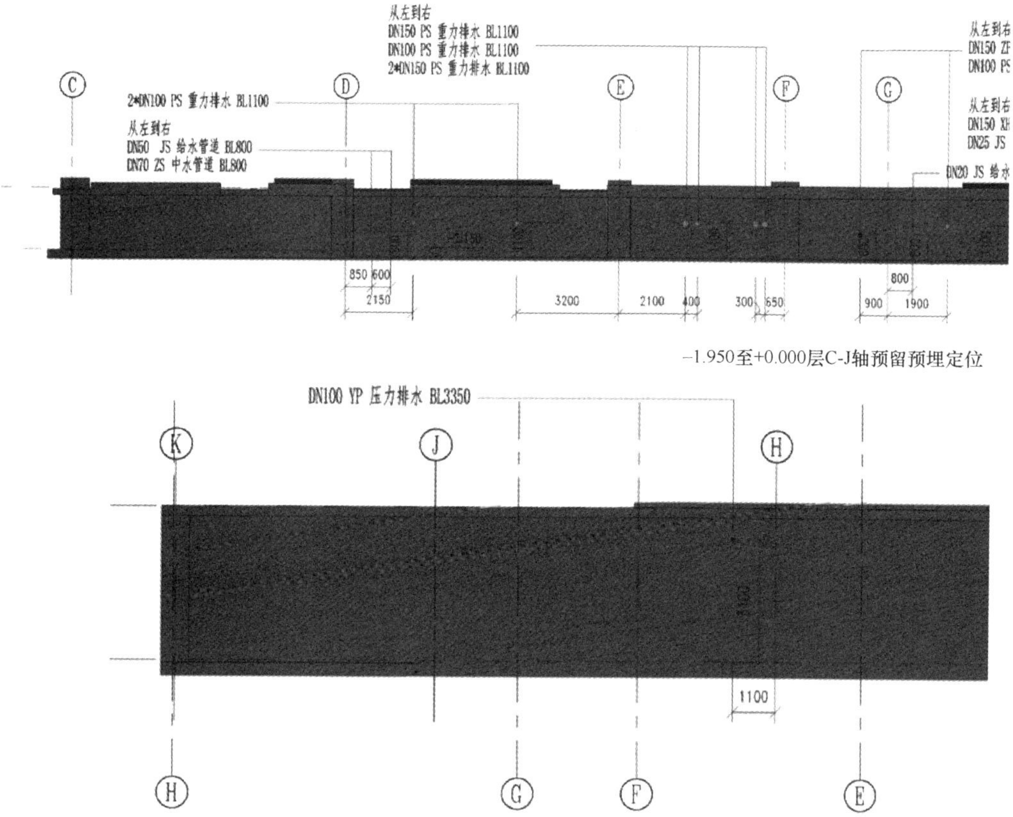

图 8.6-17 预留预埋定位截图

图 8.6-18 现场交流

对于各承包企业而言，企业内部的组织架构及人力资源也是实现企业级BIM实施战略目标的重要保证。随着BIM技术的推广应用，各承包企业内部的组织架构、人力资源等方面也发生了变化。因此需要在企业原有的组织架构和人力资源上，进行重新规划和调整适合。企业级BIM在各承包企业的应用也会像现有的二维设计一样，成为企业内部基本的设计技能，建立健全的BIM标准和制度拥有完善的组织架构和人力资源。

施工前准备阶段：

一个项目从施工进场开始，首先要面对的是如何对将来整个项目的施工现场进行合理的场地布置。要尽可能地减少将来大型机械和临时设施反复地调整平面位置，尽可能最大限度地利用大型机械设施的性能。以往做临时场地布置时，是将张张平面图叠起来看，考虑的因素难免有缺漏，往往等施工开始时才发现不是这里影响了垂直风管安装的施工，就是那里影响了幕墙结构的施工。

如今将BIM技术提前应用到施工现场临时设施规划阶段就是为了避免上述可能发生的问题，从而更好地指导施工，为施工企业降低施工风险与运营成本。

在应用BIM技术由设计阶段向施工阶段转化的过程中，需要建立统一的工程数据源。工程项目各参与方使用同一信息源，确保信息的准确性和一致性。实现项目各参与方之间的信息交流和共享。从根本上解决项目各参与方基于二维图纸方式进行信息交流形成的“信息断层”和应用系统之间“信息孤岛”的问题。

施工过程中模型应该根据现场的施工情况即时调整，最终形成与现场一致的竣工模型，为后期运维工作打下基础。

（1）运用BIM技术进行施工场地模型布置（图8.6-19、图8.6-20）。

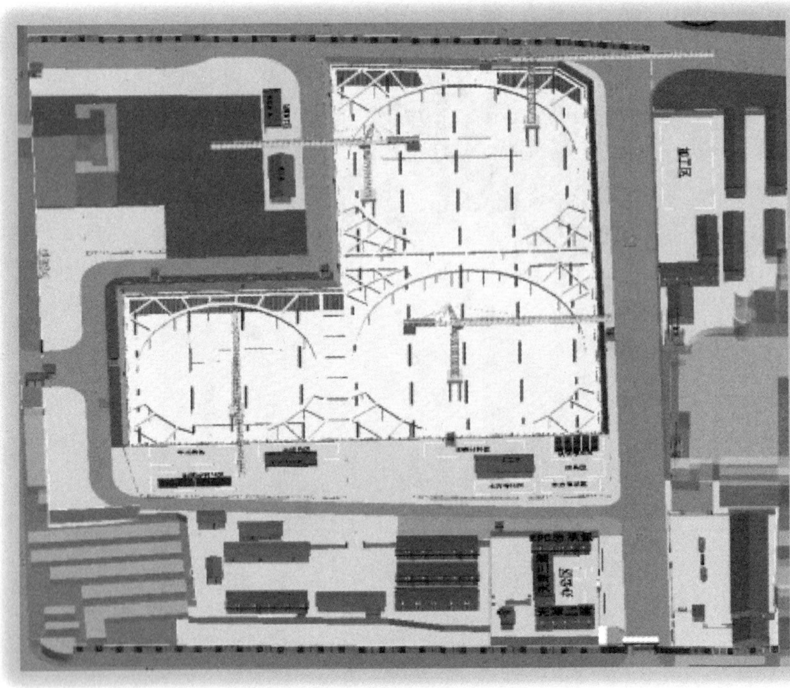

图8.6-19 施工场地模型布置·视角（1）

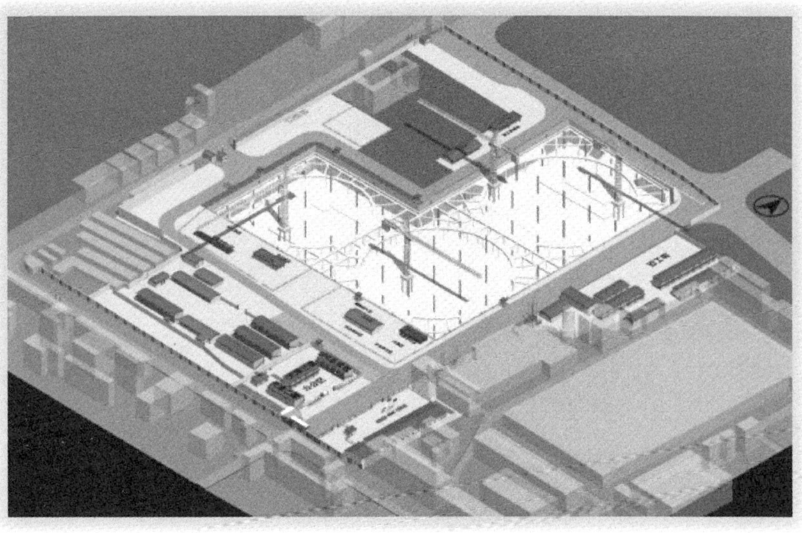

图 8.6-20 施工场地模型布置·视角（2）

临时设施规划方面以塔吊规划为例：

重型塔吊往往是大型工程中不可或缺的部分，它的运行范围和位置一直都是工程项目计划和场地布置的重要考虑因素之一。如今的BIM模型往往都是参数化的模型，利用BIM模型不仅可以展现塔吊的外形和姿态，也可以在空间上反映塔吊的占位及相互影响。

在工程进行的过程中存在相邻塔吊可能相互影响的状态：

1）相邻塔吊机身旋转时相互干扰；

2）双机抬吊时塔吊巴杆十分接近；

3）台风时节塔吊受风摇摆干扰；

4）相邻塔吊辅助装配塔吊爬升框时相互贴近。

必须准确判断这四种情况发生时塔吊行止位置。以前，通常采用两种方法：其一，在AutoCAD图纸上进行测量和计算，分析塔吊的极限状态；其二，在现场塔吊边运行边察看。这两种方法各有其不足之处，利用图纸测算，往往不够直观，每次都不得不在平面或者立面图上片面地分析，利用抽象思维弥补视觉观察上的不足，这样做不仅费时费力，而且容易出错。使用塔吊实际运作分析的方法虽然可以直观准确地判断临界状态，但是往往需要花费很长的时间，塔吊不能直接为工程服务或多或少都会影响施工进度。现在利用BIM软件进行塔吊的参数化建模，并引入现场的模型进行分析，既可以3D的视角来观察塔吊的状态，又能方便地调整塔吊的姿态以判断临界状态，同时不影响现场施工，节约工期和能源。

（2）依据后浇带划分的混凝土浇筑区域的施工节点提取混凝土量，如图 8.6-21、图 8.6-22 所示。

（3）利用模型及颜色区分统计不同功能房间的面积，地面做法如图 8.6-23 所示。

（4）组织现场人员进行软件培训，确保将BIM模型交付后，各专业分包能够将其用于辅助现场施工，如图 8.6-24 所示。

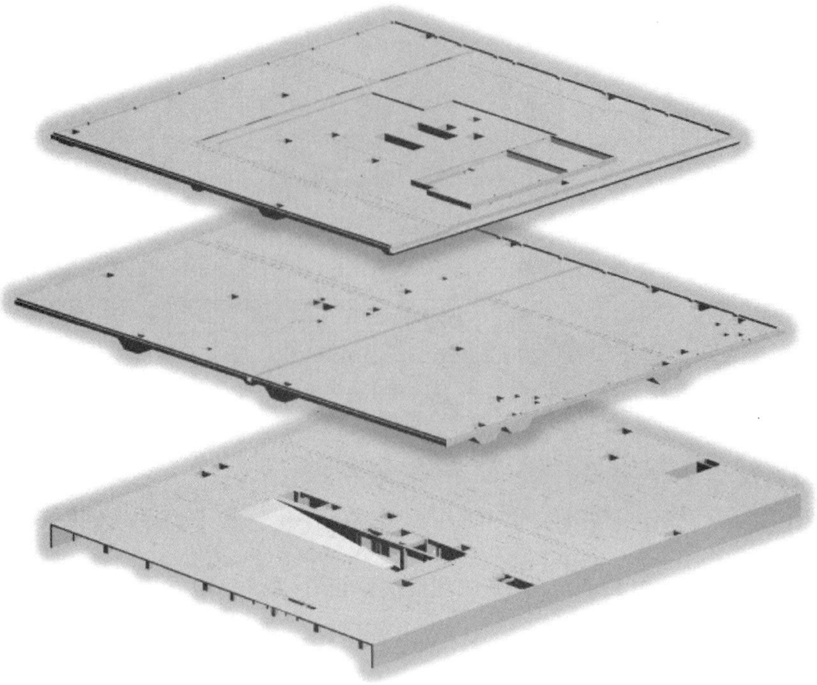

图 8.6-21　混凝土浇筑区域施工节点模型截图

类别	混凝土标号	体积（m3）
底板、承台、集水井	C40	4458.05
柱		5.25
墙		48.79
承台梁		13.97
合计		4526.06
注：11轴与12轴之间后浇带西侧		

类别	混凝土标号	体积（m3）
底板、承台、集水井	C40	4284.46
柱		4.33
墙		22.13
合计		4310.92
注：11轴与12轴之间后浇带东侧		

类别	混凝土标号	体积（m3）
梁、板	C40	790.26
	C45（加强带）	39.03
柱	C40	111.32
	C55	114.26
墙	C40	312.18
	C45（加强带）	7.66
	C55	86.1
楼梯（含梯梁、梯柱）、坡道	C35	99.07
合计		1559.88
注：11轴与12轴之间后浇带西侧		

图 8.6-22　提取混凝土量

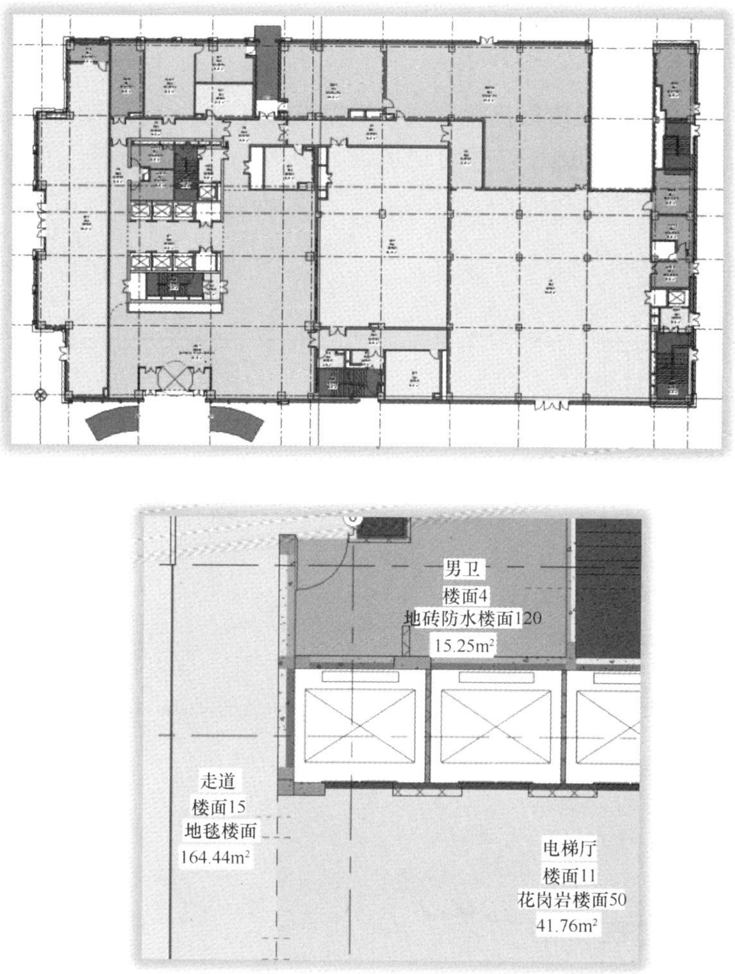

图 8.6-23 不同颜色区分不同功能房间面积示意图

图 8.6-24 现场软件培训及交流

施工阶段：

（1）BIM 对管线系统进行梳理，为现场分包进行讲解，减少后期因图纸浏览不全面，出现的管线安装拆改的问题。

（2）基于 BIM 模型施工阶段优化管线，反馈设计问题，设计以洽商形式反馈施工。

（3）BIM 出图指导现场施工，并对现场进行服务，实现多方基于模型的协同工作更加有效（图 8.6-25、图 8.6-26）。

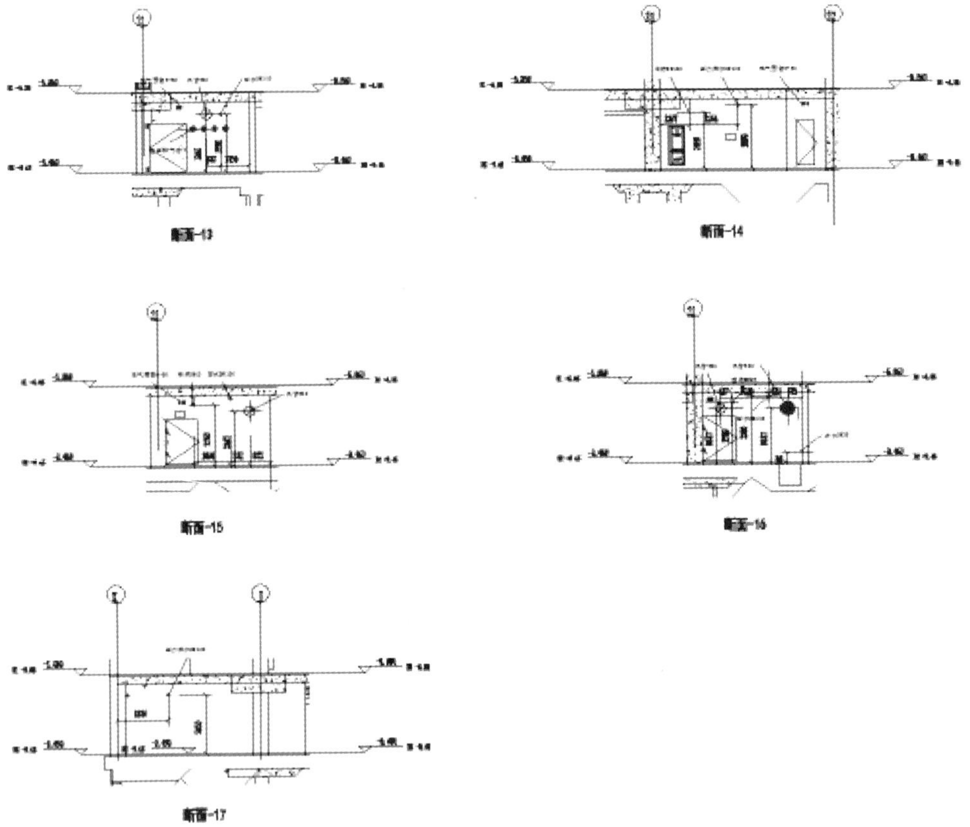

图 8.6-25　BIM 出图（1）

（4）进度、质量安全优化管控

基于 BIM—5D 平台的进度管理，采用分区分段的进度计划管控模式，保持与现场实际进度的一致性与匹配性，并及时对出现延迟的进度进行不同颜色的预警。BIM 理论和技术的应用，有助于保持工程施工进度计划和控制的高效一致，支持总进度计划和项目实施中分阶段进度计划的编制，同时将总进度计划和分进度计划协调平衡，直观高效地管理有关工程施工进度的信息。另一方面，支持管理者持续跟踪工程项目实际进度信息。将实际进度与在 BIM 条件下进行动态跟踪及可视化的模拟对比，进行工程进度趋势预测，为项目管理人员采取纠偏措施提供依据，实现项目进度的动态控制。同时在 BIM 模型中加入安全防护策略方案，使模型对施工节点指导更精细。

基于 BIM—5D 云平台的项目质量安全跟踪页面，通过图、表的形式实时显示目前施

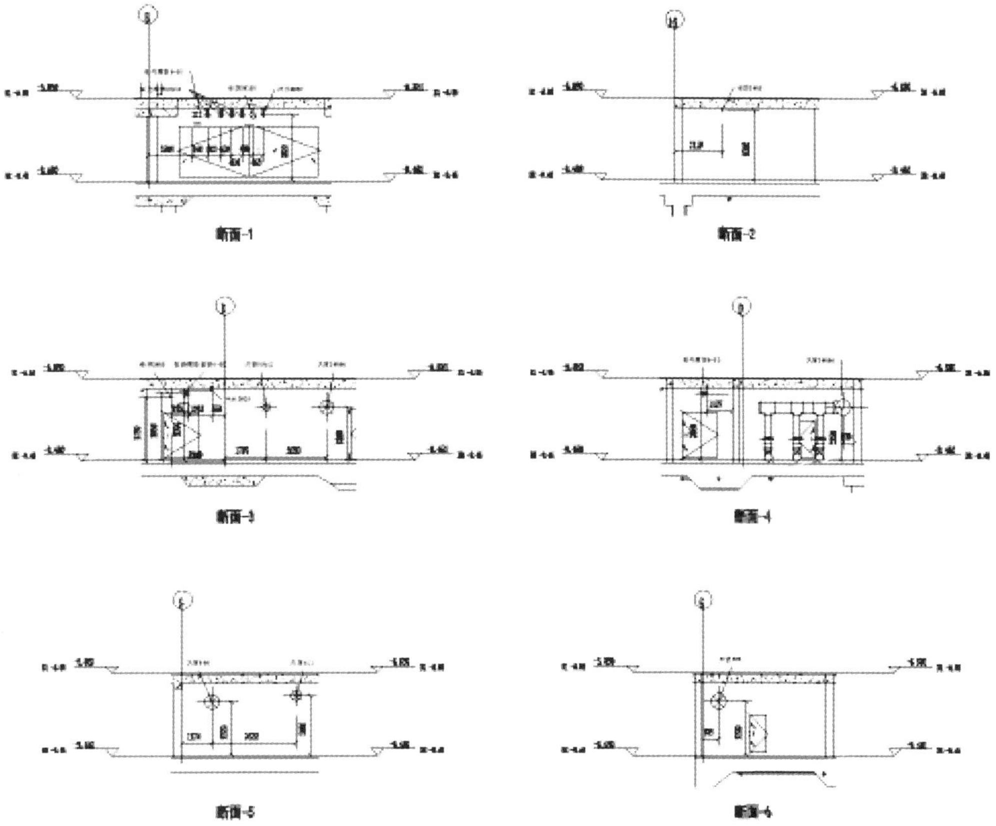

图8.6-26 BIM出图（2）

工现场所存在的质量、安全问题及进展情况，为决策者提供决策依据（图8.6-27～图8.6-29）。

图8.6-27 对现场人员培训宣讲

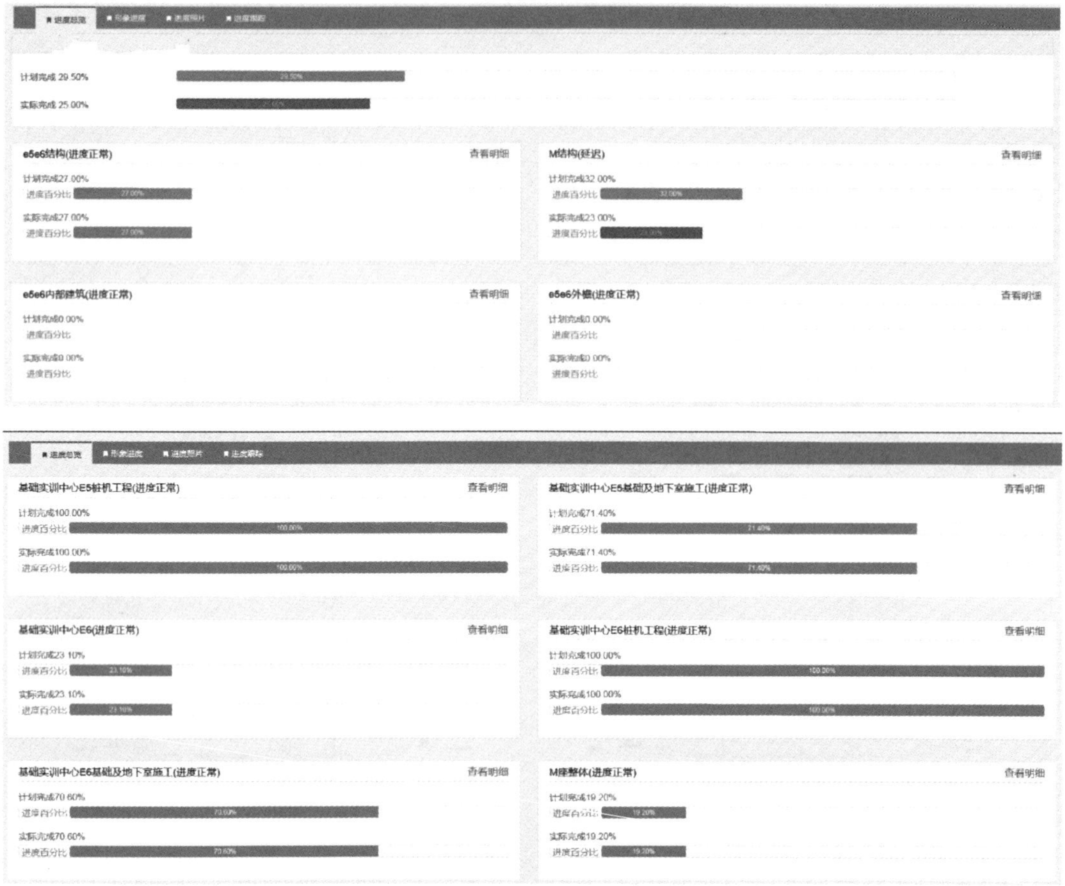

图 8.6-28　BIM 5D 管理平台运行界面

（5）竣工交付

建筑工程竣工档案具有可视化结构化、智能化、集成化的特点，采用全数字化表达方法，对建筑机电工程进行详细的分类梳理，建立数字化三维图形。建筑、结构、钢结构等构件分类包括场地、墙、柱、梁、散水、幕墙、建筑柱、门、窗、屋顶、楼板、天花板、预埋吊环桁架等。建筑给水排水及采暖建筑电气、智能建筑、通风与空调工程的构件分类包括管道阀门仪器仪表、管件、卫生器具、线槽、桥架、管路、设备等。构件几何信息、技术信息、产品信息维护维修信息与构件三维图形关联。

1）智能化

智能化要求建筑机电工程三维图形与施工工程信息高度相关，可快速对构件信息、模型进行提取、加工，利用二维码、智能手机、无线射频等移动终端实现信息的检索交换，快速识别构件系统属性、技术参数，定位构件现场位置，实现现场高效管理。

2）结构化

数字化集成交付系统在网络化的基础上，对信息在异构环境进行集成、统一管理。通过构件编码和构件成组编码，将构件及其关键信息提取出来，实现数据的高效交换和共享。

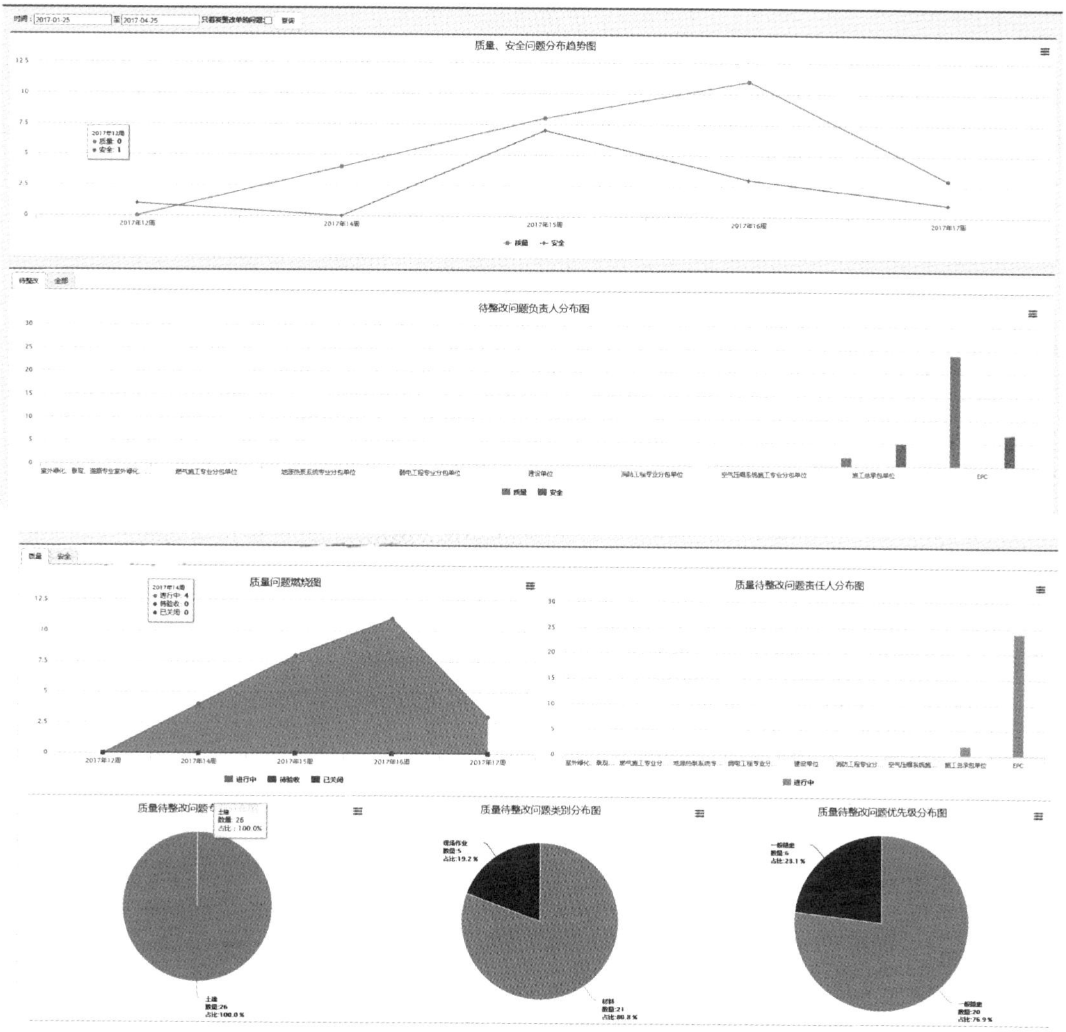

图 8.6-29 BIM 5D实时追踪

3）集成化

规划、设计信息、施工信息、运维信息在工程各个阶段通常是孤立的，给同一项目各个专业信息传达造成了极大的不便。通过对各阶段信息进行综合，并与模型集成，可达到工程数据信息的集成管理。

集成交付需要一个基于BIM的数据库平台。通过这个平台提供网络环境下多维图形的操作，构件的图形显示效果不限于二维XY图形，亦包括三维XYZ图形不同方向的显示效果。建筑机电工程系统图、平面图均可实现立体显示，施工方案、设备运输路线、安装后的整体情况等均可进行三维动态模拟演示漫游。

4. 主要管理方法的应用及其成效

总体来说，本项目的实施按照合同中约定以及项目管理要求，在二维图纸的基础上由具有设计资质的BIM团队利用BIM技术，进行BIM基础数据的深化工作和搭建基于BIM的多方项目管理平台，在业主和EPC工程总承包管理团队的要求下进行项目动态管理（包含工程量计算、施工计划管理、施工组织合理性分析、工期合理性预测、资源控制、施工风险分析等），并基于施工深度，深化设计，完成机电管线综合，提供留孔留洞图、管线综合剖面图等深化图纸。BIM 技术服务成果取得原设计人认可，达到项目整体的数字化管理目标，建立支撑工程信息共享的 BIM 信息交换接口，实现 BIM 模型的导入、系统内模型数据的整合、模型及信息的导出、模型与信息的交互浏览等。在项目实施各个阶段实时监控成本变化。

在以往工程建设中，项目成本管控的过程十分复杂。该项目是设计、施工、采购三方一体化管理，项目成本的组成更为繁杂，不仅局限于与施工的技术、质量、时间、人员等方面的协调管理，还有施工前期的规划勘察设计、原材料采购以及施工后期的运营维护等阶段的资金流入流出，成本管控涉及时间段更长。BIM 作为建筑业大力推广的新型信息化技术在该项目中得到了实际应用，并且结合 EPC 总承包模式，在设计、施工、采购一体化管理的情况下，使得 BIM 5D 发挥出更大的优势，充分展示出 3D（模型）＋1D（进度）＋1D（造价）的五维建筑信息模型的现实效果。不论是国家政策的推动，还是承包商自身发展以及建筑市场的需求，BIM 技术在建筑业成本管控方面的应用如火如荼。另外，由一方牵头，多专业、多角度全力协同配合，集中管理的 EPC 总承包模式也在国内工程公司中不断发展壮大。本案例中 EPC 总承包模式与 BIM 技术相互呼应，这也是本项目的独特之处，既体现出总承包模式在项目运行中的优势，同时又运用 BIM 技术对项目实施管控，两大模式的结合为项目的落地实施提供了更为便利的条件。

项目施工管理阶段，细化了施工管理具体要求和技术特点，编制了施工管理 BIM 技术应用方案和实施细则，如图 8.6-30 所示。

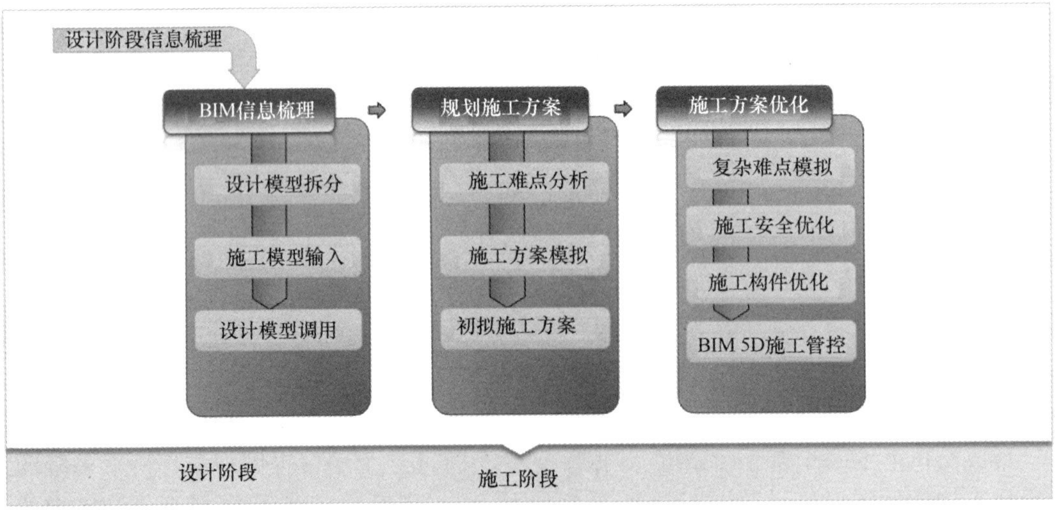

图 8.6-30　施工管理阶段 BIM 技术应用分析

运用 BIM 5D 技术对项目成本进行管控。BIM 5D 能够根据项目建设进度实时进行成本监控，各参建方在统一协作平台进行相关数据的实时传递，以此也避免了超算的现象发生。

8.6.6 经验与体会

BIM 技术的发展与成熟，提供了强大的技术手段，提高工程造价管理水平的时机已到。BIM 技术能帮助我们建立工程项目多维度结构化数据库，并可将数据细度达到构件级。基于 BIM 技术的核心能力，可以在项目群、企业级造价管理中的投资决策规划设计、招投标、施工、变更管理、竣工结算各个阶段全面升级，实现基于 BIM 的全过程造价管理，提升现有造价管理技术能力，并实现管理方式的根本转变。

基于 BIM 的造价管理平台以全新的理念进行软件设计和构架，能兼容造价管理模式，当然也能进行定额计价和清单计价，它基于互联网和 BIM 技术，提供云推送服务，可以将一份预算文件方便地转化为多形式的造价文件，如投标价、分包价、成本价、送审价、结算价、审定价等。通过对这些历史经验数据的沉淀积累和管理形成可以共享、参考和调用的造价数据库，具有很强的适应性和造价能力。

3D 信息模型与预算模型、进度计划集成扩展成为 BIM 5D 模型，BIM 5D 模型包括了建筑构件信息、进度信息、WBS 划分信息、预算信息以及它们之间的关联关系。基于 5D 施工信息模型可以自动计算任意时间段、任意 WBS 节点或任意施工流水段的工程量以及相对施工进度的人力、材料、机械消耗量和预算成本，进行工程量计划完成资源计划平衡和方案造价优化等多方面施工 5D 动态模拟和优化工作。

通过以上工程实例的分析，在运用 BIM 5D 平台时，项目实施者重点考虑的关键节点很多，比如统一的管理平台、统一的数据传递时间节点、统一的模型标准等，而这些大多是建立在统一的协作平台上的数据协同的体现。

BIM 的核心价值之一在于协同，利用云技术与 BIM 技术的结合，可以有效地实现 BIM 数据的集中管理与在公司成员间的数据协同。通过互联网技术，系统将不同的数据发送给不同的人，或者不同的人可以根据不同的权限查询相关的数据信息。例如，总经理可以看到项目资金使用该情况，项目经理可以看到造价指标信息，材料员可以查询下月材料使用量，不同的人各取所需，共同受益，从而对建筑企业的成本精细化管控和信息化建设产生重大作用。

附录　BIM 成本管控总监的职能和职业概述

1.1　职业名称定义及特点

BIM 成本管控总监（英文名称：BIM Cost Controller）是企业基于现代 BIM 技术与传统成本管理手段相结合进行成本的投资估算、决策、计划、控制、核算和分析等管理行为的第一责任人。其岗位名称称之为 BIM 成本管控总监。基于 BIM 技术的成本控制具有以下几个特点：

（1）全面：多维度的汇总和分析，从时间、空间、工序等要素全面比较，可以从工程建筑全过程的角度，系统全面地分析问题，优化建设项目的成本结构，发现诸多不可预见的问题，并通过纠正问题实现成本管控。

（2）精准：从 BIM 3D 到 BIM 5D 全过程成本管理，使得工程项目成本数据能够动态维护，易于调整且准确性较高。

（3）高效：利用 BIM 技术获取工程项目的计量与计价精准数据，方便快捷地作出决策，避免核对数据工作的重复性，达到节约时间成本的目的。

1.2　职业特征

BIM 成本管控总监职业岗位是要满足顾客、最高管理者、其他相关方以及法律法规等对组织的成本要求。其管控对象是工程项目成本发生的过程，包括：设计过程、采购过程、生产和服务提供过程、施工过程及相关的销售过程、物流过程、售后服务过程、管理过程、后勤保障过程等所发生的成本，利用 BIM 技术进行控制。

管理结果应能使被控制的成本达到规定的要求。为使成本控制达到规定的、预期的成本要求，就必须采取适宜的和有效的措施，包括：作业、成本工程和成本管理技术和方法。如 VE 价值工程、IE 工业工程、ABC 作业成本法、ABM 作业成本管理、SC 标准成本法、目标成本法、CD 降低成本法、CVP 本一量一利分析、SCM 战略成本管理、质量成本管理、环境成本管理、存货管理、成本预警、动量工程、成本控制方案等。

设立 BIM 成本管控总监岗位的目的就是在建设项目的全生命周期，以 BIM 信息化工具，通过设计、管理和经济手段，为工程建设项目控制成本，提升项目的价值。还要坚持三个原则：全面介入的原则、例外管理的原则、经济效益的原则。

利用 BIM 信息化工具应实现以下目标：优化项目设计质量、提升项目建设协同能力，积累历史成本数据、高效进行投资估算工程量计算及工程变更，从而提升项目全生命周期的成本管控水平。

1.3　职业能力及素质要求

1.3.1　基本要求

（1）遵守法律、法规和有关规定。
（2）爱岗敬业，忠于职守，自觉履行各项职责。
（3）良好的沟通协调及计划控制能力。

1.3.2　职业能力要求

（1）熟悉工程建设全生命周期的管理流程。
（2）了解工程设计和工程建设的基本知识。
（3）对BIM设计、施工及项目管理平台软件有基本的操作能力。
（4）能熟练应用BIM造价相关软件。
（5）熟悉工程项目开发预结算分析、项目成本造价监控流程。
（6）熟悉定额、清单等各类计价方法。
（7）熟悉相关专业材料费、人工费、管理费等市场价格。
（8）熟悉工程招投标管理流程、房地产项目开发流程、建筑工程项目管理流程。

1.3.3　学历及工作经验要求

（1）5年以上企业招投标、造价、工程管理相关岗位工作经验；
（2）独立主持过建筑工程项目招投标、项目投资估算、预算、决算等各项工作；
（3）本科及以上学历，土建、造价、工程管理相关专业。

1.4　职业岗位职责

（1）拟定公司工程造价业务的规章制度；建立和完善公司成本控制体系，对项目成本实施全过程动态管理。

（2）统筹安排各项目公司成本管理工作，对各专业工程师所作的经济分析和询价结果进行审核，了解有关工程造价方面的法规和材料设备的市场价格。

（3）从成本控制的角度为建设项目设计和项目管理提供有价值的建议。

（4）工程成本优化（包括设计指标编制和考核等），负责统筹审核各专业的洽商、变更、现场签证等经济文件，并统筹进行工程成本控制考核及成本报表编制。

（5）负责工程投资损益测算：与集团相关部门协作，依据方案设计图纸编制投资估算，并负责成本数据分析，为项目策划和产品定位提供依据。

（6）负责统筹清单编制、工程合同结算、信息化流程系统组建。

（7）编制成本控制中心月度、季度、年度工作计划及总结；定期检查工作计划的落实情况。

（8）负责成本控制中心的日常管理工作（会议组织、沟通协调、督促员工严格遵守公司各项规章制度）。

1.5 职业培训要求与考核

1.5.1 培训及评估考核目的

（1）为建筑业企事业单位培养和选拔合格的BIM成本管控总监人才，提高工程建设行业成本控制管理从业人员BIM技术的应用水平，推动成本管理技术创新，满足成本管理专业人员的技术转型升级需求。

（2）让工程成本管理人员充分利用现代建筑信息化BIM技术，提高生产效率、节约成本、保证质量，高效完成在工程项目策划与设计、施工管理、材料采购、计量计价、运行和维护等全生命周期内进行信息共享、传递、协同、决策等任务。

1.5.2 培训及评估考核对象

（1）凡中华人民共和国公民，遵守国家法律、法规，恪守职业道德的。房地产、工程建设、工程经济、工程管理、工程造价、经济管理、信息管理与信息系统、计算机科学与技术等有关专业毕业，从事工程成本管理工作满5年，涉及BIM技术有关业务的管理人员，均可以报名参加BIM成本管控总监职业技术培训及评估考核。

（2）参加BIM成本管控总监职业技术评估考核的人员，除符合上述基本条件外，还需具备下列条件之一：

1）建筑工程造价咨询企业从事工程造价管理的在职人员，已经掌握BIM成本管控相关理论知识，经过BIM成本管控应用能力训练的；

2）建筑业企事业单位有关从业人员，参加过相关机构的BIM成本管控总监理论与实践相结合系统培训，具有BIM成本管控总监专业技术与技能的。

参 考 文 献

[1] 何清华，钱丽丽，段运峰，李永奎. BIM在国内外应用的现状及障碍研究[J]. 工程管理学报，2012，1：12-16.

[2] 段玉娟. 基于BIM信息集成平台的施工总承包成本动态控制[D]. 西安：长安大学，2013.

[3] 张春影，高平，汪茵，郑吉庄，刘丹凤. 施工图设计阶段BIM模型的工程算量问题研究[J]. 建筑经济，2015，8：52-56.

[4] 桑培东，李军，刘学峰，等. 基于BIM的建设项目成本动态监控可行性研究[J]. 价值工程，2013(6)：49-50.

[5] 赵昕，马智亮，张建平，等. 中国建筑施工行业信息化发展报告(2014)：BIM应用与发展[R]. 北京：中国城市出版社，2014.

[6] 李锦华，秦国兰. 基于BIM-5D的工程项目造价控制信息化系统研究[J]. 项目管理技术，2014，12(5)：82-85.

[7] 郑明望. 项目投资决策[M]. 长沙：湖南大学出版社，2009.

[8] 冯彬. 工程项目投资决策[M]. 北京：中国电力出版社，2008.

[9] 汤伟钢，李丽红. 工程项目投资与融资[M]. 北京：人民交通出版社，2008.

[10] 史秀琴，张创一. 建设项目投资回收期仿真模型[J]. 工程建设，2008，40(6)：14-17.

[11] 蒋康宁. 城市建筑综合体的空间形态与功能业态协同营造研究[D]. 长沙：湖南大学，2015.

[12] 周海丹. 城市居住区分期建设研究[J]. 城市建设理论研究：电子版，2011(20).

[13] 姜磊光. 工程项目经济评价中的回收率[J]. 化肥设计，1984(5)：12-17.

[14] 程道平，等. 现代城市规划[M]. 北京：科学出版社，2004.

[15] 方惠文. 城市公共空间设计分析——建筑与规划设计[J]. 江西建材，2014(3).

[16] 刘明皓. 地理信息系统导论[M]. 重庆：重庆大学出版社，2009，10：1-21. 3Z

[17] 包蔓 . BIM在建设项目成本控制中的应用研究[D]. 西安：西安交通大学，2014.

[18] 杜美容 . 项目各阶段成本优化管控思路[J]. 经济视野，2013.

[19] 高辉 . 大型工程项目施工方案优化研究[D]. 南京：河海大学，2007.

[20] 葛艳平 . 基于BIM技术的房地产开发项目成本控制[D]. 西安：长安大学，2011.

[21] 何云红，冯静辉 . 建筑设计阶段工程造价成本控制探讨[J]. 经济建设，2015.

[22] 洪立霞 . 浅谈设计阶段工程造价管理存在的问题及对策[J]. 铜陵职业技术学院学报，2009，8(2)：67-68.

[23] 刘光忱，李欣，王春霞，郭月娟 . 采用BIM优化技术标的施工方新型投标策略探究[J]. 建设监理，2016(8)：49-52.

[24] 靳萧夷 . BIM技术在工程造价管理中的应用研究[D]. 长春：吉林建筑大学，2017.

[25] 戚建廉 . 当前我国建筑工程管理现状及对策分析[J]. 江西建材，2014(13)：285.

[26] 苏相岗 . 吴泓康 . BIM技术在施工方案优化中的应用研究[J]. 建材世界，2016，37(2)：67-71.

[27] 苏伟 . 规划设计阶段的成本管理，2008.

[28] 舒畅，陈甫亮 . 基于BIM技术的施工方案优化研究[J]. 湖南城市学院学报(自然科学版)，2016，25(1)：5-7.

[29] 任宏．建设成本计划与控制[M]．北京：高等教育出版社，2004.
[30] 王力．基于 BIM 技术的施工方案优化研究[J]．建筑工程技术与设计，2016.
[31] 王欣．建设工程成本控制及优化[D]．成都：西南交通大学，2007.
[32] 吴秋成．BIM 技术在工程项目进度管理中的应用研究[J]．建材与装饰，2015(52).
[33] 杨胜．浅谈工程设计阶段的成本控制[J]．城市建设理论研究：电子版，2014.
[34] 杨增强．设计阶段工程造价管理存在的问题及对策[J]．石油工程建设，2010.
[35] 张奕．设计阶段工程造价的控制研究[J]．建筑施工，2015.
[36] 张茜茜．基于 BIM 的建设项目施工成本控制研究[J]．江西建材，2015(9).
[37] 郑博海，等．建设工程成本控制[D]．广州：广东工业大学，2012.
[38] 郑栋升．BIM 技术在施工方案优化中的应用研究[J]．建设与发展，2017.
[39] 周欣欣．基于 BIM 的商业地产开发成本控制研究[D]．西安：长安大学，2012.
[40] 李云贵．建筑工程施工 BIM 应用指南(第二版)[M]．北京：中国建筑工业出版社，2017.
[41] 中国建设工程造价管理协会．基于 BIM 的施工企业成本测算与控制技术的研究(CECA—2015—007).
[42] 本书编委会．中国建设行业施工 BIM 应用分析报告(2017)[M]．北京：中国建筑工业出版社，2017.
[43] 赵丰．房产开发与政府项目成本管理作业指导书[M]．南京：东南大学出版社，2010.
[44] 本书编委会．中国建筑施工行业信息化发展报告(2016)(互联网应用与发展)[M]．北京：中国城市出版社，2016.
[45] 盛晨．基于 BIM 的房地产开发成本控制分析[J]．建筑工程技术与设计，2017，9(02)：2069-2070.
[46] 吴忠福，沈紫珺．基于 BIM 的房地产开发项目动态成本管理[J]．中国管理信息化，2015(18)：40-41.
[47] 张巍，未金辉．BIM 技术在房地产项目管理信息化中的应用[J]．住宅与房地产，2017(9).
[48] 李松青．BIM 技术及其在建设项目全周期管理中的应用[J]．城市建设理论研究，2015(8).
[49] 张铭言．BIM 技术在房地产开发全过程的应用探析[J]．中国市场，2016(8)：117-118.
[50] 张树理．BIM 技术在工程项目全寿命周期成本管理中的应用[D]．长春：长春工程学院，2016.
[51] 胡姝莹．基于 BIM 的房地产开发项目招标阶段成本管理流程研究[D]．重庆：重庆大学，2016.
[52] 魏安翔．房地产开发项目成本的动态控制研究——基于 BIM 技术[D]．西安：长安大学，2015.
[53] 陈琴．基于 BIM 技术的施工阶段成本动态控制研究[D]．扬州：扬州大学，2016.
[54] 李彬，汪芦金．BIM 技术在项目前期管理工作中的应用[J]．价值工程，2014(35)：99-101.
[55] 侯洋．EPC 总承包模式在石油工程项目中的应用研究[D]．天津：天津大学，2013.
[56] 李阳．工程变更和索赔风险管理[J]．山西财经大学学报，2014(增 1)：77.
[57] 程远波．基于 BIM 的工程施工成本管理研究[D]．昆明：云南大学发展研究院，2016：19.
[58] Wu Xingkuan，Hu Shan. Exploratory post-evaluation of the current situation of sustainable urban development[J]. Procedia Engineering，2011(21)：1169-1172.
[59] Tsuen-Ho Hsu. Public transport system project evaluation using the analytic hierarchy process：a fuzzy Delphi approach[J]. Transportation Planning and Technology，1992，22(4)：229-246.
[60] L. Mikhailov，P. Tsvetinov. Evaluation of services using a fuzzy analytic hierarchy process[J]. Applied Soft Computing Journal，2004，5(1)：23-33.
[61] 徐怀利，牛立芹．探讨加强建设工程项目合同管理措施[J]．中国经贸，2011(12).
[62] 徐凤菊. 基于 ABCM 的企业成本管理集成系统研究[M]．武汉：武汉理工大学出版社，2006.
[63] 关于物业管理中设施设备管理重要性的认识[EB/OL] http：//blog. sina. com. cn/s/blog _

63a7b7e1010160np. html.

[64] 宋亦工．装配整体式混凝土结构工程施工组织管理[M]. 北京：中国建筑工业出版社，2017：69-78.

[65] 白庶，张艳坤，等．BIM技术在装配式建筑中的应用价值分析[J]. 2015(11).

附件　建筑信息化工程师岗位技术培训与考核项目管理办法

北京绿色建筑产业联盟文件

联盟　通字　【2018】09 号

通　　知

各会员单位，BIM 技术教学点、报名点、考点、考务联络处以及有关参加考试的人员：

根据国务院《2017-2020 年建筑业信息化发展纲要》《关于促进建筑业持续健康发展的意见》（国办发〔2017〕19 号），以及住房城乡建设部《关于推进建筑信息模型应用的指导意见》《建筑信息模型应用统一标准》等文件精神，北京绿色建筑产业联盟组织开展的全国建筑信息化工程师岗位技术培训与考核项目，各项培训、考试、推广等工作均在有效、有序、有力的推进。为了更好地培养和选拔优秀的实用性 BIM 技术人才，搭建完善的教学体系、考评体系和服务体系。我联盟根据实际情况需要，组织建筑业行业内 BIM 技术经验丰富的一线专家学者，对本项目在 2015 年出版的 BIM 工程师培训辅导教材和考试管理办法进行了修订。现将修订后的《建筑信息化工程师岗位技术培训与考核项目管理办法》公开发布，2019 年 2 月 1 日起开始施行。

特此通知，请各有关人员遵照执行！

附件：建筑信息化工程师岗位技术培训与考核项目管理办法　全文

二〇一九年一月十五日

附件：

建筑信息化工程师岗位技术培训与考核项目管理办法

建筑业关键岗位高新技能人才培养工程具体是指以北京绿色建筑产业联盟的名义设立并开展覆盖建筑行业重点关键岗位高新技能人才培养课程体系面向社会推广的人才培养系统工程，对培训与考核成绩合格人员，北京绿色建筑产业联盟向学员颁发【岗位技术证书】（非国家职业资格证书）。

本人才培养系统工程中设立的建筑信息化工程师岗位技术培训与考核项目是采取产教融合、理论实践结合、线上与线下相结合的模式，在课程设置、培训模式、教学管理、人才发展等方面具有较强的系统性和实践性。为了提高学员学习效果，检验学员学习过程中知识掌握的程度，特制定《建筑信息化工程师岗位技术培训与考核项目管理办法》。

一、培训与考核评估岗位

（一）综合类岗位

1. 建筑信息化工程师（BIM 建模技术）
2. 建筑信息化工程师（BIM 项目管理）
3. 建筑信息化工程师（BIM 战略规划）

（二）专业类岗位

4. 建筑信息化工程师（BIM 造价方向）
5. 建筑信息化工程师（BIM 装饰方向）
6. 建筑信息化工程师（BIM 电力方向）
7. 建筑信息化工程师（BIM 轨道交通方向）
8. 建筑信息化工程师（BIM 装配式建筑方向）
9. 建筑信息化工程师（BIM 机电方向）
10. 建筑信息化工程师（BIM 路桥方向）
11. 建筑信息化工程师（BIM 市政方向）
12. 建筑信息化工程师（BIM 系统开发方向）
13. 建筑信息化工程师（BIM 运营维护方向）
14. 建筑信息化工程师（BIM 建筑专项设计方向）
15. 建筑信息化工程师（工程动画方向）
16. 建筑信息化工程师（BIM 铁路工程方向）
17. 建筑信息化工程师（BIM 成本管控方向）

二、考核对象及报名条件

（一）考核对象

工程类、工程经济类、财经、管理、计算机等相关专业的在校大学生、高校教师，以及相关专业毕业从事工程项目设计与施工技术和管理工作涉及建筑信息化专项技术有关业务的从业人员。

（二）报名条件

满足下列条件之一的有关人员均可参加培训与评估：

1. 在校大学生已经选修过建筑信息化相关 BIM 技术有关理论知识、实操技能、综合案例分析相关课程的；

2. 从事工程项目施工设计与施工技术和管理人员已经掌握相关理论知识和经过 BIM 技术有关应用能力训练的；

3. 社会有关从业人员参加过相关机构的 BIM 技术有关理论与实践相结合系统培训，具备 BIM 技术专项技能的。

三、报名时间及报名方式

（一）报名与考核评估时间

	第一次	第二次	第三次	第四次	第五次	第六次
报名时间	2月1至 3月10日	4月1至 5月10日	6月1至 7月10日	8月1至 9月10日	10月1日至 11月10日	12月1至 1月10日
考核时间	4月第三个周六	6月第三个周六	8月第三个周六	10月第三个周六	12月第三个周六	次年2月 第三个周六

（二）报名方式

1. 个人报名方式

报名人员统一登录：www.bjgba.com 网站提交考核评估申请，并缴纳相关费用。具体流程：

① 报名人员注册；②完善个人档案；③选择考核评估岗位；④选择培训方式；⑤选择报名人员所在地；⑥缴纳考核评估费用；⑦完成报名。

2. 集体报名方式

凡是参加由学校、教学点、考点考站、联络办事处、报名点等机构组织开展现场面授培训学习的有关报名人员，可由机构统一代报名。报名人员信息将会在 www.bjgba.com 网站上查询。

四、考核评估规则

（一）准考证打印

准考证信息会在考核评估前十天由系统自动生成，报名人员可登录 www.bjgba.com（建筑信息化 BIM 技术人才培养工程综合服务平台）进行打印。

（二）考核评估方式

评估考核采取四统一原则，即统一辅导教材、统一考核时间、统一考核大纲、统一考试试题。

1. 考核评估采取计算机答题的方式，参加考核评估人员统一登录远程网络考核评估系统进行答题，网址：exame. bjgba. com。

2. 考核评估试卷及试题按照《考试大纲》要求自动生成，各参考人员试题均不一致。

（三）考场安排

除港澳台外，其余省会、直辖市均设有现场考核点。报名人员可根据自身实际情况就近选择现场考核点。现场考核地点以平台公示为准。

五、培训与学习要求

本项目评估考核的命题范围和依据是选自北京绿色建筑产业联盟组织编写，由中国建筑工业出版社出版发行的“BIM 技术系列岗位人才培养项目辅导教材”和“建筑信息化服务技术人员职业技术辅导教材”系列丛书及考试大纲之中的内容，学员参加培训学习时应考虑知识体系和命题范围等因素，选用学习用书和学习内容，各岗位理论与实践操作学习时长应不少于 120 学时。

1. 建筑信息化工程师（BIM 建模技术）

学习内容包括《BIM 技术概论》《BIM 建模应用技术》《BIM 设计施工综合技能与实务》理论知识及实践操作，共三个科目。

2. 建筑信息化工程师（BIM 项目管理）

学习内容包括《BIM 技术概论》《BIM 建模应用技术》《BIM 应用与项目管理》《BIM 应用案例分析》理论知识及实践操作，共四个科目。

3. 建筑信息化工程师（BIM 战略规划）

学习内容包括《BIM 技术概论》《BIM 建模应用技术》《BIM 应用与项目管理》《BIM 应用案例分析》《论文书写攻略》理论知识及实践操作，共五个科目。

4. 建筑信息化工程师（BIM 造价方向）

学习内容包括《BIM 造价专业基础知识》《BIM 造价专业操作实务》理论知识及实践操作，共二个科目。

5. 建筑信息化工程师（BIM 装饰方向）

学习内容包括《BIM 装饰专业基础知识》《BIM 装饰专业操作实务》理论知识及实践操作，共二个科目。

6. 建筑信息化工程师（BIM 电力方向）

学习内容包括《BIM 电力专业基础知识与操作实务》理论知识及实践操作，共一个科目。

7. 建筑信息化工程师（BIM 轨道交通方向）

学习内容包括《BIM 轨道交通专业基础知识》《BIM 轨道交通专业操作实务》理论知识及实践操作，共二个科目。

8. 建筑信息化工程师（BIM 装配式建筑方向）

学习内容包括《装配式钢结构建筑与 BIM 应用》《装配式建筑 BIM 技术概论》《装配

式建筑 BIM 操作实务》理论知识及实践操作，共三个科目。

9. 建筑信息化工程师（BIM 机电方向）

学习内容包括《BIM 机电专业基础知识》《BIM 机电专业操作实务》理论知识及实践操作，共二个科目。

10. 建筑信息化工程师（BIM 路桥方向）

学习内容包括《BIM 路桥专业基础知识》《BIM 路桥专业操作实务》理论知识及实践操作，共二个科目。

11. 建筑信息化工程师（BIM 市政方向）

学习内容包括《BIM 市政专业基础知识》《BIM 市政专业操作实务》理论知识及实践操作，共二个科目。

12. 建筑信息化工程师（BIM 系统开发方向）

学习内容包括《BIM 系统开发专业基础知识》《BIM 系统开发专业操作实务》理论知识及实践操作，共二个科目。

13. 建筑信息化工程师（BIM 运营维护方向）

学习内容包括《BIM 运营维护基础知识与操作实务》《BIM 技术概论》《三维扫描与 BIM 技术应用》理论知识及实践操作，共三个科目。

14. 建筑信息化工程师（BIM 建筑专项设计方向）

学习内容包括《BIM 技术概论》《BIM 建模应用技术》《BIM 应用与项目管理》《BIM 应用案例分析》《BIM 设计施工综合技能与实务》《ARCHICAD 基础应用》理论知识及实践操作，共六个科目。

15. 建筑信息化工程师（工程动画方向）

学习内容包括《建筑工程动画基础知识》《建筑工程模型创建》《灯光材质与渲染》理论知识及实践操作，共三个科目。

16. 建筑信息化工程师（BIM 铁路工程方向）

学习内容包括《铁路工程 BIM 基础知识》，共一个科目。

17. 建筑信息化工程师（BIM 成本管控方向）

学习内容包括《BIM 成本管控》，共一个科目。

六、考核评估内容

（一）各岗位考核科目

1. 建筑信息化工程师（BIM 建模技术）：《BIM 技术概论》《BIM 建模应用技术》《BIM 设计施工综合技能与实务》，共三个科目。

2. 建筑信息化工程师（BIM 项目管理）：《BIM 技术概论》《BIM 建模应用技术》《BIM 应用与项目管理》《BIM 应用案例分析》，共四个科目。

3. 建筑信息化工程师（BIM 战略规划）培训课程：《BIM 技术概论》《BIM 应用案例分析》，完成以上两个科目的考核后 10 日内提交自拟题目论文一篇。

4. 建筑信息化工程师（BIM 造价方向）：《BIM 造价专业基础知识》《BIM 造价专业操作实务》，共二个科目。

5. 建筑信息化工程师（BIM 装饰方向）：《BIM 装饰专业基础知识》《BIM 装饰专业

操作实务》，共二个科目。

6. 建筑信息化工程师（BIM 电力方向）：《BIM 电力专业基础知识与操作实务》，共一个科目。

7. 建筑信息化工程师（BIM 轨道交通方向）：《BIM 轨道交通专业基础知识》《BIM 轨道交通专业操作实务》，共二个科目。

8. 建筑信息化工程师（BIM 装配式建筑方向）：《装配式钢结构建筑与 BIM 应用》《装配式建筑 BIM 技术概论》《装配式建筑 BIM 操作实务》，共三个科目。

9. 建筑信息化工程师（BIM 机电方向）：《BIM 机电专业基础知识》《BIM 机电专业操作实务》，共二个科目。

10. 建筑信息化工程师（BIM 路桥方向）：《BIM 路桥专业基础知识》《BIM 路桥专业操作实务》，共二个科目。

11. 建筑信息化工程师（BIM 市政方向）：《BIM 市政专业基础知识》《BIM 市政专业操作实务》，共二个科目。

12. 建筑信息化工程师（BIM 系统开发方向）：《BIM 系统开发专业基础知识与操作实务》，共一个科目。

13. 建筑信息化工程师（BIM 运营维护方向）：《BIM 运营维护基础知识与操作实务》《BIM 技术概论》《三维扫描与 BIM 技术应用》，共三个科目。

14. 建筑信息化工程师（BIM 建筑专项设计方向）：《BIM 技术概论》《BIM 建模应用技术》《BIM 设计施工综合技能与实务》，共三个科目。

15. 建筑信息化工程师（工程动画方向）：《建筑工程模型创建》，共一个科目。

16. 建筑信息化工程师（铁路工程方向）：《铁路工程 BIM 基础知识》，共一个科目。

17. 建筑信息化工程师（BIM 成本管控方向）：《BIM 成本管控》，共一个科目。

（二）题型、题量、分值

<table>
<tr><th>序号</th><th>科目名称</th><th>题量与分值</th><th>时间安排</th></tr>
<tr><td>1</td><td>《BIM 技术概论》</td><td rowspan="3">单选题 30 题，每题 2 分，共 60 分。多选题 10 题，每题 4 分，共 40 分</td><td>8:30—10:00，共计 90 分钟</td></tr>
<tr><td>2</td><td>《BIM 建模应用技术》</td><td>10:30—12:00，共计 90 分钟</td></tr>
<tr><td>3</td><td>《BIM 应用与项目管理》</td><td>14:00—15:30，共计 90 分钟</td></tr>
<tr><td>4</td><td>《BIM 应用案例分析》</td><td>单选题 10 题，每题 2 分，共 20 分。多选题 5 题，每题 4 分，共 20 分。案例分析题 3 题，每题 20 分，共 60 分</td><td>16:00—18:00，共计 120 分钟</td></tr>
<tr><td>5</td><td>《BIM 设计施工综合技能与实务》</td><td>每套试卷中土建专业建模题 4 题共 100 分，机电专业建模题 4 题共 100 分。其中：建模题每题 25 分，考生根据自身掌握的建模专业知识自选土建专业或机电专业答题</td><td>14:00—17:00，共计 180 分钟</td></tr>
<tr><td>6</td><td>《BIM 电力专业基础知识与操作实务》</td><td>单选题共 40 题，每题 1 分，共 40 分。多选题共 20 题，每题 2 分，共 40 分。简答题共 4 题，每题 5 分，共 20 分</td><td>8:30—10:30，共计 120 分钟</td></tr>
<tr><td>7</td><td>《BIM 装饰专业基础知识》</td><td>单选题共 40 题，每题 1 分，共 40 分。多选题共 20 题，每题 2 分，共 40 分。简答题共 4 题，每题 5 分，共 20 分</td><td>8:30—10:30，共计 120 分钟</td></tr>
</table>

续表

序号	科目名称	题量与分值	时间安排
8	《BIM 装饰专业操作实务》	工装建模软件操作共 2 题，每题 30 分，共 60 分。家装建模软件操作共 2 题，每题 20 分，共 40 分	14:00—17:00，共计 180 分钟
9	《BIM 造价专业基础知识》	单选题共 40 题，每题 1 分，共 40 分。多选题共 20 题，每题 2 分，共 40 分。简答题共 4 题，每题 5 分，共 20 分	8:30—10:30，共计 120 分钟
10	《BIM 造价专业操作实务》	土建计量与计价 4 题，每题 25 分，共 100 分。安装计量与计价 4 题，每题 25 分，共 100 分	14:00—17:00，共计 180 分钟
11	《BIM 机电专业基础知识》	单选题共 40 题，每题 1 分，共 40 分。多选题共 20 题，每题 2 分，共 40 分。简答题共 4 题，每题 5 分，共 20 分	8:30—10:30，共计 120 分钟
12	《BIM 机电专业操作实务》	模型题共 4 题，每题 25 分，共 100 分	14:00—17:00，共计 180 分钟
13	《BIM 市政专业基础知识》	单选题共 40 题，每题 1 分，共 40 分。多选题共 20 题，每题 2 分，共 40 分。简答题共 4 题，每题 5 分，共 20 分	8:30—10:30，共计 120 分钟
14	《BIM 市政专业操作实务》	模型题共 4 题，每题 25 分，共 100 分	14:00—17:00，共计 180 分钟
15	《装配式钢结构建筑与 BIM 应用》	单选题共 30 题，每题 2 分，共 60 分。多选题共 10 题，每题 4 分，共 40 分	8:30—10:00，共计 90 分钟
16	《装配式建筑 BIM 技术概论》		10:30—12:00，共计 90 分钟
17	《装配式建筑 BIM 操作实务》	模型题共 4 题，每题 25 分，共 100 分	14:00—17:00，共计 180 分钟
18	《BIM 路桥专业基础知识》	单选题共 40 题，每题 1 分，共 40 分。多选题共 20 题，每题 2 分，共 40 分。简答题共 4 题，每题 5 分，共 20 分	8:30—10:30，共计 120 分钟
19	《BIM 路桥专业操作实务》	模型题共 4 题，每题 25 分，共 100 分	14:00—17:00，共计 180 分钟
20	《BIM 系统开发专业基础知识与操作实务》	单选题共 40 题，每题 1 分，共 40 分。多选题共 20 题，每题 2 分，共 40 分。简答题共 4 题，每题 5 分，共 20 分	8:30—10:30，共计 120 分钟
21	《BIM 运营维护基础知识与操作实务》		8:30—10:30，共计 120 分钟
22	《三维扫描与 BIM 技术应用》		14:00—16:00，共计 120 分钟
23	《BIM 轨道交通专业基础知识》		8:30—10:30，共计 120 分钟
24	《铁路工程 BIM 基础知识》		8:30—10:30，共计 120 分钟

续表

序号	科目名称	题量与分值	时间安排
25	《BIM 轨道交通专业操作实务》	模型题共 4 题，每题 25 分，共 100 分	14:00—17:00，共计 180 分钟
26	《BIM 成本管控》	单选题共 20 题，每题 2 分，共 40 分；多选题共 10 题，每题 2 分，共 20 分；简答题共 3 题，每题 5 分，共 15 分，论述题 1 题共 25 分	

七、成绩与证书颁发

1. 各科卷面分数 100 分，合格分数为 60 分。

2. 证书颁发：考核评估成绩合格者由北京绿色建筑产业联盟颁发《岗位技术证书》（非国家职业资格证书）。

3. 证书领取：

（1）个人报名人员成绩合格后的 30 个工作日内，由北京绿色建筑产业联盟考务处统一邮寄证书，或自行前来领取；

（2）由机构统一代报名的，成绩合格后北京绿色建筑产业联盟考务处统一将证书邮寄至代报机构，由代报机构负责证书的颁发。

4. 成绩查询时间：考核评估结束 30 个工作日，在官方网站 www.bjgba.com 查询。

5. 证书颁发时间：自成绩公布之日起 30 工作日。

6. 考核评估成绩有效期：相同考核评估岗位的各科目考核成绩长期有效。

八、有关费用的说明

考核评估费用包括：证书工本费、项目研发费、项目运营管理费、项目人力资源费、税金、项目办公经费、档案管理费、项目推广费、考试平台开发及维护费、考试场地费、命题费、阅卷费等费用。

（一）收费标准

1. 综合类岗位收费标准

（1）建筑信息化工程师（BIM 建模技术）：首次报名 380 元/人；考试未通过科目补考 100 元/科。

（2）建筑信息化工程师（BIM 项目管理）：首次报名 450 元/人；考试未通过科目补考 100 元/科。

（3）建筑信息化工程师（BIM 战略规划）：首次报名 450 元/人；考试未通过科目补考 100 元/科。

2. 专业类岗位收费标准

专业类岗位收费标准统一为首次报名 380 元/人；考试未通过科目补考 100 元/科。

（二）缴费方式与发票开具

个人申报人员可以直接通过 www.bjgba.com 网站进行考核评估费用的缴纳，支持微信支付和支付宝支付。个人报名成功后，可自行在平台申请发票。

通过机构代报名的，由机构统一收取考核评估费用。发票统一由代报机构开具。

九、其他

1. 本办法根据实际情况，每两年修订一次，同步在 www.bjgba.com 平台进行公示。本办法由 BIM 技术系列岗位专业技能人才考评项目运营办公室负责解释。

2. 凡参与“建筑业重点关键岗位高新技能人才培养工程——建筑信息化工程师（BIM 系列）岗位技术培训与考核”项目的报名人员、BIM 技术培训机构、考试服务与管理、市场宣传推广、命题判卷、指导教材编写等工作的有关人员，均适用于执行本办法。

3. 本办法自 2019 年 4 月 1 日起执行。

北京绿色建筑产业联盟

二〇一九年三月